NATURA

Biologie für Gymnasien

bearbeitet von

Claudia Dreher
Roland Frank
Alexander Maier
Jürgen Schweizer

Baden-Württemberg
Band 2

Ernst Klett Verlag
Stuttgart • Leipzig

1. Auflage

1 7 6 5 4 3 | 2012 2011 2010 2009 2008

Alle Drucke dieser Auflage sind unverändert und können im Unterricht nebeneinander verwendet werden. Die letzte Zahl bezeichnet das Jahr des Druckes.

Internetadresse: www.klett.de

Autoren
Claudia Dreher; Mörike-Gymnasium, Ludwigsburg
Roland Frank; Gottlieb-Daimler-Gymnasium, Stuttgart-Bad Cannstatt; Staatl. Seminar für Didaktik und Lehrerbildung (Gymnasien) Stuttgart I
Alexander Maier; Eugen-Bolz-Gymnasium, Rottenburg/Neckar; Staatl. Seminar für Didaktik und Lehrerbildung (Gymnasien) Tübingen
Dr. Jürgen Schweizer; Hegel-Gymnasium, Stuttgart-Vaihingen

unter Mitarbeit von
Dr. Horst Bickel, Roman Claus, Gert Haala, Dr. Helmut Moßner, Günther Wichert, Dirk Zohren

Redaktion
Ulrike Fehrmann

Mediengestaltung
Ingrid Walter

Layoutkonzeption und Gestaltung:
Prof. Jürgen Wirth; Visuelle Kommunikation, Dreieich
unter Mitarbeit von Matthias Balonier, Evelyn Junqueira, Nora Wirth

Umschlaggestaltung
normal Industriedesign, Schwäbisch Gmünd; unter Verwendung zweier Fotos von ZEFA/masterfile (Andrew Olney) und Getty images (Ron Chapple)

Reproduktion
Meyle + Müller, Medien-Management, Pforzheim

Druck: Firmengruppe APPL, aprinta druck, Wemding

Printed in Germany

ISBN-13: 978-3-12-045620-9
ISBN-10: 3-12-045620-9

Schülersoftware zu Natura

Wenn du testen willst, ob du den Stoff verstanden hast, manche Inhalte noch mal üben oder vertiefen möchtest, dann kannst du das mit dem **Natura Biologie-Trainer** tun. Diese Schülersoftware enthält auf 2 CD-ROMs mehr als 350 Übungs- und Testaufgaben, die den gesamten Stoff der Klassen 7–10 abdecken. Du kannst dich selbst kontrollieren und wirst beim Testen und Üben bestimmt viel Spaß haben. Dieses Buch verweist an vielen Stellen auf den **Natura Biologie-Trainer** – beachte die Erklärung auf Seite 3 rechts unten.

Den **Natura Biologie-Trainer** erhälst du im Buchhandel oder unter www.klett.de (im Internet gibt's auch weitere Infos):
- Natura Biologietrainer A (Tier, Pflanze, Lebensraum) ISBN 3-12-156010-7
- Natura Biologietrainer B (Mensch, Genetik, Evolution) ISBN 3-12-156011-5
- Trainer A + B im Paket: ISBN 3-12-156014-X

Gefahrensymbole und Experimente im Unterricht

Experimente im Unterricht

Eine Naturwissenschaft wie Biologie ist ohne Experimente nicht denkbar. Auch in Natura 2 finden sich eine Reihe von Versuchen.

Experimentieren mit Chemikalien ist jedoch nie völlig gefahrlos. Deswegen ist es wichtig, vor jedem Versuch mit dem Lehrer die möglichen Gefahrenquellen zu besprechen. Insbesondere müssen immer wieder die im Labor selbstverständlichen Verhaltensregeln beachtet werden. Die Vorsichtsmaßnahmen richten sich nach der Gefahr durch die jeweils verwendeten Stoffe.

Daher sind in jeder Versuchsanleitung die verwendeten Chemikalien mit den Symbolen der Gefahrenbezeichnung gekennzeichnet, die ebenfalls auf den Etiketten der Vorratsflaschen angegeben sind. Dabei bedeuten:

C = ätzend, *corrosive:*
Lebendes Gewebe und Material, das mit diesen Stoffen in Berührung kommt, wird an der betroffenen Stelle zerstört.

F = leicht entzündlich, *flammable:*
Stoffe, die durch das kurze Einwirken einer Zündquelle entzündet werden können.

Xi = reizend, *irritating* ; (X für Andreaskreuz):
Stoffe, die reizend auf Haut, Augen oder Atemorgane wirken können.

Xn = gesundheitsschädlich, *noxious* (schädlich):
Stoffe, die beim Einatmen, Verschlucken oder bei Hautkontakt Gesundheitsschäden hervorrufen können.

Zu diesem Buch

In Natura gibt es verschiedene Sonderseiten, ein besonderer Typ davon sind die **Netzseiten.** Wie sie aufgebaut sind, zeigt die Abbildung rechts. Eine Netzseite enthält neben der Überschrift einen Einleitungstext, sechs „Knoten" und mehrere Aufgaben.

Die Netzseiten beschäftigen sich mit biologischen Prinzipien. **Biologische Prinzipien** beschreiben Gemeinsamkeiten, immer wiederkehrende Erscheinungen und Vorgänge bei Lebewesen, die auf den ersten Blick wenig mit einander zu tun haben. Biologische Prinzipien sind Hilfen zur Orientierung angesichts der Vielfalt der Lebensformen und der Vorgänge, also der **biologischen Phänomene**.

Die Netzseiten stehen am Ende des Buchs, weil sie diese Phänomene *zusammenführen* und *verknüpfen.* Im Verlauf eines Schuljahres wirst du viele Phänomene kennen lernen, die sich bestimmten Prinzipien zuordnen lassen. An vielen Stellen im Buch gibt es daher

Verweise ▶

auf die einzelnen Netzseiten. Man sollte also immer dann mit ihnen arbeiten, wenn man bei der Erarbeitung eines Themas auf einen *Seitenverweis* stößt. Zu jeder Netzseite gibt es mehrere Verweise im Buch. Auf einigen Seiten, die im Inhaltsverzeichnis *rot* markiert sind, wird an einem Beispiel die Bedeutung des Prinzips erläutert. Im **Einleitungstext** jeder Netzseite ist das Prinzip beschrieben, ohne dass auf ein bestimmtes Beispiel eingegangen wird. Beispiele findest du an den **„Knoten"** der Netzseiten, die Bekanntes, aber auch Neues aufgreifen.

Wie du mit der Netzseite umgehen kannst, dazu leiten dich die **Aufgaben** an. Mit der *ersten Aufgabe* kannst du das Prinzip anhand der Knotenbeispiele *erschließen.* Darauf folgen Aufgaben, mit denen du die einzelnen Knotenbeispiele *intensiver bearbeiten* kannst.

Mit den *letzten Aufgaben* kannst du das Prinzip auf andere biologische und nicht biologische Bereiche *übertragen.* Mit ihnen kannst du also fächerverbindend arbeiten und Querverbindungen zu unterschiedlichsten Bereichen erkennen.

Viele Aufgaben liefern darüber hinaus auch Ideen für **Referate** und **Präsentationen** und du kannst dich selbstständig und weitergehend mit einem Thema beschäftigen.

Thema

Knoten
zeigen Beispiele, auf die das Prinzip angewendet wird.

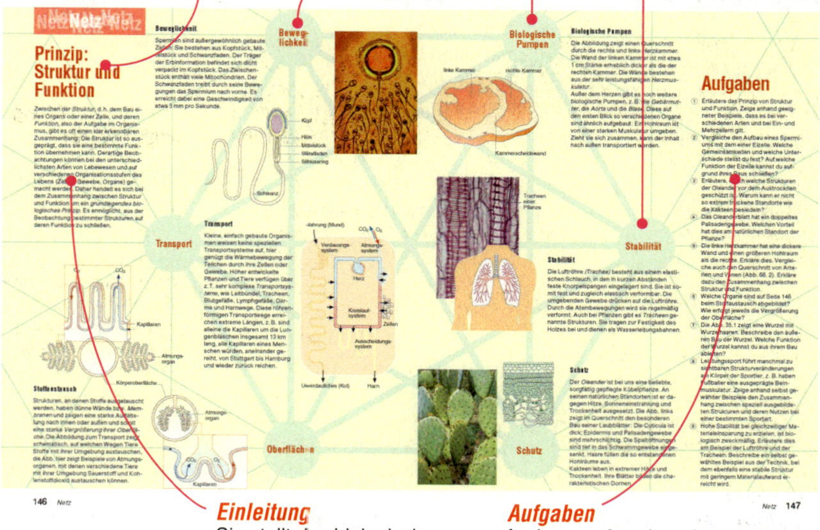

Einleitung
Sie stellt das biologische Prinzip allgemein dar.

Aufgaben
fordern zur Auseinandersetzung mit dem biologischen Prinzip auf.

Weitere Sonderseiten

Methoden – Zu jedem Versuch ein Protokoll

Die **Methodenseiten** zeigen dir, wie du allgemeine Arbeitsmethoden im Fach Biologie anwenden kannst.

Die **Lexikonseiten** laden zum Schmökern ein und liefern interessante Zusatzinformationen zu einem bestimmten Themengebiet.

Die **Praktikumseiten** leiten zur Anwendung wichtiger biologischer Arbeitsmethoden an, wie Beobachten, Präparieren, Mikroskopieren und Experimentieren.

Auf den **Materialseiten** findest du Aufgaben zu einem Themengebiet, die mithilfe der Materialien dieser Seite und den Informationen des Kapitels lösbar sind.

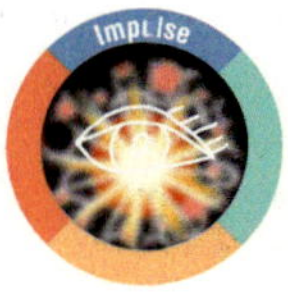

Die **Impulseseiten** geben dir Anstöße zur Vertiefung eines Themas. Sie werfen Fragen auf, die auch über das Fach Biologie hinausgehen und als Anregung zur Bearbeitung in Form eines kleinen *Projekts* dienen können.

Weitere Symbole

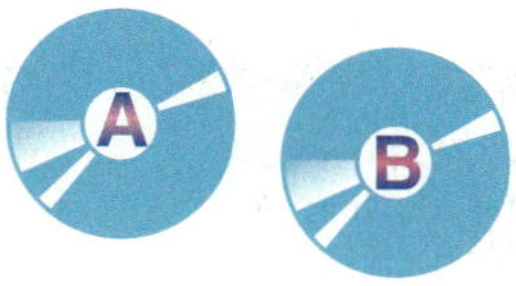

Das Symbol in der Fußzeile zeigt dir, zu welchem Thema der **Natura Biologie-Trainer** interaktive Medien anbietet. Interaktiv heißt, dass du selbstständig wichtige Inhalte durchprobieren kannst – der Trainer zeigt dir, ob du alles verstanden hast. CD A bedeutet, du findest das Passende auf CD A, CD B bedeutet, du solltest die CD B einlegen.

Inhaltsverzeichnis

Methoden – Zu jedem Versuch ein Protokoll

Die Zelle – Grundbaustein aller Lebewesen

Stoffwechsel der Pflanzen

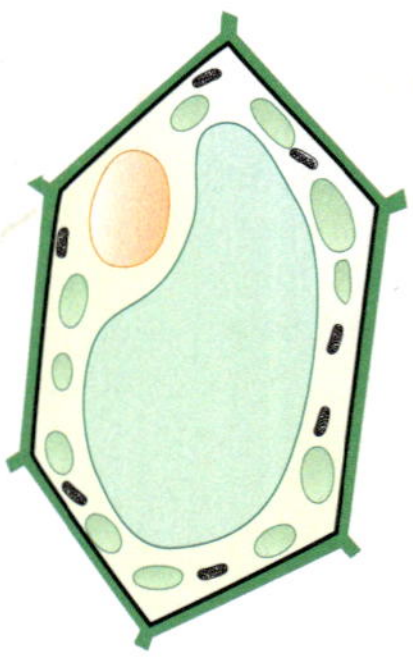

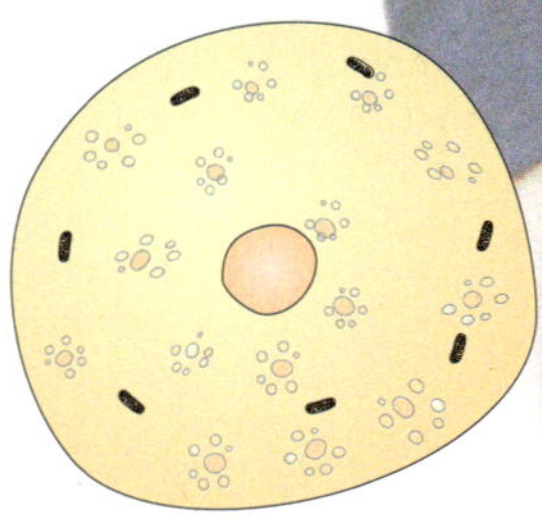

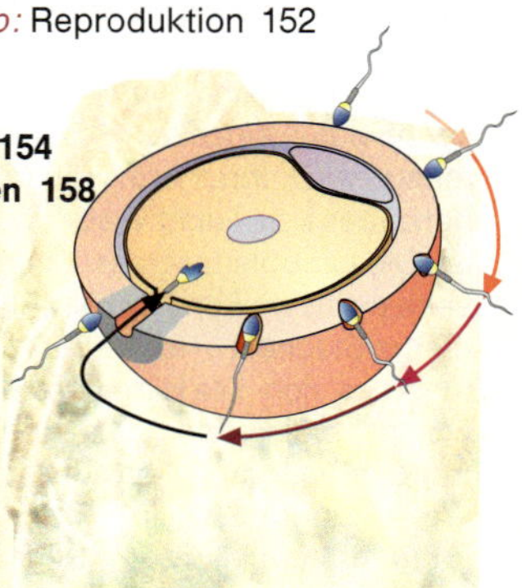

Beobachten und Protokollieren

Geht man im Spätsommer am Waldrand oder an einer Hecke entlang, so sieht man an vielen Büschen und krautigen Pflanzen Früchte hängen. Ihre Farben sind vielfältig. Manche sind leuchtend rot oder weiß, andere sind dunkelblau oder fast schwarz gefärbt.

Eigentlich sind das bekannte Erscheinungen, die man jedes Jahr sieht. Nun birgt das Vertraute für uns meist nichts Besonderes mehr und viele Menschen gehen dann achtlos vorüber. Bleibt man jedoch stehen und schaut genauer hin, so bemerkt man schnell viele Einzelheiten, die man bislang gar nicht wahrgenommen hat:

- Welche Farbe haben die Früchte?
- Stehen die Früchte einzeln oder zu mehreren oder an einem Zweig?
- Sind es viele oder wenige, die beieinander stehen?
- Welche Form haben die Laubblätter?
- Welches Blattmerkmal ist auffällig und daher leicht zu merken?

Betrachten wir zwei Pflanzen:
Die **rote Himbeere** ist eine typische *Heckenfrucht,* die fast jeder kennt. Sie wächst an einem Strauch und ist gut erkennbar aus einzelnen Früchten zusammengesetzt. Ihre Form ist so kennzeichnend, dass sie leicht wieder zu erkennen ist. Die Laubblätter tragen an der Unterseite einen weißen Filz. Der Stängel hat dünne Stacheln — das spürt man und merkt es sich. Die Himbeere ist eine wohlschmeckende und begehrte Frucht. Himbeeren lassen sich auf verschiedene Weise zubereiten. Himbeerkuchen und Himbeermarmelade sind sehr beliebt.

Ganz anders sieht die Frucht einer Pflanze aus, die auf kalkigen Böden in Süddeutschland zu finden ist. Ihre Standorte sind Waldränder, lichte Laubwälder und Kahlschlagflächen. An ihrem krautigen Stängel, der bis zu einem Meter hoch werden kann, sitzen dunkle Beeren. Sie sind kirschenähnlich und sehen verlockend aus. Doch vor dem Genuss sollte man sich hüten. Hier handelt es sich um die **Tollkirsche**. Sie ist so giftig, dass Menschen, die von den Früchten gegessen haben, gestorben sind. Nicht alles, was wohlschmeckend aussieht, ist bekömmlich.

Wenn man selbst zum Essen Früchte sammelt, ist es lebenswichtig, *kennzeichnende Merkmale* bekömmlicher und giftiger Pflanzen zu kennen. Nur so kann man die einen sicher wiedererkennen und die anderen sicher meiden. Ein auffälliges Merkmal der Tollkirsche ist der *Kelch.* Er umgibt die Frucht und besteht aus fünf länglichen, spitz zulaufenden Blättern. Einprägsam sind auch die *Laubblätter.* Sie sind ebenfalls spitz zulaufend und stehen sich paarweise am

Blüte

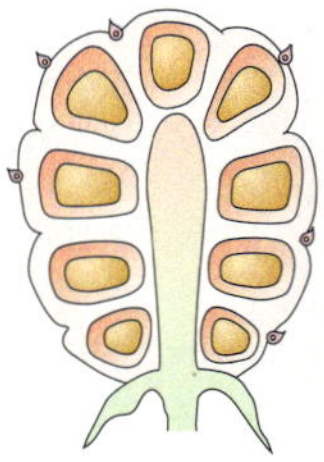

Sammelfrucht

Himbeere

Stängel gegenüber. Von einem Paar ist jeweils ein Blatt größer als das andere. Das ist ein sehr sicheres Kennzeichen, an dem man die Pflanze erkennen kann, noch bevor sie ihre violetten Blüten oder die dunklen Früchte bildet.

Beobachten

Beschäftigt man sich in dieser gründlichen Weise mit der Natur, so findet der Übergang vom bloßen Sehen zum Beobachten statt. Das *Beobachten* ist die älteste Arbeitsmethode der Biologie. Doch sie ist nicht immer so einfach wie es erscheint. Dazu muss man sich überlegen, worauf man sein Augenmerk richten will. Das ist oft schwierig, wenn nur ein einzelnes Objekt untersucht wird. Meist werden die kennzeichnenden Merkmale besser erkennbar, wenn man zwei oder mehrere Objekte miteinander vergleicht. So zeigen sich wichtige Unterschiede von Kirsche und Tollkirsche beim Vergleich von Laubblättern, Blütenfarbe, Blütenbau oder der Reifezeit.

Protokollieren

Zur Beobachtung gehört untrennbar das Festhalten der Beobachtungsergebnisse, das *Protokollieren.* Das meiste wird man schriftlich festhalten. Dabei ist es wichtig, dass man Beobachtungsergebnisse nicht mit Erklärungsversuchen vermischt.

Ein Protokoll enthält neben Beschreibungen oft auch Zeichnungen. Vor allem, wenn eine Beschreibung sehr kompliziert werden würde, kann man den Text kürzer fassen und dafür zeichnen. Beim Vergleich von Früchten gehört zum Protokoll eine Zeichnung des Fruchtstands und — wo für die Pflanze kennzeichnend — eine Zeichnung des Laubblatts.

Ein vollständiges Protokoll enthält alle wesentlichen Angaben über die Bedingungen, unter denen Beobachtungen durchgeführt wurden. In unserem Fall sind es noch mindestens *Standort, Datum und Ort der Beobachtung.* Damit sind die wichtigsten Daten gesichert. Anhand eines solchen Protokolls lassen sich die Beobachtungen wiederholen oder überprüfen.

Will man Beobachtungen nochmals durchführen, ohne den natürlichen Standort ein weiteres Mal aufsuchen zu müssen, so kann man die Pflanze *fotografieren* oder Pflanzenteile *mitnehmen.*

Blattmaterial lässt sich gut pressen und über viele Jahre aufbewahren. Früchte, die viel Wasser enthalten, sind zum Aufbewahren ungeeignet. Sie trocknen aus, verfärben sich und können schimmeln.

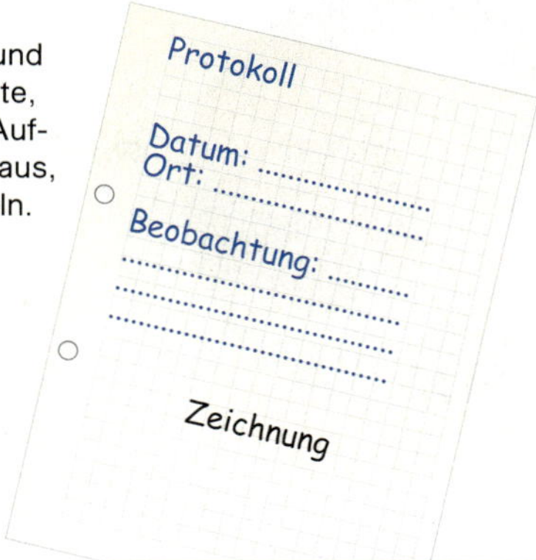

Tollkirsche

Bedeutung der Methode

Beobachten ist in der Naturwissenschaft Biologie oft der erste Schritt zu neuen Erkenntnissen. Meist stößt man durch genaues Beobachten auf weitere Fragen, zum Beispiel welche Tiere sich von Heckenfrüchten ernähren. Um diese Frage zu ergründen, muss man erneut gezielt hinschauen und benötigt einige Kenntnisse über die Tiere, die an Waldrändern und Hecken leben.

Experimentieren

Die **Eberesche** ist ein Strauch, der sogar die Größe eines Baums erreichen kann. Die Früchte sitzen an großen Fruchtständen, die mehr als fünfzig rote Beeren tragen können. Auffällig sind die großen Fruchtstände mit ihren nach unten hängenden, gebogenen Stielen.

Warum sind die Stiele der Fruchtstände gebogen? Dazu lassen sich verschiedene Vermutungen anstellen:

— Bereits die Blüten hängen nach unten an gekrümmten Stielen und daher auch die Früchte.
— Die Stiele sind gerade gewachsen und werden durch das Gewicht der großen Früchte nach unten gebogen.

Die erste Vermutung könnte durch Beobachten überprüft werden. Allerdings müsste man dazu länger als ein halbes Jahr warten, bis die Ebereschen wieder blühen und neue Früchte entstehen.

Die zweite Vermutung lässt sich sofort überprüfen. Ob sie zutrifft kann man feststellen, wenn man Fruchtstände abschneidet. Falls die Stiele elastisch sind, werden sie nach oben schnellen.

Dieses einfache Beispiel ist — naturwissenschaftlich betrachtet — ein *Experiment.* Das Experimentieren erfordert immer *fünf Arbeitsschritte*, die auch bei diesem Beispiel auftreten.

Fragestellung

Beim Beobachten ist eine Frage aufgetaucht: „Weshalb sind die Stiele der Fruchtstände nach unten gebogen?“

Vermutungen

Es kommen verschiedene Möglichkeiten als Ursache in Betracht. Die Vermutungen sind gleichberechtigt. Man bezeichnet sie in der Wissenschaft als *Hypothesen.* Keine der beiden Hypothesen lässt sich zweifelsfrei durch weiteres Nachdenken bestätigen oder verwerfen.

Versuch – Planung und Durchführung

Zur Klärung der Frage, welche Hypothese zutreffend ist, plant man einen Versuch. In diesem Fall könnte man die Wirkung der Schwerkraft aufheben, indem man Fruchtstände abschneidet. Nun wird das Experiment durchgeführt. Die Versuchsbedingungen und der Versuchsablauf werden in einem Protokoll festgehalten. Meist wird dazu eine kleine Zeichnung angefertigt.

Beobachtung

Weil bestimmte Erwartungen mit dem Ausgang des Versuchs verknüpft sind, weiß man auch, worauf man bei der Durchführung des Versuchs achten muss. In unserem Fall ist es die Krümmung der Stiele. Die Beobachtungen werden im *Versuchsprotokoll* notiert.
Schauen mehrere Personen den selben Vorgang an, so machen alle Betrachter die selbe Beobachtung. Die Beobachtung ist also völlig unabhängig davon, wer den Vorgang beobachtet. Entsprechend müssen die Protokolle aller Beobachter die gleiche Beobachtung enthalten.

Ergebnis

Die Beobachtung ermöglicht eine Antwort auf die Eingangsfrage. Diese Antwort ist das Ergebnis des Experiments.
Schnellen im vorliegenden Fall die Stiele der Fruchtstände nach oben, so bestätigt dies die zweite Hypothese.

Experimente zum Stärkenachweis

Von Heckenfrüchten ernähren sich Tiere und teilweise auch der Mensch, denn die Früchte enthalten *Nährstoffe.* Eine Gruppe von Nährstoffen sind *Kohlenhydrate.* Dazu gehören *Zucker* und *Stärke.*

Will man wissen, ob Früchte diese Nährstoffe enthalten, so muss man eine Methode finden, mit der sich die Nährstoffe nachweisen lassen. Ein naheliegender *Nachweis* ist die *Geschmacksprobe* – die aber bei Stärke nicht gelingt, denn Stärke ist geschmacklos. Dagegen kann man Zucker schmecken. Allerdings ist von solchen Schmeckversuchen abzuraten. Kennt man Pflanze nicht sicher, so besteht immer die Gefahr der Vergiftung. Außerdem kann der Zuckergeschmack von anderen Geschmacksstoffen überdeckt sein, sodass sich geringe Mengen so ohnehin nicht nachweisen lassen.

Für den Stärkenachweis eignet sich *Iod-Kaliumiodid-Lösung* und auch für den *Zuckernachweis* stehen chemische Methoden zur Verfügung.

Bevor man eine neue Methode anwendet, wird man sich zuerst mit ihr vertraut machen. Die Frage lautet: Wie verhält sich die Chemikalie, wenn sie mit dem Stoff zusammenkommt, den man mit ihr nachweisen möchte?

Ein Test zur Klärung dieser Frage sieht folgendermaßen aus: Die Chemikalie wird ausschließlich mit dem Stoff vermengt, für dessen Nachweis sie geeignet ist. Um auszuschließen, dass möglicherweise andere Stoffe mit ihr reagieren können, verwendet man den reinen Stoff. Zum Testen der Iod-Kaliumiodid-Lösung gibt man zwei Tropfen auf etwas Stärkepulver und beobachtet die Verfärbung.

Aber ist diese Methode wirklich genau? Könnte es nicht sein, dass Iod-Kaliumiodid-Lösung auch mit anderen Stoffen, zum Beispiel Zucker, eine Farbreaktion hervorruft? Zur Klärung führt man ein *Kontrollexperiment* aus. Es wird so bezeichnet, weil es die Nachweismethode kontrolliert. Dazu tropft man Iod-Kaliumiodid-Lösung auf Zucker und vergleicht das Resultat mit der Reaktion auf Stärke. Nur wenn sich die Chemikalie bei Zucker anders verhält als bei Stärke, eignet sie sich für den Nachweis. Ist dies der Fall, so kann man mit dieser Chemikalie experimentell untersuchen, welche Früchte Stärke enthalten.

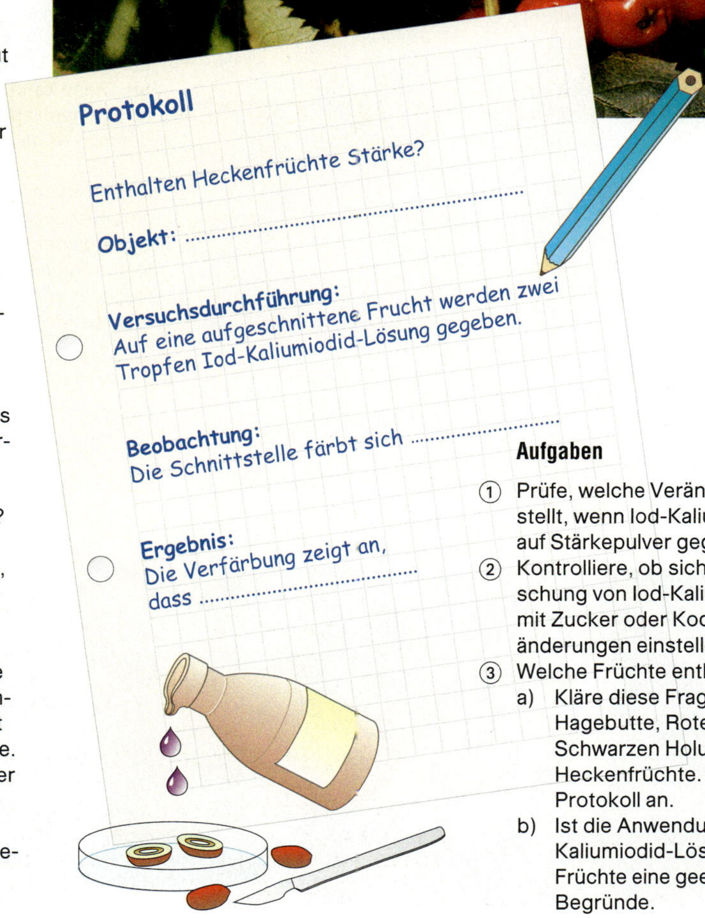

Aufgaben

① Prüfe, welche Veränderung sich einstellt, wenn Iod-Kaliumiodid-Lösung auf Stärkepulver gegeben wird.

② Kontrolliere, ob sich bei der Vermischung von Iod-Kaliumiodid-Lösung mit Zucker oder Kochsalz auch Veränderungen einstellen.

③ Welche Früchte enthalten Stärke?
a) Kläre diese Frage für Schlehe, Hagebutte, Roten Holunder und Schwarzen Holunder und andere Heckenfrüchte. Fertige dazu ein Protokoll an.
b) Ist die Anwendung der Iod-Kaliumiodid-Lösung für alle Früchte eine geeignete Methode? Begründe.

Informationen beschaffen – recherchieren

Betrachte die auf dieser Seite abgebildeten Früchte. Manche sehen sehr verlockend aus. Doch Vorsicht! Nicht alles was gut aussieht, ist wohl schmeckend. Einige Früchte schmecken scheußlich, manche sind sogar schwach oder stark giftig — und einige von ihnen dienen zur Gewinnung von Medikamenten.

Welche Früchte giftig sind, ist schon seit langem bekannt und aufgeschrieben. Danach muss man nur suchen.

Suchen nach Informationen wird auch als *Recherchieren* bezeichnet. In der Regel stehen dazu die drei folgenden Informationsquellen zur Verfügung:
- das eigene *Bücherregal,*
- *Bibliotheken* und
- das *Internet.*

Das Bücherregal

Beginnen wir mit dem eigenen Bücherregal. Vielleicht hast du ein *Pflanzenbestimmungsbuch.* Hier schlägst du das *Register* am Ende des Buches auf und suchst nach dem Pflanzennamen. Ist er im Register enthalten, so gibt es dazu eine Seitenangabe.

Eine weitere, wenn auch für diese spezielle Frage nicht so geeignete Möglichkeit zu Hause bietet ein *Lexikon.* Der Erfolg einer Suche hängt nämlich stark davon ab, wie umfangreich es ist. Je mehr Bände es hat, desto sicherer lassen sich die gesuchten Informationen finden. Ein einbändiges Lexikon hilft hier selten weiter.

Die Bibliothek

Kommt man zu Hause nicht weiter, so führt der Weg in die *Schulbibliothek* oder eine *öffentliche Bücherei.* Hier ist es am einfachsten, die Bibliothekarin oder den Bibliothekar zu fragen, welches Buch geeignet ist oder wo man suchen muss. Ansonsten stehen in Bibliotheken vielbändige Lexika. Allerdings sind die Texte meist knapp gehalten. Mehr erfährt man aus einem *Fachbuch* oder *Fachlexikon.*

Für die Suche nach Büchern gibt es eine **Schlagwortkartei**. Diese kann auch elektronisch arbeiten und die Suche erfolgt dann am Bildschirm. Unter einem Schlagwort findet man Angaben zu Büchern.

Zu den Büchern sind *Autor, Titel, Erscheinungsjahr* und eine Bezeichnung mit Buchstaben und Zahlen, die **Signatur**, angegeben. Sie beschreibt den Standort des Buches in den Regalen. Im Buch sucht man dann mithilfe von Register oder Inhaltsverzeichnis nach den gewünschten Informationen.

Schwarzer Holunder

Hagebutte

Schlehe

Schneeball

Das Internet

Den Büchern der Bibliotheken entsprechen die **Websites** im Internet, dem Schlagwortkatalog der Bücherei die verschiedenen **Suchmaschinen**. Zum Suchen geht man zuerst auf die Website einer Suchmaschine. Hier tippt man die Suchbegriffe ein und startet die Suche. Die Suchmaschine liefert eine Liste mit Fundstellen mit folgenden Angaben:

- Titel der Seite einer Website
- Ein kleiner Textauszug, sodass man erkennen kann, in welchem Zusammenhang das Schlagwort auftritt.
- Die Internetadresse des Anbieters der Website.

Mit nur einem **Suchwort**, zum Beispiel dem Begriff „Giftpflanzen", erhält man jedoch über hunderttausend Fundstellen – denn es werden alle Fundstellen angezeigt, die den Suchbegriff „Giftpflanzen" enthalten. Diese kann man natürlich nicht alle auswerten und außerdem werden auch viele darunter sein, die nichts über Heckenpflanzen enthalten.

Ergänzt man den Begriff „Giftpflanzen" um den Begriff „Hecken", so werden nur Fundstellen angezeigt, die beide Begriffe enthalten. Durch die Ergänzung wird die Suche immer genauer und man kommt schließlich zu einer überschaubaren Anzahl an Quellen.

Informationen sichern

Alle brauchbaren und interessanten Informationen werden auf Papier festgehalten. Artikel aus dem Internet lassen sich ausdrucken oder auch im Rechner zur späteren Verwendung abspeichern. Umfangreiche Informationen aus fremden Büchern fotokopiert man. Kleinere Textabschnitte lassen sich auch abschreiben.

Um selbst nochmals nachzulesen oder anderen diese Möglichkeit zu geben, ist es nötig, die *Quellenangaben* festzuhalten. Bei **Büchern** notiert man Autor, Titel, Verlag und Erscheinungsjahr; bei **Zeitschriften** Titel, Autor, laufende Nummer sowie Erscheinungsjahr; von **Internetseiten** speichert man die genaue Adresse der Seite sowie das Datum, wann diese Seite besucht wurde. Das ist wichtig, denn im Internet unterliegen die Seiten schnellen Änderungen.

Die Qualität der Information

Im Internet darf Jeder veröffentlichen – aber nicht Jeder ist eine Fachfrau oder ein Fachmann. Daher sind auch fehlerhafte Darstellungen zu finden. Wie lässt sich das erkennen?

Zur ersten Beurteilung der Qualität eines Beitrags eignet sich die Internetadresse der Website. Findet man Informationen zu naturwissenschaftlichen Themen bei einer Universität, einer Behörde, einer Forschungseinrichtung, wie z. B. der Max-Planck-Gesellschaft (MPG) oder der Deutschen Forschungsgemeinschaft (DFG), so darf man mit großer Sicherheit davon ausgehen, dass die Informationen richtig sind. Zuverlässig sind auch Angaben auf den Websites großer Zeitungsverlage sowie der öffentlichen Rundfunk- und Fernsehanstalten.

Vorsicht ist geboten bei Websites von Privatpersonen sowie Firmen und Gruppierungen, die ganz bestimmte und teilweise sehr einseitige politische oder wirtschaftliche Interessen verfolgen.

Informationen prüft man, indem man auch bei anderen Quellen nachschaut und die Angaben miteinander vergleicht!

Aufgaben

① Gehe in eine Bücherei und untersuche, wie sie organisiert ist. Welche Sachgruppen gibt es? Wie sind sie untergliedert? Welche Signatur tragen die Regale, welche die darin befindlichen Bücher?

② Kläre durch Recherchieren:
a) Welche der abgebildeten Pflanzen sind essbar und wohlschmeckend? Suche nach einem Rezept für die Zubereitung.
b) Welche der abgebildeten Pflanzen sind giftig?
c) Welche Menge an Tollkirschen sind für Menschen tödlich? Wie muss man sich bei Vergiftung verhalten? Suche die Telefonnummer einer Giftnotrufzentrale.
d) Sind Tollkirschen auch für Tiere giftig?
e) Aus welchen Pflanzen lassen sich Medikamente gewinnen? Bei welchen Beschwerden werden sie angewendet?
f) Nenne weitere Heckensträucher und Eigenschaften ihrer Früchte.

Ergebnisse präsentieren

Nach der Erarbeitung eines Themas will man häufig die neuen Erkenntnisse auch anderen Personen vorstellen, also präsentieren. Bevor die eigentliche Arbeit beginnt, klärt man folgende Fragen:

- Was weiß das Publikum bereits?
- Was wird das Publikum interessieren?
- Welches Ziel hat meine Präsentation?
- Welche Präsentationsform ist geeignet?

Als erstes sollte entschieden werden, *wie* präsentiert wird. Grundsätzlich unterscheidet man zwischen *Vortrag* und *Ausstellung.* Beim Vortrag, auch **Referat** genannt, werden die Zuhörer vom Referenten informiert. Häufig werden zur Veranschaulichung Medien, wie beispielsweise Folien, eingesetzt. Der Vorteil eines Vortrags besteht unter anderem darin, dass Zuhörer bei Unklarheiten nachfragen können. Nachteilig ist, dass man sich zu einem bestimmten Termin einfinden muss und sich nur schlecht über einen versäumten Vortrag informieren kann.

Möchte man über einen längeren Zeitraum hinweg einem Publikum die Möglichkeit geben sich zu informieren, so eignet sich dazu eine **Ausstellung** mit Poster oder Wandzeitungen. Wenn dazu passende Ausstellungsobjekte, wie Pflanzen oder Präparate, vorhanden sind, so wird man diese beschriften und dazu stellen. Solche Objekte steigern die Aufmerksamkeit und das Interesse von Besuchern wesentlich. Allerdings ist der Betrachter der Ausstellung auf sich selbst gestellt. Er kann in der Regel nicht nachfragen, wenn er etwas genauer wissen möchte oder nicht versteht.

Für das Erstellen einer Präsentation gibt es Regeln. Sie sind hier in Form von fünf Arbeitsschritten wiedergegeben.

Vortragstechnik

Für das Sprechen gibt es Regeln, die im Kasten „Tipps für den Vortrag“ zusammengestellt sind. Beim ersten Mal wird man sicher nicht alle gleichzeitig beachten können. Wenn man einen Vortrag vor mindestens einem Zuhörer einübt, kann dieser auf das Einhalten der Vortragsregeln achten und sagen, was er gut oder weniger gut verstanden hat. So kann sowohl der Vortrag als auch die Vortragstechnik verbessert werden. Mit jedem Üben gelingt das Vortragen besser.

Tipps für den Vortrag

- Rede frei, lies nicht stur vom Blatt ab.
- Rede nicht zu schnell, lege Sprechpausen ein.
- Ändere Stimmlage und Sprechgeschwindigkeit. Sprich bei Wichtigem langsamer und lauter.
- Blicke deine Zuhörer an.
- Lege eine kleine Pause ein, wenn du Bilder oder Grafiken zeigst. So können sich deine Zuhörer orientieren.

Für den Vortrag zwei praktische Regeln:

- Stets beachten: Für den Vortragenden ist das Thema vertraut, für die Zuhörer jedoch neu.
- Vorweg die Gliederungspunkte nennen, damit sich die Zuhörer auf den Vortrag einstellen können.

Sammeln und Sortieren

1

Es wird unter Verwendung mehrerer Informationsquellen möglichst viel Information (Texte, Tabelle, Bilder, Grafiken) zum Thema gesammelt. Das Material wird anschließend sortiert, indem Ähnliches zusammen abgelegt oder abgeheftet wird.

So erhält man einen Überblick über das Rohmaterial. Dabei wird geprüft, ob zu allen wesentlichen Gesichtspunkt des Themas Quellen vorhanden sind.

Auswählen

2

Nicht alles, was man gesammelt hat, ist wichtig. Es gibt Informationen, die selbst für den Bearbeiter unwichtig sind. Die kann man sofort aussortieren. Schwieriger ist es zu beurteilen, welche Informationen für eine Person, die sich nicht so gründlich mit dem Thema beschäftigt hat, unwichtig sind. Dabei ist es hilfreich, sich beim Auswählen mit jemandem zu besprechen.

Man kann auch den umgekehrten Weg gehen und sich die Frage stellen: Was ist unbedingt wichtig? Unter diesem Gesichtspunkt wählt man aus dem gesammelten Material nur das aus, was für das Verständnis des Themas notwendig erscheint.

Beispiel „Heckenfrüchte“

Im Kasten rechts steht eine mögliche Gliederung für eine Präsentation zum Thema „Heckenfrüchte“. Sie eignet sich sowohl für ein Plakat als auch für einen Vortrag. Um die Zuhörer zu interessieren, stellt man einige verlockend aussehende Heckenfrüchte vor. Danach folgt die Information, dass die meisten Menschen diese Früchte verzehren, ohne über ihre Herkunft nachzudenken (diverse Marmeladen, Tees u.ä.). Dann folgt der Hinweis, dass Heckenfrüchte Bedeutung als Heilmittel und zur Herstellung von Medikamenten haben.

Bei einem Vortrag wird man nun die Gliederung mitteilen, beim Plakat ist sie zu sehen.

Wichtig ist der letzte Teil zu den Medikamenten. Er schafft nochmals Aufmerksamkeit, denn überraschenderweise sind ansonsten giftige Pflanzen hier auch besonders nützlich. Das rundet die Präsentation ab und hilft dem Publikum, sich das Dargebotene besser zu merken.

Strukturieren

Wenn die Inhalte geklärt sind, geht es um ihre *Reihenfolge* – die Struktur der Präsentation. Sie muss folgerichtig aufgebaut sein. Eine häufig verwendbare Struktur für eine Präsentation sieht folgendermaßen aus: Man beginnt mit einem Beispiel. Daraus leitet man eine Frage ab, die für das Publikum interessant ist. Dann folgen die einzelnen Teile des Themas. Dabei beginnt man mit bekannten und einfachen Inhalten und geht dann zu unbekannten und schwierigeren Teilen über. Mit dem Bekannten gibt man den Zuhörern die Möglichkeit, sich in das Thema einzufinden, das Unbekannte und Schwierigere ermöglicht den Erwerb neuer Kenntnisse.

Für die Verwendung von *Fachbegriffen* gilt: Fachbegriffe nur einführen, wenn sie wiederholt benötigt werden. Wenn ein neuer Fachbegriff auftaucht, dann wird er sofort erklärt; spätere Erklärungen helfen dem Zuhörer meist wenig.

Reduzieren

Nach dem Strukturieren kommt die Feinarbeit. Meist liegen immer noch umfangreiche Texte, Grafiken und Tabellen vor. Die müssen nun gekürzt werden.

Aus langen Texten müssen knappe, aussagekräftige Sätze entstehen. Große Tabellen werden verkleinert, sodass sie nur Wichtiges enthalten.

Veranschaulichen

Die meisten Menschen können sich Neues vor allem dann gut merken, wenn sie es mit einem Bild verbinden können.

Deshalb ist das Veranschaulichen wichtig. Zu jeder Präsentation gehören aussagekräftige Bilder und übersichtliche Grafiken.

Die Zelle

Grundbaustein aller Lebewesen

Ein-
zeller

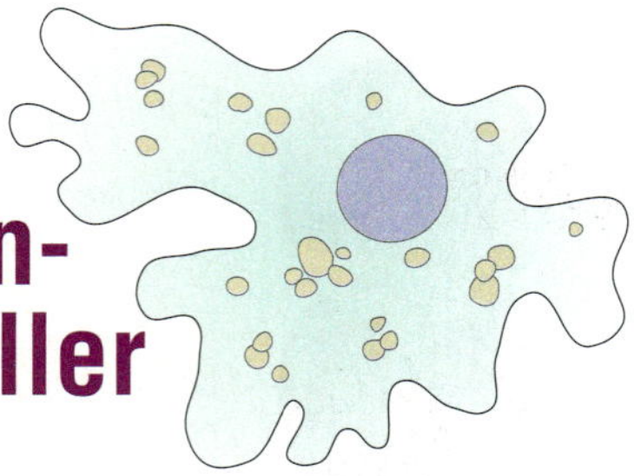

Trotz der unüberschaubar großen Vielfalt der Pflanzen und Tiere zeigen die Lebewesen eine grundsätzliche Gemeinsamkeit in ihrem Aufbau: Alle bestehen aus Zellen. Allerdings kann man Zellen nicht leicht erkennen, denn die meisten sind nur wenige hunderstel Millimeter groß. Zur Betrachtung benötigt man meist ein Mikroskop. Mit dem Mikroskop erschließt sich zugleich eine neue Welt, die Welt der kleinsten Lebewesen, der so genannten *Mikroorganismen.* Viele von ihnen bestehen nur aus einer Zelle.

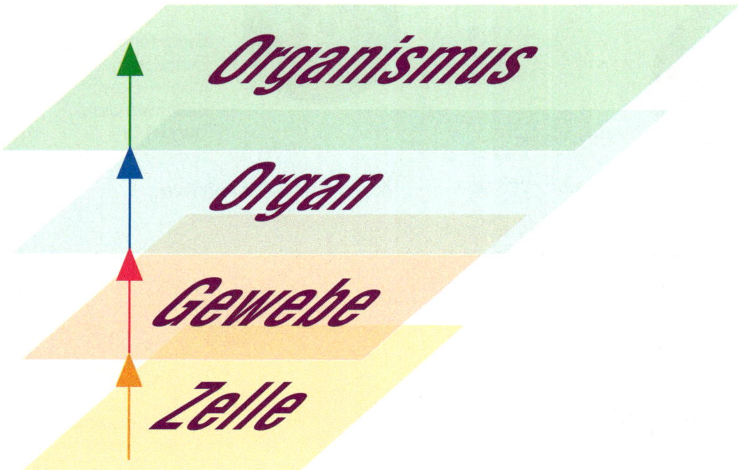

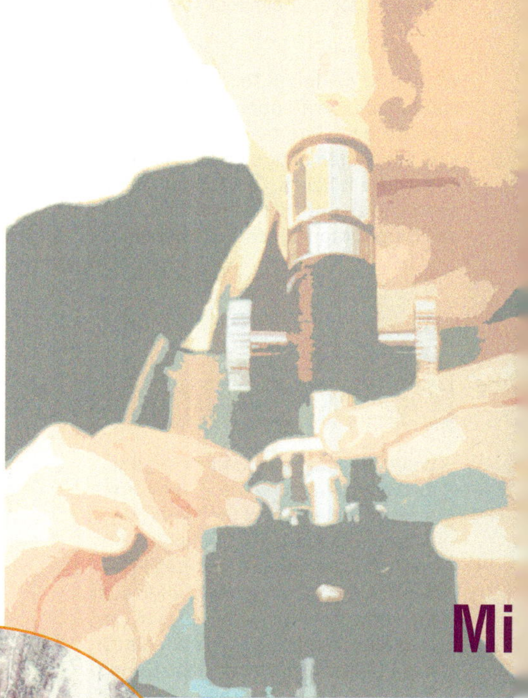

Mi

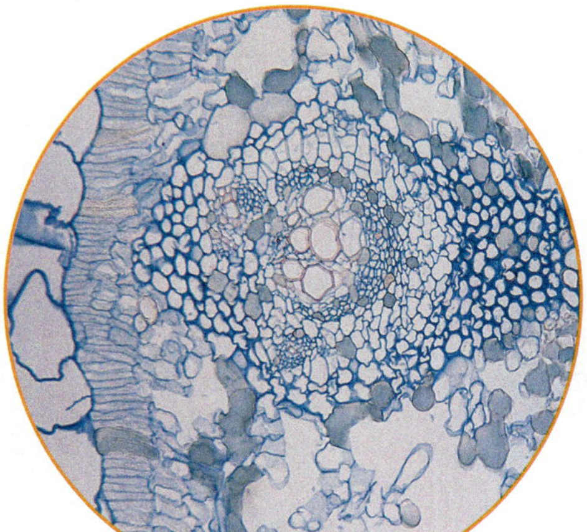

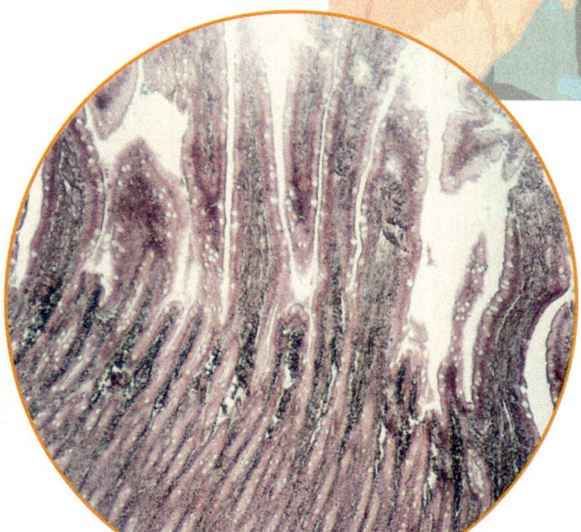

pflanzliches **Gewebe** tierisches

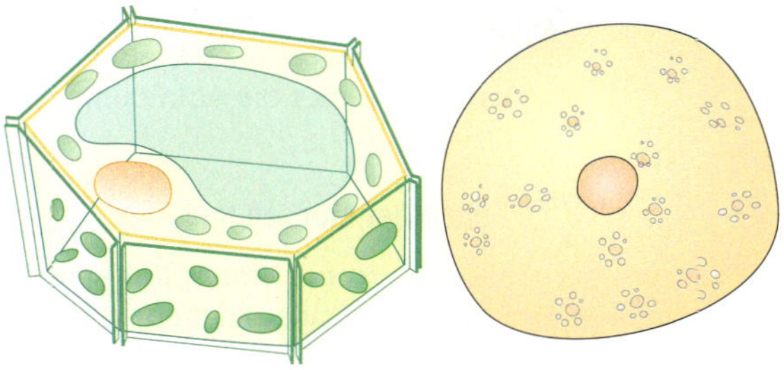

Zellkern

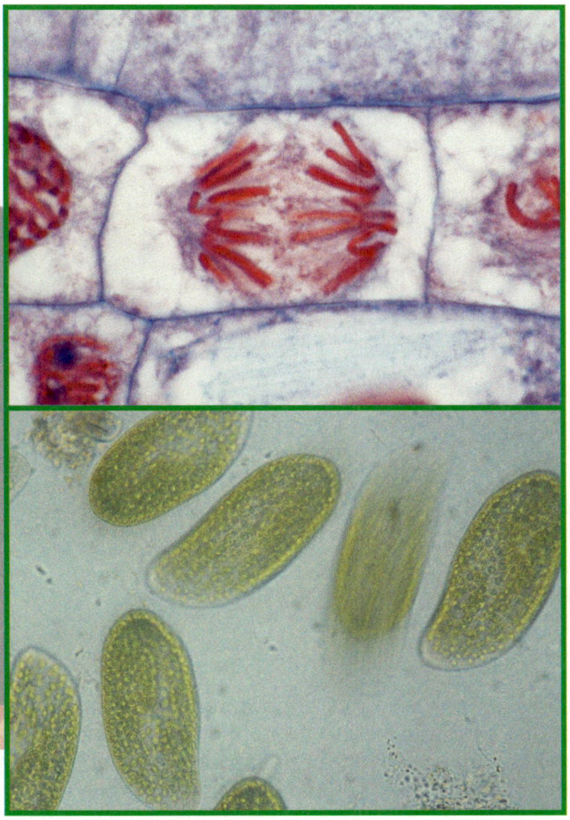

Zellteilung

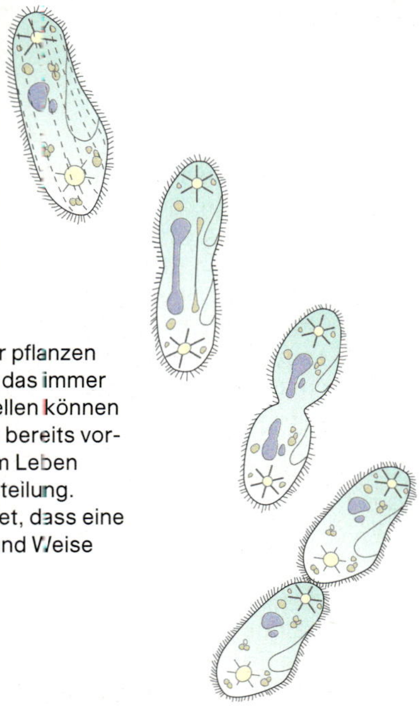

Wachsen Lebewesen oder pflanzen sie sich fort, so geschieht das immer durch *Zellteilung.* Neue Zellen können nur entstehen, indem sich bereits vorhandene Zellen teilen. Zum Leben gehört untrennbar die Zellteilung. Noch nie wurde beobachtet, dass eine Zelle auf eine andere Art und Weise entstanden ist.

1 Die Zelle – Grundbaustein aller Lebewesen

Bau von Zellen

Pflanzenzellen

Betrachtet man ein Blättchen der Wasserpest unter dem Mikroskop, so erkennt man viele gegeneinander abgegrenzte Räume. Diese kleinen Kammern werden als Zellen bezeichnet. Sie sind meist länglich und von einer festen *Zellwand* umschlossen. Im Innern erkennt man ein rundliches Gebilde, den *Zellkern.* Er ist in jeder Zelle vorhanden und steuert alle Lebensvorgänge. Der Zellkern liegt in einer farblosen, körnigen Masse, dem Zellplasma. Die hellere Zone in der Mitte der Zelle ist der *Zellsaftraum,* auch *Vakuole* genannt. Er enthält eine wässrige Flüssigkeit.

den aufeinander folgenden Bildern kann man ein räumliches Modell der Zelle entwickeln, wie es die Abbildung zeigt.

Zellen bei Mensch und Tier

Wenn man mit einem Löffel leicht über die Mundschleimhaut schabt und von den Hautteilchen ein Nasspräparat herstellt, erkennt man ebenfalls Zellen mit einem Zellkern. Im Unterschied zur Pflanzenzelle besitzen die Zellen von Tier und Mensch aber keine feste Zellwand. Das gesamte Zellinnere ist von Zellplasma ausgefüllt. Eine große Vakuole wie bei Pflanzenzellen, ist nicht vorhanden.

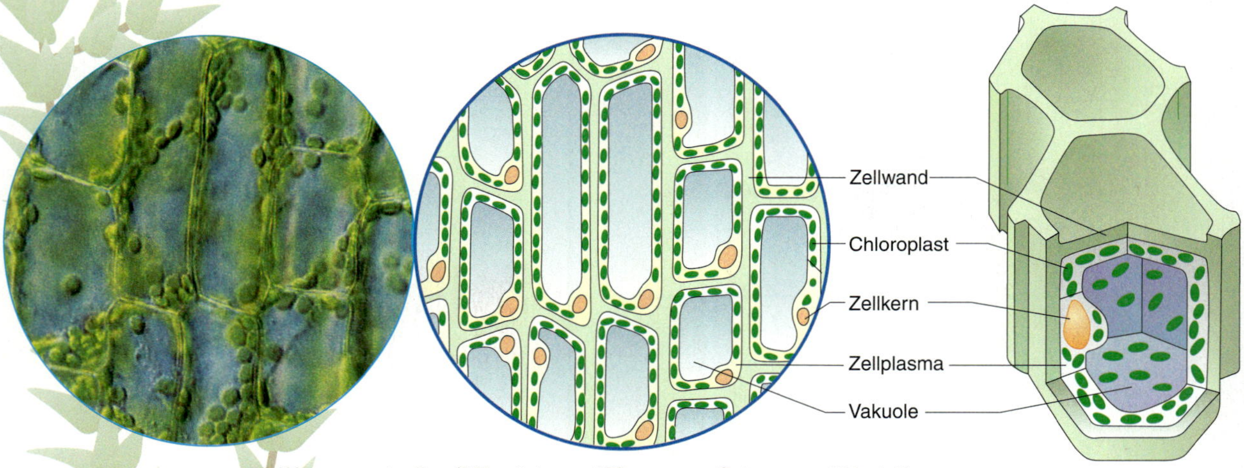

1 Wasserpestzellen (Mikrofoto ca. 400 x vergr., Schema und Modell)

Im Zellplasma befinden sich viele grüne Körnchen. Diese Körnchen enthalten Blattgrün, das *Chlorophyll,* und heißen dementsprechend Blattgrünkörner oder *Chloroplasten.* Die Chloroplasten liegen ausschließlich im Zellplasma und nicht im Zellsaftraum – auch wenn es im mikroskopischen Bild manchmal so aussieht.

Unter dem Mikroskop sieht eine Zelle flach aus. Tatsächlich aber ist sie ein räumliches Gebilde, das einem durchsichtigen Behälter gleicht. In diesem „Behälter" sind die Zellinhalte übereinander aufgeschichtet. Mit dem Mikroskop kann man aber nur eine ganz dünne Schicht scharf erkennen. Wenn man am Feintrieb dreht, werden daher nacheinander verschiedene Schichten sichtbar. Aus

Alle Lebewesen, ob Pflanze, Mensch oder Tier, bestehen aus Zellen. Die Zelle ist der **Grundbaustein aller Lebewesen**. Überraschend ist, dass die Größe der meisten Zellen bei allen Lebewesen ungefähr gleich ist. Die Zellen eines Baumes oder eines Elefanten sind meist nicht größer als die Zelle eines Gänseblümchens oder einer Maus, nur ihre Anzahl im Organismus ist verschieden. Der **Grundbauplan** der Zelle wird aber je nach Aufgabe vielfältig abgewandelt. Eine Nervenzelle trägt z. B. einen langen und viele kleinere, verzweigte Fortsätze. Knorpelzellen sind klein und rundlich. Bei den Steinzellen der Walnussschale ist die Zellwand besonders dick und hart. Aus den Besonderheiten in ihrem Bau kann ein Zellforscher häufig auf die Aufgabe einer Zelle schließen.

Wasserpest

Weitere Zellbestandteile

Obwohl die Zellen von Tier und Mensch keine Zellwand besitzen, sieht man mit dem Lichtmikroskop, wo die Grenze einer Zelle verläuft. Insbesondere bei vereinzelten Zellen, wie etwa den Mundschleimhautzellen des Menschen, ist die Grenze zwischen Zelle und Umgebung nicht fließend, sondern scharf gezogen. Besonders deutlich erkennbar ist die Begrenzung der Zellen, wenn man sie beispielsweise mit dem Farbstoff Methylenblau anfärbt.

Allerdings lassen sich mit dem Lichtmikroskop auch bei höchster Vergrößerung keine Strukturen an der Zellgrenze erkennen. Es ist so nicht sichtbar, aus was die Begrenzung einer Zelle besteht. Das Sichtbarmachen dieser Strukturen ermöglichte erst der Einsatz des *Elektronenmikroskops.*

Mit dem Elektronenmikroskop wird sichtbar, dass das Zellplasma vollständig von einer äußerst dünnen Zellhaut, der *Zellmembran,* umgeben ist. Alle Zellen besitzen eine Zellmembran — auch die Zellen der Pflanzen. Die Zellmembran schließt das Zellplasma gegen die Umgebung nach außen ab und ist nur etwa ein hunderttausendstel Millimeter dick. Wie unvorstellbar dünn die Zellmembran ist, zeigt folgender Vergleich: Eine Buchseite ist etwa 2000-mal dicker als die Zellmembran.

Jeder Stoff, der in die Zelle gelangt oder von ihr abgegeben wird, muss die Zellmembran durchqueren. Diese kontrolliert normalerweise den Stofftransport zwischen Zelle und Umgebung. Allerdings gelingt das nicht immer. Beispielsweise gelangen Giftstoffe, wie zum Beispiel Alkohol (Abb. 114.1) oder einige Wirkstoffe von Medikamenten, ungehindert durch die Zellmembran. Gegenüber diesen Stoffen versagt der natürliche Kontrollmechanismus mit teilweise schwerwiegenden Folgen.

Viele Pflanzenzellen besitzen eine große in der Mitte der Zelle gelegene *Vakuole.* Sie macht einen großen Teil des Zellvolumens aus. Auch sie ist gegen das Zellplasma mit einer Membran abgegrenzt. Damit wird der Stofftransport zwischen Zellplasma und Vakuole kontrolliert. Vakuolen haben zahlreiche Funktionen in Pflanzenzellen. Unter anderem dienen sie der Speicherung von Nährstoffen, Salzen, Gift- und Lockstoffen sowie Blüten- und Fruchtfarbstoffen.

Sowohl in den Zellen der Tiere wie auch der Pflanzen findet man *Mitochondrien.* Diese Zellbestandteile sind im Lichtmikroskop nur bei spezieller Färbung als Pünktchen erkennbar. Sie dienen dem Abbau Energie liefernder Stoffe und werden sehr zutreffend als „Kraftwerke der Zelle“ bezeichnet (▶ S. 148).

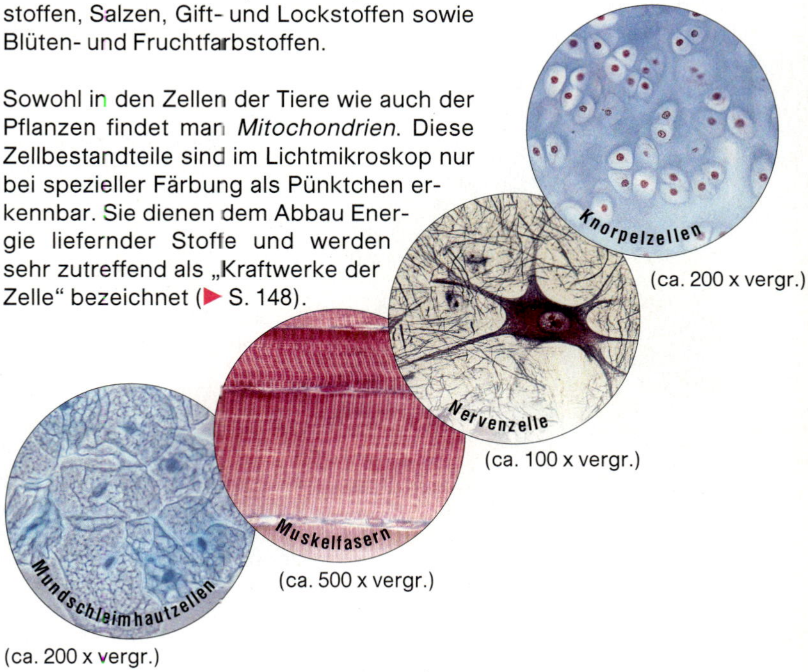

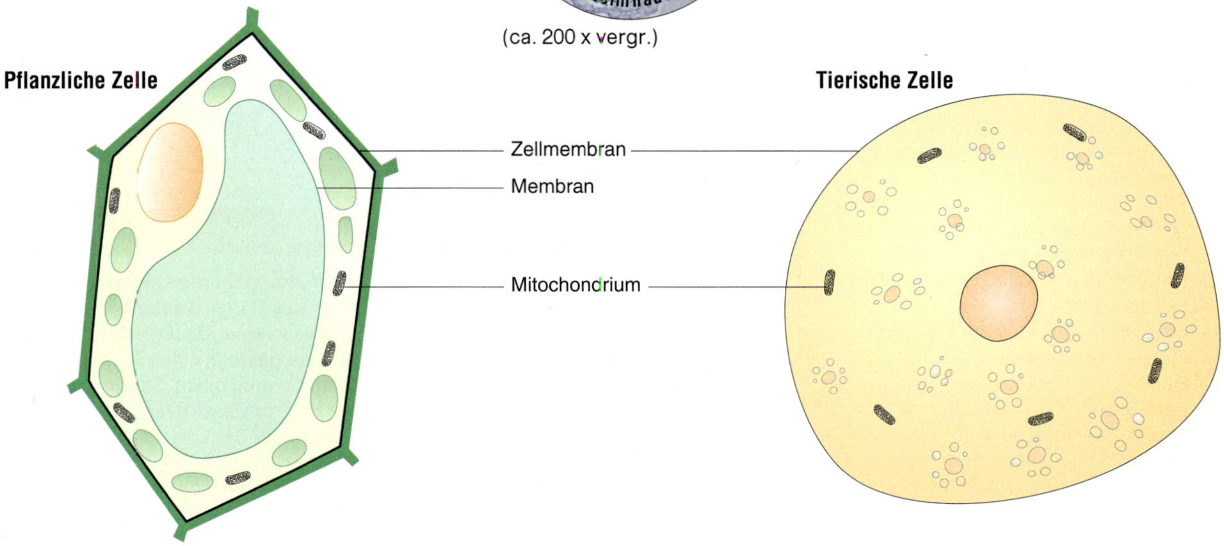

1 Weitere Zellbestandteile bei Pflanzen- und Tierzellen

Mikroskopieren

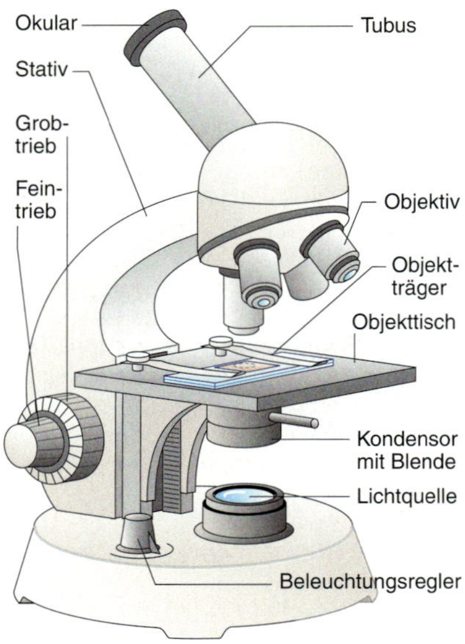

Mikroskopieren – aber richtig

Folgende Anleitung soll dir helfen, beim Mikroskopieren Fehler zu vermeiden:

1. Das Mikroskop beim Herausnehmen aus dem Schrank und beim Transport nur am Stativ anfassen.
2. Verschmutzte Objektive nur mit einem weichen Läppchen, das mit destilliertem Wasser getränkt ist, reinigen.
3. Nie Objektive und Okulare auseinander schrauben.
4. Die Unterseite des Objektträgers stets trocken halten.
5. Beim Mikroskopieren den Tubus mit dem Grobtrieb nur von unten nach oben bewegen bzw. den Tisch senken.
6. Immer mit der schwächsten Vergrößerung beginnen.
7. Kondensor in die oberste Stellung bringen.
8. Bildhelligkeit und Bildkontrast mit der Blende regeln.
9. Nach erfolgter Grobeinstellung die Feineinstellung mit dem Feintrieb vornehmen.
10. Achtung! Beim Arbeiten mit stark vergrößernden Objektiven können Präparat und Deckglas leicht zerdrückt und das Objektiv beschädigt werden.
11. Nach Beendigung der Arbeiten schwächste Vergrößerung einstellen. Mikroskop säubern und Arbeitsplatz sorgfältig aufräumen. Den Arbeitsplatz stets sauber halten.

① Vergleiche den Aufbau deines Schulmikroskops mit unserer Abbildung. Suche die beschrifteten Teile.

② Wenn man die Vergrößerungen von Objektiv und Okular multipliziert, erhält man die Gesamtvergrößerung. Berechne die möglichen Werte für dein Mikroskop.

③ Lege ein Stückchen transparentes Millimeterpapier auf den Objekttisch und miss damit dein Beobachtungsfeld aus. Notiere dir die Werte für die verschiedenen Objektive. So kannst du später leichter die wirkliche Größe eines Objektes abschätzen.

④ Lege ein Haar, eine Stecknadel und einen Wollfaden auf das Millimeterpapier und gib deren Dicke an.

Herstellung eines Nasspräparates

Durchführung: Zerschneide eine Küchenzwiebel mit einem Messer in vier Teile. Nimm eine Schuppe und schneide auf der Innenseite mit einer Rasierklinge ein kleines Rechteck hinein. Ziehe das eng anliegende Zwiebelhäutchen mit einer Pinzette vorsichtig ab. Lege anschließend das Präparat auf einen Objektträger in einen Tropfen Leitungswasser.
Führe das schräg gehaltene Deckglas an den Wassertropfen heran. Lass dann das Deckglas langsam auf das Präparat sinken, ohne dass Luftblasen entstehen. Sauge überschüssiges Wasser mit Filterpapier ab. Bei Wassermangel unter dem Deckglas (erkennbar an Lufteinzug vom Rand her) mit einem Tropfen Wasser aus der Pipette ergänzen.

⑤ Zeichne bei schwacher Vergrößerung die Anordnung der Zellen.

⑥ Zeichne eine möglichst große Umrissskizze (5 x 10 cm) einiger weniger Zellen bei ungefähr 100facher Vergrößerung.

⑦ Betrachte das Innere der Zelle. Übertrage die erkennbaren Einzelheiten in deine Umrissskizze.

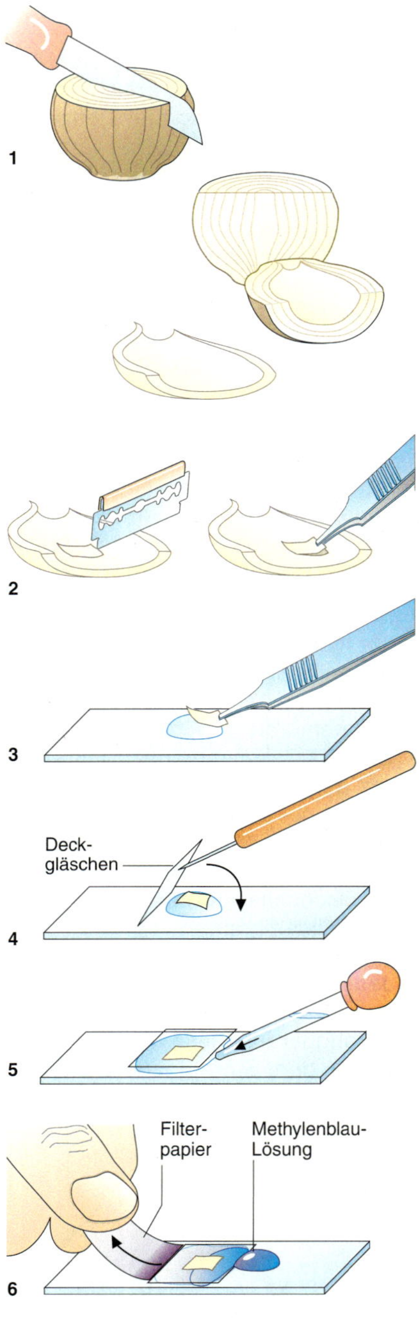

Anfärben von Präparaten

Durchführung: Fertige ein weiteres Nasspräparat des Zwiebelhäutchens an. Füge an einer Deckglaskante, wie in Abb. 6 dargestellt, einen Tropfen Methylenblau-Lösung hinzu. Sauge mithilfe eines Filterpapierstreifens das Färbemittel unter dem Deckglas durch.

⑧ Fertige auch hiervon eine genaue Zeichnung an. Welche Unterschiede zum ersten Präparat lassen sich erkennen?

Frisch- und Dauerpräparat

Geräte: Bunsenbrenner, Teelöffel
Material: Objektträger, Deckgläser, Methylenblaulösung, Filterpapier, Neutralbalsam

Durchführung: Schabe mit dem Teelöffel von der Mundhöhlenwandung etwas Schleim ab. Gib auf zwei Objektträger jeweils einen Wassertropfen und verrühre darin etwas Schleim. Er enthält zahlreiche Schleimhautzellen.

⑨ Bedecke den ersten Objektträger mit einem Deckglas und suche mithilfe des Mikroskops nach Zellen. Was ist erkennbar?
Gib nun an den Rand des Deckglases einen Tropfen der Methylenblaulösung und sauge den Farbstoff mithilfe eines Filterpapierstücks unter dem Deckglas hindurch.

⑩ Mikroskopiere das Präparat erneut. Wie unterscheidet es sich vom ungefärbten Präparat? Zeichne eine Zelle. Betrachte eine Zelle mit 400-facher Vergrößerung. Wie unterscheidet sich die Stärke der Färbung von Zellinnerem und Umgebung? Welche Zellstruktur ist die Ursache für den Unterschied?

⑪ Der zweite Objektträger dient zur Herstellung eines Dauerpräparates. Streiche dazu den Wassertropfen mit dem Schleim mithilfe eines Deckglases flächig auf den Objektträger aus *(Ausstrich)*. Lasse dann das Präparat an der Luft trocknen.
Ziehe den Objektträger nach dem Trocknen dreimal durch die Bunsenflamme. Das Erhitzen verhindert, dass sich die Zellen später in ihrer Gestalt verändern *(Fixieren)*.
Gib einen Tropfen Methylenblaulösung auf das Präparat und lasse den Farbstoff 3 Minuten einwirken. Spüle die Farblösung mit Leitungswasser ab und lasse das Präparat erneut trocknen.

Bereits in dieser Form ist das Präparat längere Zeit haltbar *(Dauerpräparat)*. Man kann nun noch einen Tropfen Neutralbalsam aufsetzen und ein Deckglas auflegen.

Auf den Objektträger wird ein Etikett geklebt und folgendermaßen beschriftet: Mundschleimhautzellen, Methylenblau-Färbung, Datum, Name des Schülers oder der Schülerin.

Untersuche das Präparat und zeichne einige Mundschleimhautzellen mit allen sichtbaren Zellbestandteilen.

Abzugspräparat

Geräte: Bewegliche Lampe, Pinzette, Skalpell oder Rasierklinge Material: Objektträger, Deckgläser, Blatt einer Tulpe, eines Alpenveilchens oder von Tradescantia pallida.

⑫ Lege das von der Pflanze abgetrennte Blatt so um den Zeigefinger, dass die Unterseite nach oben zeigt. Ritze die Außenhaut *(Epidermis)* mit dem Skalpell oder der Rasierklinge ein. Ziehe mit der Pinzette ein Epidermisstück ab und stelle ein Frischpräparat her. Betrachte das Objekt in der Aufsicht. Beleuchte es dazu mit einer Lampe von oben. Zeichne einen Ausschnitt und achte dabei besonders auf die unterschiedlichen Zellformen. Enthalten alle Zellen Chloroplasten?

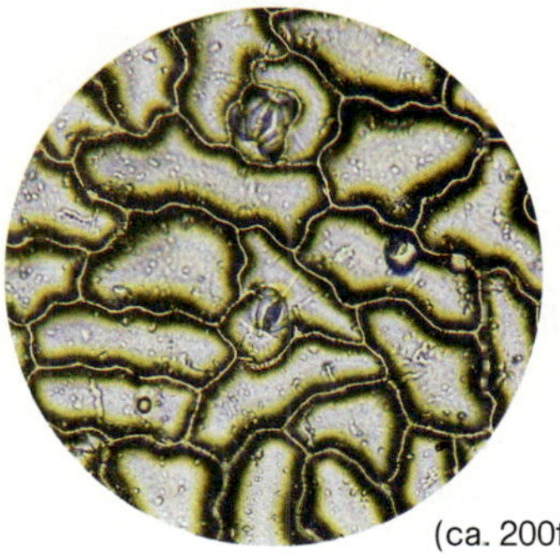

(ca. 200fach)

Quetschpräparat

Geräte: Präpariernadel, Bleistift, Objektträger, Deckgläser
Material: reife Ligusterbeeren

⑬ Entnimm mit einer Präpariernadel etwas Fruchtfleisch aus einer reifen, tief blau gefärbten Ligusterbeere. Übertrage das Material in einen Wassertropfen auf einen Objektträger und lege ein Deckglas auf. Drücke mit dem Bleistiftende gefühlvoll auf das Deckglas. Durch den Druck werden die Zellen des Fruchtfleisches vereinzelt.
Schau dir die Einzelheiten genau an und beantworte die folgenden Fragen:
– Welche Form haben die Zellen?
– Warum erscheinen die Zellen rot gefärbt?
– Enthalten sie Chloroplasten?
– In welchem Volumenverhältnis stehen Zellplasma und Zellsaft?
– Kannst du den Zellkern im Objekt finden?

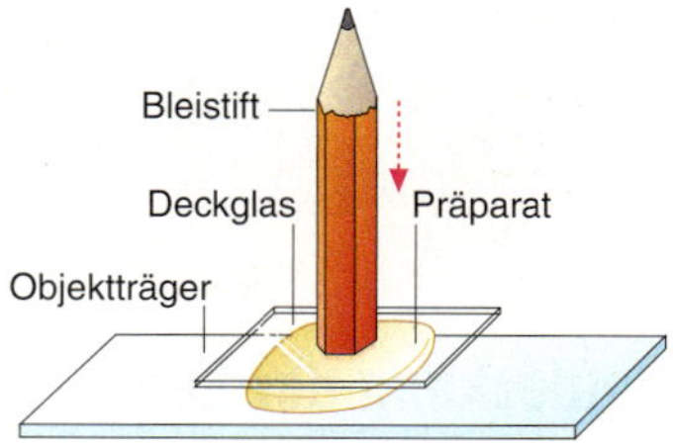

Zupfpräparat

Geräte: Pinzette, Präpariernadel
Material: Objektträger, Deckgläser, Muskelfleisch von Schwein oder Rind.

⑭ Zerzupfe mithilfe von Pinzette und Präpariernadel ein reiskorngroßes Stück Fleisch auf einem Objektträger in einem Wassertropfen. Lege ein Deckglas auf und mikroskopiere. Vergleiche das mikroskopische Bild mit der Abbildung des Muskelgewebes auf Seite 25. Welche Gemeinsamkeiten und Unterschiede kannst du feststellen?

Die Größe der Objekte

Die Zeichnung soll das Gesehene, in diesem Fall die Zelle, möglichst gut wiedergeben — das erfordert Übung! Hier einige Tipps für eine zelluläre Zeichnung:
– Das Objekt vor dem Zeichnen gründlich erkunden und dann einen sinnvollen, nicht zu großen Bildausschnitt festlegen.
– Nur solche Dinge zeichnen, die man auch sieht. Betrachte die Zellen und ihre Form genau.
– Achte darauf, wie die Zellen eines Gewebes aneinander liegen. Nur selten gibt es sichtbare Zwischenräume bei benachbarten Zellen.
– Zufälliges und Atypisches, wie Luftblasen oder Verschmutzungen, beim Zeichnen weglassen.
– Immer großzügig mit klarer Linienführung zeichnen.
– Stets mit weichem Bleistift zeichnen.
– Alle gezeichneten Strukturen beschriften. Die Bezeichnung des Objekts, den dargestellten Teil (Organ oder Gewebe) und die gewählte Vergrößerung angeben.

Entdeckung der Zelle

Mit Flaschenkork fing alles an

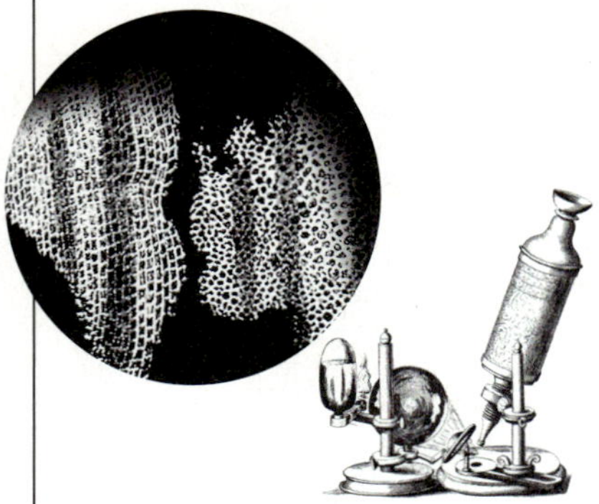

Mikroskop von HOOKE und die von ihm gezeichneten Korkscheibenzellen

Der englische Physiker ROBERT HOOKE (1635 – 1702) war ein ausgezeichneter Experimentator. Er beschäftigte sich mit der Mikroskopie und interessierte sich besonders für die optische Qualität der Instrumente. Um das beurteilen zu können, untersuchte er viele Objekte und biologische Präparate.

Er ging u. a. der Frage nach, warum sich Korken zusammendrücken lassen, aber Flaschen so dicht verschließen können, dass weder Flüssigkeit noch Gas austreten. Deshalb stellte er dünn geschnittene Korkscheibchen her, die er unter das Mikroskop legte. Er erkannte:
„Demnach war Kork wie eine Honigwabe aus einer großen Zahl kleiner flacher Kästchen, jenen Poren oder Zellen zusammengesetzt …“

HOOKE war wohl der Erste, der Zellen gesehen und genau gezeichnet hatte. Er führte den Begriff „Zelle“ ein. Aber er erkannte noch nicht, dass der Inhalt der pflanzlichen Zelle das Lebendige ist. Denn die Zellen des Flaschenkorks sind abgestorben und leer; sie bestehen nur noch aus der Zellwand.

Mit den heutigen Mikroskopen sieht man die Präparate viel besser, als HOOKE sie gesehen hatte. Er verwendete ein selbst gebautes Mikroskop mit zwei Linsen, das etwa 100-fach vergrößerte. Seine Präparate beleuchtete er, indem er mithilfe einer wassergefüllten Glaskugel das Licht einer Öllampe bündelte und auf die Betrachtungsfläche lenkte.

Die Beschreibung des von ihm entwickelten Mikroskops und seine Entdeckungen veröffentlichte er im Jahr 1664 in einem vermutlich ersten großen Werk, das zur Mikroskopie erschien, mit dem Titel „Micrographia“.

Das Leben im Wassertropfen

Vergrößerungsapparat von LEEUWENHOEK

Bedeutende Entdeckungen gelangen dem Holländer ANTONIE VAN LEEUWENHOEK (1632 – 1723), der bereits zu Lebzeiten große Berühmtheit erlangte. Er war handwerklich sehr geschickt und hatte Kontakte zu Glasbläsern und Linsenschleifern. So stellte er selbst Linsen her. Damit fertigte er einlinsige Mikroskope, von denen heute noch einige erhalten und zu sehen sind, so beispielsweise im Deutschen Museum in München Sie haben etwa 200-fache Vergrößerung und sind — auch aus heutiger Sicht — von hoher optischer Qualität.

LEEUWENHOEK untersuchte verschiedene Objekte und entdeckte viele Kleinlebewesen. Anhand seiner genauen Zeichnungen wissen wir, dass LEEUWENHOEK bereits einzelne Zellen gesehen hatte. Er sah sich fortbewegende Spermien von Tier und Mensch, wasserlebende Einzeller und sogar Mund- und Darmbakterien. Jedoch konnte er zu seiner Zeit die biologische Bedeutung seiner Beobachtungen nicht ermessen.

Die Zellenlehre – eine Theorie

Während HOOKE die von Zellwänden umgebenen Räume betrachtete und LEEUWENHOEK auch einzelne lebende Zellen sah, wurde im 19. Jahrhundert gezielt untersucht, wie Lebewesen aufgebaut sind. In Deutschland gelang es dem Botaniker MATTHIAS SCHLEIDEN (1804 – 1881) und dem Zoologen THEODOR SCHWANN (1810 – 1882), das Grundlegende zu entdecken. SCHLEIDENS mikroskopische Pflanzenuntersuchungen erbrachten die Erkenntnis,

MATTHIAS SCHLEIDEN

THEODOR SCHWANN

dass alle Pflanzen aus Zellen aufgebaut sind. Jede ist für sich als lebendige Einheit zu sehen. SCHWANN kam bei der Untersuchung von Tiergeweben ebenfalls zur Erkenntnis, dass Organismen vollständig aus Zellen aufgebaut sind. Es gelang ihm sogar, bei Fingernägeln und Hufen Zellen nachzuweisen. Als Ergebnis dieser Arbeiten veröffentlichte 1839 SCHWANN die *Zelltheorie.* Sie besagt: **„Alle Lebewesen sind aus Zellen aufgebaut“**.

Diese Theorie ist bis heute uneingeschränkt gültig. Seit ihrer Aufstellung durch SCHWANN sind sehr viele neue Lebewesen entdeckt worden. Vor allem bei der Erforschung der *Tiefsee* werden immer wieder völlig unbekannte *Lebensformen* gefunden. Doch bei allen Untersuchungen zeigt sich, dass Lebewesen aus Zellen bestehen.

Die Zelle – Einheit des Lebens

Die moderne Zellforschung bestätigt, dass eine einzelne Zelle die Einheit des Lebens ist. Entfernt man von einer Pflanzenzelle die Zellwand, so gelingt es, diese Zelle zur Zellteilung anzuregen. Aus einer einzelnen Zelle entsteht eine neue Pflanze (Abb.). Sie gleicht vollkommen derjenigen, der die ursprüngliche Zelle entnommen wurde.

Das mikroskopische Bild der Zelle

Mithilfe des Mikroskops lassen sich Zellen gut betrachten. Allerdings zeigt das mikroskopische Bild nur eine Flächenansicht; es gibt nicht die räumliche Gestalt der Zelle wieder. So haben zum Beispiel kreisförmig aussehende Zellen Kugelgestalt, rechteckig aussehende sind quaderförmig.

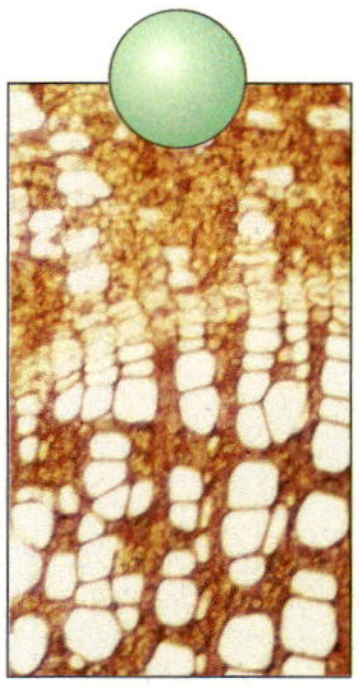
(ca. 230 x vergr.)

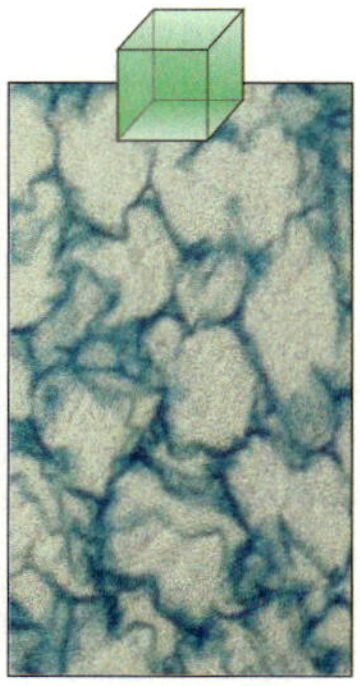
(ca. 100 x vergr.)

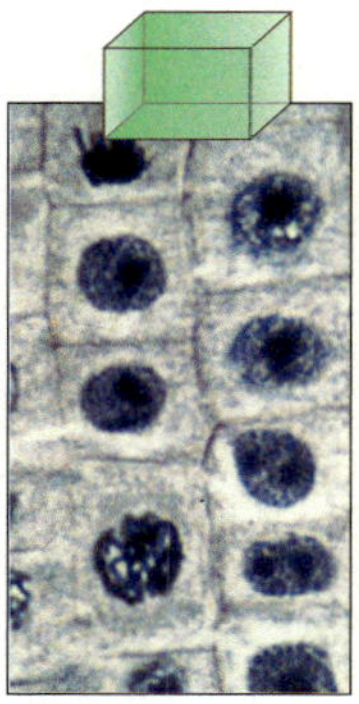
(ca. 800 x vergr.)

(ca. 400 x vergr.)

Größenverhältnisse biologischer Strukturen

Zellen lassen sich nur mithilfe des Mikroskops gut betrachten. Mit dem bloßen Auge kann man gerade noch Objekte sehen, die etwa 0,1 Millimeter groß sind. Das ist etwa der Durchmesser der menschlichen Eizelle. Doch auch das Lichtmikroskop hat seine Grenzen. Zwar kann man damit ganz gut den Aufbau der meisten Zellen mit ihren Zellorganellen betrachten. Doch Zellen und Zellorganellen, die etwa 1 Mikrometer (1 µm) groß sind, wie etwa Bakterien und Mitochondrien, lassen sich gerade noch als keines Pünktchen sehen. Zum genauen Erfassen solcher kleinen Objekte benötigt man das *Elektronenmikroskop.*

Ernst Ruska

Das Elektronenmikroskop

Erst das Elektronenmikroskop ermöglicht es, Objekte, die kleiner als ein Mikrometer sind, genauer zu betrachten. Das Elektronenmikroskop ist eine Entwicklung von Ernst Ruska (1906 – 1988) aus den 1930er-Jahren. Erst spät, im Jahr 1986, erhielt der Deutsche für seine Arbeit den Nobelpreis. Das erste Gerät war im Jahr 1933 funktionsfähig. Doch bis es für biologische und medizinische Präparate einsetzbar war, dauerte es nochmals fast zwei Jahrzehnte.

Heute ist das Elektronenmikroskop ein unverzichtbares Gerät für die medizinische und biologische Forschung. Ohne dieses Gerät würden wir nur wenig über den Feinbau der Zellen und ihrer Organellen wissen. Viren konnte man erstmals mit dem Elektronenmikroskop sehen, obwohl man schon mehrere Jahrzehnte zuvor von ihrer Existenz gewusst hatte.

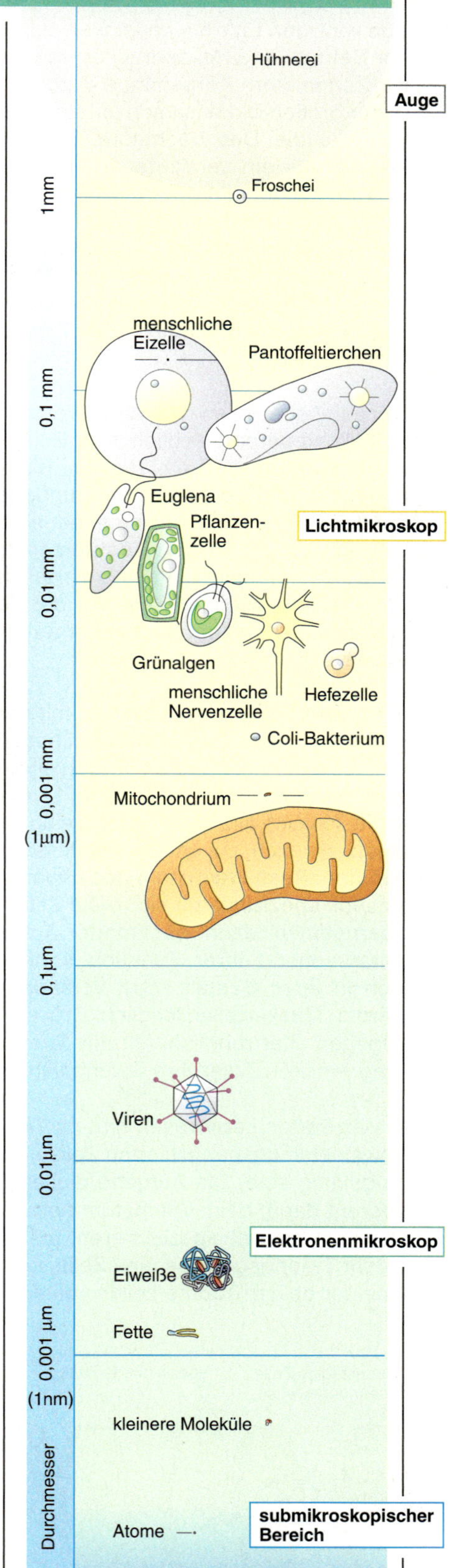

Mikroskopische Dimensionen

Zellteilung

Aus winzigen Eizellen entwickeln sich nach der Befruchtung Heuschrecken von mehreren Zentimetern Körperlänge. Aus nur Millimeter großen Birkensamen entstehen haushohe Bäume. Das Wachstum von Lebewesen ist uns ein vertrauter Vorgang. Doch was geschieht dabei? Im Mikroskop wird sichtbar, dass mit dem Wachsen die Anzahl der Zellen, aus denen ein Lebewesen besteht, zunimmt. Zur Zellvermehrung kommt es, indem sich vorhandene Zellen teilen: Aus einer Zelle entstehen zwei *Tochterzellen* (▶ S. 152).

Je nach Lebewesen dauert der Vorgang der Zellteilung unterschiedlich lang. Bei Säugetieren vergeht etwa ein Tag, bei Bakterien dagegen nur etwa eine halbe Stunde (siehe Seite 27). Eine neue Teilung findet erst wieder statt, wenn in den Tochterzellen das Zellplasma wieder das Volumen erreicht hat, das die ursprüngliche Zelle vor der Zellteilung besessen hatte. Nach jeder Zellteilung ist das Lebewesen gewachsen.

1 Zellteilungsstadien eines Amphibiums (ca. 40 x vergr.)

Ein neues Lebewesen entsteht mit der Befruchtung einer Eizelle. Zunächst besteht es nur aus einer Zelle. Durch Teilung entstehen zwei, vier, acht Zellen usw. (Abb. 1). Anfänglich teilen sich alle Zellen gleichzeitig, später teilen sie sich zu unterschiedlichen Zeitpunkten. Beim Wachstum des neuen Lebewesens spezialisieren sich viele Zellen. Sie übernehmen dann bestimmte Aufgaben. Entsprechend ihrer Funktion können sie sich in ihrer Gestalt stark verändern. So werden Muskelzellen länglich, Drüsenzellen dagegen eher rundlich. Mit der *Spezialisierung* verlieren Zellen ihre Teilungsfähigkeit.

In vielzelligen Lebewesen gibt es *Teilungsgewebe* mit unspezialisierten Zellen, die teilungsfähig sind. Die Aufgabe dieser Zellen besteht darin, beim Wachstum neue Zellen zu bilden, die sich spezialisieren. Teilt sich in einem Teilungsgewebe eine Zelle, so bleibt eine der beiden Tochterzellen teilungsfähig. Die Andere spezialisiert sich und verliert ihre Teilungsfähigkeit. Die Abbildung unten zeigt, wie auf diese Weise bei vier Zellteilungen vier neue, spezialisierte Zellen entstehen. Dabei kann sich die Richtung ändern, nach der neue Zellen abgeschnürt werden.

Die Zellen der Bildungsgewebe bleiben während der gesamten Lebenszeit eines Lebewesens teilungsfähig. So sind z. B. die teilungsfähigen Zellen in Bäumen lebenslang aktiv. Entsprechend werden Bäume immer größer, je länger sie leben. Vor allem bei Tieren und Menschen endet das Wachstum aber nach einiger Zeit. Die teilungsfähigen Zellen werden nur dann aktiv, wenn spezialisierte Zellen abgestorben sind und durch neue ersetzt werden. Das lässt sich zum Beispiel bei der Wundheilung beobachten.

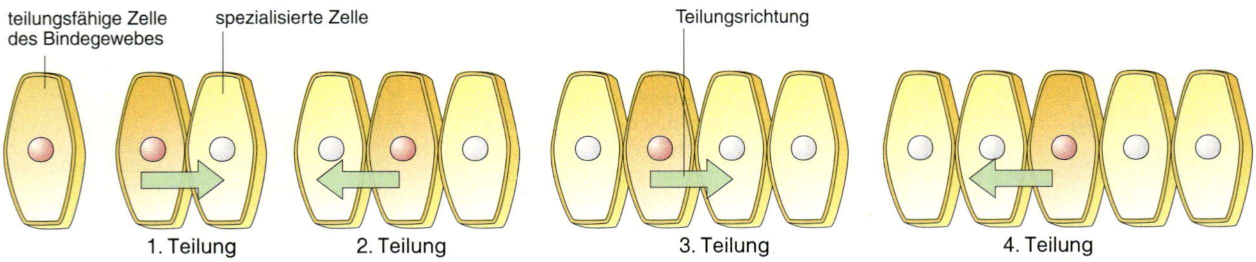

Zellkern und Information

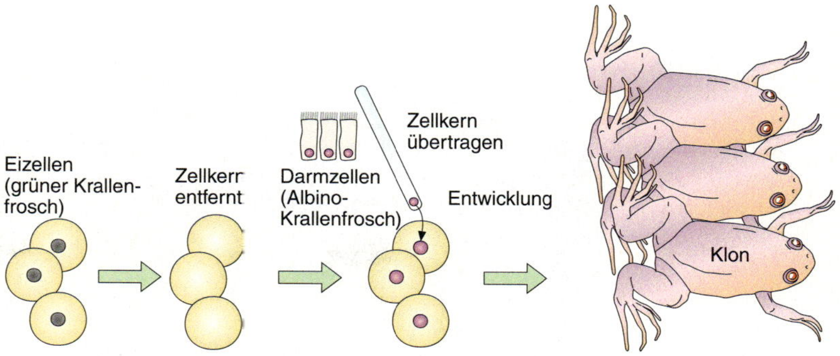

1 Krallenfrosch (Albino)

In der Regel besitzen Zellen einen Zellkern. Dessen Aufgabe zeigt ein Experiment, das in den 1960er-Jahren durchgeführt wurde. Aus den Eizellen von *Krallenfröschen* mit grünlicher Hautfärbung wurden die Zellkerne entfernt. In die entkernten Eizellen übertrug man dann mit einer dünnen Glasröhre neue Zellkerne, die man vorher den Darmzellen einer Kaulquappe entnommen hatte. Die „Spender"-Kaulquappe zeigte eine Besonderheit: Sie war nicht in der Lage Farbstoffe zu bilden; ihr Körper war weiß.

Nach der Zellkernübertragung entwickelten sich aus den Eizellen Krallenfrösche, die alle weiß waren. Allen fehlte — wie der Spender-Kaulquappe — die Erbinformation zur Bildung von Farbstoff. Eine Gruppe von Lebewesen, die alle über die selbe Erbinformation verfügen, bezeichnet man als *Klon;* das entsprechende Verfahren als *Klonierung.* Das Klonierungsexperiment zeigt zweierlei:
- Der Zellkern enthält Informationen über den Aufbau des Lebewesens.
- Der Zellkern einer spezialisierten Zelle enthält die gesamte Informationen über das Lebewesen.

Es ist ein **biologisches Prinzip**, dass Lebewesen in ihren Zellen **Informationen** enthalten (▶ S. 150). Als Information bezeichnet man allgemein eine Aufeinanderfolge von Zeichen, wie z. B. die Buchstaben in diesem Text. Das Material, das die Information speichert, heißt *Informationsträger.* Die biologische Information ist im Zellkern in ähnlicher Form gespeichert. Beim Menschen sind es etwa 3 Milliarden „Buchstaben". Das entspricht ca. 600 000 Buchseiten oder 2000 Büchern zu je 300 Seiten oder dem Speichervolumen von 4 bis 5 CD-ROMs.

Bei der Entwicklung eines Lebewesens finden viele Zellteilungen statt. Die biologische Information liegt im Zellkern, der von einer Hülle umgeben ist. Vor jeder Zellteilung wird die biologische Information kopiert und liegt entsprechend danach doppelt vor. Bei der Zellteilung kommt es zunächst zur Auflösung der Hülle des Zellkerns. Dann werden die biologischen Informationsträger auf zwei gegenüber liegende Bereiche der Zelle verteilt. Schließlich kommt es zur Durchschnürung des Zellplasmas. Aus einer Zelle sind zwei Tochterzellen entstanden. Bei Pflanzenzellen bildet sich eine neue trennende Zellwand. Abschließend werden die Informationsträger wieder eingehüllt; es bildet sich wieder ein Zellkern. Jede der beiden Tochterzellen enthält die selben Informationen wie die ursprüngliche Zelle.

Es gibt aber auch Zellen ohne Zellkern — die roten Blutzellen sind kernlos. Allerdings sind sie nicht teilungsfähig und leben nur etwa 90 Tage. Bakterien sind kernlose Einzeller. Sie besitzen Informationsträger, die unverhüllt im Zellplasma liegen. Vor der Zellteilung wird die Information kopiert und dann bei der Teilung weitergegeben.

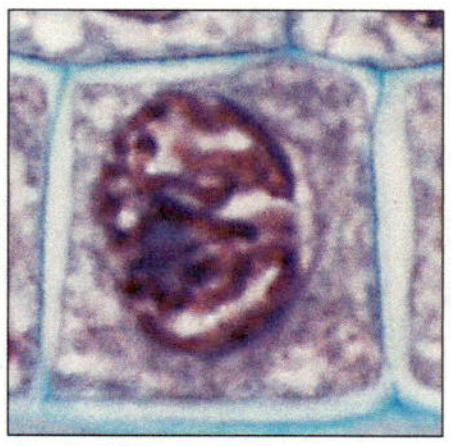
(ca. 500 x vergr.)

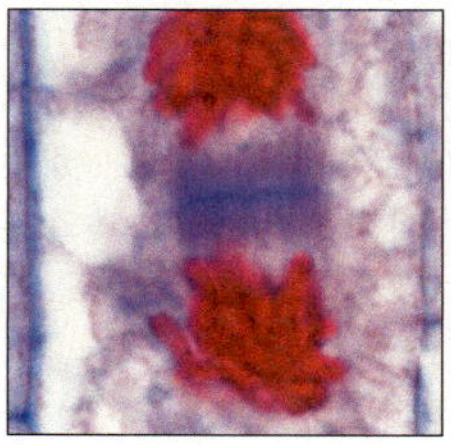
(ca. 1000 x vergr.)

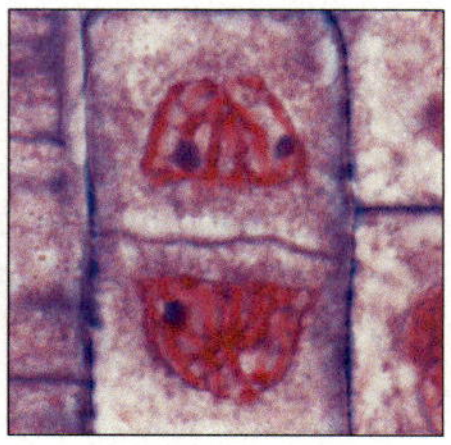
(ca. 500 x vergr.)

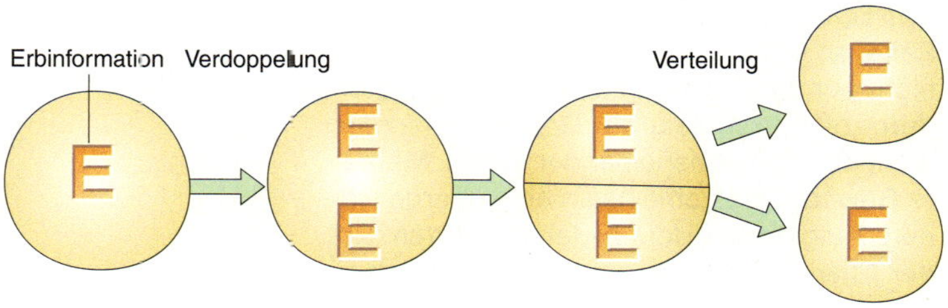

(ca. 150 x vergr.)

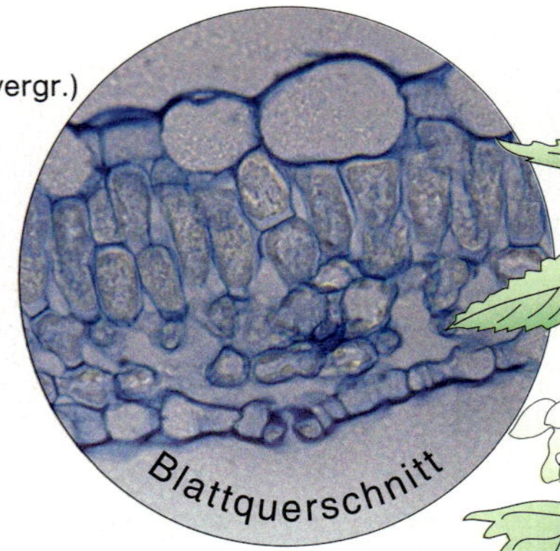

(ca. 200 x vergr.)

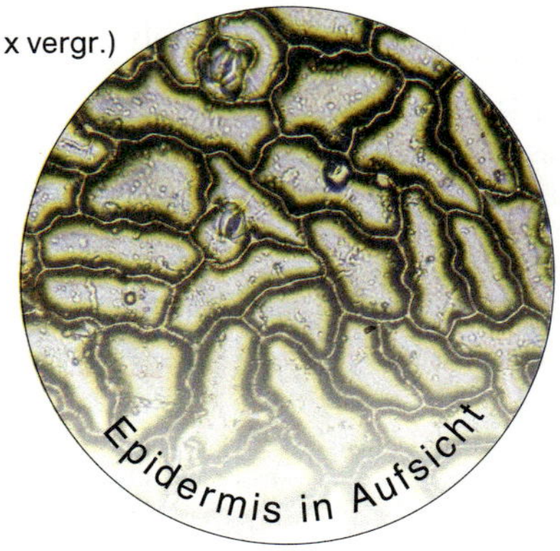

(ca. 300 x vergr.)

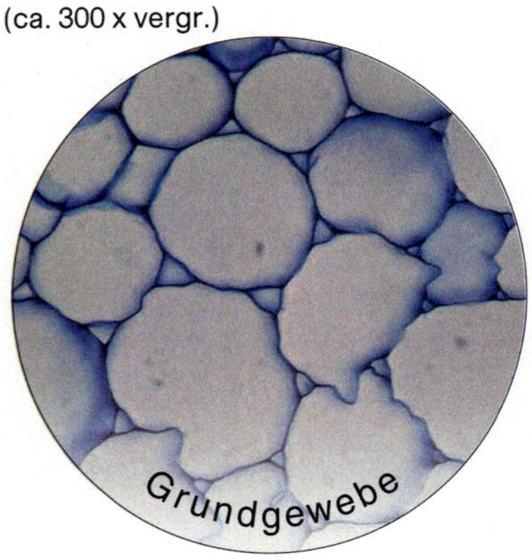

Zellen, Gewebe und Organe

Erinnern wir uns noch einmal an den Satz „Alle Lebewesen sind aus Zellen aufgebaut." Menschen, Tiere und Pflanzen sind also ein Zusammenschluss von vielen Milliarden *Zellen*. Ein Zelltyp allein kann jedoch die in uns ablaufenden, vielfältigen Lebensprozesse nicht bewältigen. Die Zellen haben sich *spezialisiert*. Jede Zelle hat eine ganz *bestimmte Funktion* (▶ S. 146). Spezialisierte Zellen kommen aber kaum allein vor. Sie sind zu Zellverbänden zusammengeschlossen und haben eine besondere, der jeweiligen Aufgabe angepasste Form. Den Zusammenschluss solcher gleichartiger Zellen nennt man **Gewebe**.

Pflanzengewebe

Betrachten wir die Mikrofotos auf dieser Seite, so fällt auf, dass je nach Schnittebene nicht nur ein Gewebe zu erkennen ist, sondern oft verschiedene *Gewebeschichten* dicht an dicht nebeneinander liegen. Mehrere Gewebe, die gemeinsam eine übergeordnete Aufgabe erfüllen, bilden ein **Organ**. Bei der Pflanze sind das die drei Grundorgane *Wurzel, Sprossachse* (Stängel) und *Blatt*. Diese Organe setzen sich aus verschiedenen Gewebearten zusammen.

Am Beispiel einer Taubnesselart untersuchen wir zunächst das *Abschlussgewebe*, die *Epidermis*. Sie besteht aus plattenförmigen, lückenlos aneinander liegenden Zellen, ist meistens einschichtig und schützt die Pflanze vor Wasserverlust durch Verdunstung, Beschädigung und Eindringen von Krankheitserregern. Epidermiszellen bilden auch *Pflanzenhaare*, z. B. die der Taubnessel oder die Brennhaare der Brennnessel.

Im Blattquerschnitt sind neben der Epidermis das aus lang gestreckten, chloroplastenreichen Zellen bestehende *Palisadengewebe* und das lockere *Schwammgewebe* gut zu unterscheiden. Die Ausschnittvergrößerung aus dem Stängelquerschnitt zeigt das *Grundgewebe*, das den Hauptteil des Pflanzenkörpers ausmacht. Zellen mit verdickten Zellwänden sind typisch für das *Festigungs-* und *Stützgewebe*. Es ist im Stängelquerschnitt deutlich zu erkennen.

Die genannten Gewebe und noch einige andere mehr ergänzen sich in ihren Funktionen und bilden so den **Organismus** Pflanze mit seiner ihm eigenen Lebensweise.

(ca. 100 x vergr.)

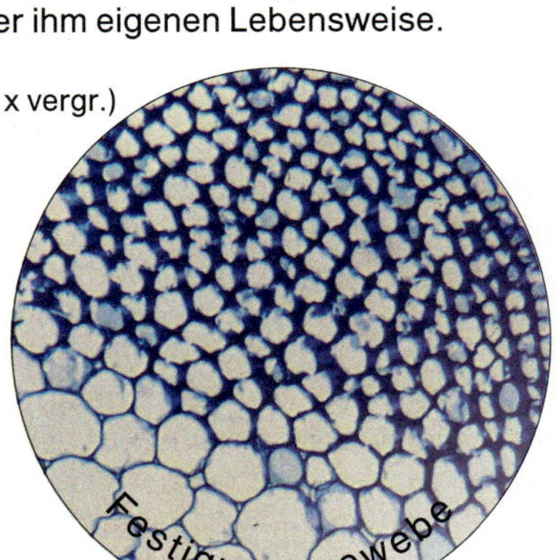

1 Zell- und Gewebetypen einer Blütenpflanze

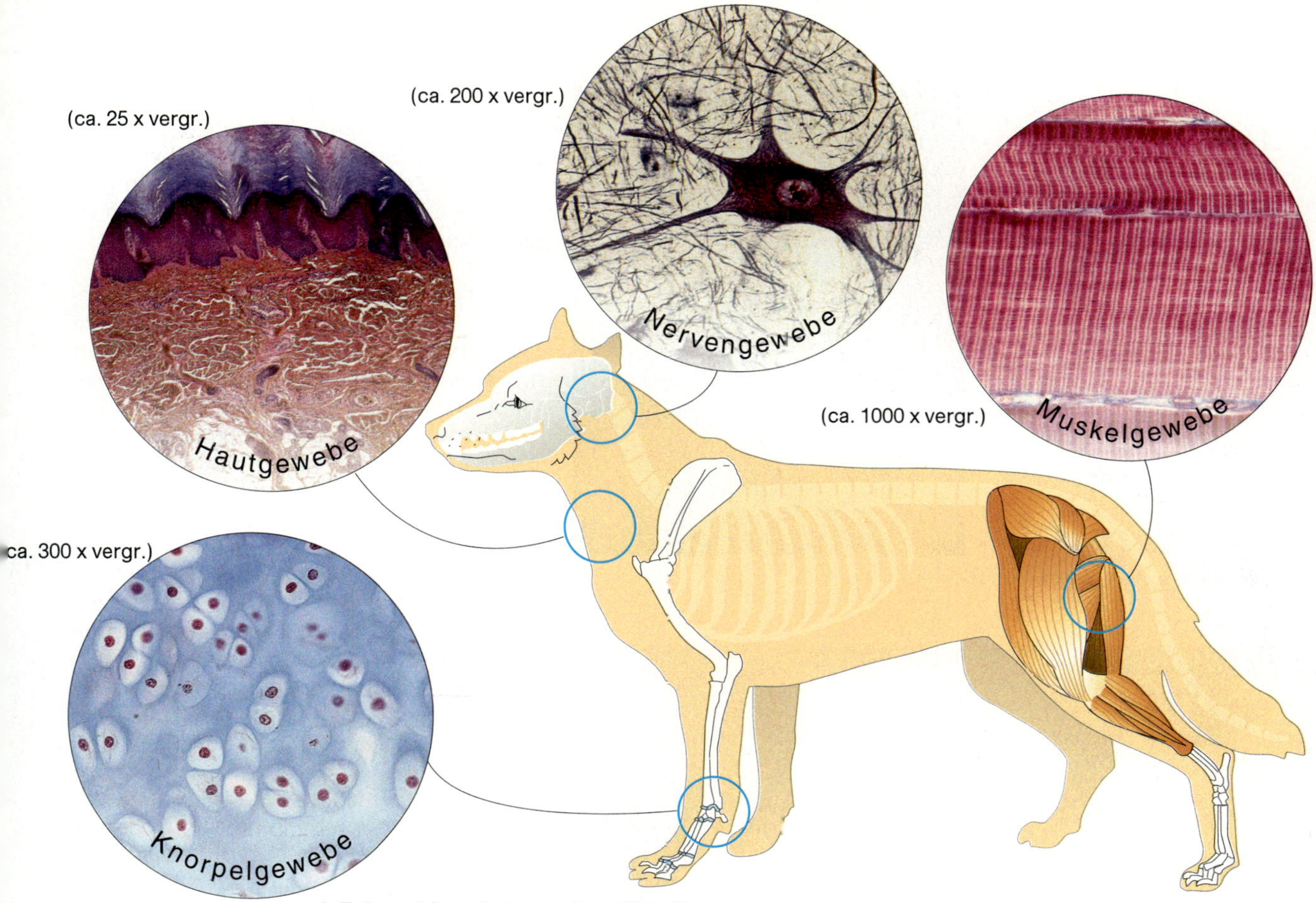

1 Zell- und Gewebetypen eines Wirbeltieres

Tierische Gewebe

Vergleicht man den Menschen oder ein Tier mit einer Pflanze, fallen nicht nur die großen Unterschiede in der Gestalt auf, auch die Lebensäußerungen erscheinen vielfältiger und aktiver. Während eine Pflanze mit ihren Wurzeln im Boden verankert ist und von manchen Menschen noch nicht einmal für ein Lebewesen gehalten wird, läuft ein Hund herum, sucht seine Nahrung oder bellt. Für diese Aktivitäten besitzt der Hund eigens darauf spezialisierte Zellen, Gewebe und Organe (▶ S. 146).

Die Fortbewegung z. B. ermöglichen ihm in erster Linie die *Muskelfasern*. Die bis zu 30 cm langen Muskelfasern bilden zusammen mit anderen Geweben den *Muskel*. Der Wirbeltierkörper erhält seine Stabilität durch das *Stützgewebe*. Zu ihm rechnet man die verschiedenen Formen des *Bindegewebes*, das *Knochen-* und *Knorpelgewebe*. Die abgebildeten *Knorpelzellen* liegen in der von ihnen ausgeschiedenen Grundsubstanz in Gruppen beieinander. Das druckfeste Knorpelgewebe findet man u. a. in *Gelenken*.

Ein Hund reagiert auf seine Umwelt, über *Sinneszellen* nimmt er Reize auf. Diese müssen im Körper weitergeleitet, übertragen und verarbeitet werden. Dafür sind die mehr oder weniger verästelten *Nervenzellen* mit langen Zellfortsätzen zuständig. Das *Deck-* oder *Epithelgewebe* bildet beim Tier nicht nur die äußere Oberfläche, sondern es kleidet auch die inneren Hohlräume des Tierkörpers aus. Die dicht zusammenliegenden *Epithelzellen* der Haut haben im Wesentlichen die selben Aufgaben wie die Epidermis der Pflanzen.

Manchmal bilden mehrere Organe eine größere Funktionseinheit. So wirken Mund, Speiseröhre, Dünn- und Dickdarm bei der Verdauung zusammen. In diesem Fall spricht man von einem *Organsystem*, z. B. dem Verdauungssystem, dem Fortpflanzungssystem oder dem Nervensystem.

Aufgabe

① Zeichne einige der abgebildeten Gewebetypen. Beschrifte jeweils die erkennbaren Zellstrukturen.

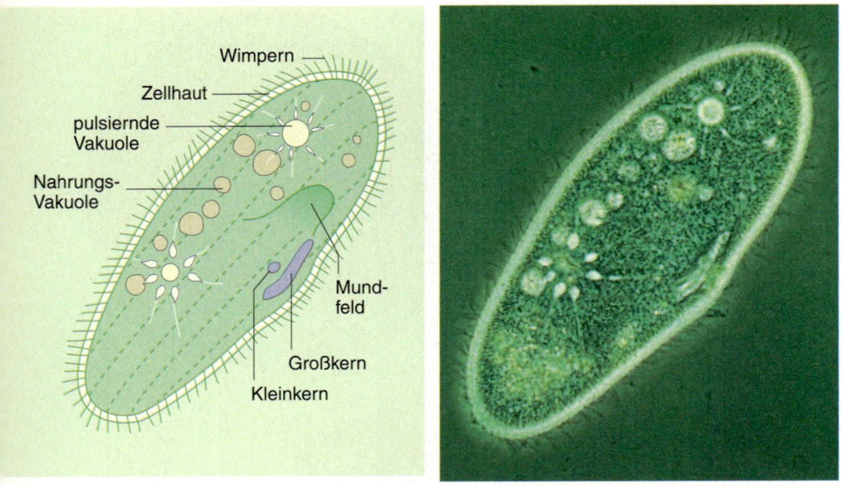

1 Pantoffeltierchen, Schema und Mikrofoto (ca. 250 x vergr.)

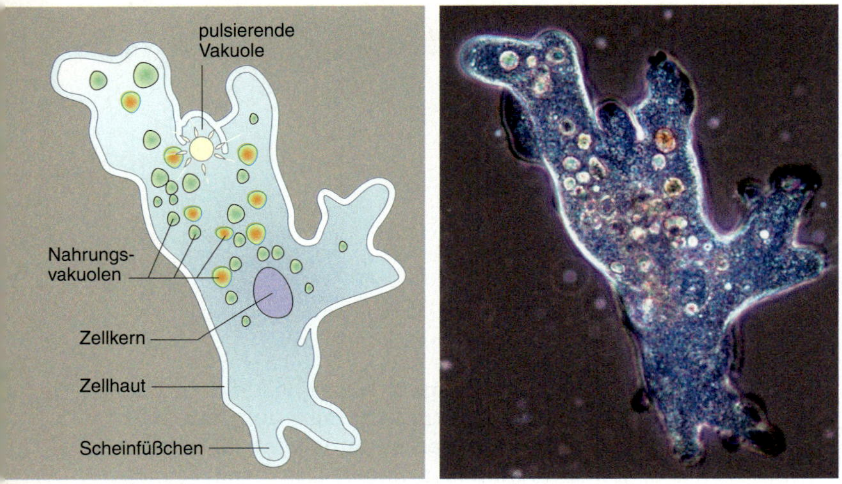

2 Amöbe, Schema und Mikrofoto (ca. 150 x vergr.)

Einzeller – die kleinsten Lebewesen

Betrachtet man mit dem Mikroskop einen Tropfen Tümpelwasser, so fallen bei schwacher Vergrößerung zuerst große Teile auf. Dabei kann es sich um Reste von Pflanzen oder um flockige Schlammteilchen handeln. Häufig lassen sich bei weiterer Vergrößerung kleine Objekte finden, die sich bewegen. Erst bei starker Vergrößerung wird erkennbar, dass es sich um Organismen handelt, die aus nur einer Zelle bestehen.

Einzellige Lebewesen zeigen, dass die Zelle nicht nur der kleinste Baustein aller Lebewesen, sondern auch die kleinste Einheit des Lebens ist. Einzeller zeigen alle Kennzeichen des Lebendigen, wie Reizbarkeit, Stoffwechsel, Bewegung, Wachstum und Fortpflanzung. Bei vielzelligen Organismen sind diese Aufgaben auf verschiedene, spezialisierte Zellen verteilt. Bei Einzellern werden dagegen alle diese Leistungen von einer einzigen Zelle erbracht.

Wie alle Lebewesen, benötigen auch die Einzeller Wasser. Allerdings besitzen sie keinen wirksamen Verdunstungsschutz. Daher findet man Einzeller im Wasser oder zumindest in feuchten Lebensräumen. In Tümpeln, also kleinen stehenden Gewässern, kommt häufig das **Pantoffeltierchen** vor. Es ist mit Längen von mehr als 0,1 Millimetern ein recht großer Einzeller. Der Name ist von seiner Zellform abgeleitet, die wie ein Pantoffel aussieht. Es gehört zur Gruppe der *Wimpertierchen*, denn es trägt an seiner gesamten Zelloberfläche kleine Wimpern. Diese schlagen rhythmisch und ermöglichen die Fortbewegung. Dabei dreht sich das Pantoffeltierchen um seine Längsachse und macht so schraubenförmige Bewegungen.

Eine weitere Funktion der Wimpern ist das Herbeistrudeln von Nahrung zum *Mundfeld*. Von hier aus gelangen Nahrungsteilchen in Nahrungsbläschen, die *Nahrungsvakuolen*. Während sie durch die Zelle wandern, wird die Nahrung verdaut. Unverdauliche Reste werden am *Zellafter* ausgeschieden. Im Innern der Zelle sind weitere Organellen erkennbar. Neben *pulsierenden Vakuolen*, die dem Auspumpen von Wasser dienen, sind ein großer und ein kleiner *Zellkern* vorhanden.

Amöben leben auch im Tümpelwasser. Diese mehr als 0,5 Millimeter großen Einzeller werden auch als *Wechseltierchen* bezeichnet, weil sie ständig ihre Gestalt ändern können. Aus dem Zellplasma strecken sich durch Ausstülpen *Scheinfüßchen* hervor, denen der ganze Plasmakörper nachströmt. So bewegen sich Amöben auf festem Untergrund fort. Trifft eine Amöbe auf ein Nahrungsteilchen, wird es umflossen. Ist es allseitig von Zellplasma umgeben, so ist ein Nahrungsbläschen, eine *Nahrungsvakuole*, entstanden. Sie ist von einer Membran umgeben, die aus der Zellmembran hervorgegangen ist. Die Nahrungsvakuole kreist im Zellplasma, bis die enthaltene Nahrung verdaut ist. Gelangt nun das Bläschen von innen an die Zellmembran, dann verschmilzt es mit ihr und öffnet sich dabei nach außen. So werden unverdauliche Stoffe wieder abgegeben. Neben *pulsierenden Vakuolen* ist im Zellinnern auch ein *Zellkern* zu sehen.

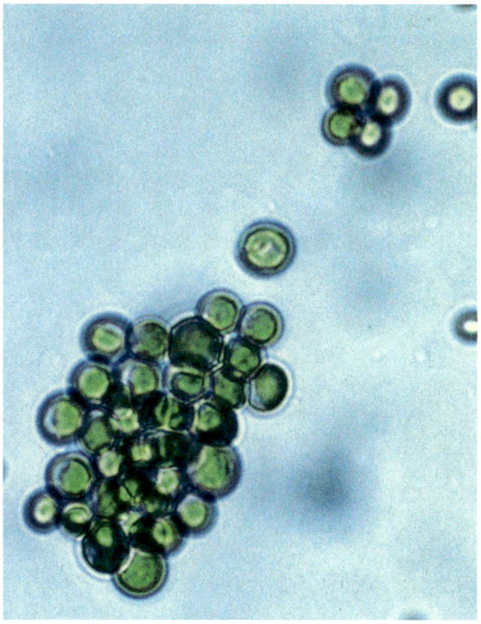

1 Chlorella (ca. 800 x vergr.)

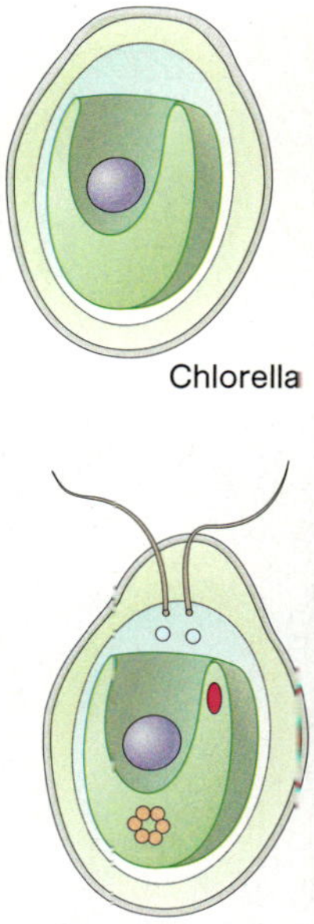

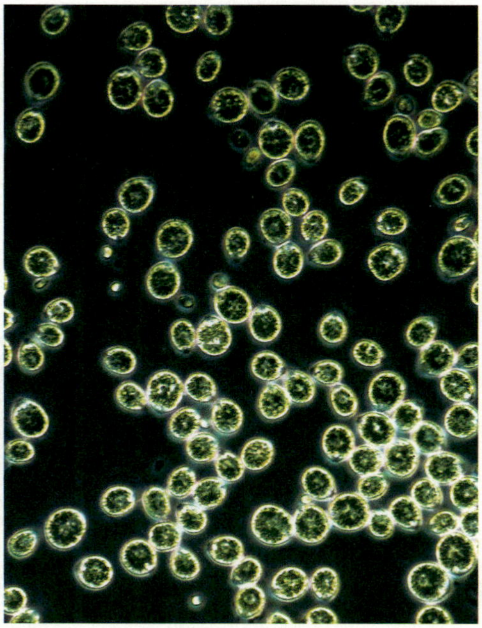

2 Chlamydomonas (ca. 250 x vergr.)

Algen

Nimmt man mit einem großen Glas eine Probe Tümpelwasser und hält es gegen das Licht, so sieht es häufig grünlich aus. Im Wasser sind Algen. Sie enthalten Chlorophyll, das hier die Farbe der Wasserprobe bestimmt. In fast allen Wasserproben, aber auch in feuchter Erde, feuchter Baumrinde oder an feuchten Felsen findet man die Alge **Chlorella**. Sie ist ein etwa 0,01 Millimeter großer kugelförmiger *Einzeller* mit allen Merkmalen der Pflanzenzelle: Das Zellplasma ist von einer Zellmembran und einer festen Zellwand umgeben. Im Zellplasma liegen ein becherförmiger Chloroplast und mehrere kleinere Vakuolen.

Eine weitere grüne, einzellige und ungefähr 0,015 Millimeter große Alge ist **Chlamydomonas**. Sie besiedelt alle Gewässertypen in der Natur und ist auch als Bewuchs an Wasserbecken und Tümpelufern immer leicht zu finden. Die ovale Zelle zeigt, wie Chlorella ebenfalls die Merkmale der Pflanzenzelle. Darüber hinaus fallen die beiden *Geißeln* auf, die an einem Ende der Zelle entspringen. Mithilfe dieser Fortsätze kann sich die Alge schwimmend fortbewegen. Am Rand des krugförmigen Chloroplasten ist ein farbiger Fleck, der auch als *Augenfleck* bezeichnet wird. Dieser Pigmentfleck dient der Orientierung. So kann sich die Algenzelle mithilfe der Geißeln in Richtung des Lichteinfalls bewegen.

Bakterien

Die kleinsten Einzeller sind Bakterien. Viele Menschen fürchten diese Organismen als Krankheitserreger, doch gibt es auch viele harmlose und einige sehr nützliche Arten: Mithilfe von Milchsäurebakterien wird Jogurt oder Käse hergestellt, Essigsäurebakterien stellen aus Alkohol den Essig her. In Gewässern und im Boden sind Bakterien am Abbau toter Organismen beteiligt.

Bakterien sind meist nur wenige tausendstel Millimeter lang. Im Lichtmikroskop lässt sich gerade noch die Form der Zelle erkennen. Man unterscheidet hauptsächlich zwischen kugel-, stäbchen- und korkenzieherartigen Formen (siehe S. 91). Ihren Feinbau sieht man nur mit dem Elektronenmikroskop. Dabei zeigt sich, dass sie keinen echten Zellkern besitzen. Bakterien werden deshalb als *kernlose Einzeller* bezeichnet.

Aufgaben

① Sortiere die im Text beschriebenen Einzeller nach ihrer Größe.
② Stelle für das Pantoffeltierchen die Merkmale zusammen, die es als Lebewesen kennzeichnen.
③ Untersuche Tümpelwasser, ob es Algen enthält. Wie kannst du ohne Mikroskop eine Schnellprobe durchführen? Erkläre.
④ Zu welchem Typ gehören die Bakterien, die das Mikrofoto (Abb. 3) zeigt?

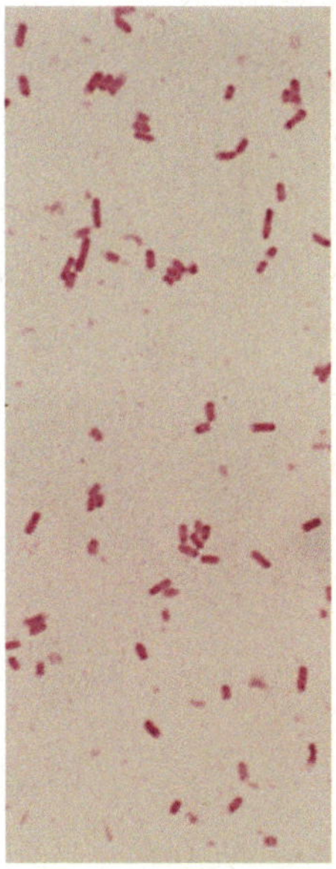

3 Essigsäurebakterien (ca. 1000fach vergr.)

Stoffwechsel der Pflanzen

Fotosynthese

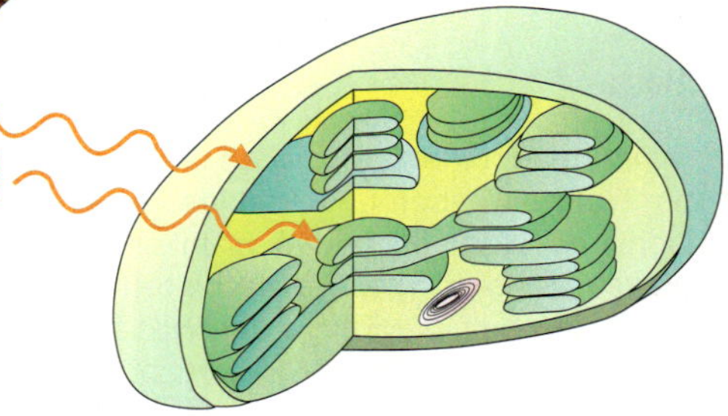

Chloroplast

Wasser

Stofftransport

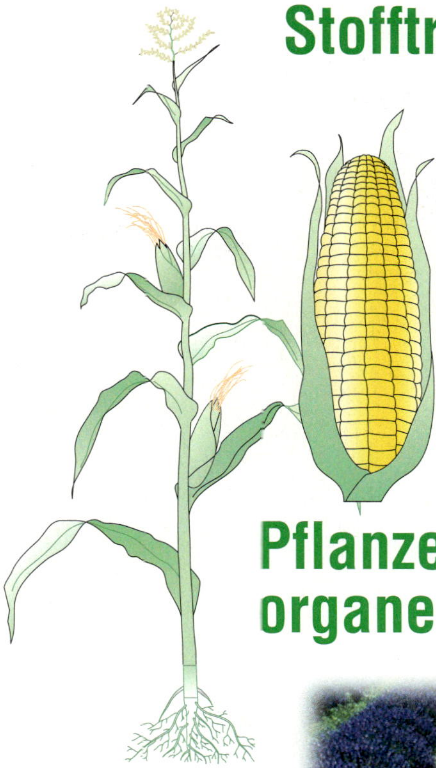

Pflanzen-organe

Mammutbäume können bis zu 132 Meter hoch wachsen. Sie haben dabei einen Stammdurchmesser von bis zu 11 Metern. Diese Riesenbäume keimen aus winzigen Samen und wachsen in 3000 bis 4000 Jahren zu den Baumriesen heran. Die Energie für den Stoffwechsel und das Wachstum stammt aus der Sonne.

Pflanzen blühen, bilden Früchte und Samen. Auch für diese Vorgänge benötigen die Pflanzen Energie.

Menschen und Tiere ernähren sich von den Produkten der Pflanze — z. B. den Früchten und Samen. Auch die Duft- und Aromastoffe der Pflanzen werden vom Menschen genutzt.

1 Die Historischen Versuche von Priestley

Pflanzen verbessern die Luft

Der englische Naturforscher und Geistliche Joseph Priestley (1733 – 1804) untersuchte, ob die Pflanzen irgendeine Wirkung auf Luft haben. Was sie genau bewirken, konnte er aber nicht wissen, da zu seiner Zeit die Zusammensetzung der Luft nicht bekannt war.

Priestley ließ unter zwei Glasglocken Kerzen brennen. Die Flammen gingen bald aus. Daraus folgerte er, dass Flammen die Luft verschlechtern. Danach stellte er eine Pfefferminzpflanze unter die erste Glasglocke, ohne den Glockenrand aus dem Wasser zu heben. Dazu musste er die Pflanze durch das Wasser in die Glasglocke bringen. Zu seinem Erstaunen gedieh die Pflanze in der „schlechten“ Luft prächtig. Nach vier Wochen entfernte er die Pflanze wieder und brachte von oben eine brennende Kerze in den Innenraum. Die Kerze brannte eine Zeit lang. Er schloss daraus, dass die Pflanze die Luft wiederhergestellt hatte. In der zweiten Glasglocke, in der keine Pflanze war, erlosch die Kerzenflamme sofort. Anschließend brachte Priestley statt Kerzen Mäuse unter die Glasglocken. Diese wurden schon nach kurzer Zeit ohnmächtig. Wenn er aber wiederum vier Wochen lang eine Pflanze unter die Glasglocke stellte, konnten die Mäuse wieder eine begrenzte Zeit darin leben. Er folgerte, dass die Mäuse, wie die brennenden Kerzen, die Luft verschlechtert hatten.

Priestley fasste seine Entdeckungen folgendermaßen zusammen: „Tiere und Menschen verschlechtern Luft. Pflanzen können in der schlechten Luft besonders gut gedeihen und verbessern sie.“

Wie hatten die Pflanzen die „schlechte Luft“ verbessert? Priestley beobachtete an Wasserpflanzen, dass immer wieder Gasblasen an die Wasseroberfläche stiegen. Er sam-

Joseph Priestley untersuchte mit Experimenten den Stoffwechsel von Pflanzen

Zusammensetzung der Luft
78 % Stickstoff
21 % Sauerstoff
0,03 % Kohlenstoffdioxid
ca. 1 % andere Gase

melte diese und stellte fest, dass ein glimmender Holzspan in diesem Gas heftig aufflammte. Damit hatte er Sauerstoff nachgewiesen.

Aber welches Gas ist nun in der „verbrauchten Luft“ enthalten? Leitet man sie in Kalkwasser, entsteht ein milchig weißer Niederschlag. Diese chemische Reaktion erfolgt nur durch Kohlenstoffdioxid. Leitet man die „verbesserte Luft“ durch Kalkwasser, ergibt sich kein weißer Niederschlag. Die Anwesenheit von Pflanzen verringert also den Kohlenstoffdioxidgehalt der Luft. Pflanzen nehmen folglich Kohlenstoffdioxid auf und geben Sauerstoff ab.

Welche Bedeutung hat Kohlenstoffdioxid für die Pflanzen? Diese Frage lässt sich mit folgendem Experiment klären: Kressesamen werden in zwei Blumentöpfen ausgesät. Sobald die Samen keimen, wird einer der Töpfe zusammen mit einer Schale mit verdünnter Natronlauge unter eine Glasglocke gestellt. Die Natronlauge bindet Kohlenstoffdioxid aus der Luft. Der andere Topf wird unter eine Glasglocke gestellt, die eine kleine Öffnung besitzt. Während die einen Pflanzen also ohne Kohlenstoffdioxid auskommen müssen, erhalten die anderen normale Luft *(„Hunger“- und Kontrollversuch).* Nach einigen Tagen ist zu beobachten, dass die Pflanzen ohne Kohlenstoffdioxid verkümmern und absterben, während die anderen Pflanzen normal wachsen. Kohlenstoffdioxid ist also wichtig für das Pflanzenwachstum. Zum Wachsen benötigen Pflanzen neben Kohlenstoffdioxid und Wasser auch *Mineralstoffe.* Diese liegen in der Erde als Salze vor, die in Wasser gelöst sind; besonders viele sind in Mist, Komposterde und Dünger enthalten.

Die beschriebenen Experimente zeigen, dass grüne Pflanzen Kohlenstoffdioxid aufnehmen und Sauerstoff abgeben (▶ S. 148).

Aufgaben

① Beschreibe anhand von Abb. 30.1, was PRIESTLEY beobachtete. Wie änderte sich die Zusammensetzung der Luft in den Glasglocken?

② Begründe, warum beim Versuch mit Kressepflanzen ein Kontrollversuch notwendig ist.

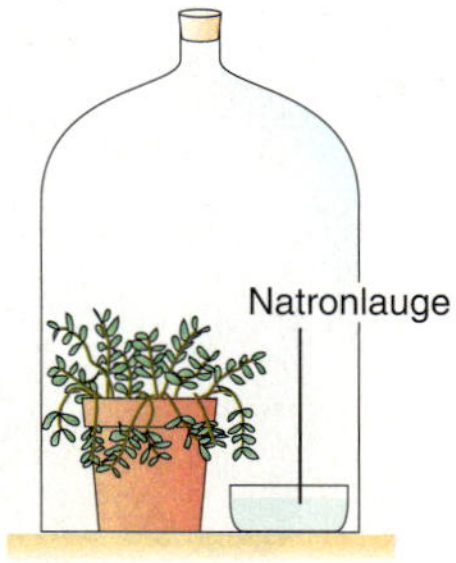

Pflanze im „Hungerversuch“

Pflanze im Kontrollversuch

Zettelkasten

Nachweismethoden für Gase

Nachweis von Sauerstoff

Wird ein glimmender Holzspan in ein mit Sauerstoff gefülltes Reagenzglas gehalten, entzündet er sich.
Der erste Kontakt mit Sauerstoff führt bereits zu einer sichtbaren Flamme.

Nachweis von Sauerstoff

Wird Indigoblau in Wasser gegeben, welches keinen Sauerstoff enthält, so bleibt das Wasser klar. Das Einschütten in das Wasser muss sehr vorsichtig geschehen, da durch zu kräftiges Schütten Luftsauerstoff ins Wasser gelangt. Bei geringen Mengen von Sauerstoff im Wasser werden erste bläuliche Schlieren sichtbar. Größere Mengen führen schließlich zu einer intensiven dunkelblauen Färbung des Wassers durch das Indigoblau.

Nachweis von Kohlenstoffdioxid

Gase, die durch eine Waschflasche geleitet werden, gelangen zunächst durch eine Flüssigkeit. Von dort steigen sie auf und entweichen durch die zweite Öffnung aus der Flasche. Leitet man Kohlenstoffdioxid durch eine Waschflasche mit Kalkwasser, so entsteht ein weißer Niederschlag, und aus dem durchsichtigen Kalkwasser wird durch den Kontakt mit dem Kohlenstoffdioxid eine milchig trübe Flüssigkeit.

Glimmspanprobe

... mit Indigoblau

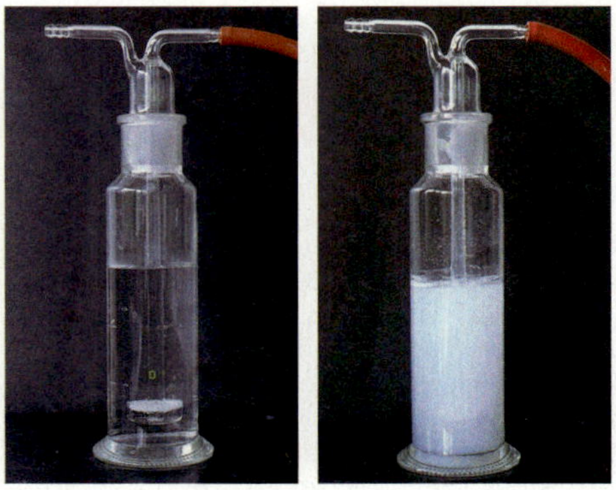
... mit Kalkwasser

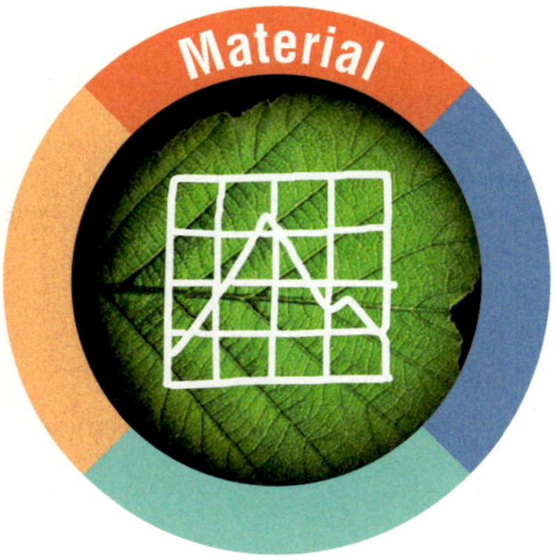

Die Entdeckung der Fotosynthese

Die Vorgänge der Fotosynthese wurden von vielen Forschern in kleinen Schritten aufgeklärt. Durch gezielte Experimente konnten einzelne Fragen geklärt werden. Schließlich fügten sich die Erkenntnisse zu einer Gesamtvorstellung von der Fotosynthese zusammen.

Versuch 1

Jan Baptist van Helmont

JAN BAPTIST VAN HELMONT (1578 – 1657), ein niederländischer Arzt, war der erste, der mit Experimenten untersuchte, welche Stoffe Pflanzen zum Leben brauchen. Er füllte einen Topf mit 90,7 kg Erde und pflanzte darin eine 2,3 kg schwere Weide. Nachdem er diese fünf Jahre lang mit Regenwasser gegossen hatte, wog er die Erde und die Weide wieder. Während die Masse der Weide inzwischen 76,7 kg betrug, war die Erde nur um 50 g leichter geworden. Er schloss daraus, dass die Pflanze Gießwasser aufgenommen und zumindest teilweise in Pflanzenmaterial umgesetzt hatte.

Versuch 2

Jan Ingenhousz

Der niederländische Arzt JAN INGENHOUSZ (1730 – 1799) wollte klären, in welchem Pflanzenorgan und unter welchen Bedingungen die Fotosynthese stattfindet. Er stellte eine brennende Kerze zusammen mit einer Pflanze unter eine luftdicht verschlossene Glasglocke. Nach kurzer Zeit erlosch die Flamme. Nachdem er die Glocke mehrere Tage an einem hellen Ort stehen ließ, konnte er die Kerze in der Luft unter der Glocke wieder brennen lassen. Als er den Versuch in einem dunklen Raum wiederholte, ließ sich die Kerze nicht anzünden. Auch als er das Experiment an einem hellen Ort mit einer Kartoffelknolle durchführte, brannte die Kerze nicht.

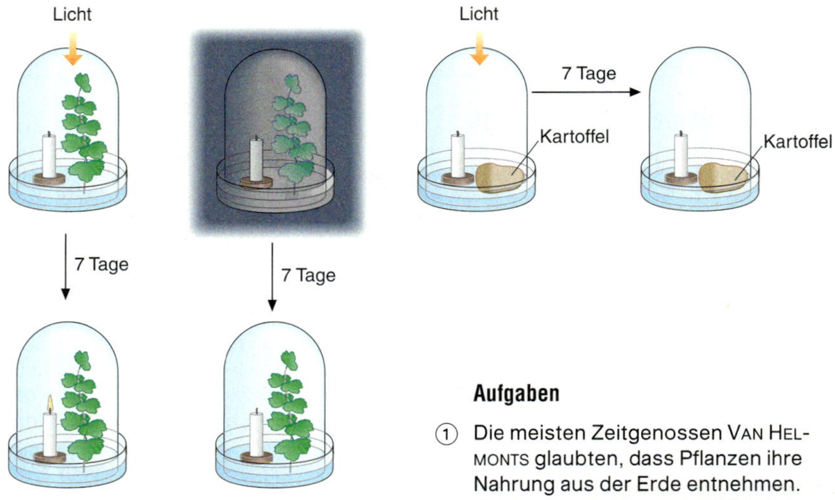

Aufgaben

① Die meisten Zeitgenossen VAN HELMONTS glaubten, dass Pflanzen ihre Nahrung aus der Erde entnehmen. Wie konnte er diese Vorstellung widerlegen?

② In welchem Pflanzenorgan und unter welcher Bedingung findet Fotosynthese statt. Deute die Experimente von INGENHOUSZ.

③ Die Versuche von SENEBIER zeigen, dass Pflanzen nicht nur Wasser aufnehmen. Welcher weitere Stoff wird für die Fotosynthese benötigt?

④ Welches Gas konnte SENEBIER nachweisen?

⑤ Stelle in einem Schema dar, welche Stoffe die Pflanze zur Fotosynthese aufnimmt und abgibt. Stelle auch dar, welche Bedingungen nötig sind.

Versuch 3

Jean Senebier

Der schweizer Botaniker und Theologe JEAN SENEBIER (1742 – 1809) experimentierte mit Wasserpflanzen. Belichtete er eine Pflanze in kohlenstoffdioxidhaltigem Wasser, stiegen Gasbläschen auf, die er in einem mit Wasser gefüllten Reagenzglas sammelte. Verwendete SENEBIER jedoch abgekochtes Wasser, das kein Kohlenstoffdioxid enthielt, entstand kein Gas.

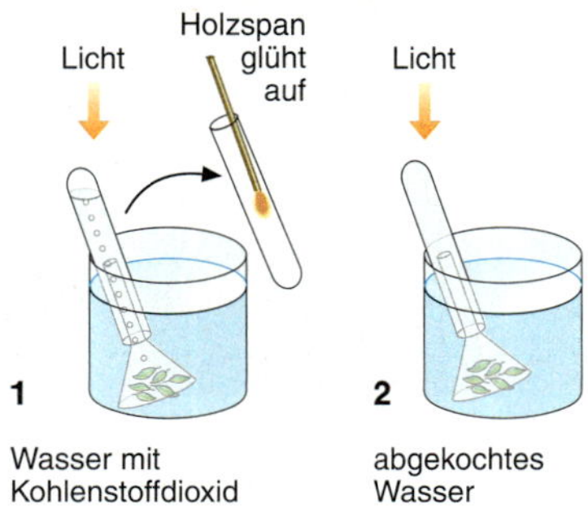

Fotosynthese im Blatt

1 Schönmalvenblatt mit Aluminiumfolie

Durch die Versuche von PRIESTLEY ist noch nicht geklärt, in welchen Pflanzenorganen und unter welchen Bedingungen die Fotosynthese stattfindet. Hier helfen die folgenden Versuche an der Schönmalve weiter. Die Blätter dieser Pflanze enthalten grüne und helle Bereiche. Führt man an einem solchen *panaschierten Blatt* einen Stärkenachweis mit Iod-Kaliumiodid-Lösung durch, so verfärben sich die grünen Blattbereiche schwarzblau. Dort befindet sich also Stärke.

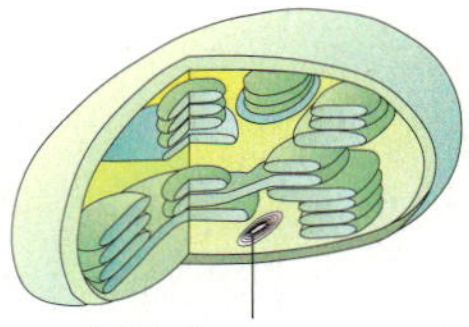

Chloroplast (Schema)

Unter welchen Bedingungen entsteht die Stärke in den grünen Blattbereichen? Dazu wird ein Teil des Blattes mit Aluminiumfolie lichtdicht abgedeckt (Abb. 1) und die Pflanze einige Tage belichtet oder an einen hellen Ort gestellt. Anschließend wird wieder ein Stärkenachweis mit Iod-Kaliumiodid-Lösung durchgeführt. Dabei verfärben sich nur die grünen Blattbereiche schwarzblau, die auch belichtet wurden (Abb. 2). Damit ist klar, dass *Licht* notwendig ist, um in den grünen Blattbereichen Stärke zu bilden (▶ S. 148).

2 Schönmalvenblatt nach Stärkenachweis

Aber welche Struktur der Zelle ist für die Stärkebildung verantwortlich? Im mikroskopischen Bild kann man erkennen, dass die Zellen der grünen Blattbereiche kleine, grüne Körner enthalten. Diese *Blattgrünkörner* oder *Chloroplasten* enthalten *Chlorophyll,* einen Farbstoff, der für die Grünfärbung verantwortlich ist. Gibt man einige Tropfen Iod-Kaliumiodid-Lösung auf einen Blattquerschnitt und betrachtet diesen unter dem Mikroskop (Abb. 3), erkennt man, dass nur die Chloroplasten schwarzblau gefärbt sind. Stärke wird also in den Chloroplasten gebildet. Stärke ist ein Kohlenhydrat, das aus Traubenzucker aufgebaut wird. In grünen Pflanzen findet neben dem Gaswechsel auch die Bildung von Traubenzucker statt. Der Stoffwechselprozess, bei dem mithilfe von Licht aus Wasser und Kohlenstoffdioxid Traubenzucker gebildet und Sauerstoff abgegeben wird, heißt **Fotosynthese**.

phos, gr. = Licht
synthesis, gr. = Zusammensetzung

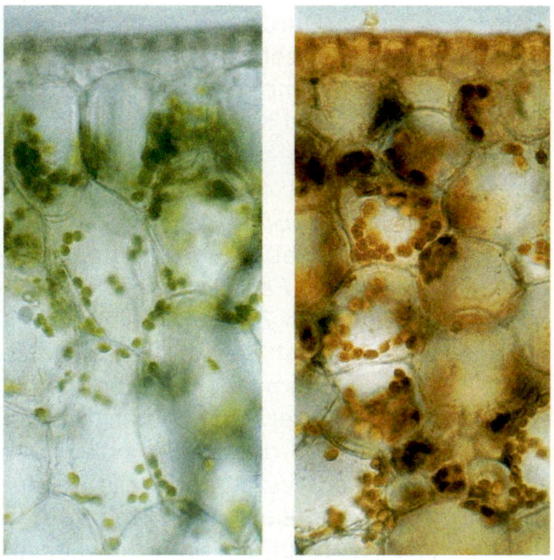

3 Stärkenachweis in Chloroplasten

Aufgaben

① Um nachzuweisen, dass für die Fotosynthese Licht notwendig ist, muss die Alufolie das Blatt lichtdicht, aber nicht luftdicht abschließen. Erkläre.

② Mit Weißleim oder Vaseline lässt sich die Blattober- oder die Blattunterseite lichtdurchlässig, aber gasdicht verschließen. Welche Folgen sind für die Stärkebildung zu erwarten?

Spaltöffnung

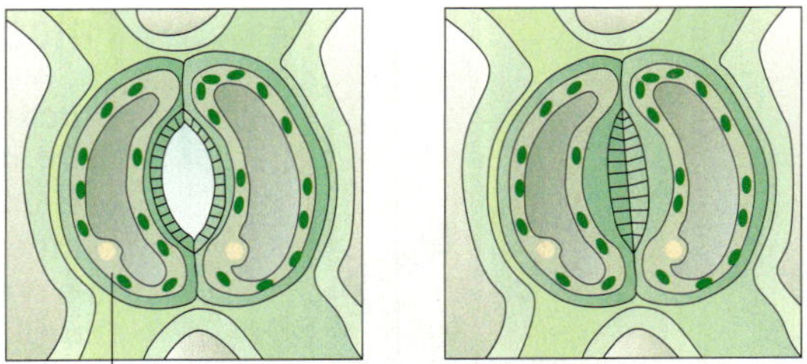

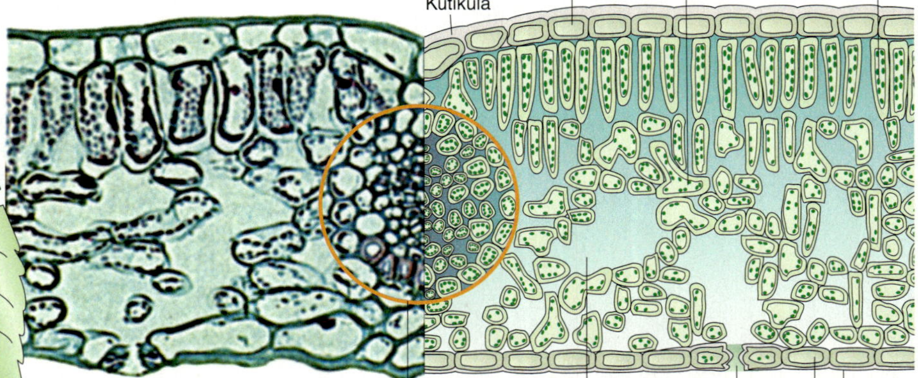

1 Blattquerschnitt

Bau und Funktion von Pflanzenorganen

Eine Blütenpflanze besteht aus der Wurzel und dem Spross, der sich in Sprossachse, Blätter und Blüte gliedert. Jedes dieser Pflanzenorgane enthält unterschiedliche Gewebe. Diese bestehen oft aus spezialisierten Zellen und werden nach ihrer Funktion eingeteilt. Man unterscheidet zum Beispiel *Abschlussgewebe, Festigungsgewebe* und *Leitungsgewebe* (▶ S. 146).

Das **Blatt** weist im Querschnitt mehrere Gewebeschichten auf. Die Blattoberseite wird von der lichtdurchlässigen *oberen Epidermis* gebildet. Ihre Zellen liegen lückenlos aneinander, sind frei von Chloroplasten und haben eine verdickte Außenwand. Auf der Außenseite sind sie mit einer wachsähnlichen Schicht, der *Kutikula,* überzogen. Epidermis und Kutikula schützen das Blatt vor Verletzungen und Austrocknung.

Unter der oberen Epidermis befindet sich das *Palisadengewebe.* Der Name deutet auf die eng stehenden, länglichen Zellen hin, die viele Chloroplasten enthalten. Unter dem Palisadengewebe befindet sich das Schwammgewebe. Dessen Zellen besitzen nur wenig Chloroplasten und stehen sehr locker, so dass zwischen den Zellen wie bei einem Schwamm große Hohlräume entstehen. Diese *Interzellularräume* ermöglichen eine Durchlüftung des Blattes.

Das Abschlussgewebe der Blattunterseite ist die *untere Epidermis.* Diese besteht wie die obere Epidermis aus dicht schließenden Zellen, die von einer Kutikula bedeckt sind. Zusätzlich enthält sie aber zahlreiche *Spaltöffnungen,* die jeweils durch zwei spezielle Schließzellen geöffnet und geschlossen werden können. Durch die Spaltöffnungen ist ein Stoffaustausch mit der Umgebung möglich. Wasserdampf und Sauerstoff werden abgegeben und Kohlenstoffdioxid aufgenommen.

Jedes Blatt ist von *Blattadern* durchzogen, die Festigungsgewebe und Leitungsgewebe enthalten. Das *Festigungsgewebe* besteht aus länglichen Zellen mit dicken Zellwänden, die dem Blatt Halt und Stabilität geben. Zum *Leitungsgewebe* gehören die *Gefäße,* in denen Wasser und Mineralstoffe von der Sprossachse in das Blatt geleitet werden, und die *Siebröhren,* durch die Zucker, die in den Chloroplasten gebildet wurden, und weitere Nährstoffe in andere Pflanzenorgane gelangen.

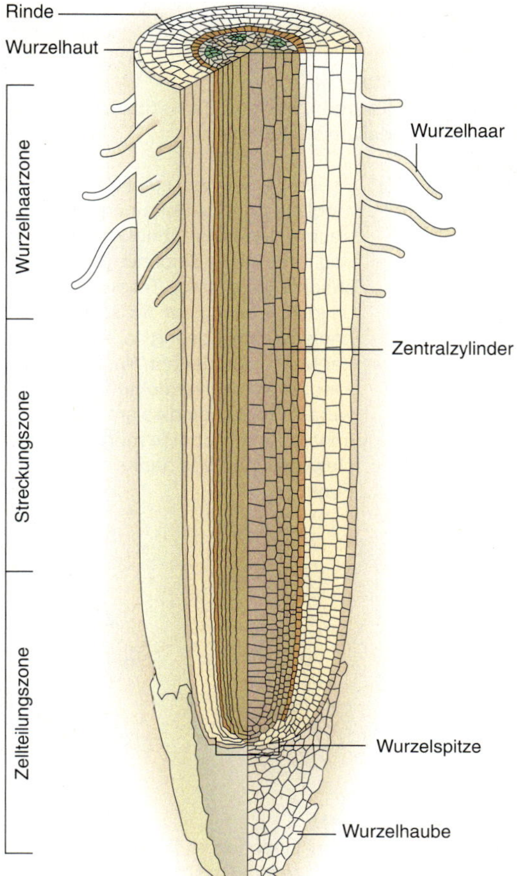

a. Wurzel im Schnitt

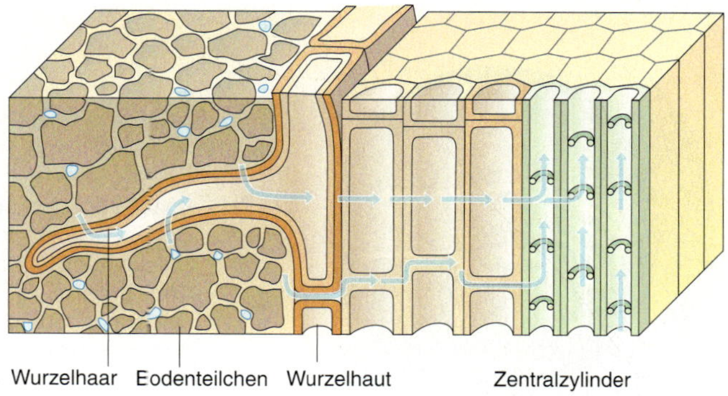

b. Weg des Wassers in die Leitbündel

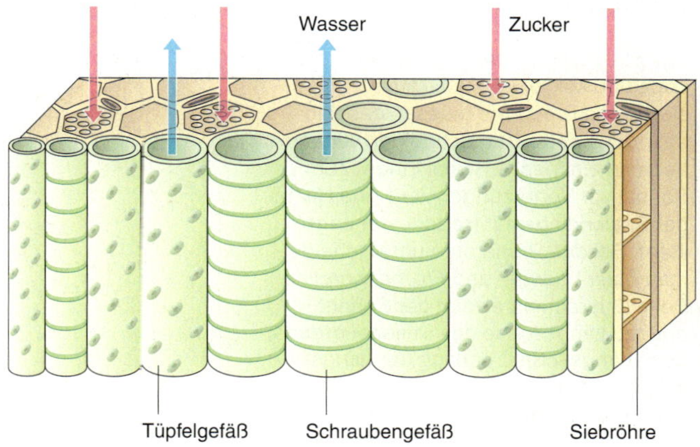

c. Leitgewebe

1 Schema einer Wurzelspitze mit verschiedenen Geweben

Leitbündel
Leitungsstränge für Wasser und Nährstofftransport

Die **Wurzel** erfüllt zwei Hauptfunktionen. Eine Funktion ist die *Verankerung* der Pflanze im Boden. Eine weitere ist die Aufnahme von Wasser und der darin gelösten Salze, der *Mineralstoffe,* aus dem Boden.

Durch eine starke Verzweigung und die Ausbildung von vielen feinen *Wurzelhaaren* kurz hinter jeder Wurzelspitze bietet die Wurzel eine große Oberfläche, über die sie Stoffe aufnimmt. Die Wurzelhaare haben eine dünne Zellwand. Dadurch können sie zwar das Bodenwasser gut aufnehmen, gehen aber nach wenigen Tagen zugrunde. Vor der *Wurzelhaarzone* entstehen ständig neue Wurzelhaare, die alten sterben ab. Die *Wurzelspitze* wächst immer weiter und wird beim Durchdringen des Erdreichs durch die *Wurzelhaube* geschützt. Die älteren Rindenbereiche werden durch spezielle Abschlussgewebe, wie Wurzelhaut und Rinde, vor Verletzungen geschützt. Im Zentralzylinder befinden sich Gefäße für den Wassertransport und Siebröhren für den Nährstofftransport.

An den Beispielen wird deutlich, dass die unterschiedlichen Gewebe verschiedene Aufgaben erfüllen. Aus dem speziellen Bau eines Gewebes lässt sich häufig auf dessen Funktion schließen. Es gilt das allgemeine **Prinzip,** dass die spezielle **Struktur** eine bestimmte **Funktion** ermöglicht (▶ S. 146).

Aufgaben

① Ordne die im Text genannten Gewebetypen von Blatt und Wurzel nach deren Hauptfunktion in Austausch-, Transport-, Festigungs- und Abschlussgewebe. Erstelle eine Tabelle.

② Woran ist ein Austausch-, ein Transport-, ein Festigungs- oder Abschlussgewebe zu erkennen? Notiere die prinzipiellen Merkmale der einzelnen Gewebetypen.

③ Nenne Strukturen aus der Technik, die dem Transport, der Festigung oder dem Abschluss (Schutz) dienen. Vergleiche die Beispiele mit den Geweben der Pflanze.

Pflanzenorgane

Der Bau von Pflanzenorganen wird mit Lupe und Mikroskop untersucht. Mikroskopische Präparate müssen deshalb sehr dünn sein. Zum Schneiden verwendet man ein frische Rasierklinge. Zum Schutz vor Verletzungen wird eine Hälfte der Rasierklinge mit Heftpflaster abgeklebt. Bei den Präparaten unterscheidet man *Quer-*, *Längs-* und *Flächenschnitte*. Beim Querschnitt erfolgt der Schnitt quer zu Längsachse des Pflanzenorgans, beim Längsschnitt entlang der Längsachse und beim Flächenschnitt flach unter der Oberfläche.

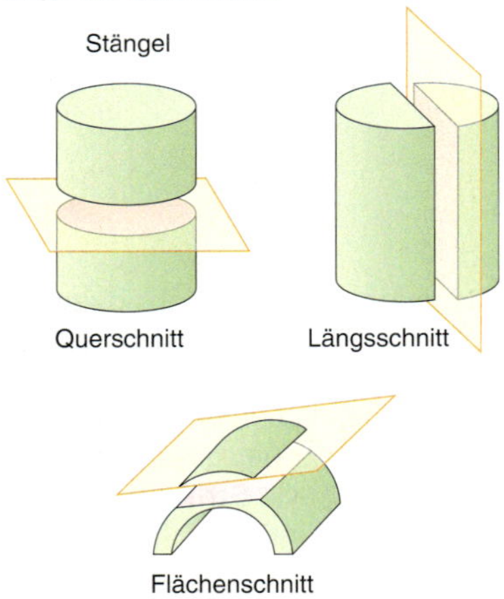

Sofern nicht anders angegeben, wird das Objekt zum Mikroskopieren in einen Tropfen Wasser auf dem Objektträger gegeben und ein Deckglas aufgelegt. Durch Anfärben lassen sich Strukturen besser unterscheiden. In diesem Praktikum wird der Bau von Wurzel, Stängel und Blatt untersucht.

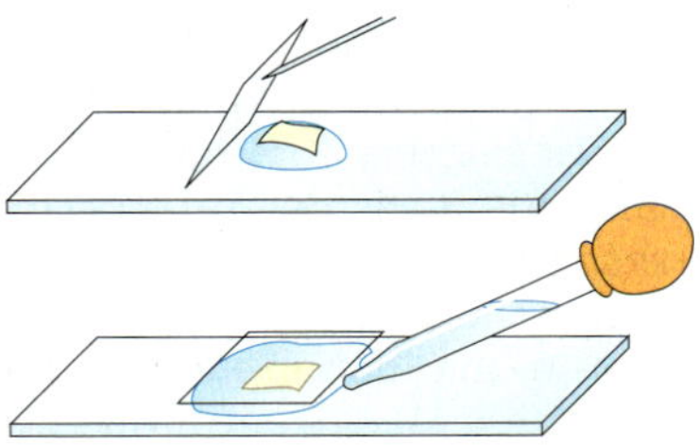

Herstellen eines Querschnittes

Material:
Holundermark oder Styropor, Stängelstücke (unverholzt), Rasierklinge

① Spalte zunächst ein Stück Holundermark oder Styropor etwa 1 cm tief. Stecke nun ein Stängelstückchen längs in den Spalt. Schneide das Holundermark und den Stängel gerade durch, sodass eine glatte Anschnittfläche entsteht. Führe die Rasierklinge flach durch Holundermark und Stängel und schneide sehr dünne Scheiben. Untersuche mit dem Mikroskop und erstelle eine Zeichnung.

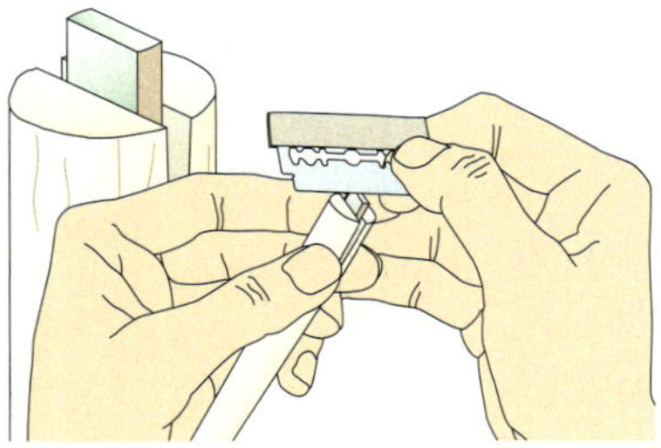

Herstellung von Flächenschnitten

Material:
Alpenveilchen oder Christrose, Rasierklinge, Bleistift, klarer Nagellack oder Klebstoff, Klebefilm

② Lege ein Blatt der Christrose oder des Alpenveilchens über einen Bleistift. Halte Bleistift und Blatt mit einer Hand fest. Schneide nun mit der anderen Hand eine möglichst dünne Scheibe von der Oberfläche ab. Betrachte das Präparat unter dem Mikroskop und erstelle eine Zeichnung.

③ Wenn keine flachen Schnitte gelingen, kann alternativ auch klarer Nagellack oder Klebstoff auf die Blattoberfläche dünn aufgetragen und nach dem Aushärten abgezogen werden. Auch transparenter Klebefilm funktioniert gut. Klebe dazu den Klebefilm erst auf das Blatt und dann auf den Objektträger.

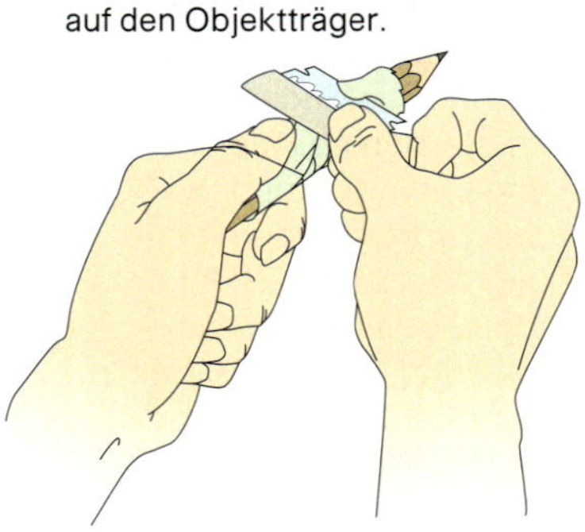

Die Wurzel

Material:
Karotten, Messer, Petrischale, Lupe, Iod-Kaliumiodid-Lösung

④ Schneide quer von einer Karotte möglichst dünne Scheiben ab. Betrachte den Querschnitt mit der Lupe und fertige eine Zeichnung an. Gib anschließend einige Tropfen Iod-Kaliumiodid-Lösung auf die Scheiben und spüle die Lösung nach etwa einer Minute wieder mit Wasser ab. Die Karotte ist eine verdickte Speicherwurzel. Begründe dies am Querschnitt. Unterscheide möglichst viele Gewebetypen und nenne deren Funktion.

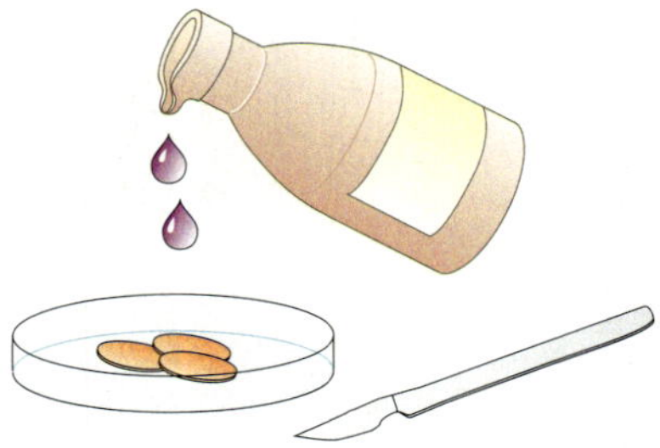

Material:
Fleißiges Lieschen im Topf, Schlauchstück, Vaseline, Glasrohr

⑤ Schneide ein Fleißiges Lieschen ca. 3 cm über dem Boden ab. Ziehe ein mit Vaseline eingefettetes Schlauchstück bis zur Mitte über den Stumpf und stecke von oben ein Glasrohr in das Schlauchstück. Protokolliere über einige Tage die Höhe des Wasserstandes im Glasrohr. Beschreibe deine Beobachtungen.

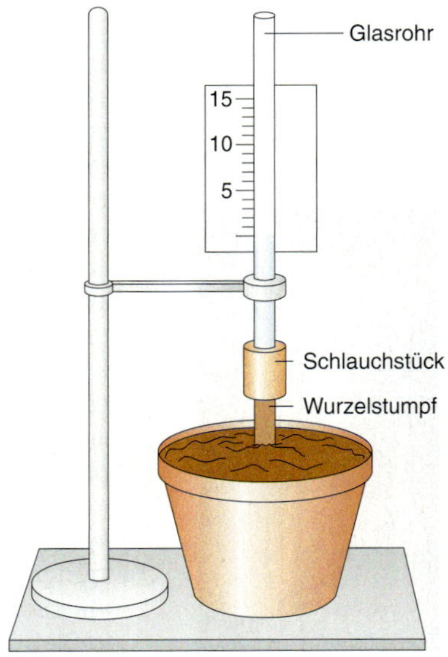

Der Stängel

Material:
Erlenmeyerkolben, Zweige von Buntnessel, Farbstofflösung (Tinte, Methylenblaulösung oder 2%ige Eosinlösung).

⑥ Fülle einen Erlenmeyerkolben etwa zur Hälfte mit Wasser und färbe es mit einer Farbstofflösung. Stelle einen Buntnesselzweig für etwa einen Tag in das gefärbte Wasser. Schneide dann einen Stängel quer durch und untersuche den Querschnitt mit der Lupe. Erstelle eine Zeichnung und beschreibe die Anordnung der Gefäße für die Wasserleitung.

Material:
Erlenmeyerkolben, hell blühende Pflanze (z. B. Schneeglöckchen, Wiesenschaumkraut), Farbstofflösung (Tinte, Methylenblaulösung oder 2%ige Eosinlösung)

⑦ Stelle den frisch geschnittenen Stängel einer hell blühenden Pflanze in Wasser, das du zuvor mit einer Farbstofflösung gefärbt hast. Beobachte nach einem Tag. Beschreibe und erkläre deine Beobachtungen.

Das Blatt

Material:
Blätter von Flieder und Schwertlilie, Rasierklinge oder klarer Nagellack, Klebstoff oder Klebefilm

⑧ Fertige von Blättern der Schwertlilie und des Flieders von Ober- und Unterseite einen Flächenschnitt an. Statt zu schneiden, kannst du auch einen klaren Nagellack oder Klebstoff auftragen und nach dem Aushärten abziehen. Oder du klebst einen durchsichtigen Klebefilm auf das Blatt und anschließend auf einen Objektträger. Suche zunächst bei schwacher Vergrößerung Spaltöffnungen. Fertige dann bei 400facher Vergrößerung eine Zeichnung an.

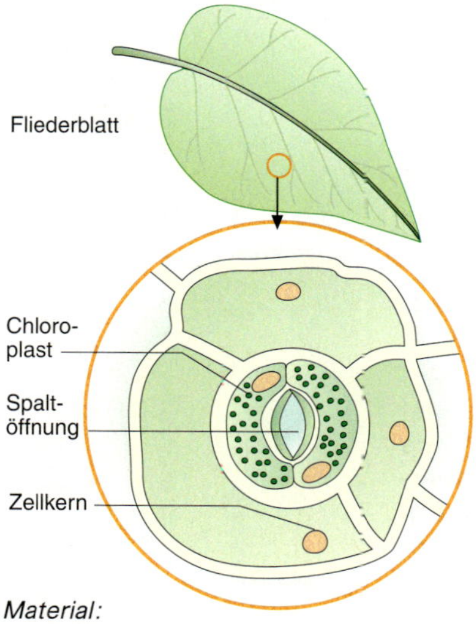

Material:
Kiefernadeln, Rasierklinge, Styropor oder Holundermark

⑨ Fertige einen Querschnitt einer Kiefernadel an und betrachte ihn unter dem Mikroskop. Finde die Spaltöffnungen und beschreibe deren Lage im Vergleich zur Nadeloberfläche. Welchen Vorteil könnte die besondere Lage der Spaltöffnungen haben.

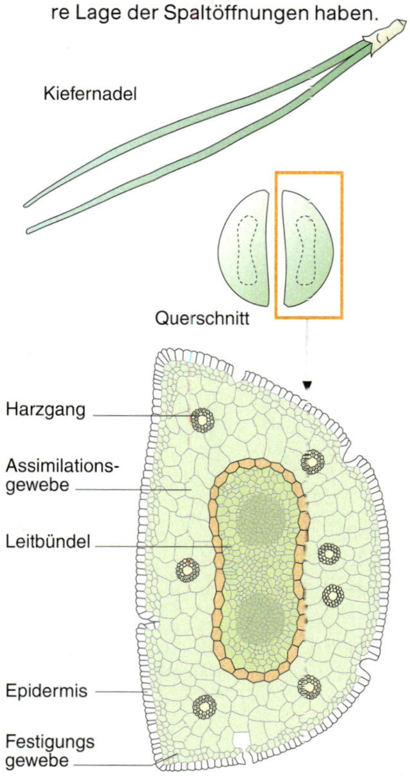

Material:
Durchsichtige Plastiktüte (z. B. Gefrierbeutel), Gummiring, Birkenzweig, Wasser, Erlenmeyerkolben, durchbohrter Gummistopfen, Messzylinder

⑩ Stülpe die Tüte über den Zweig, verschließe sie dicht mit dem Gummi und stelle den Zweig für einen Tag in den Erlenmeyerkolben mit Wasser. Erkläre deine Beobachtungen.

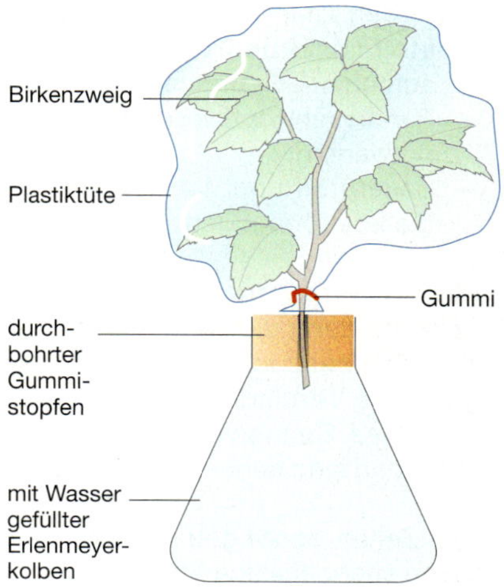

Material:
Drei etwa gleich große Seitensprosse einer Pflanze (z. B. Fleißiges Lieschen), vier Messzylinder, Filzstift, Salatöl

⑪ Stelle je einen Zweig in 3 Messzylinder und fülle mit Wasser auf. Gieße etwas Salatöl auf die Wasseroberfläche (Verdunstungsschutz). Fülle auch in den 4. Messzylinder Wasser und etwas Salatöl (Kontrolle). Entferne vom 2. Zweig die Hälfte der Blätter, vom 3. Zweig alle Blätter. Markiere die Wasserstände und protokolliere die Veränderungen nach einigen Tagen. Erkläre das Ergebnis.

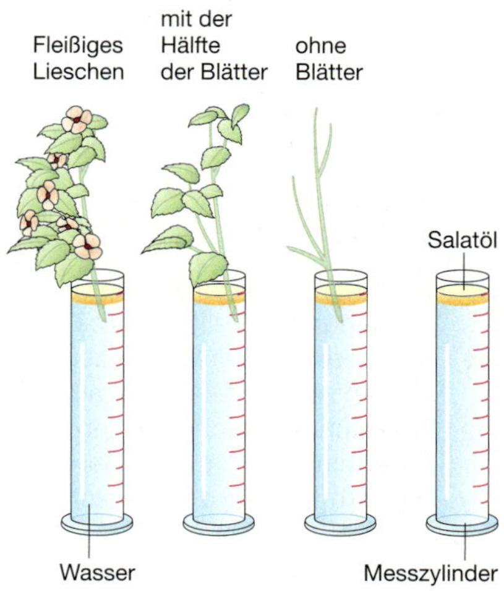

Im Traubenzucker steckt Energie

Fassen wir unser Wissen über die **Fotosynthese** zusammen:

- Pflanzen nehmen durch die Wurzeln Wasser auf. Durch die Sprossachse gelangt das Wasser in die Blätter.
- Durch Spaltöffnungen in den Blättern dringt Kohlenstoffdioxid ins Blattgewebe.
- In den Chloroplasten wird aus Kohlenstoffdioxid und Wasser Traubenzucker aufgebaut. Es entsteht Sauerstoff.
- Für diesen Stoffwechselprozess ist Licht notwendig.
- Sauerstoff und Wasserdampf wird über die Spaltöffnungen abgegeben.

Für die Fotosynthese ist Licht der Energielieferant, denn die entstehenden Stoffe, wie z. B. Traubenzucker und Stärke, sind energiereiche Verbindungen. Sie haben die Energie des Sonnenlichts langfristig gespeichert und sind daher Energieträger.

Alle Zellen benötigen für Stoffwechselprozesse energiehaltige Stoffe als Energiequelle. Während die grünen Pflanzen Nährstoffe selbst bilden können, müssen andere Lebewesen diese mit der Nahrung aufnehmen. In den Mitochondrien (s. S. 17) wird Traubenzucker mit Sauerstoff zu Wasser und Kohlenstoffdioxid abgebaut. Die im Traubenzucker enthaltene Energie steht dann für Lebensvorgänge zur Verfügung. Mitochondrien werden deshalb auch Kraftwerke der Zelle genannt. Da die Zelle bei diesem Stoffwechselprozess Sauerstoff aufnimmt und Kohlenstoffdioxid abgibt, spricht man von **Zellatmung** (▶ S. 148).

Da Wurzelzellen keine Chloroplasten enthalten, sind sie auf die Versorgung mit energiereichen Stoffen angewiesen. Über den Spross gelangt Zucker von den Blättern in die unterirdischen Organe. Die meisten Pflanzen transportieren dabei nicht Traubenzucker, sondern Rohrzucker (s. S. 42).

Aufgaben

① Vergleiche die Abläufe der Fotosynthese mit denen der Zellatmung. Was fällt auf?

② Erläutere, warum Wurzelzellen mit Nährstoffen versorgt werden müssen.

③ Frühblüher speichern oft in Knollen oder Zwiebeln Nährstoffe. Beschreibe den Nährstoffgehalt des Speicherorgans im Jahreslauf. Erkläre, warum solche Pflanzen sehr früh im Jahr blühen können.

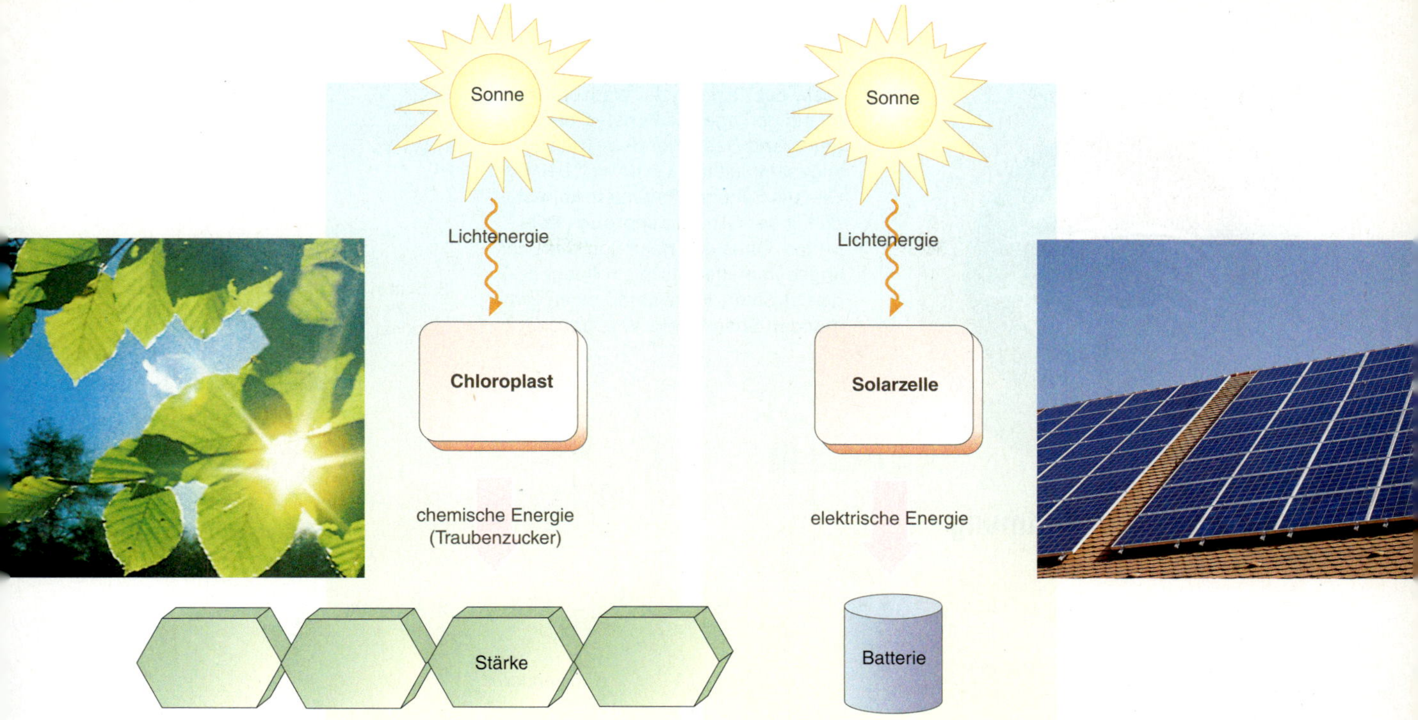

1 Die Sonne liefert Energie

Alle Lebewesen wandeln Energie um

autos, gr. = selbst
heteros, gr. = fremd
trophe, gr. = Nahrung

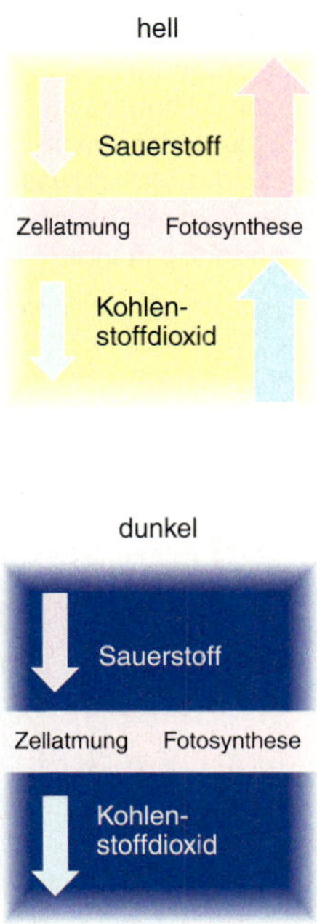

Die Sonne gibt große Mengen an Energie ab. Ein Teil gelangt mit dem Sonnenlicht auf die Erde. Pflanzen können die Energie des Lichts nutzen: Chlorophyll in den Chloroplasten nimmt Licht auf und Traubenzucker oder andere energiereiche Verbindungen werden aufgebaut. Man sagt, der Stoff enthält *chemische Energie*. Bei der Fotosynthese wandeln grüne Pflanzen Lichtenergie in chemische Energie um. Die gebildeten Nährstoffe sind Energieträger.

Durch die Zellatmung wird die chemische Energie der Nährstoffe für den Organismus nutzbar gemacht. Ein Teil wird bei Tieren z. B. für Bewegung genutzt, ein anderer Teil wird als Wärme abgegeben. Letztlich wird keine Energie verbraucht, sondern nur in andere Energieformen umgewandelt.

Alle Zellen enthalten Mitochondrien — auch die Pflanzenzellen. Die Zellatmung findet in den Mitochondrien immer statt. Das bedeutet, dass Pflanzen im Dunkeln Sauerstoff aufnehmen und Kohlenstoffdioxid abgeben. Wird eine Pflanze belichtet, findet neben der Zellatmung in den Mitochondrien auch Fotosynthese in den Chloroplasten statt. Wird sie ausreichend belichtet, überwiegt die Fotosynthese und die Blätter nehmen Kohlenstoffdioxid auf und geben Sauerstoff ab.

Organismen, die Traubenzucker für die Zellatmung nicht selbst produzieren können, sind auf Nährstoffe von anderen Lebewesen angewiesen. Sie ernähren sich *heterotroph*. Zu dieser Gruppe gehören Tiere, Pilze, viele Einzeller und viele Bakterien. Organismen, die zur Fotosynthese fähig sind, können Nährstoffe selbst herstellen. Zu diesen *autotrophen* Organismen gehören alle Pflanzen, Algen und Einzeller, die Chloroplasten besitzen, und ein Teil der Bakterien.

Leben ist immer mit **Energieumwandlung** verbunden. Es handelt sich dementsprechend um ein **Prinzip**, das sich bei allen Lebensvorgängen wiederfindet (▶ S. 148).

Aufgaben

① Erkläre, worin sich autotrophe und heterotrophe Organismen unterscheiden.

② Wie könnte man herausfinden, ob ein Organismus autotroph oder heterotroph ist? Überlege dir ein möglichst einfaches Experiment.

③ „In meinem Schlafzimmer darf keine Pflanze stehen. Da könnte ich ja im Schlaf ersticken." Was meinst du dazu?

④ Vergleiche ein Solarladegerät mit einer Pflanze. Beschreibe, welche Teile sich entsprechen.

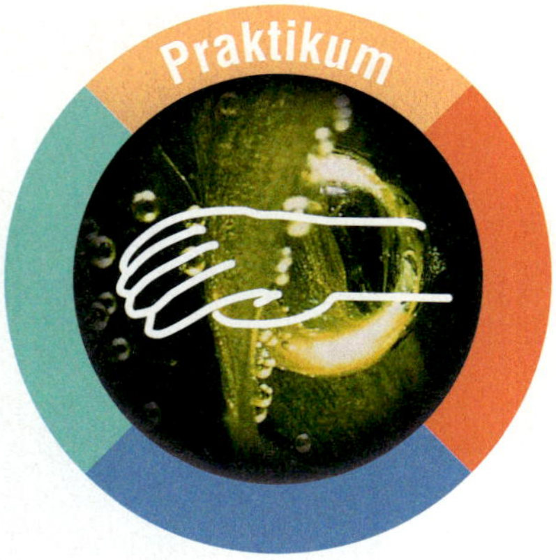

Fotosynthese und Atmung

Nachweis von Sauerstoff

Geräte:
100-ml-Becherglas, Glastrichter mit Hahn, 250-ml-Enghals-Erlenmeyerkolben, Bunsenbrenner, Glimmspan, Faden, Diaprojektor, Reagenzglas, Klammer

Material: Wasserpest

Reagenz:
Indigoblaulösung

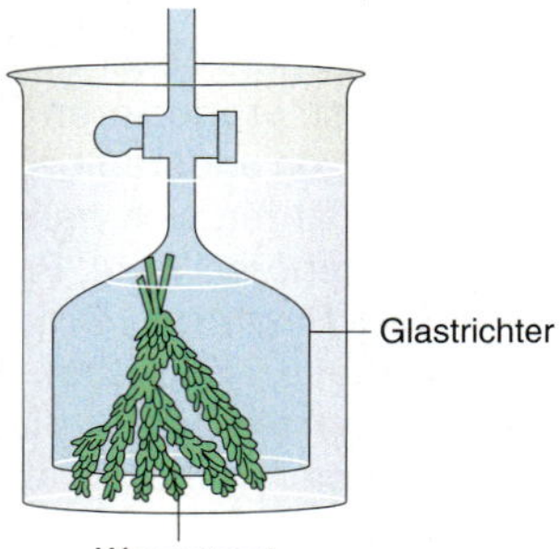

① Bereite die oben abgebildete Versuchsanordnung vor. Binde dazu einige Sprosse der Wasserpest vorsichtig zusammen. Achte darauf, dass der Trichter ganz mit Wasser gefüllt und der Hahn verschlossen ist. Belichte die Versuchsanordnung mit einem Diaprojektor. Schon nach wenigen Minuten kannst du etwas beobachten. Beschreibe.

② Stelle das Glas mit der Wasserpflanze für einige Tage ans Fenster, bis sich genügend Gas unter dem Trichter angesammelt hat. Ob es sich bei dem Gas um Sauerstoff handelt, kannst du mit der Glimmspanprobe überprüfen. Öffne den Hahn und lasse das angesammelte Gas in ein Reagenzglas strömen. Halte sofort einen glimmenden Span hinein. Was passiert?

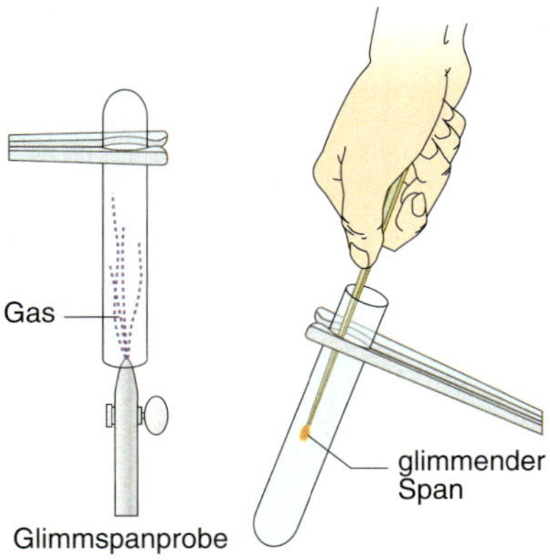

③ Lege eine Wasserpestpflanze in einen mit Wasser gefüllten Enghals-Erlenmeyerkolben. Gib einige Tropfen der farblosen Indigoblaulösung hinzu. Welche Beobachtung machst du nach wenigen Minuten?

Ort der Stärkebildung

Geräte:
Petrischalen, Elektroheizplatte, Wasserbad, 250-ml-Becherglas, Aluminiumfolie, Schere, Transparentpapier

Material: Buntnessel, Schönmalve

Reagenzien:
Iod-Kaliumiodid-Lösung, Brennspiritus

④ Bestrahle das Blatt einer Buntnessel bei Zimmertemperatur mehrere Tage mit einer Lampe. Schneide dann dieses Blatt ab und halte die Verteilung der Blattflecken auf einem Transparentpapier fest. Führe entsprechend der nachfolgenden Abbildung den Stärkenachweis mit einer Iod-Kaliumiodid-Lösung durch. Vergleiche Blattfärbung und Zeichnung. Erkläre.

⑤ Bedecke die Blätter der Schönmalve, die vorher mindestens 24 Stunden im Dunkeln stand, mit einem Streifen einer lichtundurchlässigen Aluminiumfolie und beleuchte dieses Blatt mindestens einen Tag bei Zimmertemperatur.
Entferne dann wieder die Folie und führe den Stärkenachweis durch. Wie sieht hier das Blatt aus?

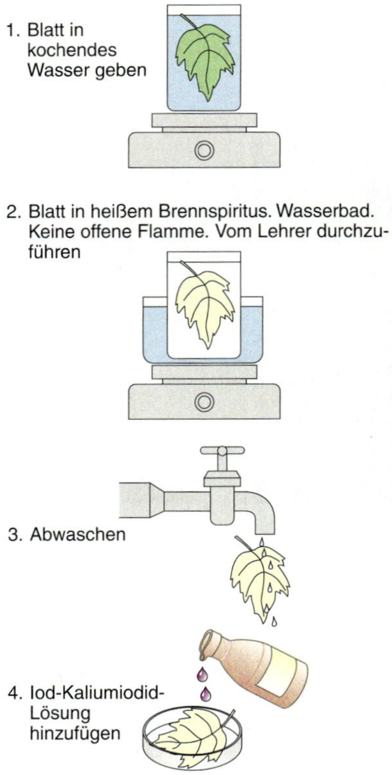

Temperaturabhängigkeit

Geräte:
250-ml-Becherglas, 500-ml-Becherglas, Thermometer, Eiswürfel

Material:
Wasserpest, Mineralwasser (still)

⑥ Gib eine Wasserpest in ein kleines Becherglas mit Mineralwasser. Zähle bei verschiedenen Temperaturen, wie viele Bläschen in 2 Minuten an der Stängelquerschnittsfläche aufsteigen. Kühle dazu das Mineralwasser in einem Wasserbad mit eiswasser. Trage die Ergebnisse in eine Tabelle ein.

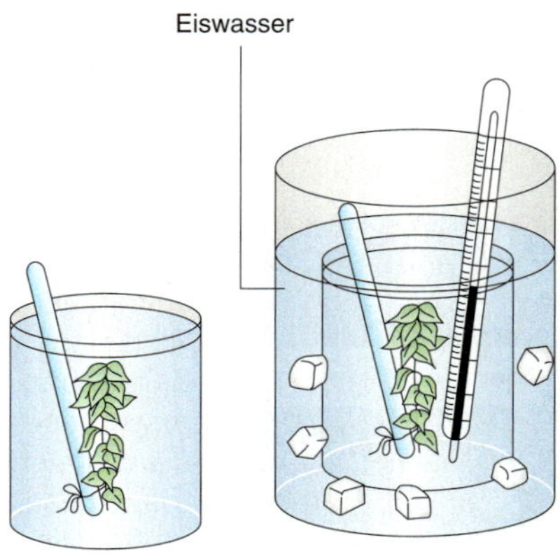

Aufnahme von Kohlenstoffdioxid

Geräte:
Petrischale, Pinsel, Wasserbad, Elektroplatte, 250-ml-Becherglas

Material:
Schönmalve

Reagenzien:
Iod-Kaliumiodid-Lösung, Lack oder Weißleim, Brennspiritus

⑦ Stelle eine Schönmalve mindestens 24 Stunden ins Dunkle. Dann wird die Blattoberseite mit O, die Blattunterseite mit U gekennzeichnet. Man verwendet dazu farblosen Lack oder Weißleim. Nach dem Trocknen werden die Lackhäutchen durchsichtig. Sie bilden eine lichtdurchlässige, aber gasdichte Schicht. Lass nun die Pflanze mehrere Stunden im Licht stehen. Führe anschließend den Stärkenachweis durch. Erkläre das Ergebnis.

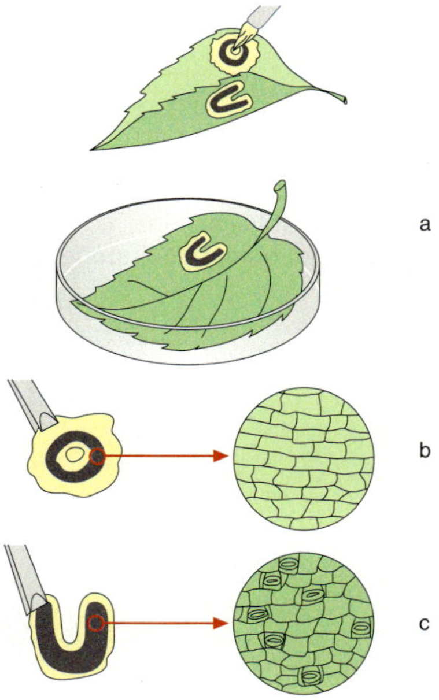

Lichtabhängigkeit der Fotosynthese

Geräte:
Becherglas, Diaprojektor

Material: Wasserpest, Transparent-, Zeitungspapier, Karton

⑧ Stelle das Becherglas mit einer Wasserpestpflanze, deren abgeschnittenes Ende nach oben zeigt, in den Lichtkegel eines Diaprojektors. Warte ca. 5 Minuten und zähle danach die an der Schnittstelle aufsteigenden Sauerstoffbläschen pro Minute.

⑨ Bringe nun zwischen Lichtquelle und Becherglas nacheinander Transparentpapier, Zeitungspapier und Karton. Zähle dann eine Minute lang die aufsteigenden Sauerstoffbläschen. Was bedeutet das Ergebnis?

Abhängigkeit von Kohlenstoffdioxid

Geräte:
250-ml-Becherglas, 100-ml-Standzylinder, Diaprojektor

Material:
Wasserpest

⑩ Führe mit frisch geschnittenen Sprossen die Versuche der unten stehenden Abbildungen durch. Zähle nach kurzer Wartezeit die in dem Messzylinder aufsteigenden Bläschen 2 Minuten lang. Trage die Ergebnisse in eine Tabelle ein. Fasse die Versuchsergebnisse in einem Ergebnissatz zusammen.

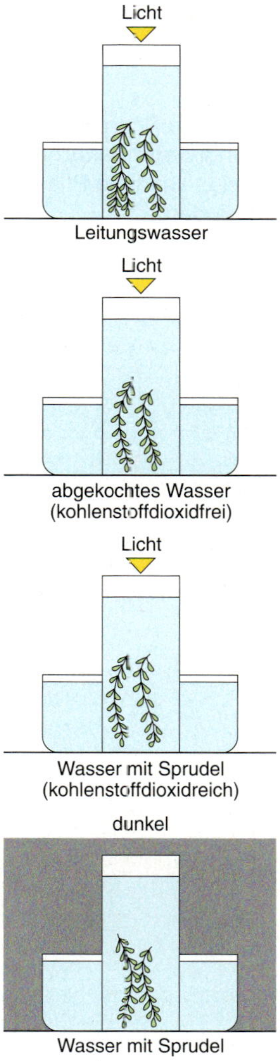

Versuche zur Atmung

1. Mensch

Geräte:
Waschflasche mit Kalkwasser

Reagenzien:
Kalkwasser (Vorsicht ätzend!), Ausatemluft

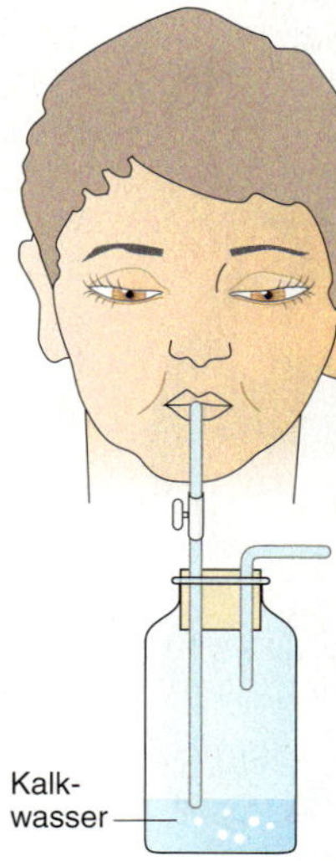

⑪ Blase durch das lange Röhrchen deine Ausatemluft in die Waschflasche mit Kalkwasser (**Vorsicht! Ätzend!**) und beobachte die Veränderungen. Wie lassen sich die Veränderungen erklären?

2. Pflanzen und Pilze

Geräte:
Reagenzgläser, Trichter, Reagenzglasgestell

Material:
Blütenblätter, keimende Samen, junge Pilze, Öl, Kalkwasser

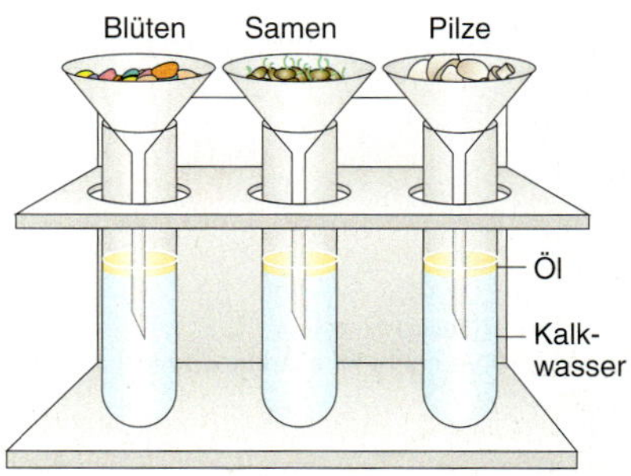

⑫ Fülle die drei Trichter mit Blütenblättern, keimenden Samen oder jungen Pilzen und setze sie auf die Reagenzgläser, die mit Kalkwasser und Öl gefüllt sind, auf.
Beobachte nach einigen Stunden die Veränderungen der Lösung.

Fotosyntheseprodukte werden weiter verarbeitet

Die bei der Fotosynthese entstehenden Kohlenhydrate dienen als Ausgangsstoffe für viele weitere Substanzen, die von der Pflanze gebildet werden. Es entstehen zum Beispiel die Nährstoffe, die in Kohlenhydrate, Eiweiße und Fette unterteilt werden.

Fotosyntheseprodukte dienen unter anderem als *Baustoffe* oder *Energieträger*. Die Vorgänge in der Pflanze, die zur Herstellung von Baustoffen dienen, werden als **Baustoffwechsel** bezeichnet. Die Prozesse, die zum Aufbau von energiereichen Stoffen führen, gehören entsprechend zum **Energiestoffwechsel** (▶ S. 148).

Ein wichtiger Baustoff in Pflanzen ist die *Zellulose,* ein Vielfachzucker. Vor allem Zellwände enthalten viel Zellulose. Zellulose aus Holzfasern ist der wichtigste Rohstoff für die Papierherstellung. Und aus der Zellulose der Samenhaare der Baumwollpflanze werden Stoffe hergestellt – deine Kleidung besteht vermutlich zum größten Teil aus Baumwolle.

Ein wichtiger Energieträger in Pflanzen ist *Stärke.* Kartoffelknollen und Getreidekörner speichern viel Stärke. Daraus kann die Pflanze bei Bedarf Energie gewinnen.

Es gibt aber noch viele andere Speicherstoffe. Die Zuckerrübe zum Beispiel speichert vor allem *Rohrzucker* in ihrer Wurzel. Nüsse enthalten *Öle* und *Fette.* Aber auch *Eiweiße* können als Speicherstoffe dienen. Eiweiße findet man vor allem in den Samen von Schmetterlingsblütlern, wie zum Beispiel Soja, Erbse oder Linse. Die Früchte dieser Pflanzenfamilie sind besonders eiweißreich, weil sie in ihren Wurzelknöllchen spezielle Bakterien beherbergen, die Stickstoff aus der Luft binden können. Dieser ist für die Eiweißproduktion notwendig.

Pflanzen stellen aber auch so genannte *Signalstoffe* her. Duftende und farbenfrohe Blüten locken Insekten an. Wohl schmeckende Früchte werden von Tieren gefressen und die in den Früchten enthaltenen, unverdaulichen Samen nach der Darmpassage verbreitet. Manche Farbstoffe schützen vor der UV-Strahlung der Sonne und Gifte oder Bitterstoffe wehren Fressfeinde ab.

Aufgaben

① Die Randspalte zeigt einige Pflanzenteile. Gib jeweils an, welche Nährstoffe darin den größten Anteil haben.

② Warum enthalten Samen Nährstoffe?

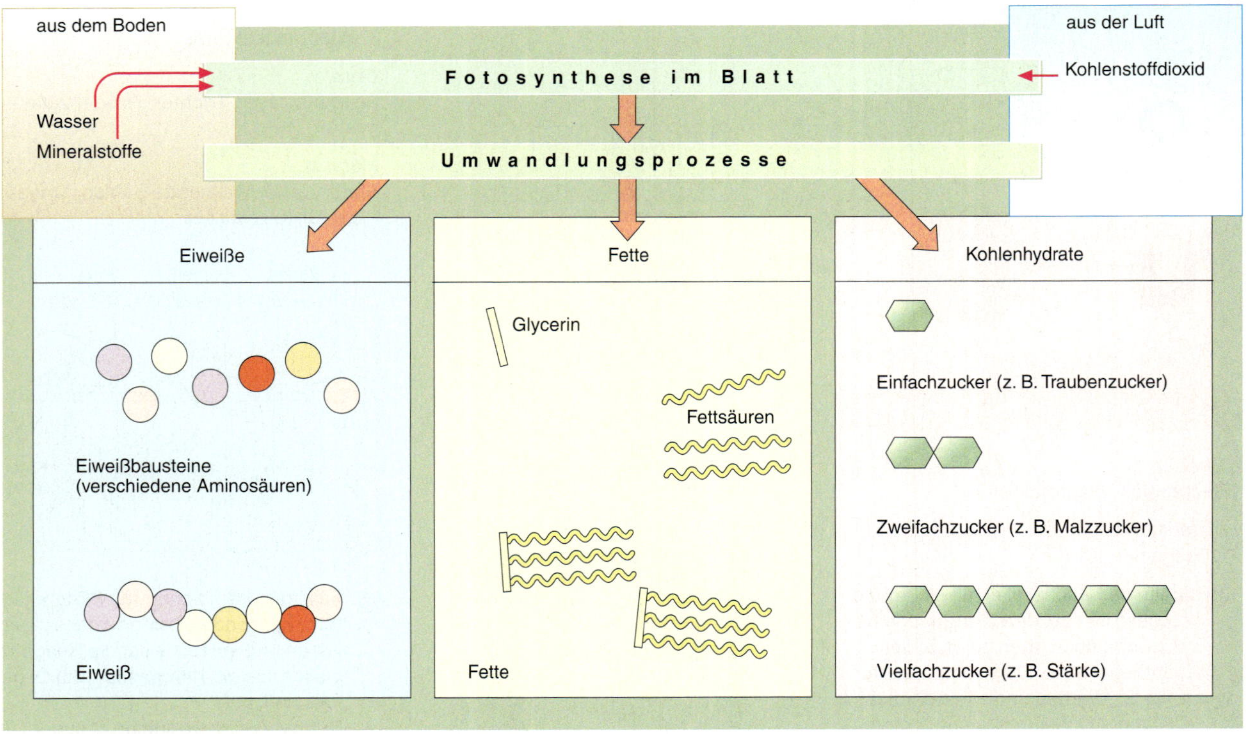

1 Aus Fotosyntheseprodukten entstehen Nährstoffe

Ernährungsspezialisten unter den Pflanzen

Es gibt Blütenpflanzen, denen das Chlorophyll ganz fehlt oder deren Wurzeln kaum Wasser und Mineralstoffe aufnehmen können. Andere Arten haben Standorte auf nährstoffarmen Böden. Nur Pflanzen, die besondere Lebensgewohnheiten entwickelt haben, können hier trotzdem überleben.

Symbiontische Pflanzen

Der **Gewöhnliche Fichtenspargel** ist ein Humusbewohner, dem das Blattgrün fehlt. Seine Blätter sind schuppig und gelblich bis bräunlich gefärbt. Die Wurzelhaut der in Fichtenwäldern vorkommenden Pflanze ist von Pilzfäden durchsetzt. Der Pilz baut den Humus des Waldbodens ab. Der Fichtenspargel entnimmt den Pilzfäden die Nährstoffe und gibt an den Pilz Vitamine ab, die dieser nicht selbst bilden kann. Eine solche Lebensgemeinschaft zu beiderseitigem Nutzen bezeichnet man als *Symbiose*.

Schmarotzerpflanzen

Pflanzen, die Wasser und Mineralstoffe teilweise oder vollständig von einer Wirtspflanze beziehen, nennt man *Schmarotzerpflanzen*. Man unterscheidet dabei noch zwischen *Halb-* und *Ganzschmarotzern*.

Die **Mistel** ist ein Halbschmarotzer, der noch Blattgrün besitzt. Sie hat Saugwurzeln und verschafft sich das Wasser und die Mineralstoffe durch das Anzapfen des Wasserleitungssystems einer Wirtspflanze. Besonders im Winter fallen die kugelförmigen Büsche in den Kronen von Laubbäumen auf. Die Mistelstängel sind grün und gabelig verzweigt. Die Blätter haben Lanzettform und fühlen sich ledrig an.

Auf Halbtrockenrasen, an Waldrändern oder in Gebüschen schmarotzt die **Kleine Sommerwurz** vor allem an Kleepflanzen. Die kleinen blassgelben und schuppenförmigen Blätter enthalten kein Blattgrün. Der Stängel ist rötlich gelb, die Oberlippe der Blüte rötlich oder violett gestreift. Die Wurzeln dieses Vollschmarotzers sind zu Saugfortsätzen umgebildet. Sie verwachsen mit den Wurzeln der Wirtspflanze und entziehen ihr Wasser und Mineralstoffe. Als Ganzschmarotzer zapft die Sommerwurz aber auch die Nährstoffe transportierenden Gefäße an. Eine Art dieses gefürchteten Wurzelschmarotzers ist im Mittelmeerraum verbreitet und befällt dort besonders die Kulturen der Saubohne, andere auch die von Erbsen, Linsen und Klee.

Insekten fressende Pflanzen

Pflanzen dieser Gruppe besitzen alle Blattgrün und betreiben Fotosynthese. Ihre Standorte sind aber fast immer besonders stickstoffarme Böden. Aus diesem Grund müssen diese Pflanzen ihren Stickstoffbedarf aus tierischem Eiweiß ergänzen. Dazu besitzen sie besondere Fangeinrichtungen.

Auf Hochmooren kommt der **Rundblättrige Sonnentau** vor. Die runden, lang gestielten Blätter tragen rote Haare *(Tentakel)*, die am Ende eine klebrige Flüssigkeit ausscheiden. Diese glänzen wie „Tau in der Sonne“ und locken Insekten an. Setzt sich ein Insekt darauf, bleibt es am Schleim kleben. Benachbarte Drüsenhaare krümmen sich und schließen das Insekt ein. Dann scheidet der Sonnentau Verdauungssäfte aus, die das Eiweiß der Beutetiere auflösen.

Die aus Amerika stammende **Venusfliegenfalle** besitzt auf ihrer Blattoberseite empfindliche Borsten. Werden diese von einem Insekt berührt, klappen die beiden Hälften der gezähnten Blattflächen rasch zusammen. Das Insekt ist gefangen.

1 Rekonstruktion eines Sumpfwaldes vor ca. 300 Millionen Jahren

Grüne Pflanzen vor Jahrmillionen ...

fossa, lat.
= das Grab

Die Pflanzendecke der Erdoberfläche hat sich im Lauf der Erdgeschichte gewandelt. Im Erdzeitalter des Karbons vor 360 bis 290 Millionen Jahren gab es Sumpfwälder mit riesigen Bärlappbäumen, Baumschachtelhalmen und Baumfarnen. Am Boden wuchsen kleine Farne und Moosfarne. An Uferbereichen bildeten Schachtelhalme röhrichtähnliche Bestände.

In den Sumpfwäldern verrotteten abgestorbene Pflanzenteile im sumpfigen Untergrund oft unvollständig, da dort Sauerstoff fehlte. An solchen Stellen wandelten Bakterien das Pflanzenmaterial in *Torf* um. Allmählich wurde der Torf durch weiteres Material überdeckt. Zusätzlich transportierten Flüsse und Bäche Geröll, Sand und Schlamm in die Senken und füllten sie langsam auf. Durch die Überlagerung geriet der Torf immer tiefer unter die Erdoberfläche. Druck und Temperatur nahmen zu. Im Lauf von Jahrmillionen wurde der Torf zu *Braunkohle* und schließlich zu *Steinkohle* umgewandelt.

Im Meer sanken Reste von abgestorbenen Pflanzen und Tieren auf den Meeresboden. An Stellen, wo Sauerstoffmangel herrschte, konnten sie nicht vollständig verwesen und im Laufe der Zeit wurde das Material durch weitere Schichten überdeckt. Unter sehr starkem Druck und Temperaturen von über 100 °C entstanden *Erdöl* und *Erdgas.*

Kohle, Erdöl und Erdgas sind also jeweils aus Organismen entstanden, die vor Jahrmillionen gelebt haben. Sie werden daher **fossile Brennstoffe** oder **fossile Energieträger** genannt. Wenn wir mit dem Auto fahren, unsere Wohnung mit Erdgas oder Heizöl heizen und Strom aus Kohlekraftwerken beziehen, nutzen wir fossile Brennstoffe (▶ S. 148). Auch bei der Produktion von Kunststoffen dient Erdöl als Rohstoff.

Aufgaben

① Beschreibe, was man unter einem fossilen Energieträger versteht.
② Liste in einer Tabelle fossile Energieträger auf und gib an, woraus sie jeweils entstanden sind.

Zettelkasten

Treibhauseffekt und Klimaerwärmung

Kohle, Erdöl und Erdgas sind aus Organismen entstanden und enthalten viel Kohlenstoff. Heute nutzen wir diese Stoffe als fossile Brennstoffe. Bei der Verbrennung entsteht Kohlenstoffdioxid. Dadurch steigt der Kohlenstoffdioxidgehalt der Atmosphäre an.

Kohlenstoffdioxid wirkt aber ähnlich wie eine Glasscheibe im Auto oder im Gewächshaus: Es behindert die Abstrahlung von Wärmestrahlung (Infrarotstrahlung). Dieser *Treibhauseffekt* des Kohlenstoffdioxids führt nach Ansicht der meisten Wissenschaftler zu einer *Klimaerwärmung.*

1 Tropischer Regenwald

... und in Zukunft

Vor allem in den Industrieländern spielt Erdöl heute eine wichtige Rolle als Brennstoff und als Rohstoff. Irgendwann aber werden die Vorkommen von Erdöl und Kohle aufgebraucht sein. Deshalb wird es in Zukunft immer wichtiger, den Verbrauch der fossilen Energieträger zu reduzieren und statt dessen verstärkt **nachwachsende Rohstoffe** zu verwenden. Inzwischen gibt es zum Beispiel Verpackungsmaterial aus Stärke.

Nachwachsende Rohstoffe finden bereits seit Jahrtausenden Verwendung: Holz dient als Brennmaterial und Baustoff, aus Schafwolle oder Baumwolle wird Kleidung hergestellt.

Die Nutzung von nachwachsenden Rohstoffen birgt aber auch Gefahren. Durch ungezügelten *Raubbau* an der Natur riskiert der Mensch die langfristige Zerstörung von Ökosystemen. Schon in der Antike wurden die Wälder des Mittelmeerraumes unwiederbringlich abgeholzt. Heute droht den *tropischen Regenwäldern* ein ähnliches Schicksal. Die Nutzung von nachwachsenden Rohstoffen erfordert deshalb immer auch eine *nachhaltige Bewirtschaftung*. Das bedeutet, dass nicht mehr Pflanzen entnommen werden dürfen, als nachwachsen können.

Beim Anbau von Pflanzen, die technisch genutzt werden, muss darauf geachtet werden, dass dadurch nicht der Anbau von wichtigen Nahrungspflanzen verdrängt wird. So beschloss beispielsweise die brasilianische Regierung im Jahr 1975, als Ersatz für Benzin *Alkohol aus Zuckerrohr* zu gewinnen. Der Staat unterstützte das Errichten von riesigen Zuckerrohrplantagen und statt Reis, Mais oder Bohnen wurde auf riesigen Flächen Zuckerrohr angebaut. Nur wenige Menschen fanden Arbeit in den Plantagen. Millionen Kleinbauern und Landarbeiter wurden arbeitslos und wanderten in die Slums der Großstädte ab.

Ein gutes Beispiel für nachhaltige Bewirtschaftung ist das *POEMA-Projekt* in Brasilien. Es entstand 1992 durch die Zusammenarbeit eines Automobilherstellers und einer Universität mit den Bauern. Aus den in der Region angebauten Kokosnüssen werden Naturfasern gewonnen und in Fabriken vor Ort zu Autositzen, Rückenlehnen, Kopfstützen und Sonnenblenden weiterverarbeitet. An dem Projekt sind heute etwa 5 000 Familien beteiligt. Durch dieses Projekt wird den Menschen in der gesamten Region eine nachhaltige Landnutzung ermöglicht — und gleichzeitig die Abholzung von Regenwald verhindert.

Aufgaben

① Wie könnte die Nutzung fossiler Brennstoffe eingedämmt werden? Recherchiere über erneuerbare Energien.

② Informiere dich über wichtige tropische Nutzpflanzen und die Produkte, die aus ihnen hergestellt werden.

③ Erläutere, wie eine nachhaltige Landnutzung die Abholzung von Regenwäldern verhindern kann.

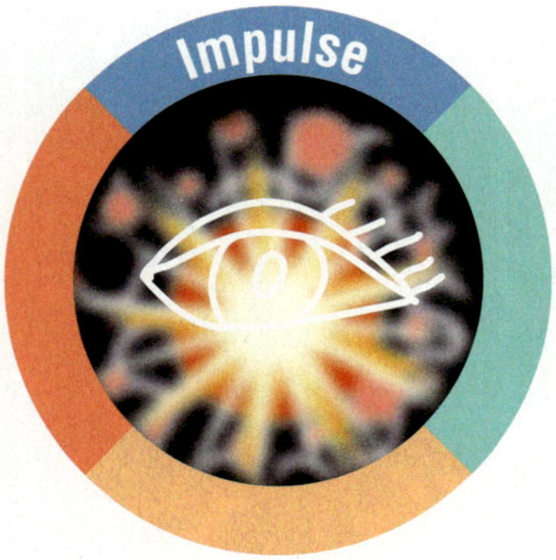

Sonnenenergie in der Geschichte

Der französische Ingenieur A. MOUCHOT erhoffte sich einen Ausweg aus der Kohleknappheit in Frankreich durch die Nutzung der Sonnenenergie. Er konstruierte eine solare Dampfmaschine mit einem Spiegel von 5 Meter Durchmesser und einer Leistung von 1 kW. Diese Dampfmaschine war eine Attraktion auf der Pariser Weltausstellung von 1878. Welche Vorteile könnten die Ingenieure damals auf einem Werbeplakat zusammengestellt haben? Wie lässt sich Solarwärme in Wohnhäusern nutzen?

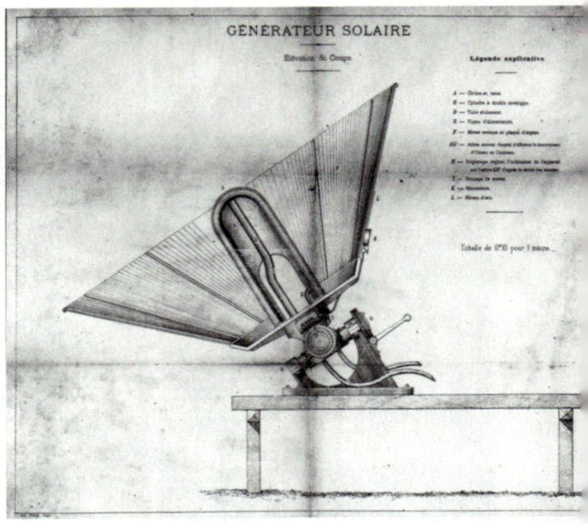

Energie der Sonne

Sonnengötter

Schon die frühesten Kulturen hatten das Bedürfnis, die Phänomene am Himmel zu erklären. Von den Völkern des Altertums brachten die Ägypter und die Inkas der Sonne größte Hochachtung entgegen. Lest in Geschichtsbüchern mehr über diese Kulturen. Stellt die verschiedenen Bräuche der Sonnenverehrung zusammen und erklärt deren Bedeutung.

Echnaton und Nofretete opfern dem Sonnengott Aton.

Sonne macht gute Laune

In der Sonne fühlen wir uns wohl. Aber Vorsicht: die Sonnenstrahlung kann einen Sonnenbrand oder sogar Hautkrebs verursachen!
Stellt ein Info-Blatt zusammen und bereitet Ratschläge für Sonnenhungrige vor!

Sonnenenergie in Erdöl und Kohle

Mit der Beherrschung des Feuers vor etwa 1,5 Millionen Jahren gelang den Menschen ein entscheidender Entwicklungssprung. Sie konnten sich nun die Vorräte an gespeicherter Sonnenenergie nutzbar machen: Lange Zeit nutzten sie Holz zum Feuern, seit etwa 200 Jahren Kohle und heute auch Erdöl und Erdgas.

Welchen Nutzen hatten die frühen Menschen vom Feuer? Was haben Kohle und Erdöl mit Sonnenenergie der Sonne zu tun? Welche Probleme sind durch die starke Nutzung von Öl- und Kohlevorräten entstanden?

Sonnenenergie im Weltraum

Raumfahrzeuge und Roboter benötigen elektrische Energie für Elektronik und zum Antrieb von Motoren. Aus Gewichtsgründen können aber keine Batterien mitgenommen werden. Stattdessen liefern Solarzellen den Strom. Sie wandeln die Energie des Sonnenlichts in elektrische Energie um. Das ermöglicht ihren Betrieb — wie hier bei einem Marsroboter

Auch auf der Erde wird vermehrt Solarstrom, erzeugt. Für welche Zwecke werden Solarzellen bei uns eingesetzt?

Sterne sind Sonnen

Schaut man nachts den unbedeckten Himmel an, so sieht man Sterne. Die meisten sind Sonnen, also selbst leuchtende Himmelskörper. Sieht man durch ein Teleskop, kann man mehr Sterne entdecken — und noch mehr, wenn man durch das Teleskop fotografiert und den Film sehr lange belichtet.

Wieso sieht man durch ein Teleskop mehr Sterne als mit dem bloßen Auge? Kannst du erklären, weshalb das Foto noch mehr Sterne zeigt? Wie kann man beim Anblick des Nachthimmels die Planeten unseres Sonnensystems von anderen Sternen unterscheiden?

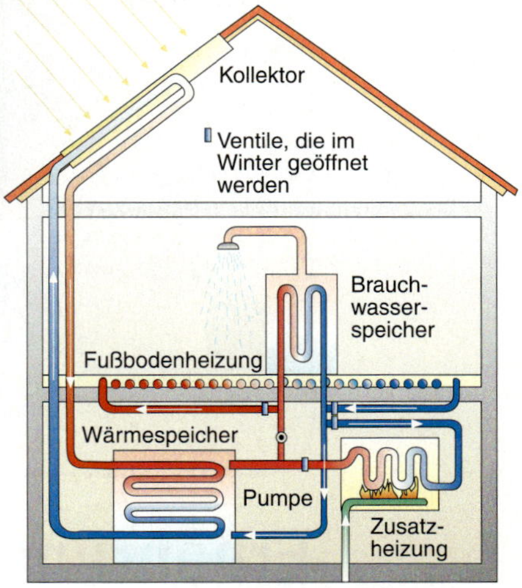

Autos mit Sonnenenergie?

Wer kennt nicht die großen gelben Felder im Frühjahr. Rapspflanzen werden heute in großen Mengen angebaut. Aus den Samen gewinnt man Öl, welches zu Biodiesel verarbeitet wird. Auch die Waschmittelindustrie verwendet Öle aus Pflanzen. Fossile Energievorräte sollen durch den Einsatz nachwachsender Rohstoffe geschont werden.
Welche Vorteile und Nachteile hat die Verwendung nachwachsender Rohstoffe? Es gibt Ernst zu nehmende Einwände gegen Biodiesel. Was spricht dagegen?

Sonnenenergie für Häuser

Bereits durch geschickte Planung eines neuen Hauses kann man die Energie des Sonnenlichts nutzen. Sind die großen Fensterflächen an Süd- und Westseite, erwärmt die Energie des Sonnenlichts auch in der kalten Jahreszeit die Räume. Wasserdurchströmte Solarkollektoren nutzen die Energie der Sonne zur Warmwasserbereitung und zum Heizen. Solarzellen erzeugen elektrischen Strom.

Suche in deinem Wohngebiet nach Häusern mit Solaranlagen. Kläre, ob sie zum Heizen oder zur Stromerzeugung dienen.

Der Körper des

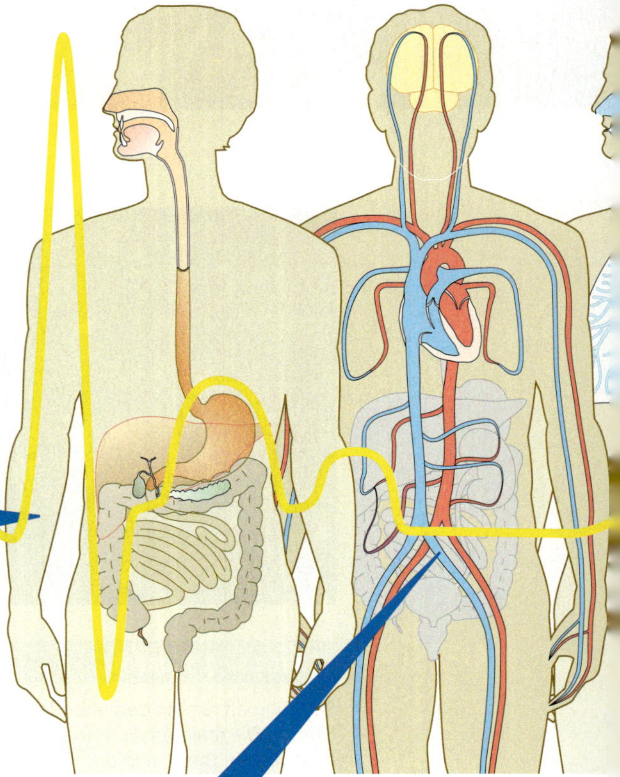

Ernährung

Die Ernährungsgewohnheiten der Menschen und die Zusammensetzung ihrer Nahrung können sehr unterschiedlich sein. Sie sind von der geografischen Lage und den kulturellen Traditionen abhängig. Die Nahrungsmittel erfüllen aber überall die gleiche Aufgabe: Die darin enthaltenen Nährstoffe müssen den Menschen Energie und Baustoffe liefern. Dadurch werden die Stoffwechselvorgänge aufrecht erhalten, durch die das Wachstum und die lebensnotwendigen Körperfunktionen ermöglicht werden. Dazu muss die Nahrung verdaut und die in ihr enthaltenen Bestandteile ins Blut aufgenommen werden.

Transport

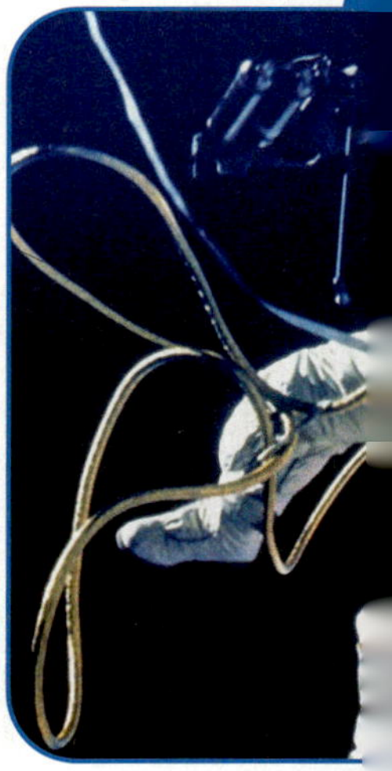

Menschen

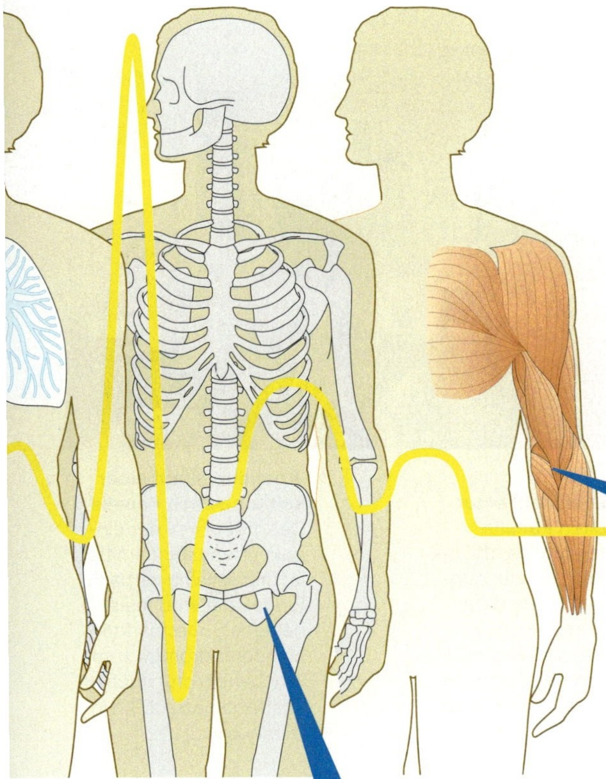

Bewegung

Atmung

In der Lunge werden bei der Atmung über das Blut Sauerstoff und Kohlenstoffdioxid ausgetauscht. Unser leistungsfähiges Herz-Kreislauf-System transportiert die im Blut gelösten Stoffe und Sauerstoff zu den vielen Milliarden Zellen unseres Körpers. Von den Zellen nimmt das Blut Abfallstoffe und Kohlenstoffdioxid auf, sodass diese entsorgt und ausgeschieden werden können. Bei der Verwertung der Nährstoffe mithilfe von Sauerstoff kann zum Beispiel in den Muskelzellen die in den Nährstoffen enthaltene chemische Energie in Bewegung umgewandelt werden. Das ist die Grundlage dafür, dass Muskeln und Skelett bei den Bewegungen unseres Körpers zusammenwirken können.

◀ **Wocheneinkauf einer Familie aus Mali**
Frühstück: Hirsebrei mit etwas Tamarindensaft oder Reisbrei mit Sauermilch.
mittags: Eintopf aus Tomaten, Zwiebeln und Öl, manchmal Trockenfisch mit Reis.
abends: Hirse- und Reisfladen mit einer Okrasuppe.

▲ **Wocheneinkauf einer kalifornischen Familie**
Der größte Teil der eingekauften Lebensmittel ist fabrikmäßig verpackt. Eingekauft wird meist in riesigen Supermärkten. Manchmal kommt zum Wocheneinkauf noch Fastfood dazu, z.B. ein Hamburger.

◀ **Wocheneinkauf einer türkischen Familie**
Zu Mittag gibt es oft Linsen- oder Tomatensuppe, oft mit besonders zubereitetem Hackfleisch. Am Abend wird gern Hammelfleisch mit Zwiebeln und Kartoffeln gegessen.

Die Vielfalt der Lebensmittel

In Afrika, Asien und Südamerika werden andere Nutzpflanzen angebaut als in Europa. Dort wachsen Reis, Hirse und Sojabohnen. Sie dienen in diesen Erdteilen als Grundnahrungsmittel für die Bevölkerung. Die Unterschiede zu uns werden besonders deutlich, wenn man den Wocheneinkauf für eine Familie aus jeweils verschiedenen Ländern vergleicht. In den Ländern Mitteleuropas bilden Teigwaren oder Kartoffeln einen wesentlichen Bestandteil der täglichen Nahrung. Sie gehören zu unseren Grundnahrungsmitteln.

Unsere Nahrung setzt sich aus pflanzlichen und tierischen Produkten zusammen. Zu den *pflanzlichen Produkten* gehören Gemüse, Salat und Obst. Aber auch Brot und andere Teigwaren gehören dazu, da sie aus Weizen- oder Roggenmehl hergestellt werden. *Tierische Produkte* sind Fleisch, Fisch, Eier und Milch. Durch Weiterverarbeitung dieser Lebensmittel entstehen unter anderem Wurst, Quark, Sahne, Butter und Käse.

Aufgabe

① Schreibe für deine Familie die Art und Menge der Lebensmittel auf, die in einer Woche eingekauft werden. Vergiss dabei nicht die Getränke und die Nahrung, die sofort nach dem Kauf außerhalb verzehrt werden. Fertige nach dem Vorbild der Fotos eine Collage an.

Bestandteile der Nahrung

Große Pause! Einige Schüler haben ein Pausenbrot mit Käse oder Wurst, andere einen Apfel oder eine Orange, manche einen Schokoriegel. Im Laufe eines Tages essen wir viele verschiedene Lebensmittel. Wie fit wir uns fühlen, hängt auch mit der Menge und der Zusammensetzung der Nahrung zusammen.

Obwohl es eine Unmenge verschiedener Lebensmittel gibt, haben alle etwas gemeinsam: Sie bestehen im Wesentlichen aus den selben Bestandteilen, nämlich aus Eiweißen, Fetten und Zucker und Stärke in unterschiedlichen Anteilen (s. Abb. 1).

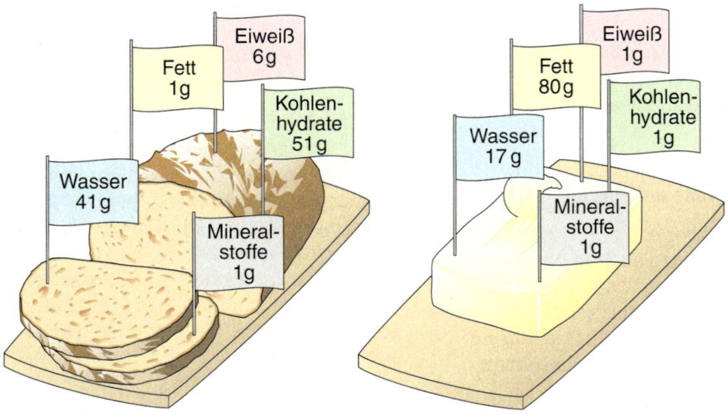

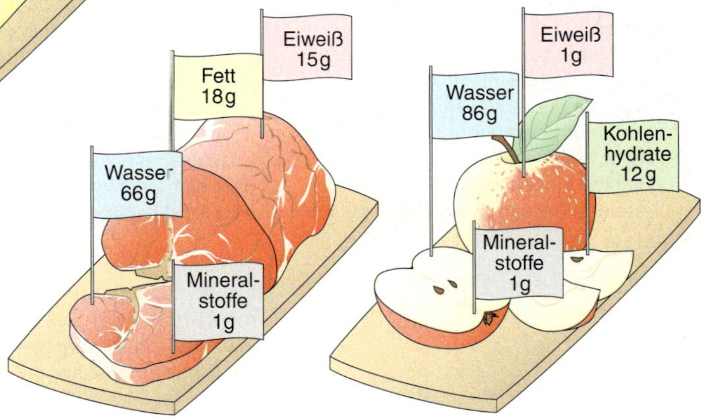

1 Nährstoffgehalt einiger Lebensmittel (pro 100 g)

- Zucker und Stärke gehören zur Gruppe der **Kohlenhydrate.** Zucker ist z. B. im Honig und in Früchten enthalten, Stärke ist der Hauptbestandteil von Kartoffeln, Mehl und Produkten daraus, wie z. B. Brot oder Nudeln.
- **Eiweiße** *(Proteine)* findet man besonders viel in Fleisch, Fisch, Hühnerei und in Milchprodukten, aber auch in Erbsen und im Mais.
- **Fette** sind zum Beispiel in Sahne, Butter, Käse, Wurst und Speck, aber auch in pflanzlichen Produkten, wie Oliven oder Erdnüssen, enthalten. Aus Letzteren gewinnt man die Pflanzenöle.

Proteine, Fette und Kohlenhydrate fasst man unter dem Sammelbegriff **Nährstoffe** zusammen. Neben diesen lebenswichtigen Nährstoffen muss unsere Nahrung aber noch weitere, unbedingt erforderliche, d. h. *essentielle Stoffe* enthalten, wie zum Beispiel die *Vitamine* und die *Mineralstoffe.*

Wie viel Eiweiß braucht man pro Tag pro Kilogramm Körpergewicht?
Säuglinge: 3,3 g
Kinder, 12 Jahre: 1,8 g
Erwachsene: 1,0 g

Mit der Nahrung und den damit aufgenommenen Nährstoffen kann unser Körper aber zunächst nichts anfangen, sie müssen weiter „verarbeitet" werden. Diese Verarbeitungsvorgänge bezeichnet man als *Stoffwechsel.*

Um uns zu bewegen, um unsere Körpertemperatur aufrecht zu erhalten, um unser Gehirn benutzen zu können, aber auch während des Schlafens brauchen wir Energie. Die Energie ist also notwendig, um unseren Körper in „Betrieb" zu halten. Die dazu im Körper stattfindenden Vorgänge nennt man **Betriebsstoffwechsel**. Hauptenergieträger sind die Fette und Kohlenhydrate (▶ S. 148).

Nährstoffe sind aber auch notwendig zum Aufbau unseres Körpers. Das kannst du dir klar machen, wenn du vergleichst, wie klein du nach der Geburt warst und wie groß du heute bist, also wie viel du gewachsen bist.

Aber auch Erwachsene brauchen ständig Nährstoffe für den Aufbau von körpereigenen Stoffen, z. B. für das Wachsen der Haare oder der Fingernägel. Diese Vorgänge bezeichnet man als Baustoffwechsel. Für den **Baustoffwechsel** sind Eiweiße besonders wichtig.

Aufgabe

① Ermittle für verschiedene Lebensmittel anhand der Angaben auf den Verpackungen den Gehalt an Nährstoffen und sonstigen Inhaltsstoffen. Löse dazu von den Verpackungen die Aufkleber ab oder schneide die Informationen über die Inhaltsstoffe aus. Stelle dein Untersuchungsergebnis übersichtlich in einer Tabelle dar.

Einfache Nährstoffnachweise

Die folgenden Versuche kannst du selbst ausführen. Beachte folgende Regeln:

1. Trage beim Experimentieren eine Schutzbrille und beachte die eventuell hinter den Chemikalien in Klammern angegebenen Gefahrstoffsymbole (C, Xi, Xn)
2. Arbeite nie mit Hast.
3. Unterlasse während der Versuche jegliche Spielereien mit deinen Mitschülern.
4. Stelle die Chemikalien und den Brenner nie an den Rand des Arbeitstisches.
5. Sei besonders vorsichtig bei der Arbeit mit offener Flamme.
6. Beachte die Hinweise zur Entsorgung der gebrauchten Chemikalien. Nicht in den Abfluss gießen!
7. Reinige nicht mehr gebrauchte Geräte und Gefäße sobald wie möglich.

Nachweis von Kohlenhydraten

A. Stärke

Nachweismethode:
Eine Spatelspitze löslicher Stärke wird in ein Reagenzglas gebracht, das 3 cm hoch mit etwa 50 °C warmem Wasser gefüllt ist. Durch kräftiges Schütteln des Reagenzglases wird die Stärke im Wasser gelöst. Gib nun einen Tropfen der gelbbraunen Iod-Kaliumiodid-Lösung [X_n] zu. Beobachte die sich einstellende Verfärbung der Lösung. Sie ist der Nachweis für Stärke. Notiere hierzu einen Merksatz in dein Heft.

Lebensmitteluntersuchung:
Tropfe jetzt ein wenig Iod-Kaliumiodid-Lösung auf die folgenden Nahrungsmittel: Kartoffel-, Apfel- und Bananenscheiben, Weißbrot, trockene Nudeln, gekochten Reis, zerriebenen Kopfsalat, Käse.

Erstelle eine Tabelle nach folgendem Muster:

Lebensmittel	Stärkenachweis
Stärke	+
Kartoffel	

Trage in die rechte Spalte ein +- oder ein −-Zeichen ein, je nachdem, ob Stärke nachweisbar war oder nicht.

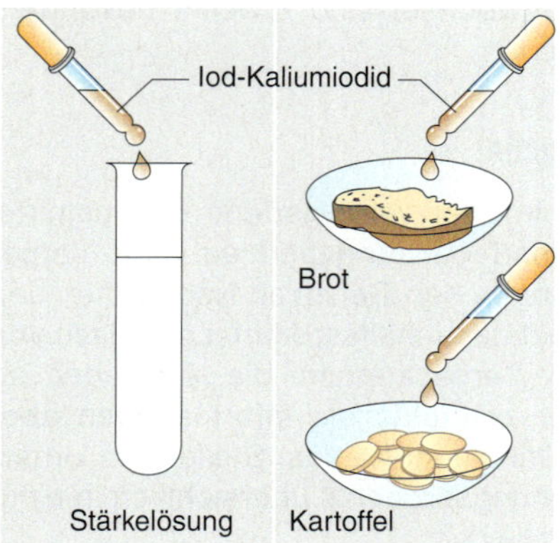

B. Fehling-Probe auf Zucker

Nachweismethode:
Fülle ein Reagenzglas 3 cm hoch mit blauer fehlingscher Lösung I. Gib nun gleich viel von der farblosen fehlingschen Lösung II [C] dazu. Das Flüssigkeitsgemisch im Reagenzglas nimmt jetzt eine tiefblaue Farbe an.

Löse in einem weiteren Reagenzglas, in dem sich 2 cm hoch Wasser befindet, eine Spatelspitze Traubenzucker.

Gib hierzu etwa 1 cm hoch von der tiefblauen Lösung. Stelle das Reagenzglas mit dem Gemisch aus den drei Lösungen in ein 250-ml-Becherglas, das mit etwa 70 °C heißem Wasser gefüllt ist.

Nach etwa 3 bis 5 Minuten kann im Reagenzglas eine Veränderung beobachtet werden. Diese Veränderung zeigt an, dass Traubenzucker enthalten ist.

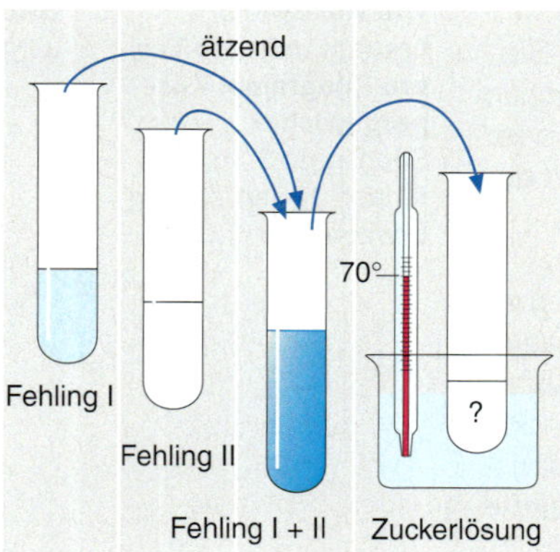

In gleicher Weise reagieren einige andere Zucker, wie zum Beispiel Malzzucker und Fruchtzucker.
Notiere in deinem Heft zur Veränderung der Farbe einen Merksatz.

Lebensmitteluntersuchung:
Untersuche jetzt mit einem Gemisch der beiden fehlingschen Lösungen in derselben Weise folgende Lebensmittel und Getränke:
Farblose Limonade, Mineralwasser, Honig, Haushaltszucker, Obst- und Gemüsesäfte, Milch, Olivenöl.

Bei welchen Lebensmitteln und Getränken ist die Fehlingprobe positiv?

Erstelle hierzu eine entsprechende Tabelle (vergleiche Stärkenachweis).

Verwendung von Teststäbchen

Manche Testmethoden ergeben nicht immer ein ganz eindeutiges Ergebnis. So ergibt Traubenzucker mit der Fehling-Probe zwar ein positives Ergebnis, aber es reagieren auch andere Zucker, z. B. Malzzucker, in der selben Weise. In solchen Fällen kann man gut Teststäbchen einsetzen, die nur auf **Traubenzucker** ansprechen. Solche Teststäbchen gibt es auch für **Eiweiß**.

Bringe dazu etwas von der zu untersuchenden Lebensmittelprobe in ein Reagenzglas, gib etwas destilliertes Wasser hinzu und schüttle gut um. Halte nun kurz das Teststäbchen hinein und vergleiche mit der Farbskala auf der Packung. Stelle deine Versuchsergebnisse übersichtlich in einer Tabelle dar.

Nachweis von Fetten

Nachweismethode:
Bringe einen Tropfen Wasser und einen Tropfen Salatöl nebeneinander auf ein Blatt Pergamentpapier. Halte das Papier gegen das Licht, sobald das Wasser verdunstet ist.

Beschreibe das Versuchsergebnis und notiere, wie man Fett nachweisen kann.

Lebensmitteluntersuchung:
Drücke, reibe oder tropfe folgende Nahrungsmittel auf ein Blatt Pergamentpapier: Vollmilch, Wurst, Käse, Schokolade, Brot, Kuchen, Äpfel, Nüsse.

Betrachte das Papier genau und notiere, welche Nahrungsmittel viel, wenig oder fast kein Fett enthalten.

Energie macht's möglich

Energie
Als Energie bezeichnet man die Fähigkeit, Arbeit zu verrichten

Grundumsatz
vom Körper benötigte Energiemenge bei völliger Ruhe

Kilojoule
Abkürzung **kJ**
Maßeinheit für Energiemengen

100 kJ ist die Energie, die z. B. ein Kran benötigt, um einen 50 kg schweren Gegenstand 20 m hoch zu heben.

Energiegehalt der Nährstoffe pro 100 g
Fett: ca. 3800 kJ
Kohlenhydrate: ca. 1650 kJ
Eiweiß: ca. 1700 kJ

Champignon	92
Äpfel	243
Milch (pro Liter)	267
Jogurt	297
Kartoffeln	318
Bananen	356
Forelle	423
Brathuhn	578
Hühnerei	678
Roggenbrot	1126
weiße Bohnen	1415
Kotelett	1427
Brötchen	1620
Milchschokolade	2176
Erdnüsse	2436

Energiegehalt von Nahrungsmitteln (kJ pro 100g)

Radrennfahrer treten kraftvoll in die Pedale, um mit hoher Geschwindigkeit fahren zu können. Bei einem mehrstündigen Rennen müssen sie Flüssigkeit und Nahrung zu sich nehmen. Fette und Kohlenhydrate liefern ihnen als **Betriebsstoffe** die nötige Energie, sie sind somit Energieträger. Unser Körper setzt aber auch Energie um, wenn wir augenscheinlich nichts tun. Diejenige Energiemenge, die der Körper bei völliger Ruhe benötigt, nennen wir **Grundumsatz.** Er beträgt bei Erwachsenen 6000 bis 7000 kJ/Tag. Der Energiebedarf steigt stark, wenn wir körperlich arbeiten oder intensiv Sport treiben. Man spricht dann vom **Leistungsumsatz.**

Hunger ist ein Zeichen unseres Körpers, dass er Nahrung und damit auch Energie benötigt. Wird der Körper langfristig mit zu wenig Nährstoffen versorgt, z. B. bei Magersüchtigen, greift er sogar auf lebenswichtige Stoffe wie Proteine zurück, um seinen Energiebedarf decken zu können. Nimmt man über längere Zeit mehr Nahrung auf als benötigt wird, kann es zu Übergewicht kommen. Der Energiegehalt verschiedener Nahrungsmittel ist sehr unterschiedlich. Er hängt vom Wassergehalt und den enthaltenen Nährstoffen ab (s. Randspalte).

Das Beispiel des Radfahrers zeigt, dass verschiedene Energieformen ineinander umgewandelt werden können: In der Nahrung ist die Energie in Form bestimmter chemischer Stoffe *(chemische Energie)* gespeichert. Im Stoffwechsel können diese Nährstoffe ineinander umgewandelt werden, z. B. kann aus Stärke Traubenzucker gebildet werden. Dieser kann in den Mitochondrien der Muskulatur abgebaut werden. Die frei werdende Energie wird für die Tätigkeit der Muskeln benötigt. Der Radfahrer kommt in Fahrt, d. h. seine Bewegungsenergie wird größer. Es wird jedoch nicht die gesamte chemische Energie in *Bewegungsenergie* umgewandelt. Ein Teil wird als *Wärme* abgegeben, der Radfahrer schwitzt.

Ähnlich wie am Beispiel des Radfahrers beschrieben, werden bei den unterschiedlichsten Lebensvorgängen in Tieren und Pflanzen stets verschiedene Energieformen ineinander umgewandelt. Dieses **Prinzip der Energieumwandlung** (▶ S. 148) gilt nicht nur bei Lebewesen sondern auch bei allen natürlichen Vorgängen und allen technischen Prozessen.

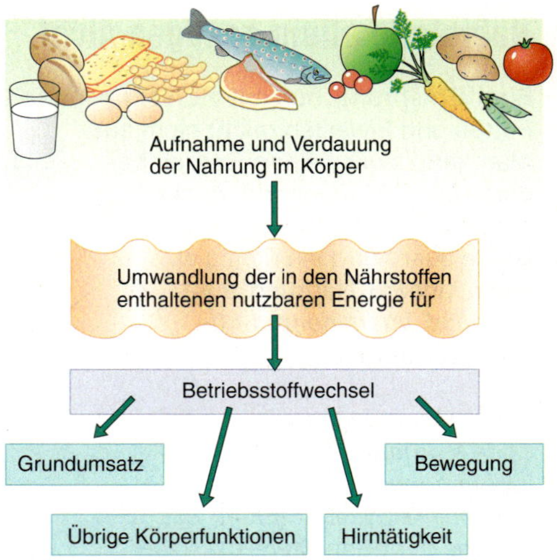

1 Umwandlung der Energie im Körper

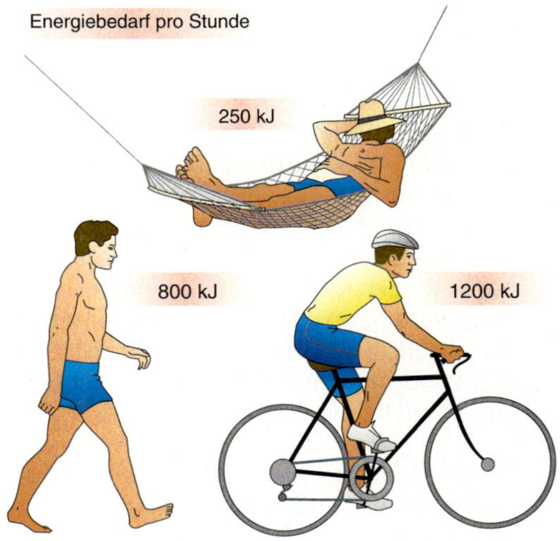

2 Benötigte Energie

Aufgaben

① Vergleiche die Werte von Abbildung 2 mit denen der Randspalte. Erkläre, von welchen Nahrungsmitteln man wenig essen sollte, wenn man sich nicht sehr viel bewegt.

② Vergleiche den Energiebedarf der verschiedenen Sportarten. Wie lange muss man Rad fahren, um die Energiemenge von 100g Milchschokolade abzuarbeiten? Vergleiche diese Zeit mit dem Beispiel eines ruhenden Menschen.

③ Vergleiche die Begriffe Nährstoff, Nahrungsmittel, Energie, Energieträger.

④ Erläutere das Prinzip der Energieumwandlung am Beispiel eines Bergsteigers, der bei einer ganztägigen Klettertour einen Berggipfel besteigt.

Nährstoffe allein genügen nicht

Eine Ernährung nur mit Kohlenhydraten, Fetten und Eiweißen reicht nicht aus. Man kann zwar seinen Energiebedarf damit hinreichend decken, bestimmte Stoffwechselvorgänge laufen aber nur dann richtig ab, wenn unsere Nahrung ausreichend *Vitamine* und *Mineralstoffe* enthält.

Man kennt 13 verschiedene **Vitamine**, die alle lebensnotwendig, also *essentiell* sind, aber nur in sehr geringen Mengen benötigt werden (siehe Mittelspalte). Die meisten Vitamine sind in Obst und Gemüse enthalten, jedoch auch in Fleisch und Fisch.

Auch nur in kleinen Mengen brauchen wir **Mineralstoffe**. So ist zum Beispiel das Calcium, das in der Milch enthalten ist, für den Knochenaufbau notwendig. Müssen Mineralstoffe nur in winzigen Mengen aufgenommen werden, spricht man von **Spurenelementen.** Dazu gehört u. a. Eisen, das wir mit Obst, Vollkornbrot oder Fleisch aufnehmen. Eisen ist wichtig für die Blutbildung.

Unsere Nahrung sollte neben den verwertbaren Anteilen auch solche enthalten, die wir nicht verdauen und somit für unseren Stoffwechsel auch nicht nutzen können. Das scheint auf den ersten Blick unsinnig zu sein, aber solche **Ballaststoffe** in der Nahrung füllen den Darm und regen ihn zu Bewegungen an. Auf diese Weise sorgen sie für einen zügigen Transport der Nahrung und eine regelmäßige Darmentleerung. Ballaststoffe sind in Vollkornprodukten, Obst und Gemüse enthalten.

Unser Körper gibt täglich fast 2,5 Liter Wasser durch Schwitzen, die Atmung und den Urin ab. Bei einem 100-m-Lauf verliert man z. B. die Menge an Wasser, die eine normale Kaffeetasse füllt; im Verlauf eines Fußballspiels sogar die Menge von 5 bis 20 Tassen. Dieses Wasser muss vor allem durch Trinken, aber auch durch in der Nahrung enthaltenes Wasser ersetzt werden. Je mehr man körperlich arbeitet oder je wärmer es ist, desto mehr muss man trinken. Ohne ausreichend Flüssigkeit lässt unsere Leistungsfähigkeit schnell nach.

Der Ernährungskreis links gibt eine Übersicht über die Nahrungsmittelgruppen und über die in ihnen hauptsächlich vorhandenen Stoffe. Er ist deshalb eine gute Hilfe zur Zusammenstellung einer ausgewogenen Ernährung. Der größte Anteil der Nahrung sollte aus Kohlenhydraten bestehen, Eiweiße und vor allem Fette sollten nur in kleineren Mengen enthalten sein.

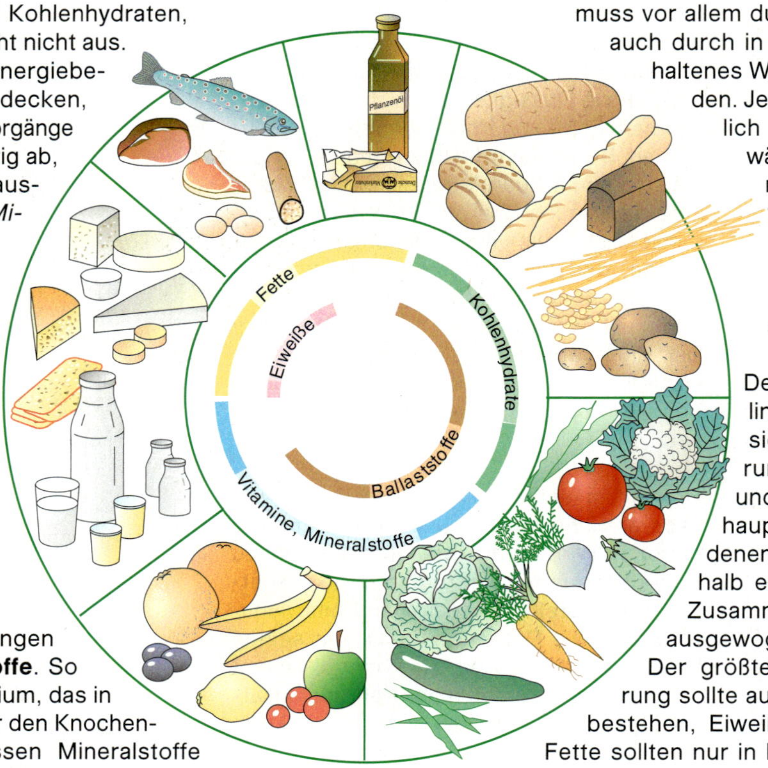

1 Ernährungskreis

Täglicher Mineralstoffbedarf
Calcium: 1 g
Eisen: 0,015 g

Täglicher Vitaminbedarf
Vitamin A: 0,0013 g
Vitamin C: 0,075 g
Vitamin D: 0,00001 g

Aufgaben

① Notiere einen Tag lang, was du isst. Unterstreiche die pflanzlichen Nahrungsmittel grün, die tierischen rot und mit rot und grün, wenn beide enthalten sind.
② Recherchiere, welche Krankheiten bei Mineralstoffmangel auftreten.

2 Vitaminreiches Frühstück

3 Ballaststoffreiche Nahrungsmittel

Vitamine

Vitamine sind bei ausgewogener Ernährung meist in genügender Menge in den Nahrungsmitteln vorhanden, die wir täglich zu uns nehmen. Bei starken körperlichen Belastungen, zum Beispiel bei intensivem Sport, kommt es allerdings zu einem erhöhten Vitaminbedarf. Dann ist es unter Umständen sinnvoll, in Form von Brausetabletten zusätzlich Vitamine und Mineralstoffe aufzunehmen. Hoch dosierte, teure Vitaminpräparate sind dagegen überflüssig.

Vitamin A

Vitamin A ist für den Aufbau des Sehfarbstoffes im Auge unbedingt notwendig. Es ist in vielen Nahrungsmitteln als *Provitamin* vorhanden, zum Beispiel in Möhren, Leber, Eigelb, Butter, Spinat und Milch. Aus dem Provitamin entsteht im Körper das eigentliche Vitamin. Vitaminmangel ist normalerweise ausgeschlossen, kann jedoch bei Fehlernährung, wie sehr einseitiger Ernährung und bei übertriebenem Fasten, auftreten. Fehlt dem Körper Vitamin A, kommt es zur Nachtblindheit. Die Mindestmenge pro Tag liegt etwa bei einem Milligramm.

B-Vitamine

Man unterscheidet zwischen verschiedenen B-Vitaminen, zum Beispiel B1 und B12. Ihnen ist gemeinsam, dass sie für den Energie- und Baustoffwechsel erforderlich sind. Vitamin B12 ist zum Beispiel an der Bildung der roten Blutzellen beteiligt. In größeren Mengen sind die B-Vitamine in Vollkornprodukten, Fleisch, Leber, Hühnerei, Milch, Nüssen und Hefe enthalten.

Vitamin C

Das bekannteste Vitamin ist sicher das Vitamin C, das wir in etwas größerer Menge benötigen, nämlich ca. 75 Milligramm pro Tag. Dieses Vitamin ist vor allem in Gemüse und Obst, aber auch in Kartoffeln vorhanden. Besonders reich an Vitamin C sind Zitrusfrüchte,

zum Beispiel Apfelsinen, aber auch Kiwis. Vitamin C unterstützt viele Stoffwechselvorgänge und erleichtert die Aufnahme von Eisen, das für die Blutbildung benötigt wird. Der Körper ist insgesamt leistungsfähiger und besser geschützt gegen Infektionen. Bei der Zubereitung von Speisen sollte man berücksichtigen, dass Vitamin C relativ schnell durch Hitze zerstört wird.

Vitamin D

Dieses Vitamin ist erforderlich für die Knochenbildung, da es in den Stoffwechsel von Calcium und Phosphat, zweier wichtiger Mineralstoffe für den Knochenaufbau, eingreift. Vitamin D ist zum Beispiel in Hering, in Fischleber (Lebertran), Kuhmilch, Eigelb und Butter enthalten. Ist der Körper hinreichend der Sonne und damit dem UV-Licht ausgesetzt, produziert er aber auch selbst Vitamin D. Ausgewogene Ernährung und ausreichender Aufenthalt im Freien sorgen also für eine hinreichende Vitamin D-Versorgung.

Vitamin E

Das lichtempfindliche Vitamin E wird von unserem Körper zum Beispiel für den Fettstoffwechsel benötigt. Es schützt lebenswichtige Stoffe in den Zellen vor Zerstörung, zum Beispiel durch Sauerstoff. Butter, Margarine, Ei, Leber, Getreidekeimlinge und Pflanzenöle enthalten dieses Vitamin in größeren Mengen.

Fehlernährung und Vitaminmangel

Vitaminmangelkrankheiten waren bei uns früher ein Problem. In Ländern, in denen die Menschen an Unterernährung bzw. Fehlernährung leiden, gibt es sie heute noch.

Wenn infolge unzureichender Aufnahme bzw. Bildung von Vitamin D die Knochen nicht genügend Calcium und Phosphat einlagern können, werden sie nicht hart genug. Unter der Belastung durch das Körpergewicht verbiegen sie dann allmählich. Skelettschäden durch gebogene Oberschenkelknochen und eine Trichterbrust sind die Folgen. Man spricht dann von *Rachitis*.

Unter den Seefahrern zur Zeit des CHRISTOPH COLUMBUS war der *Skorbut* gefürchtet. Diese Krankheit begann mit Zahnfleischbluten und Zahnausfall, dann traten innere Blutungen auf und der geschwächte Körper konnte Infektionskrankheiten nicht mehr widerstehen. Die Seeleute litten unter extremem Mangel an Vitamin C, weil sie auf ihrer monatelangen Fahrt weder Obst noch Gemüse zur Verfügung hatten. Erst als man herausfand, dass der Verzehr von Sauerkraut, das in Gefäßen lange haltbar ist, den Skorbut verhinderte, hatte dieser Schrecken der Seefahrer ein Ende.

In den armen Ländern ist *Beriberi*, das durch Mangel an Vitamin B1 verursacht wird, heute noch ein Problem. Beriberi äußert sich zum Beispiel durch Krämpfe und Lähmungen, da das Nervensystem durch den Mangel an Vitamin B1 geschädigt wird.

Mangel und Überfluss

Jährlich verhungern über 10 Millionen Menschen weltweit. Über die Hälfte der Menschen auf der Erde ist mangelhaft oder einseitig ernährt. Vor allem fehlt ihnen hochwertiges Eiweiß. Mangelernährung schwächt die Widerstandskraft des Körpers gegen Krankheiten und Seuchen. Besonders für Kleinkinder ist Eiweißmangel gefährlich. Ihre körperliche und geistige Entwicklung wird gehemmt. Als Jugendliche und Erwachsene sind sie später kaum zu körperlicher Arbeit fähig.

Die Ursachen dieser Ernährungsprobleme sind vielfältig: Eine wesentliche Rolle spielt die rapide wachsende Erdbevölkerung. Während in den wohlhabenden Ländern die Bevölkerungszahl etwa konstant bleibt oder sogar leicht sinkt, geht in vielen Entwicklungsländern die Bevölkerungsexplosion ungebremst weiter. Viele der reichen Industrieländer unterstützen finanziell die Ausfuhr von Nahrungsmitteln in ärmere Regionen und beeinträchtigen so deren Landwirtschaft. Ein großer Teil der Landflächen in den Entwicklungsländern dient nicht dem Anbau von Nahrungspflanzen für die eigene Bevölkerung, sondern zum Anbau von Obst, Kaffee, Tee und anderen Pflanzen, die in die Industrienationen exportiert werden. Große internationale Lebensmittelkonzerne drücken die Preise für die heimischen Erzeuger, die häufig am Rande des Existenzminimums arbeiten müssen. Oft werden sogar tropische Regenwälder gerodet, um Anbauflächen zu schaffen. Beispielsweise liefert Brasilien große Mengen Soja, das in der Tiermast eingesetzt wird, obwohl das hochwertige Soja-Eiweiß auch für den Menschen nutzbar wäre.

Es gibt mittlerweile erste Ansätze, die auf eine Verbesserung der Situation hoffen lassen: Im Jahre 2004 beschlossen die reichen Industrienationen, ihre Lebensmittelexporte zu reduzieren und so der Landwirtschaft in den armen Ländern bessere Entwicklungschancen zu ermöglichen. Kaffee, Tee und andere Produkte aus **fairem Handel** sind inzwischen fast überall erhältlich.

Probleme ganz anderer Art gibt es in den führenden Wirtschaftsnationen: Nahezu alle Lebensmittel stehen in beliebigen Mengen und zu relativ günstigen Preisen ganzjährig zur Verfügung. Viele Menschen leiden an Übergewicht, das zusammen mit anderen *Risikofaktoren,* wie Bewegungsmangel, Rauchen und Alkoholmissbrauch zu *Folgeerkrankungen,* wie z. B. Gelenkschäden, Diabetes, Arteriosklerose und möglicherweise Krebs, führen kann.

Oft ist auch das Bewusstsein für die Bedeutung unserer Ernährungsgewohnheiten erst gering entwickelt: Wir beklagen einerseits die Klimaerwärmung, finden es andererseits aber völlig normal, Obst zu kaufen, das unter hohem Energieverbrauch und Freisetzung von Kohlenstoffdioxid in Flugzeugen um die halbe Erde transportiert wurde. Wir halten geringste Pestizidrückstände in Lebensmitteln für bedenklich, machen uns aber keine Gedanken über die Landarbeiter, die beim Ausbringen der Pestizide extrem hohen Belastungen ausgesetzt waren.
Der etwas höhere Preis für Kaffee aus fairem Handel stört selbst gut verdienende Bevölkerungsschichten, keine Rolle spielt der sehr viel höhere Preis für Luxusgüter wie Champagner oder Kaviar.

Aufgaben

① „Global denken – lokal handeln" gehört zu den knappen, einprägsamen Schlagworten, die manchmal für den Alltag zu wenig konkret sind. Stelle in einer Übersicht die wichtigsten Ernährungsregeln zunächst so zusammen, dass eine vernünftige, wohlschmeckende Ernährung für uns gewährleistet ist. Überprüfe danach, ob dabei auch die Interessen der Entwicklungsländer angemessen berücksichtigt werden und überarbeite eventuell deine Regeln.

② Viele Völker sind aufgrund ihrer extremen Lebensbedingungen einseitig ernährt. Beispielsweise steht nomadisierenden Kamelhirten in Afrika fast keine pflanzliche Nahrung zur Verfügung, sondern überwiegend Produkte aus Kamelmilch. Dadurch nehmen sie viele tierische Fette und Cholesterin auf. Trotzdem gibt es bei ihnen weder Übergewicht noch erhöhte Blutfettwerte. Was sind die Gründe dafür?

③ In Japan erreichen die Menschen die höchste Lebenserwartung von allen Industrieländern. Innerhalb Europas werden die Kreter am ältesten. Informiere dich über die möglichen Ursachen.

Kaffee aus fairem Handel.

Gesunde Ernährung

Viele Kinder und Erwachsene leiden an Übergewicht. Das senkt nicht nur die Lebenserwartung, sondern meist auch das Wohlbefinden und die körperliche Fitness. Eine ausgewogene, gesunde Ernährung kann dazu beitragen, Übergewicht zu vermeiden und gleichzeitig unseren Körper fit zu halten.

Oft wird gedankenlos das gegessen, was gut schmeckt oder in ist. Der Inhalt spielt keine große Rolle. Die beiden Abbildungen zeigen zwei völlig unterschiedliche Mahlzeiten.
Kohlenhydrate, Fette und Eiweiße sollten zur Deckung deines Energiebedarfs in der Nahrung in einem ausgewogenen Verhältnis vorhanden sein (Abb. 54.1).

Um eine vollwertige Ernährung sicherzustellen, hilft die Ernährungspyramide bei der Auswahl der Art der Nahrung und des jeweiligen Anteils. Die verwendeten Lebensmittel sollten möglichst frisch sein. Zudem sollte man die Mahlzeiten sinnvoll über den Tag verteilen. Verpackte Lebensmittel enthalten Informationen, die über die enthaltenen Inhaltsstoffe Auskunft geben.

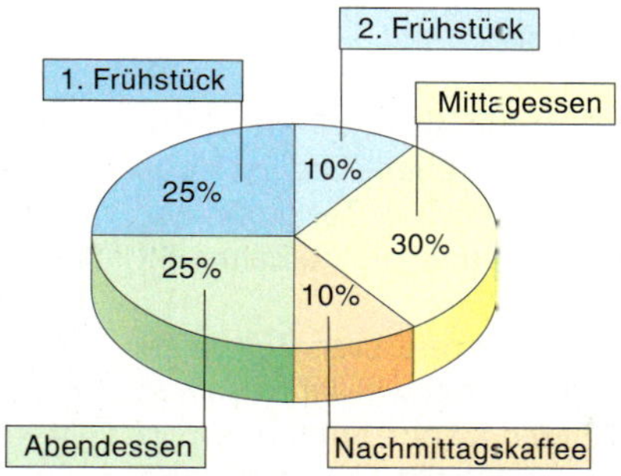

Verteilung des täglichen Energiebedarfs auf die Mahlzeiten

Fettgehalt verschiedener Lebensmittel in %

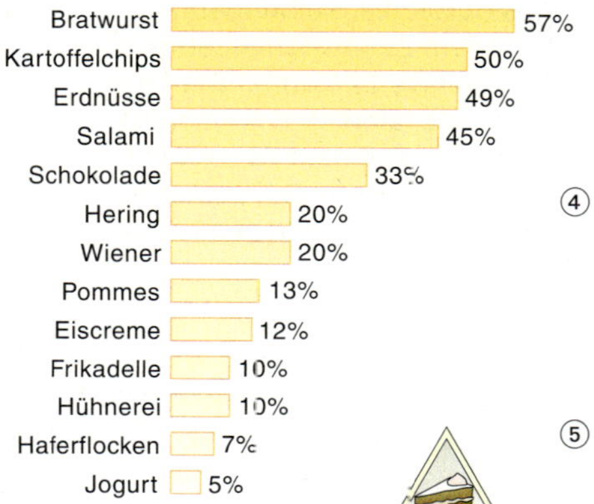

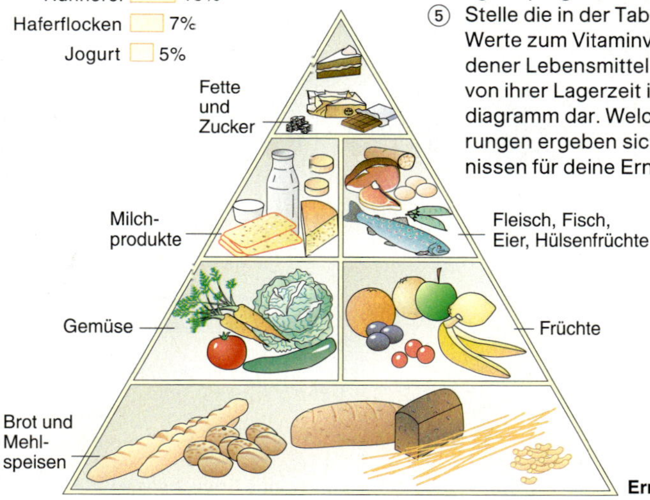

Ernährungspyramide

Aufgaben

① Vergleiche die Fotos in der linken Spalte bezüglich ihrer Inhaltsstoffe und ihres Energiegehaltes. Benutze eine Nährwerttabelle. Stelle die Unterschiede übersichtlich dar und bewerte begründet die gesundheitliche Qualität der beiden Mahlzeiten.

② Stelle für einen Tag 5 über den Tag verteilte Mahlzeiten zusammen, die den Anforderungen einer vollwertigen Ernährung gerecht werden.

③ Vergleiche die in der Kennzeichnung angegebenen Inhaltsstoffe verschiedener Lebensmittel, aber auch verschiedener Sorten von Fruchtsäften (z. B. Apfelsaft, Apfel-Nektar, Apfelsaftgetränk), fettarmer Milch, Vollmilch, ... Stelle die Ergebnisse in einer Tabelle dar. Wie weit ist bereits eine Qualitätsbeurteilung möglich? Was bleibt unklar?

④ Überprüfe deine Fettaufnahme über einen Tag lang. Notiere den Fettgehalt der verzehrten Lebensmittel. Vergleiche dann deinen Tagesverbrauch an Fett mit dem wünschenswerten. Der liegt bei ca. 0,8 g Fett pro kg Körpergewicht und Tag.

⑤ Stelle die in der Tabelle genannten Werte zum Vitaminverlust verschiedener Lebensmittel in Abhängigkeit von ihrer Lagerzeit in einem Säulendiagramm dar. Welche Schlussfolgerungen ergeben sich aus den Ergebnissen für deine Ernährung?

Tabelle

Gemüseart	Vitamin C Ausgangsgehalt (mg/100g)	Lagerdauer in Tagen	Vitamin-C-Verlust in % Lagertemperatur (°C) 4° Kühlschrank	12° Keller	20° Speisekammer
Blumenkohl	120	1	7	10	12
		2	8	15	26
		7	9	23	53
Kopfsalat	26	1	22	25	27
		2	37	39	41
		7	55	69	–
Spinat	72	1	27	41	56
		2	33	51	79

Zähne und Gebiss

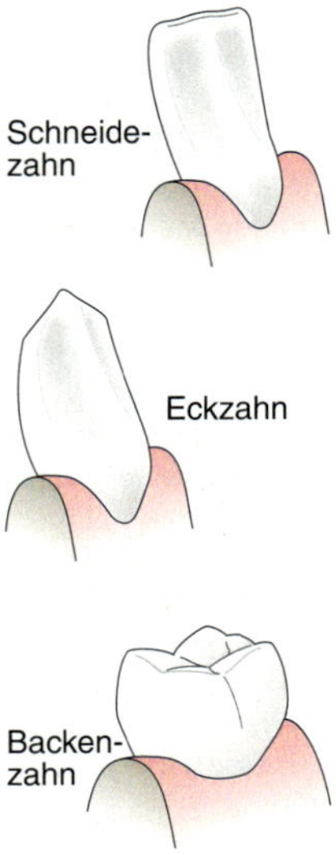

Es ist uns selbstverständlich, in ein Stück Brot zu beißen und zu kauen. Das ist aber nicht immer so im Leben: Zum Zeitpunkt der Geburt hat der Mensch noch keine Zähne.

Säuglinge bekommen ihre ersten Zähne im Alter von 5 bis 9 Monaten. Zwei Jahre später sind meist alle 20 *Milchzähne* vorhanden. In Ober- und Unterkiefer befinden sich dann jeweils 4 *Schneidezähne*, 2 *Eckzähne* und 4 höckerige *Backenzähne*.

Zwischen dem 6. und 12. Lebensjahr wird das Milchgebiss durch die bleibenden Zähne ersetzt. Nach dem Zahnwechsel enthält das vollständige Gebiss 32 Zähne. Die hintersten Backenzähne sind die *Weisheitszähne*, die häufig erst nach dem 20. Lebensjahr zum Vorschein kommen. Bei manchen Menschen kommen sie allerdings gar nicht heraus.

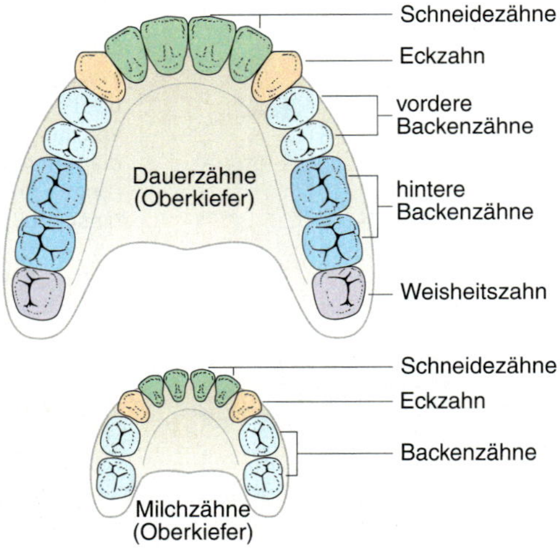

1 Gebiss eines Kindes und eines Erwachsenen

Alle Zähne zeigen einen gleichartigen Aufbau aus drei Abschnitten: Zahnkrone, Zahnhals und Zahnwurzel. Wenn wir unser Gebiss im Spiegel betrachten, sehen wir die *Zahnkronen*. Sie sind von einer porzellanartigen Schicht, dem sehr harten *Zahnschmelz*, umgeben. Darunter liegt das knochenähnliche *Zahnbein*. Im Wurzelbereich wird das Zahnbein von einer dünnen, harten Schicht geschützt, dem *Zahnzemen*t. In der *Zahnhöhle* befinden sich Blutgefäße und Nerven. Diese verlaufen durch feine Öffnungen in der *Zahnwurzel* in die Zahnhöhle. Die Blutgefäße versorgen den Zahn mit Nährstoffen, die Nerven machen ihn empfindlich. Bei Beschädigungen des Zahns werden die Nerven gereizt. Dies verursacht Zahnschmerzen.

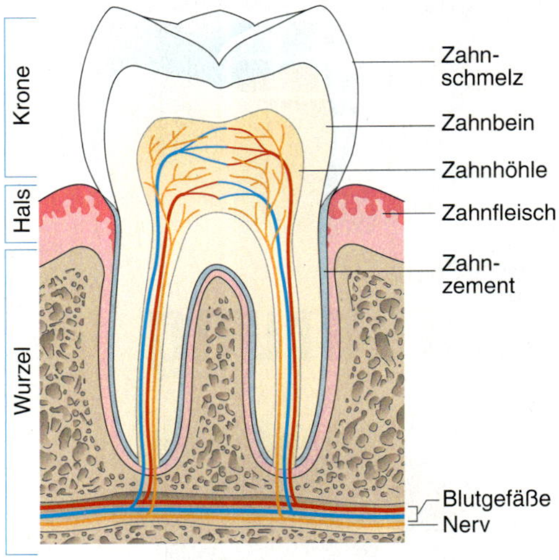

2 Backenzahn im Längsschnitt (Schema)

Die Zähne in unserem Gebiss haben verschiedene Aufgaben, was man an ihrer unterschiedlichen Form erkennen kann. Mit den *Schneidezähnen* beißen wir mundgerechte Bissen ab. Dabei schneiden die Zähne im Ober- und Unterkiefer wie die Blätter einer Schere aneinander entlang. Bei besonders harten oder zähen Speisen nehmen wir die *Eckzähne* zu Hilfe. Zwischen den *Backenzähnen* wird der Bissen dann zerrieben. Dabei arbeiten die übereinander liegenden Backenzähne mit ihren breiten, flachen Kronen und den stumpfen Höckern wie zwei Mühlsteine gegeneinander (▶ S. 146).

Nur gepflegte Zähne bleiben gesund

Karies (Zahnfäule) bedroht die Zähne. Ursache für Karies ist die Zerstörung des Zahnschmelzes. Dieser ist zwar hart, wird aber durch Säuren zerstört, die von Bakterien in der Mundhöhle ausgeschieden werden. Durch die Löcher im Zahnschmelz gelangt die Säure auf das weiche Zahnbein. Bildet sich auch im Zahnbein ein Loch, gibt es Zahnschmerzen.

Aber auch durch starke Temperaturgegensätze, vor allem wenn kalt auf heiß folgt, gefährdet man die Zähne. Gefährlich ist es auch, wenn du dein Gebiss als Nussknacker missbrauchst. Dadurch können feine Risse entstehen, sodass Säuren und Bakterien

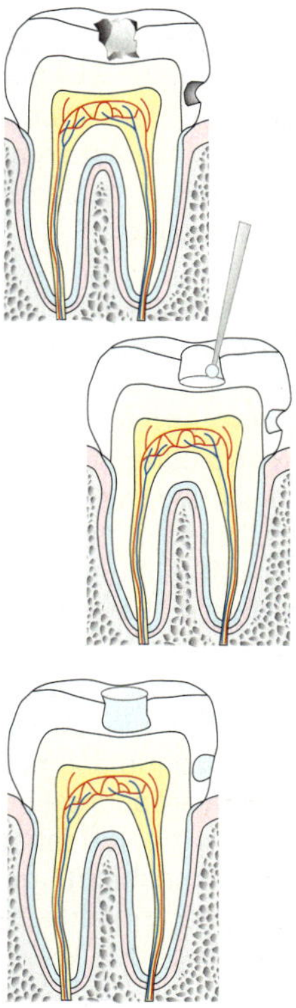

tief in den Zahn eindringen können. Kariesbakterien vermehren sich besonders gut auf Speiseresten zwischen den Zähnen und im *Zahnbelag*, der sich aus Zucker und Speiseresten auf den Zähnen bildet. Deshalb solltest du nach Mahlzeiten deine Zähne immer gründlich putzen. So kannst du dich am besten vor Karies, Zahnfleisch- und Zahnbettentzündung *(Paradontitis)* schützen.

Beim Zähneputzen ist es wichtig, die Speisereste zwischen den Zähnen gründlich zu entfernen. Das gilt vor allem vor dem Schlafengehen. Man sollte dabei die Zahnbürste vom Zahnfleisch zur Krone hin bewegen. Achte darauf, nicht nur die vorderen Zähne, sondern auch die Backenzähne gründlich zu säubern. Die Zahnbürste nicht zu sehr gegen Zahnfleisch und Zahnschmelz drücken! Mit Zahnseide lassen sich auch die Zahnzwischenräume säubern, die mit der Zahnbürste nicht erreicht werden.

Mindestens 2-mal im Jahr sollte der Zahnarzt die Zähne kontrollieren. Er kann dann rechtzeitig auf Zahnpflegemängel hinweisen und Karies behandeln, indem er die Löcher ausbohrt und mit Füllmaterial *(Plombe)* schließt (siehe Randspalte).

Aufgaben

① Halte einen Spiegel vor den geöffneten Mund. Suche und beschreibe die verschiedenen Zahntypen.

② Überprüfe anhand der Abbildung, ob du deine Zähne richtig pflegst. Stelle Regeln für die Zahnpflege auf und begründe sie.

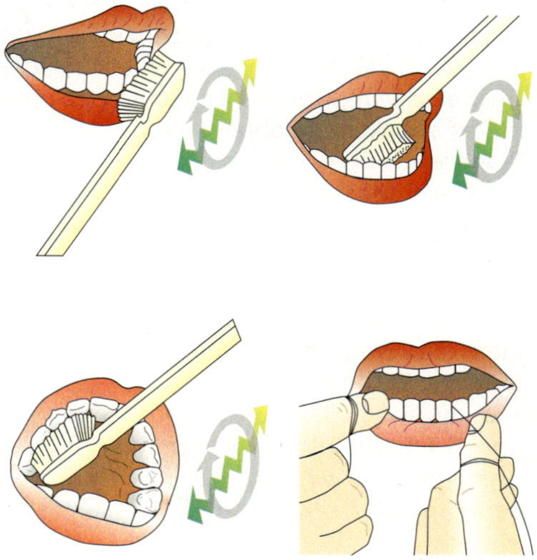

1 So werden die Zähne richtig geputzt

Zettelkasten

Zahnklammern und Piercing

Damit neben Karies auch *Zahnfehlstellungen* rechtzeitig erkannt werden, sollte der Zahnarzt von klein auf besucht werden. Zahnfehlstellungen sehen nicht nur nicht schön aus, sie können zum Beispiel zu einer Beeinträchtigung der Lautbildung beim Sprechen führen. Der günstigste Zeitraum für eine kieferorthopädische Behandlung liegt zwischen dem 10. und 12. Lebensjahr.

Bei einer *kieferorthopädischen Korrektur* löst der Zahnarzt mithilfe von Klammern absichtliche Zahnbewegungen aus. Die Klammern können falsch stehende Zähne in die richtige Position ziehen. Bei der *festen Klammer* werden Metall- oder Keramikplättchen auf die Zähne geklebt und daran Gummis oder Drähte befestigt. *Lose Klammern* bestehen aus Kunststoff, Draht oder Metallfedern. Sie werden vom Zahnarzt in das Gebiss eingepasst.

Je nach Art der Zahnfehlstellung dauern die durch Klammern ausgelösten Zahnbewegungen zwischen einer Woche und zwei Jahren. Haben sich die Zähne durch die Klammern in die richtige Position bewegt, müssen sie dort mithilfe einer *Festigungsklammer* fixiert werden. Diese Behandlung beansprucht mindestens so viel Zeit wie die Zahnbewegung selbst.

Während Zahnklammern medizinisch notwendig sind, ist das Piercing vor allem eine Modeerscheinung, es ist bei den meisten Jugendlichen Ausdruck ihres Lebensgefühls. Aber Vorsicht: *Piercings* im Bereich der Lippe oder gar der Zunge schädigen oft das Gebiss und können die Selbstreinigung der Zunge beeinträchtigen. Die Metallteile auf der Zunge schlagen beim Sprechen oder Essen gegen den Zahnschmelz und beschädigen ihn. Dadurch kann zusätzlich Karies entstehen. Metallteile an der Lippe verleiten zum Spielen mit der Zunge. Durch den veränderten Muskelzug werden die Zähne auf Dauer bewegt und der Kiefer kann sich verformen.

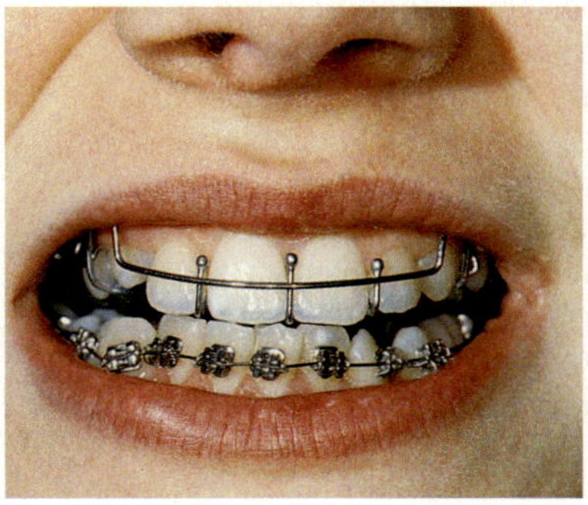

Der Weg der Nahrung durch unseren Körper

Mit dem Biss in dein Käse- oder Wurstbrötchen beginnt der Weg des Nahrungsbissens durch den Körper. *Verdauungsvorgänge* zerlegen auf diesem Weg die Nahrung in so winzige Teilchen, dass sie im Darm in das Blut aufgenommen werden können.

Das Kauen mit den Zähnen zerkleinert die Nahrungsbrocken in kleine Stückchen, die Zunge zerdrückt sie weiter (*mechanische Zerkleinerung*). Der beigemischte Speichel macht den Nahrungsbrei gleitfähig für den Transport durch die *Speiseröhre*. Dabei schieben Muskeln, die das Innere wie Ringe umspannen, kleine Portionen weiter zum *Magen*. Die Magenmuskulatur wird gedehnt und die Nahrung gesammelt. Sie bleibt dort eine gewisse Zeit, das Pausenbrot etwa zwei Stunden, fettige Bratkartoffeln etwa vier Stunden, und wird auf Körpertemperatur erwärmt. Die Magenwand gibt Salzsäure ab, die fast alle mit der Nahrung aufgenommenen Bakterien abtötet. Gleichzeitig zersetzt der Magensaft die in der Nahrung enthaltenen Eiweißstoffe. Ein Ringmuskel am Magenausgang entlässt genügend vorverdautes Material in den *Dünndarm*. Auch hier schieben Muskeln den Darminhalt durch die vielfach verschlungenen Wege und mischen gleichzeitig die Verdauungssäfte mit den noch nicht verdauten Nahrungsanteilen. An der Einmündungsstelle des Dünndarms in den *Dickdarm* befindet sich der *Blinddarm* mit dem *Wurmfortsatz*. Blinddarm und Wurmfortsatz sind keine Verdauungsorgane, sondern dienen der Abwehr von Krankheitserregern.

Die in Mund, Magen und Dünndarm beigemischten Eiweißstoffe in den Verdauungssäften, die *Enzyme*, übernehmen die *chemische Zerkleinerung* bei der Verdauung. Der Mundspeichel trägt zur Verdauung der Stärke bei, der Magensaft zur Zerlegung von Eiweiß. Bauchspeichel und Dünndarmsaft helfen zusammen bei der endgültigen Umwandlung von Kohlenhydraten, Fetten und Eiweißen in wasserlösliche Bausteine. Bei sehr fetthaltiger Nahrung wird zusätzlich noch Gallensaft beigemischt, der in der Leber hergestellt und in der Gallenblase aufbewahrt wird. Vor der Selbstverdauung sind Magen und Darm durch eine von ihnen produzierte Schleimschicht geschützt, die auf der Innenseite beider Organe liegt.

Die für den Körper wertvollen Bausteine, aber auch Vitamine, Mineralstoffe und Wasser, werden weitgehend aus dem Dünndarm in das Blut weitergegeben. Alles Unverdauliche und wenige Nahrungsreste gelangen schließlich in den *Dickdarm*. Noch einmal wird Wasser mit den letzten Resten entzogen. Es bleibt der eingedickte *Kot* übrig, der zum Enddarm transportiert und durch den *After* ausgeschieden wird.

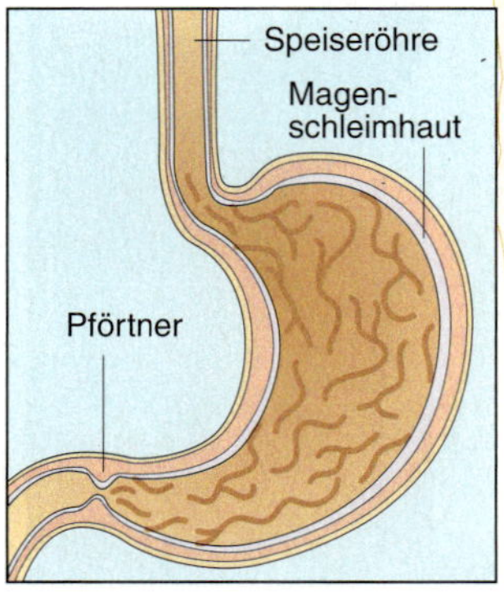

1 Magen (Längsschnitt)

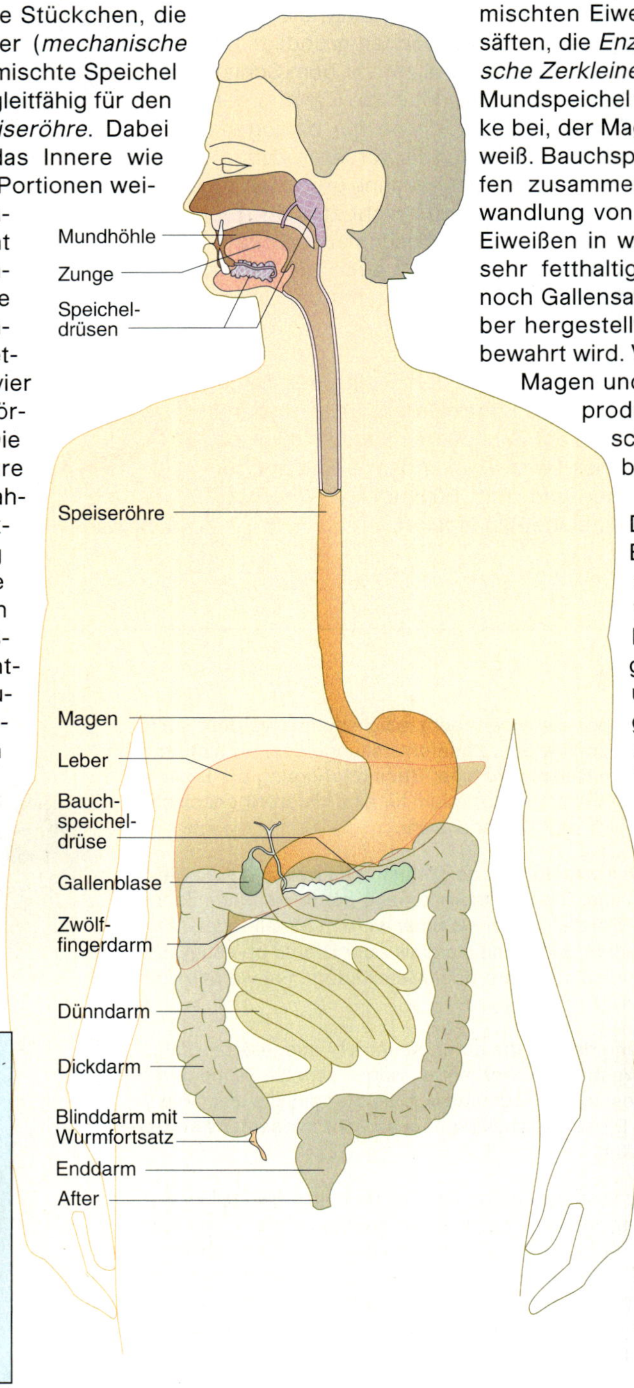

2 Der Weg der Nahrung

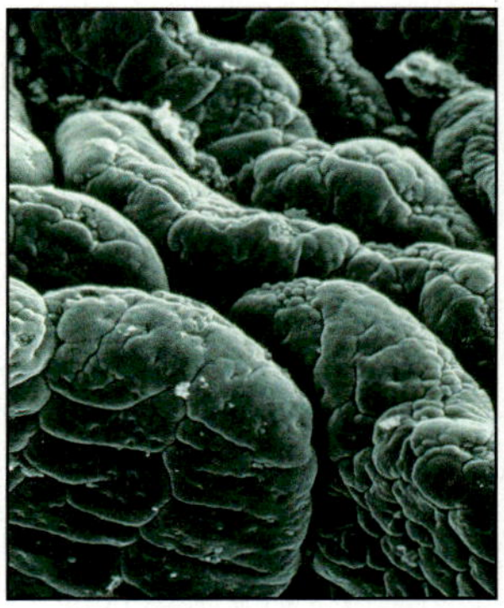

3 Dünndarmzotten (ca. 250 x)

Was geschieht bei der Verdauung?

Damit die Nahrungsbestandteile, d. h. die Nährstoffe, vom Dünndarm aufgenommen und in alle Bereiche des Körpers befördert werden können, müssen sie in kleinste Bausteine zerlegt werden. Die Nährstoffbausteine, die so klein sind, dass wir sie weder mit bloßem Auge noch mit dem Mikroskop sehen können, sind anfangs zu langen Ketten miteinander verknüpft. Mit speziellen Geräten und in vielen Experimenten haben Wissenschaftler die Vorgänge bei der Verdauung erforscht.

Am Beispiel der *Stärke*, einer Kette aus Zuckerbausteinen, soll das Prinzip der Verdauungsvorgänge nun aufgezeigt werden.

Im Mund werden die langen Stärkeketten durch die Verdauungssäfte des Speichels in kürzere *Zuckerketten* aufgespalten. Mit dem Nahrungsbrei gelangen diese in den Dünndarm, wo sie dann in die einzelnen *Zuckerbausteine* zerlegt werden. Die kleinen Zuckerbausteine schwimmen nun im Nahrungsbrei innerhalb des Dünndarms.

Die Innenwand des Dünndarms besitzt viele Falten, die mit winzigen *Darmzotten* besetzt sind. Die Innenwand des Dünndarms hat dadurch eine sehr große Oberfläche (▶ S. 146). Jede Darmzotte wird von feinsten Blutgefäßen, den *Kapillaren,* durchzogen. Die Zuckerbausteine sind so klein, dass sie durch die dünnen Wände der Darmzotten in die feinen Blutgefäße gelangen können. Mit dem Blut wird der Zucker zur Energieversorgung zu allen Organen und den Muskeln in unserem Körper transportiert (▶ S. 148).

Aufgaben

① Man kann die Verdauungsvorgänge gut verstehen, wenn man sich ein Modell baut. Eine lange Spielperlenkette ist das Modell für die Stärke. Die Spielperlen sind die Traubenzuckerteilchen. Wir bohren in den Deckel eines Schuhkartons Löcher in der Größe der Spielperlen und legen die Kette hinein. Dann bewegen wir den Deckel hin und her. Anschließend zerlegen wir die Kette in die einzelnen Bausteine und legen diese wieder in den durchlöcherten Deckel.
Vergleiche den Modellversuch mit den Vorgängen bei der Verdauung.

② Die Oberfläche aller Darmzotten beträgt ca. 300 m^2. Zeichne auf dem Schulhof mit Kreide ein Quadrat mit dieser Fläche.

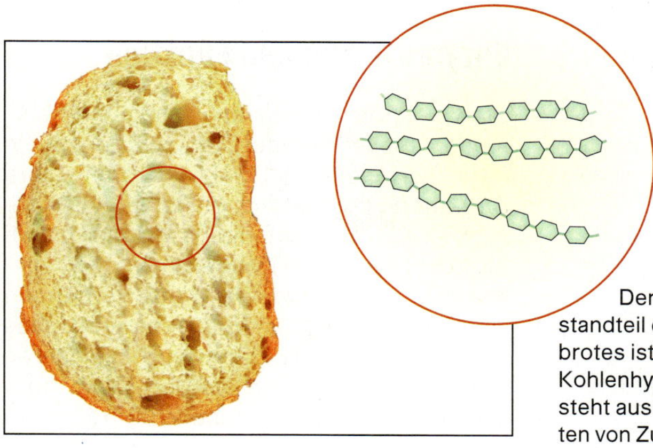

Der Hauptbestandteil des Weißbrotes ist *Stärke*, ein Kohlenhydrat. Sie besteht aus langen Ketten von Zuckerteilchen.

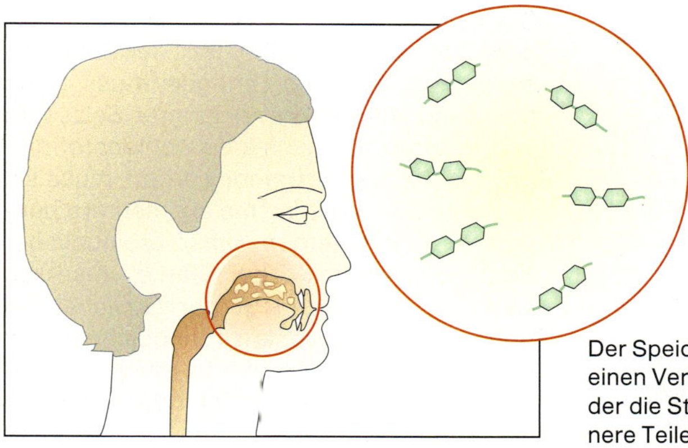

Der Speichel enthält einen Verdauungssaft, der die Stärke in kleinere Teile zerlegt.

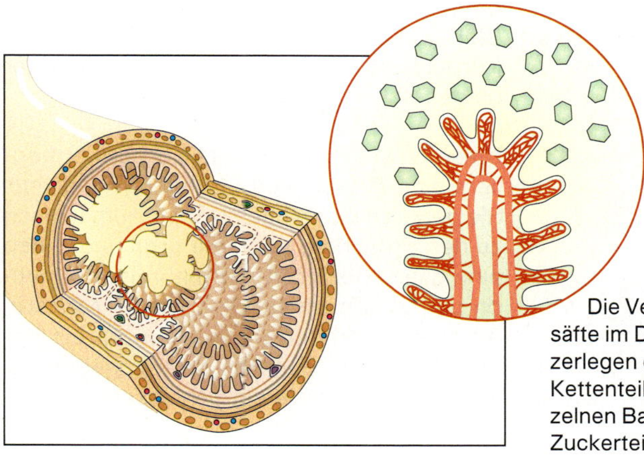

Die Verdauungssäfte im Dünndarm zerlegen die kurzen Kettenteile in die einzelnen Bausteine, die Zuckerteilchen.

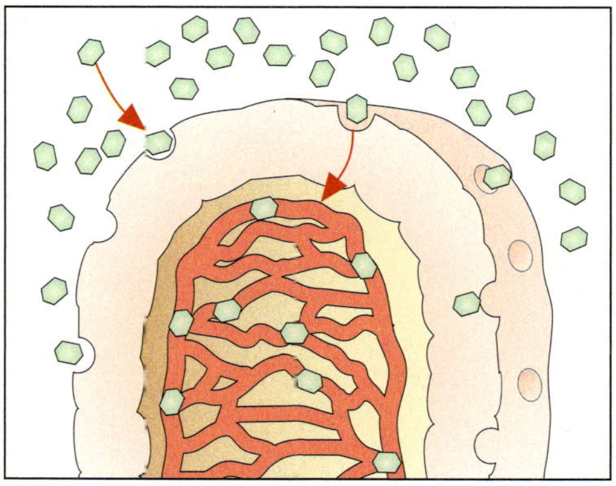

Die Zuckerteilchen werden in die Blutgefäße aufgenommen.

Enzyme – Bau und Funktion

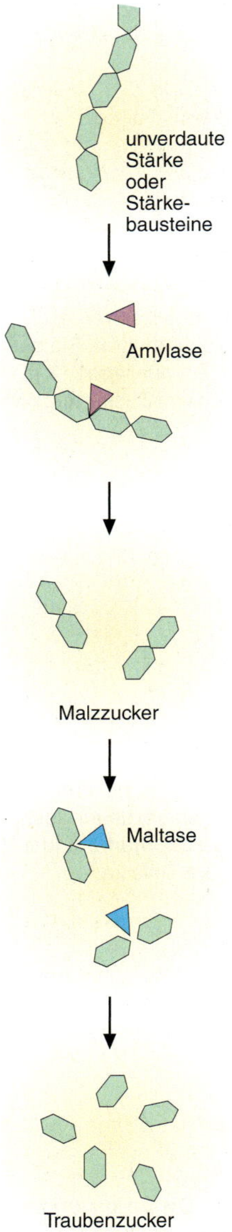

Stärke gehört zu unseren wichtigsten Nährstoffen. Sie ist ein Energieträger, der z. B. in Reis, Kartoffeln und Mehl vorkommt. Ihre Struktur ist kompliziert: Sie ist ein Vielfachzucker, d. h. sie besteht aus vielen *Einfachzucker-Bausteinen* (Traubenzucker), die miteinander zu einer riesigen Kette verbunden sind (siehe Abb. 61.1). Sie ist so groß, dass sie nicht durch die Darmwand in unseren Körper aufgenommen werden kann, sondern zuerst bei der Verdauung in ihre kleineren Bausteine zerlegt werden muss.

Stärke ist stabil, sie zersetzt sich über längere Zeit nicht von selbst. Will der Chemiker sie in ihre Bausteine zerlegen, muss er sie für einige Minuten in verdünnter Salzsäure kräftig erhitzen. Soll sie zu Kohlenstoffdioxid und Wasser verbrannt werden, muss sie über einer Brennerflamme auf mehrere hundert °C erhitzt werden. Umso erstaunlicher ist es, wie unser Körper Stärke umsetzen kann: Im Mund zerlegt der Speichel die Stärke bei gründlichem Einspeicheln und Kauen in kleinere Bausteine, einen *Doppelzucker* (Malzzucker). Im Dünndarm wird sie in Traubenzucker gespalten – sehr rasch, ohne Salzsäure und bei ca. 37 °C. Dieser Stärkebaustein wird in den Zellen unseres Körpers zu Kohlenstoffdioxid und Wasser umgesetzt – ohne Brennerflamme.

Diese Leistungen unseres Körpers ermöglicht eine Gruppe von Stoffen, die *Enzyme*. Sie gehören ihrem chemischen Aufbau nach zu den Proteinen, sind sehr groß und bilden eine ganz spezifische Struktur. Ihre Funktion betrachten wir am Beispiel der *Maltase:* An eine bestimmte Stelle kann nur ein bestimmter Stoff, der Malzzucker, gebunden werden. Ähnlich wie ein Schlüssel in ein bestimmtes Schloss passt, kann auch der Malzzucker von der Maltase gebunden werden. Allgemein spricht man von dem **Schlüssel-Schloss-Prinzip**. Ist der Malzzucker gebunden, werden die Bindungen zwischen seinen beiden Bausteinen so stark gelockert, dass er leicht unter Aufnahme von Wasser in Traubenzucker gespalten werden kann.

Allgemein sind Enzyme durch folgende Merkmale gekennzeichnet:
- Sie können nur einen bestimmten Stoff, ihr *Substrat,* umsetzen.
- Sie können an dem Substrat nur eine ganz bestimmte Wirkung erzielen, es zum Beispiel in seine Bausteine spalten.
- Vorgänge, die sonst nur bei hohen Temperaturen ablaufen, sind durch Enzyme schon bei Körpertemperatur möglich.
- Sie werden selbst nicht verbraucht, sondern können immer wieder neues Substrat umsetzen.
- Sie weisen somit ähnliche Eigenschaften auf wie die Katalysatoren aus der Chemie oder der Technik. Man nennt sie deshalb auch *Biokatalysatoren.*
- Der Name eines Enzyms besteht aus dem Fachbegriff des umgesetzten Substrats und der Endung *-ase.* Beispielsweise heißt das Enzym, das Maltose (Malzzucker) umsetzt Maltase, Amylase spaltet Stärke (Amylose).

Verdauungsenzyme spalten die Nährstoffe in mehreren aufeinander folgenden Reaktionen in so kleine Bausteine, dass sie schließlich durch die Darmwand passen: Bei den Kohlenhydraten der Traubenzucker, bei den Proteinen die verschiedenen Aminosäuren und bei den Fetten Glycerin und die Fettsäuren.

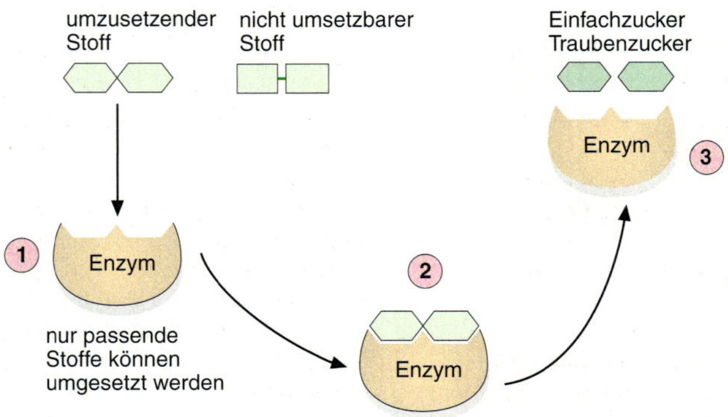

1 Enzyme wirken

Aufgaben

① Abb. 61.1 zeigt die verschiedenen Stufen des Stärkeabbaus. Ordne die besprochenen Enzyme den jeweiligen Stufen zu.

② Ist es sinnvoll, Gallenflüssigkeit als Enzym zu bezeichnen? Begründe.

③ Enzyme sind leicht mit Wasser, aber nur schlecht mit Fett mischbar. Fette sind deshalb schwer verdaulich. Gallenflüssigkeit zerlegt fettreiche Nahrung in viele kleine Tröpfchen, wirkt also ähnlich wie ein Spülmittel. Erläutere, was mit der Formulierung auf Seite 60 gemeint ist: „Gallenflüssigkeit, die bei der Fettverdauung hilft“.

Nährstoffe und Verdauung

Sicherheitshinweise zum Experimentieren

1. Grundsätzlich bei allen Experimenten eine Schutzbrille tragen!
2. Genau nach Anleitung arbeiten. Die Gefahrensymbole zu den verwendeten Chemikalien beachten!
3. Nach Beendigung der Experimente die verwendeten Lösungen in die dafür vorgesehenen, entsprechend beschrifteten Gefäße entsorgen.

Enzyme

Benötigte Geräte und Chemikalien:
- Reagenzgläser, Reagenzglasständer, Spatel, 4 Thermometer, 4 Bechergläser
- Stärkelösung, Pankreatin (enthält ein Enzym-Gemisch, u. a. Amylase), Iod-Kaliumiodid-Lösung [Xn], Eis

Durchführung:
- Gib in 4 Reagenzgläser je 5 ml Stärkelösung, versetze die Lösungen mit einigen Tropfen Iod-Kaliumiodid-Lösung und schüttle um. **Achtung:** Der Inhalt der Reagenzgläser muss blau gefärbt sein. Ist zuviel Iod-Kaliumiodid-Lösung zugegeben, färbt sich die Lösung dunkelblau bis blauschwarz. Dies stört den Versuch.
- Gib je eine Spatelspitze Pankreatin in vier andere Reagenzgläser.
- Gib in das erste Becherglas einige Eiswürfel und kaltes Wasser, sodass ein Eisbad von ca. 0 °C entsteht. In das zweite Becherglas kommt Wasser von ca. 20 °C, in das dritte Becherglas Wasser von 37 ° bis 40 °C, in das vierte Becherglas sehr heißes Wasser.
- Temperiere je ein Reagenzglas mit Pankreatin bzw. mit Stärke- und Iod-Kaliumiodid-Lösung in den vier verschieden warmen Bechergläsern.
- Gib das Pankreatin in die Reagenzgläser mit den Lösungen und miss die Zeit bis zur Entfärbung. Während des Versuchs ist immer wieder die Temperatur zu kontrollieren und ggf. durch Zugabe von Eis oder heißem Wasser einzustellen.
- Was kann man aus den unterschiedlichen Entfärbungszeiten schließen?
- Warum sind sowohl starke Unterkühlung als auch hohes Fieber für den Menschen gefährlich?
- Plane ein Experiment, mit dem du überprüfen kannst, ob Säuren oder bestimmte Schwermetallsalze, z. B. Kupfersalze, Enzyme schädigen können.

Verdauung von Stärke

Benötigte Geräte und Chemikalien:
- Reagenzgläser, Reagenzglasständer, Spatel
- Stärkelösung, Iod-Kaliumiodid-Lösung [Xn], Speichel, Pankreatin (enthält ein Gemisch aus Enzymen, u.a. Amylase)

Durchführung:
- Gib in 3 Reagenzgläser jeweils 5 ml Stärkelösung, versetze die Lösungen mit 2 bis 3 Tropfen Iod-Kaliumiodid-Lösung und schüttle um.
- Gib in das erste Reagenzglas etwas Speichel und in das zweite eine Spatelspitze Pankreatin. Schüttle um und lasse die Reagenzgläser stehen. In das dritte Reagenzglas wird nichts weiter zugegeben.
- Welche Beobachtung kannst du nach einigen Minuten machen?
- Welche Aufgabe hat das dritte Reagenzglas?
- Auf welche Ursache ist deine Beobachtung zurückzuführen? Formuliere eine begründete Annahme.
- Plane ein Experiment, mit dem du deine Annahme überprüfen kannst. Führe es anschließend durch.

Verdauung von Eiweißen

Benötigte Geräte und Chemikalien:
- Reagenzgläser, Becherglas, Messzylinder, Spatel, Bunsenbrenner, Wasserbad, Thermometer
- verd. Salzsäure, Pepsin, Pankreatin (enthält Trypsin), Eiklar

Durchführung:
- Das Eiklar von einem Hühnerei wird in einem Becherglas mit der 5fachen Menge Wasser versetzt und gut vermischt.
- Von dieser verdünnten Eiklarlösung gibt man in drei Reagenzgläser jeweils etwa 5 ml.
- Nun wird der Inhalt der Reagenzgläser über der **kleinen** Bunsenbrennerflamme so lange **vorsichtig** unter Umschütteln erhitzt, bis eine deutliche Trübung auftritt.
- In das Reagenzglas 1 gibt man eine Spatelspitze Pankreatin, in das Reagenzglas 2 eine Spatelspitze Pepsin und 2 ml verd. Salzsäure. Der Inhalt der beiden Reagenzgläser wird mit einem Glasstab umgerührt. In das dritte Reagenzglas wird nichts hinzu gegeben.
- Die drei Reagenzgläser werden dann in ein Wasserbad mit 35 °C bis 40 °C gestellt.
- Vergleiche den Inhalt der drei Reagenzgläser nach 5 bis 10 Minuten.
- Notiere deine Beobachtungen und suche eine Erklärung dafür. Stelle begründet einen Bezug zu der Eiweißverdauung in deinem Körper her.
- Welche Aufgabe erfüllt das dritte Reagenzglas? Begründe.

Verdauung von Fett

Benötigte Geräte und Chemikalien:
- Reagenzgläser, Becherglas, Spatel, Wasserbad, Thermometer
- Vollmilch, Phenolphthalein, Sodalösung in einer Tropfflasche, verd. Salzsäure, Pankreatin (enthält Lipase)

Durchführung:
- Gib zu etwa 20 ml Milch in einem Becherglas einige Tropfen Phenolphthalein. Tropfe dann unter Umrühren so lange Sodalösung zu, bis eine deutliche Rotviolett-Färbung eintritt. Dann ist der Becherglasinhalt leicht alkalisch.
- Verteile den Inhalt des Becherglases auf drei Reagenzgläser (Füllhöhe max. $^2/_3$)
- Gib in das erste Reagenzglas 3 ml Salzsäure zu, in das zweite eine Spatelspitze Pankreatin. In das dritte Reagenzglas wird nichts hinzugegeben. Stelle dann die Reagenzgläser in ein 35 °C bis 40 °C warmes Wasserbad.
- Notiere deine Beobachtungen. Nach etwa 10 Minuten kann das Experiment abgebrochen werden.
- Erkläre die Versuchsergebnisse. Informiere dich dazu noch einmal über die Zusammensetzung von Fetten und von Milch.
- Welche Aufgabe hat das dritte Reagenzglas?

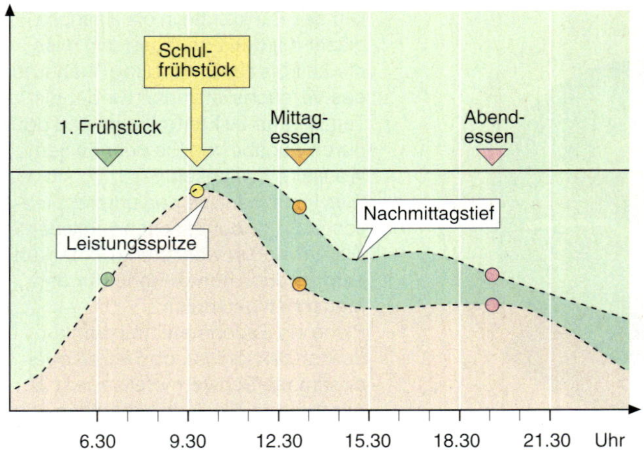

Schulfrühstück

Weil das Frühstück die erste Nahrungsaufnahme nach der längsten Fastenperiode am Tag ist, ist diese Mahlzeit besonders wichtig. Ein ausreichendes Frühstück verbessert die Leistungsfähigkeit am frühen Morgen. Man reagiert schneller und ermüdet später. Aber nicht nur, *was* man isst, macht die Qualität des Frühstücks aus. Es ist auch wichtig, *wie* man es isst.

*„Iss früh wie ein König,
mittags wie ein Ritter
und abends wie ein Bettler"*

Überall auf der Welt wird gefrühstückt – aber in den verschiedenen Ländern stehen unterschiedlichste Sachen auf dem Tisch.

Mahlzeiten	Wo habe ich gegessen und getrunken?	Mit wem habe ich gegessen und getrunken?	Wie lange habe ich gegessen und getrunken?	Wie hat mir die Mahlzeit gefallen?	
				Eher gut, weil …	Eher schlecht, weil …
Frühstück	?	?	?	……	……
Schulfrühstück/ Pausenbrot	?	?	?	……	……
Mittagessen	?	?	?	……	……
Zwischenmahlzeit	?	?	?	……	……
Abendbrot	?	?	?	……	……
Weitere Mahlzeiten	?	?	?	……	……

Aufgaben

① Das oben stehende Diagramm zeigt dir einmal den Tagesablauf mit Schulfrühstück (obere Kurve), einmal ohne Schulfrühstück (untere Kurve). Erläutere die Unterschiede.

② Schreibe in deinem Bio-Heft auf:
- Meistens esse ich: mit meinen Eltern; mit Freunden; allein …
- Ich esse eher: schnell; nebenher; langsam; mit Genuss …
- Ich esse meistens: zuhause; außerhalb …
- Am liebsten esse ich, wenn …
- Beim Essen kann ich überhaupt nicht leiden, wenn …

Diskutiert eure Ergebnisse.

③ Welcher Sinn steckt hinter den Sprichwörtern in der linken Spalte?

④ Erstelle entsprechend der neben stehenden Tabelle ein Tagesprotokoll über deine Essgewohnheiten. Lege das Protokoll in deinem Heft groß genug an, damit du genügend Platz zum Eintragen hast.

„Schulfrühstück-International“ – die erste Mahlzeit am Tag rund um die Welt

MEXICO....NORDAMERIKA....ENGLAND....NIGERIA....SCHWEDEN....TÜRKEI....CHINA....JAPAN

Nordamerika
Bart hat morgens am liebsten Toast mit Butter und Marmelade. Manchmal isst er aber Rühreier mit Schinken. Er ist ein großer Fan von Donuts (Teilchen).

England
Charles liebt Cerealien mit Milch, aber seine Eltern bevorzugen Eier mit Speck, Würstchen, Tomaten oder Porridge (Brei aus Hafergrütze).

Schweden
Greta mag Brot mit Käse, Schinken, Marmelade oder Fisch oder auch Müsli und Cerealien mit Milch.

China
Li isst zum Frühstück gerne Reisschleim. Manchmal aber lieber Chinakohl mit frittierten Teigstäbchen oder Gebäck mit Sesammus gefüllt.

Mexiko
Penny isst meistens Tacos oder Tortillas mit Fleisch, Rührei, Tomaten oder mit Bohnenmus. Manchmal gibt es aber auch Obst zum Frühstück.

Nigeria
John beginnt seinen Tag am liebsten mit etwas Süßem. Deshalb gibt es bei ihm meistens Reispfannkuchen mit frischen Früchten zum Frühstück.

Türkei
Hülya isst gerne Ekmek (Weißbrot) oder Sesamkringel mit Schafskäse, Oliven, Tomaten, Honig oder Marmelade.

Japan
Mila frühstückt jeden Morgen ihre Misosuppe mit Reis, Tofu (Sojaprodukt) und Seealgen. Ihr Bruder liebt Reis mit Fisch und eingelegtes Gemüse.

Aufgaben

① Aus welchen Ländern kommen deine Mitschüler? Lass dir berichten, was in anderen Ländern zum Frühstück serviert wird.

② Ihr könnt eure Ergebnisse im Klassenraum in Form von Postern präsentieren. Abbildungen zu den Speisen findet ihr im Internet. Als Ideenvorlage kann euch die „We tkarte“ oben dienen.

③ Was gehört für dich zu einem typischen deutschen Frühstück? Wie wäre es, wenn ihr in eurer Klasse ein gemeinsames „Schulfrühstück-International“ plant? Eure Eltern und Lehrer könnten euch dabei tatkräftig unterstützen. Und besonders die Frühstücksmuffel (Nee, so früh krieg' ich nichts runter) möchten bei einem reichhaltigen Frühstückbuffet vielleicht doch einen Happen probieren.

Das Blutgefäßsystem

Die Erkenntnis, dass das Blut in einem geschlossenen Blutkreislauf fließt, in jedem Blutgefäß nur in einer Richtung strömt und durch das Herz angetrieben wird, verdanken wir dem englischen Arzt WILLIAM HARVEY (1578 – 1657). Er formulierte die später bestätigte Annahme, dass der Kreislauf aus der *Lungenschleife*, die von der rechten Herzhälfte angetrieben wird, und der *Körperschleife* besteht, in der das Blut von der linken Herzhälfte bewegt wird.

Alle Blutgefäße, die Blut vom Herzen wegführen, heißen *Arterien*. Eine aus Bindegewebe bestehende Hülle schließt sie nach außen hin ab. In ihr verlaufen viele Adern und Nervenfasern. Ringförmige Muskelfasern bauen die Mittelschicht auf. Wegen ihrer Elastizität dehnen sich die Hauptschlagadern und großen herznahen Arterien bei jedem Herzschlag aus. Während der Herzmuskel erschlafft, ziehen sich diese Arterien wieder zusammen und befördern so das Blut weiter. Auf diese Weise werden Druckschwankungen, die durch das rhythmisch schlagende Herz entstehen, gedämpft. Die innerste Schicht der Arterien bildet eine einschichtige und glatte Deckschicht. Sie vermindert den Reibungswiderstand des strömenden Blutes (▶ S. 146).

Mit zunehmender Entfernung vom Herzen verzweigen sich die Arterien in immer feinere Gefäße, bis sie in den Geweben zu den *Haar-* oder *Kapillargefäßen* werden. Diese sind so eng, dass die roten Blutzellen sich nur noch im „Gänsemarsch" hindurchzwängen können.

Die Kapillargefäße vereinigen sich schließlich wieder zu größeren Blutgefäßen, in denen das Blut zum Herzen zurück strömt. Alle zum Herzen hinführenden Blutgefäße heißen *Venen*. Sie besitzen im Gegensatz zu den Arterien nur dünne Wände. In ihrem Innern befinden sich die *Venenklappen*. Diese verhindern ein Zurückfließen des Blutes. Dadurch fließt das Blut nur in eine Richtung.

Aufgaben

① Beschreibe den Blutkreislauf mithilfe von Abbildung 1.

② Erkläre die Ventilwirkung der Venenklappen (s. Randspalte).

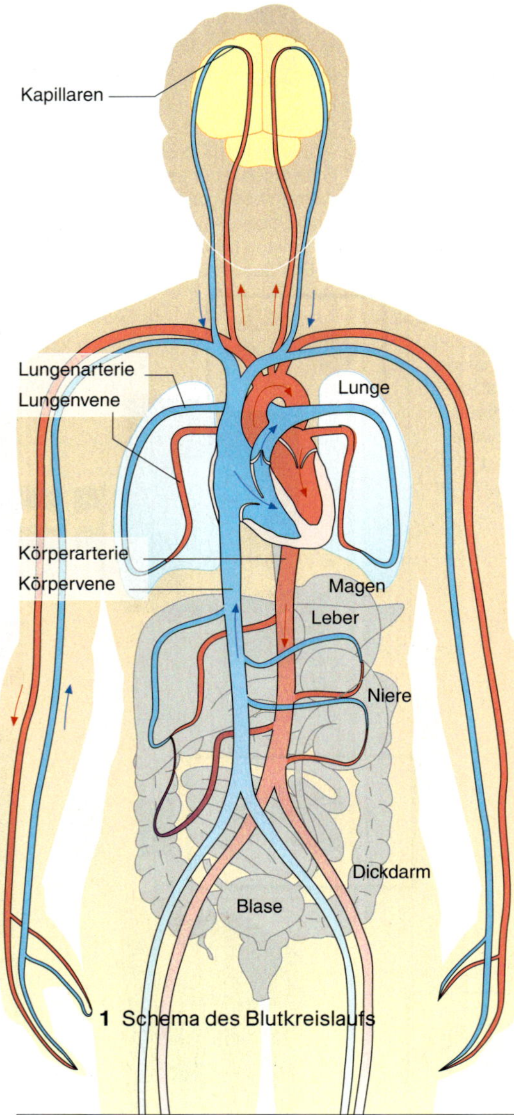

1 Schema des Blutkreislaufs

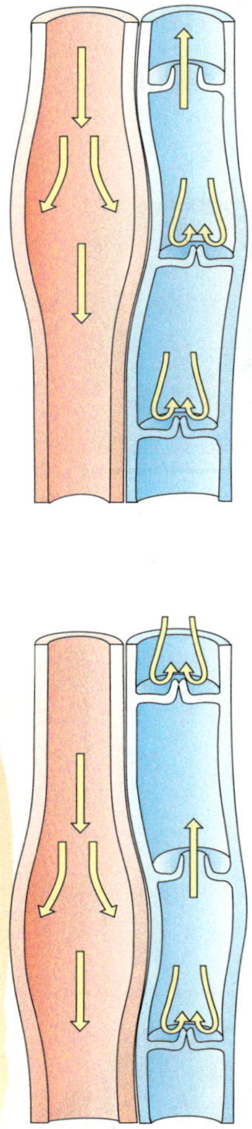

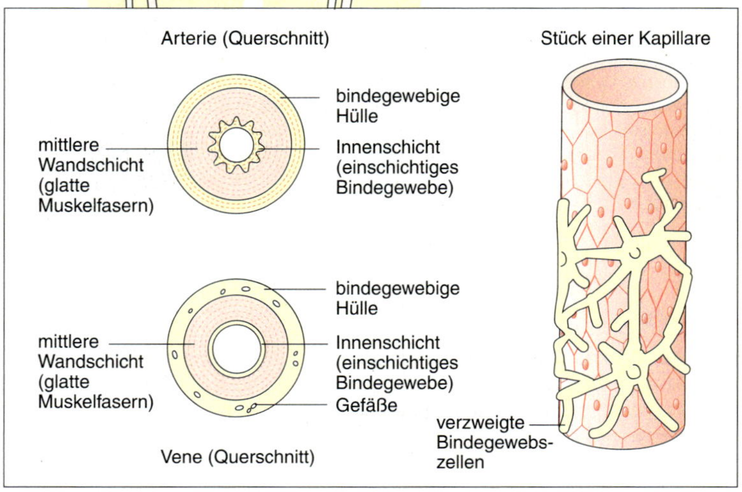

2 Aufbau von Blutgefäßen

Das Herz

Das Herz eines Erwachsenen ist ein etwa faustgroßer *Hohlmuskel*. Die *Herzscheidewand* teilt den Hohlraum des Herzmuskels in zwei ungleiche Hälften. Jede Herzhälfte ist nochmals durch *Segelklappen* unterteilt. Dadurch entstehen *linker* bzw. *rechter Vorhof* und *linke* bzw. *rechte Kammer*, wobei die Muskulatur der linken Kammer kräftiger ist. In den rechten Vorhof münden die obere und die untere *Körperhohlvene*, in den linken die von den Lungen kommenden *Lungenvenen*. Aus der rechten Herzkammer entspringt die *Lungenarterie*, aus der linken die große Körperschlagader oder *Aorta*.

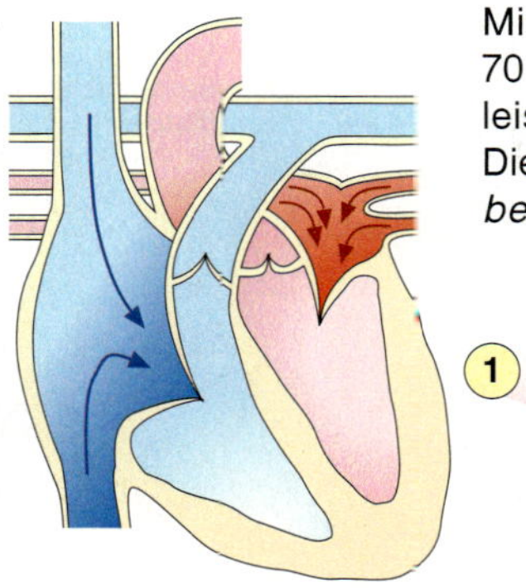

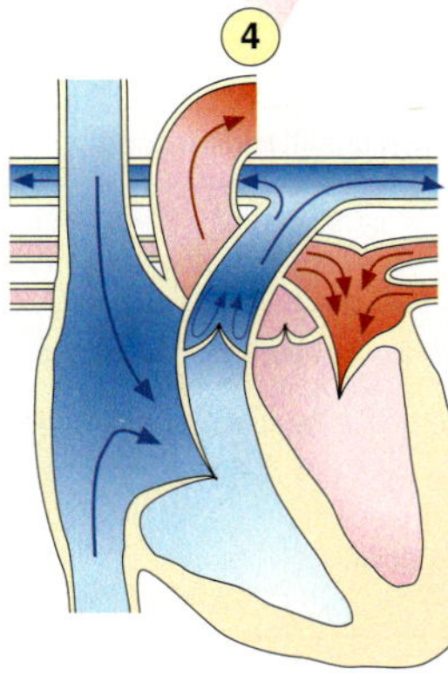

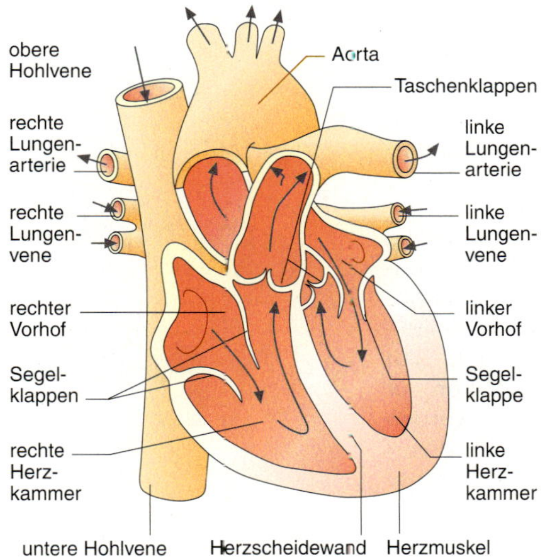

1 Bau des Herzens

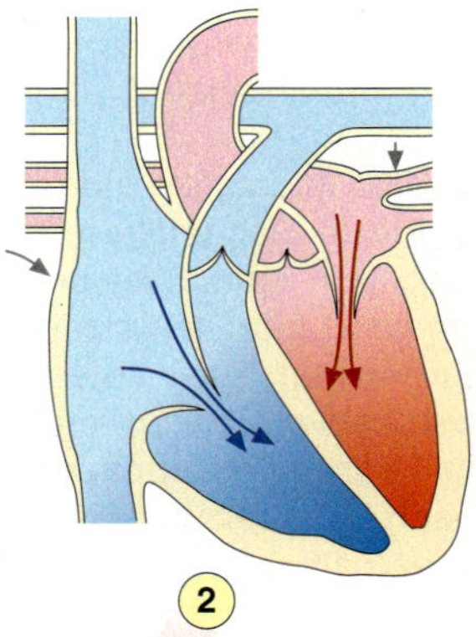

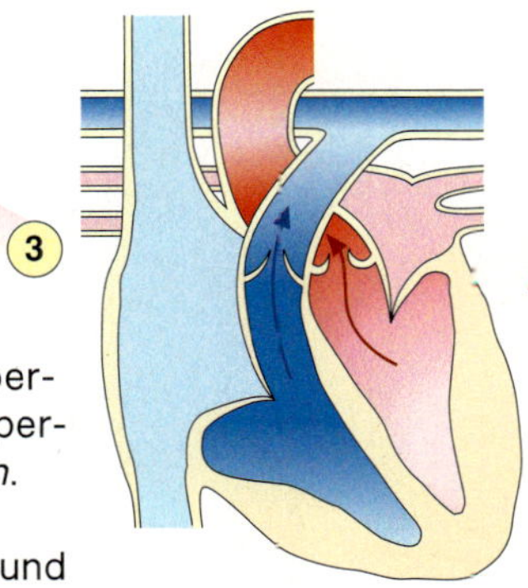

2 Vier Phasen des Herzschlags

Ein System von Ventilen regelt die Blutströmung im Herzen. Zwischen den Vorhöfen und Herzkammern befinden sich die Segelklappen. Am Übergang vom Herzen zur Lungen- und Körperarterie befinden sich die *Taschenklappen*.

Das Herz schlägt rhythmisch. Vorhöfe und Herzkammern leeren und füllen sich im Wechsel. Beim Zusammenziehen der Muskulatur der Kammern *(Systole)* wird das Blut in die Lungen- und Körperarterie gedrückt. Die Taschenklappen sind geöffnet, die Segelklappen geschlossen. Sie verhindern ein Zurückfließen des Blutes in die Vorhöfe. Erschlafft der Muskel *(Diastole)*, strömt das in den Vorhöfen gesammelte Blut durch die sich öffnenden Segelklappen in die Herzkammern. Die Taschenklappen sind nun geschlossen.

Das Herz schlägt in Ruhe etwa 70-mal pro Minute. Bei einem Schlagvolumen von ca. 70 ml je Herzkammer ergibt dies eine Pumpleistung von mehr als 14 000 Litern pro Tag. Die schleimigfeuchten Innenwände des *Herzbeutels* ermöglichen eine nahezu reibungslose Pumpbewegung. Ein eigenes Blutgefäßsystem, die *Herzkranzgefäße*, versorgt den Herzmuskel ständig mit Sauerstoff und Nährstoffen (▶ S. 148).

Aufgaben

① Die Herzmuskulatur der linken Seite ist viel stärker als die der rechten Seite. Begründe (▶ S. 146).

② „In den Venen fließt sauerstoffarmes Blut, in den Arterien sauerstoffreiches." Begründe, warum diese Aussage nur teilweise richtig ist.

③ Es gibt Menschen, bei denen sich bei der Geburt ein Loch in der Herzscheidewand nicht schließt. Welche Auswirkungen hat das?

Zusammensetzung und Aufgaben des Blutes

Die Blutmenge eines Erwachsenen beträgt, abhängig vom Körpergewicht, ca. 5 – 7 Liter Blut. Lässt man eine geringe Menge Blut längere Zeit in einem Reagenzglas bei niedriger Temperatur und unter Luftabschluss stehen, sinken seine festen Bestandteile langsam zu Boden. Als Überstand bleibt eine leicht getrübte, gelbliche Flüssigkeit, das *Blutplasma*. Seine Hauptbestandteile sind: 90 % Wasser, 7 % Plasmaeiweiße, 0,7 % Fette, 0,1 % Traubenzucker. Die restlichen 2,2 % verteilen sich auf Vitamine, Salze (z. B. Kochsalz), Hormone, Abwehrstoffe gegen Krankheitserreger und Abfallstoffe des Stoffwechsels. Außerdem enthält das Blutplasma den Gerinnungsstoff *Fibrinogen*, ein Eiweiß. Wird es z. B. durch stetiges Umrühren mit einem Glasstab aus dem Blutplasma entfernt, bleibt das *Blutserum* übrig.

Die festen Bestandteile des Blutes sind die roten Blutzellen *(Erythrocyten)*, die weißen Blutzellen *(Leukocyten)* und die Blutplättchen *(Thrombocyten)*.

Die roten Blutzellen sind flache, beidseitig eingedellte Scheibchen mit einem Durchmesser von 7 µm. Sie werden im *roten Knochenmark* aus Stammzellen durch Zellteilung gebildet. Reife rote Blutzellen im Blut haben keinen Zellkern mehr. Sie haben nur eine begrenzte Lebensdauer und werden danach in Leber und Milz abgebaut. Unser Blut enthält ca. 25 Billionen rote Blutzellen, 5 Millionen sind in einem mm^3. Um die Gesamtzahl zu erhalten, müssen Millionen von Blutzellen pro Sekunde neu gebildet werden.

Eine wesentliche Aufgabe der roten Blutzellen ist der Sauerstofftransport. Sie enthalten den Blutfarbstoff *Hämoglobin*, der den Sauerstoff binden kann. Außerdem sind die roten Blutzellen am Transport des Kohlenstoffdioxids beteiligt.

Erst im angefärbten Blutausstrich sind unter dem Mikroskop die weißen Blutzellen – die Leukocyten – zu erkennen. Es gibt verschiedene Arten von Leukocyten. Sie besitzen einen Zellkern und entstehen aus Stammzellen des Knochenmarks oder in den lymphatischen Organen, wie z. B. Milz, Thymusdrüse, Mandeln sowie Wurmfortsatz. Während die roten Blutzellen passiv vom Blutstrom mitgenommen werden, können sich die weißen Blutzellen aktiv wie Amöben fortbewegen. Sie wandern auch gegen den Blutstrom, zwängen sich durch Kapillarwände in die Gewebszellen der Organe und können so fast jeden Ort im Körper erreichen. Ihre Hauptaufgabe ist die Bekämpfung und das Fressen von Fremdkörpern und Krankheitserregern. Oft bildet sich an einer Wunde Eiter. Dieser setzt sich überwiegend aus abgestorbenen weißen Blutzellen zusammen.

Die Blutplättchen *(Thrombocyten)* sind kleine Zellbruchstücke und entstehen im Knochenmark. Ihre Aufgabe ist es – zusammen mit dem Fibrinogen und weiteren Faktoren im Blutplasma – die Blutgerinnung auszulösen und Wunden zu verschließen.

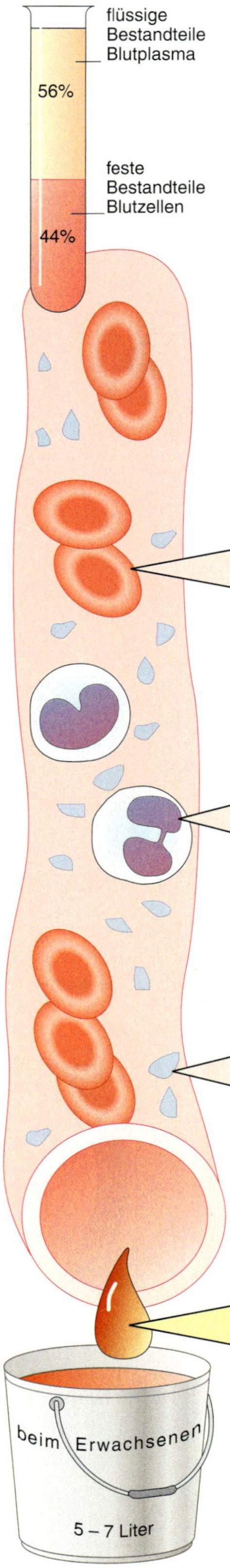

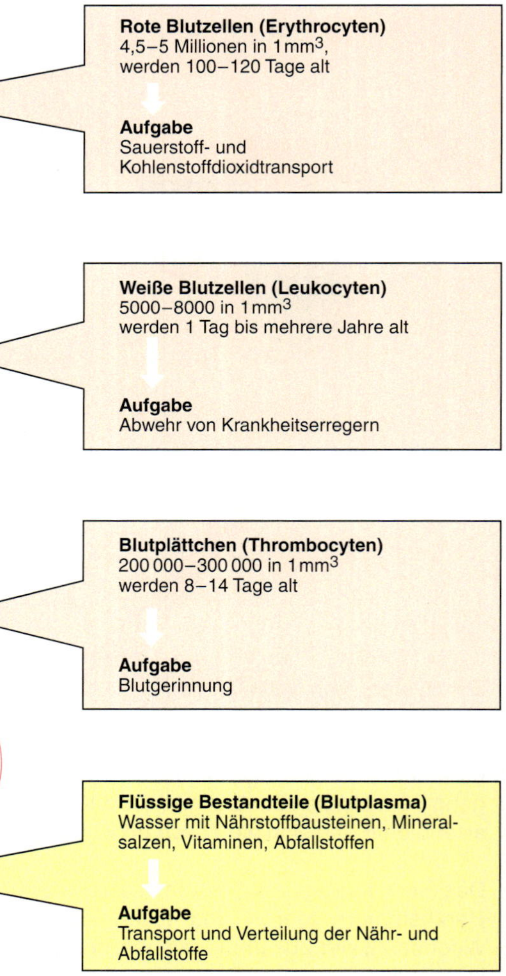

1 Zusammensetzung und Aufgaben des Blutes

Eine weitere Aufgabe des Blutes ist der Wärmetransport im Körper, d. h. die Wärme wird im gesamten Körper verteilt und überschüssige Wärme aus dem Körperinnern an die Körperoberfläche geleitet.

Der Stoffaustausch findet in den Kapillaren statt, die alle Organe mit einem feinen Netz durchziehen. Die dünnen Kapillarwände besitzen Poren. Feste Bestandteile des Blutes (rote Blutzellen, Blutplättchen, große Eiweißmoleküle) werden dort zurückgehalten, flüssige Bestandteile jedoch nicht. Sie enthalten Nährstoffbausteine und Sauerstoff.

So strömen etwa 20 Liter Blutplasma täglich durch die Poren der Kapillaren in die Zwischenzellflüssigkeit, die *Lymphe*. Die mittransportierten Nährstoffe und den Sauerstoff nimmt die Lymphe auf und transportiert sie zu den Gewebezellen. Die Lymphe fließt wieder zu den Kapillaren zurück und nimmt dabei die Abfallstoffe und das Kohlenstoffdioxid, die aus dem Stoffwechsel der Gewebszellen stammen, mit. Mit dem Blutstrom werden auch Wasser, Salze, Hormone, Enzyme und Antikörper an den jeweiligen Bestimmungsort transportiert. Ca. 10 % der Lymphe werden über ein anderes Transportsystem, das *Lymphsystem*, abgeleitet.

Aufgaben

① Warum ist das Blut ein Organ? Erkläre.
② Erstelle nach Abb. 68.1 ein Diagramm zur Zusammensetzung des Blutes.
③ Worin besteht der Unterschied zwischen Blutplasma und Serum?
④ Beschreibe anhand der Abbildung 1 den Stoffaustausch im Kapillarbereich.

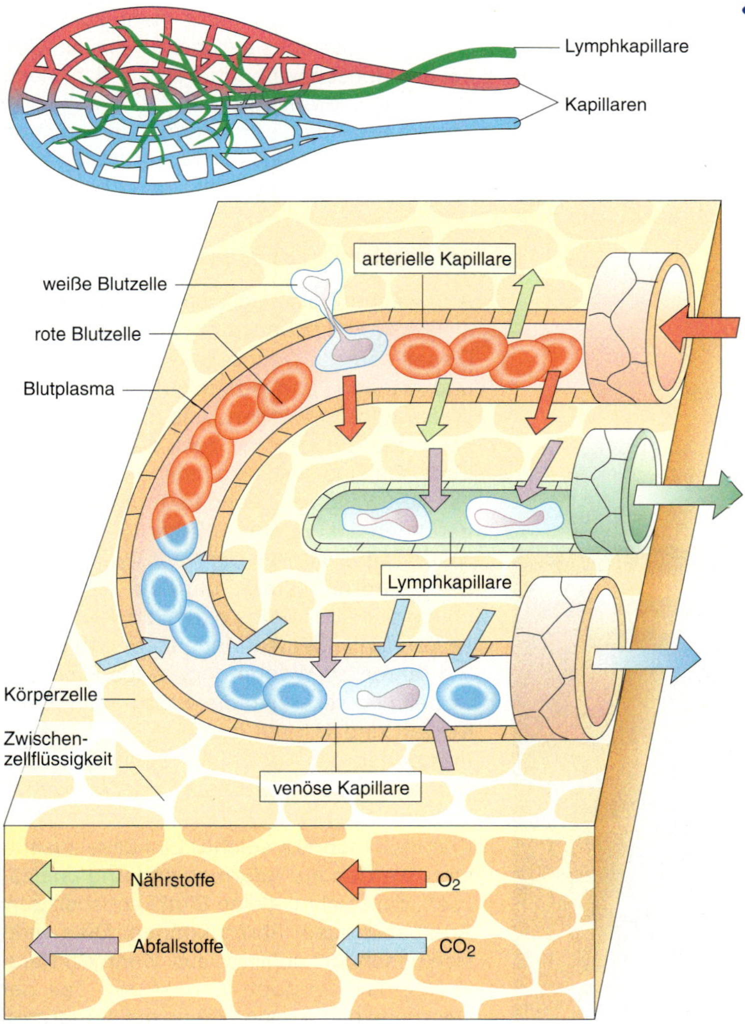

1 Stofftransport im Kapillarbereich

Zettelkasten

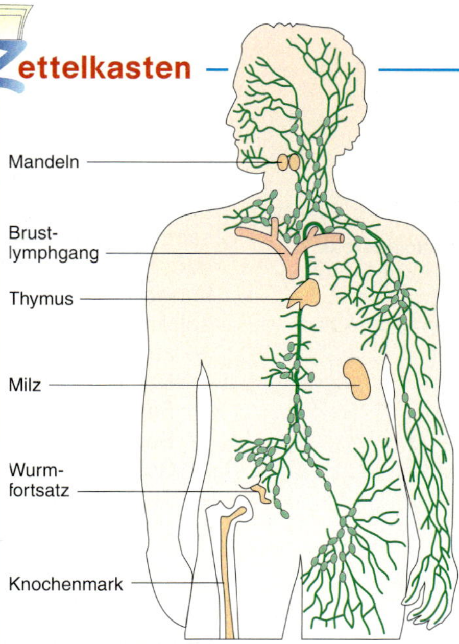

Das Lymphsystem

Das Gefäßsystem der Lymphbahnen beginnt mit feinsten Kapillaren, die sich zu größeren Lymphgefäßen vereinigen. Die großen Lymphbahnen vereinigen sich im großen *Brustlymphgang*. Dieser mündet in die linke Schlüsselbeinvene. Über alle Hauptlymphgefäße wird die Lymphflüssigkeit letztlich dem Blutkreislauf wieder zugeführt. Somit findet zwischen Blut und Lymphe ein ständiger Stoffaustausch statt. Im gesamten Lymphsystem findet man *Lymphknoten*. Sie treten im Bereich der Leiste, des Unterarms, des Halses und entlang des Rückenmarks gehäuft auf. Die Lymphknoten sind u. a. die Orte, an denen sich die weißen Blutzellen vermehren.

Herzinfarkt – muss nicht sein!

Der etwas dickliche Herr mittleren Alters rennt zur Haltestelle und erwischt die Straßenbahn gerade noch. „Na, sobald man sein Auto in der Werkstatt hat, geht die Hektik erst richtig los“, japst er und setzt sich hin. Plötzlich nestelt er an der Krawatte herum und fasst sich an die Brust. Er schnappt nach Luft, wird kreidebleich und sinkt langsam von der Bank.

Der Mann hat noch Glück, denn in der Straßenbahn sind Menschen, die ihm bei seinem *Herzinfarkt* helfen können. Sie öffnen die Krawatte und das Hemd, um ihm etwas Erleichterung zu verschaffen. Der schnell herbeigerufene Notarztwagen bringt ihn ins Krankenhaus.

Ähnliche Szenen spielen sich tagtäglich in allen hoch industrialisierten Ländern ab. Die *Herz-Kreislauf-Erkrankungen* sind bei uns die Todesursache Nummer 1 geworden (s. Abb. 1). Mit zunehmender Industrialisierung eines Landes steigt dort auch die Zahl der Herz-Kreislauf-Erkrankungen. Dies könnte Zufall sein oder aber einen ursächlichen Zusammenhang haben. Wie man herausgefunden hat, entstehen Herz-Kreislauf-Erkrankungen unter anderem oft im Zusammenspiel mit

Arteriosklerose
arteria, gr. = Schlagader;
skleros, gr. = hart

- zu wenig Bewegung
- Dauerbelastung
- Fehlernährung
- Rauchen
- Schadstoffbelastung
- Fettleibigkeit und
- Bluthochdruck

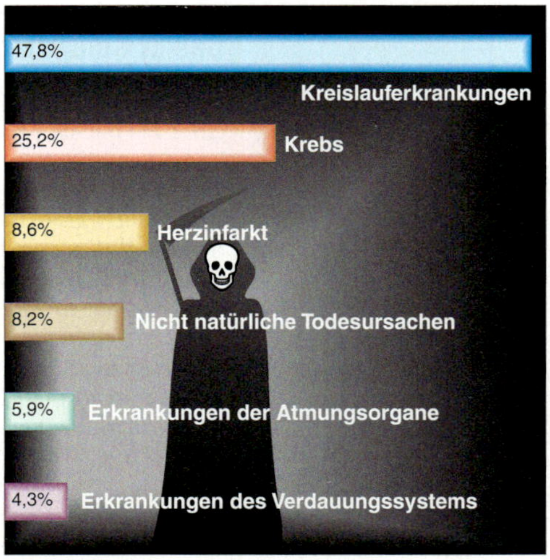

1 Todesursachen in Deutschland

Das sind so genannte *Risikofaktoren*, die gehäuft in hoch industrialisierten Ländern auftreten. Es gibt dort viele Arbeitsplätze, die kaum noch körperliche Bewegung erfordern, jedoch täglich große psychische Belastungen bringen. Die meisten Wege werden mit dem Auto oder öffentlichen Verkehrsmitteln bewältigt. Der Zigaretten- und Alkoholkonsum steigt, die Nahrung ist im Überschuss vorhanden, sehr schmackhaft, aber in ihrer Zusammensetzung sehr oft einseitig.

Die medizinischen und technischen Errungenschaften unserer hoch zivilisierten Welt haben uns zwar eine höhere Lebenserwartung beschert, auf der anderen Seite aber trägt die Zivilisation auch Einiges dazu bei, uns krank zu machen. Die Statistik über die Todesursachen in Deutschland zeigt, dass Infektionskrankheiten, wie Tuberkulose, Pocken und Pest, fast nicht mehr zu Buche schlagen, obwohl sie früher einmal als Geißel der Menschheit betrachtet wurden. Herz-Kreislauf-Erkrankungen und Krebs — zwei Krankheiten also, von denen man annimmt, dass unsere Zivilisation Mitverursacher ist — sind auf die ersten Plätze gerückt.

Arteriosklerose und Infarkt

Auf welche Weise Herz und Adern funktionieren, wurde schon auf Seite 66/67 erklärt. Dieses normale Wechselspiel zwischen Herz und Arterien kann jedoch auf verschiedene Weise gestört werden, was meist zum Anstieg des Blutdrucks, zum *Bluthochdruck,* führt. Beispielsweise nimmt die Elastizität der Aderwände ab, wenn Fett- und Kalkablagerungen die Wände verhärten *(Arteriosklerose)*. Dabei werden die Adern auch enger. Der Blutdruck steigt und die Beanspruchung der Aderwände nimmt zu. Kleine Risse können in der Aderinnenhaut entstehen. Sie führen zu Wucherungen des Bindegewebes und verengen die Adern noch mehr. Koffein und Nikotin bewirken das Zusammenziehen der Adern und damit Bluthochdruck, ebenso Stressfaktoren der Umwelt.

Kommen mehrere solcher Einflüsse zusammen, werden die Adern so eng und unelastisch, dass schon kleine Blutklümpchen zum Aderverschluss führen können. Dies wirkt sich besonders schlimm aus, wenn ein Herzkranzgefäß verstopft und so ein Teil der Herzmuskulatur nicht mehr mit Sauerstoff versorgt wird. Der Herzmuskel arbeitet nicht mehr, ein *Herzinfarkt* ist die Folge. Ein Infarkt kündigt sich oft an: Herzstechen und Schmerzen, die in den linken Arm ausstrahlen, deuten auf eine schlechte Durchblutung der Herzmuskulatur hin. Leider werden diese Vorboten oft ignoriert. Nimmt man diese Warnungen des Körpers ernst und lässt sich vom Arzt untersuchen, so kann dieser mithilfe eines *Elektrokardiogramms* (EKG) das Herz auf seine Funktionstüchtigkeit untersuchen. Bei drohendem Infarkt wird heute beispielsweise eine *Bypass-Operation* durchgeführt. Dabei umgeht man das verengte Herzkranzgefäß mit einem Stück Vene, das man aus einem Bein entnimmt.

Eine gesunde Lebensweise ist die beste *Vorsorge* und vermindert drastisch das Risiko eines Herzinfarktes:
- Nicht rauchen und wenig tierische Fette zu sich nehmen, um der Arteriosklerose vorzubeugen.
- Wenig Kaffee trinken, salzarm essen, sich regelmäßig bewegen (Sport treiben) und lang andauernde Stressbelastungen vermeiden.
- Sein Gewicht kontrollieren, denn Übergewicht steigert den Blutdruck.

Das alles sind Regeln, die man leicht einhalten kann. Der *Bluthochdruck* jedoch ist nur durch Blutdruckmessungen kontrollierbar. Menschen mit zu hohem Blutdruck merken nichts davon. Sie fühlen sich wohl, sind fit und belastbar. Daher sollte man, wenn der Arzt schon einen hohen Blutdruck festgestellt hat, regelmäßig Blutdruckmessungen durchführen lassen.

Elektrokardiogramm
elektron, gr. = Bernstein
Dieser lädt sich beim Reiben elektrisch auf;

kardia, gr. = Herz; *graphein*, gr. = schreiben

Endoskopie
endo als Vorsilbe, gr. = innen, innerhalb
skopein, gr. = schauen

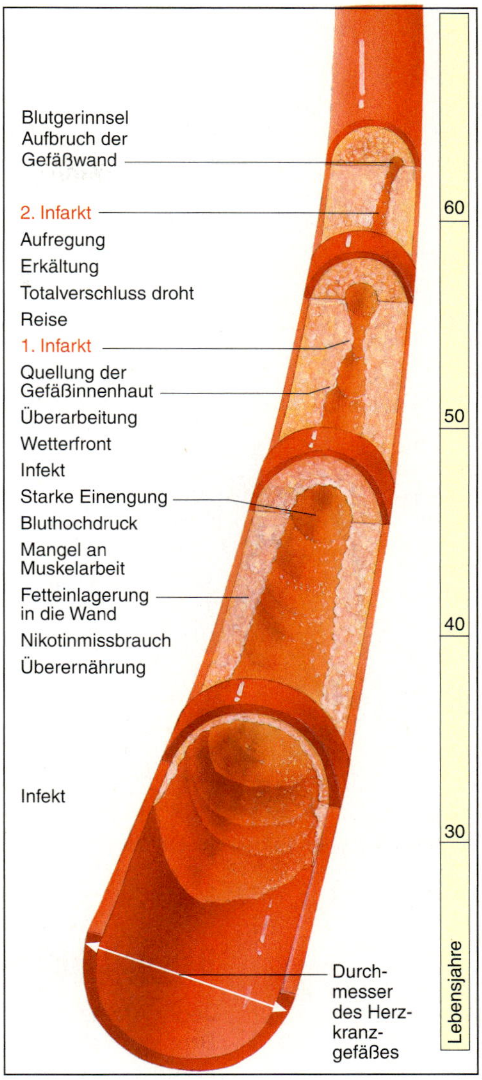

1 Arterienverengung

Zettelkasten

Fortschritte der Medizin

Es gibt heute die Möglichkeit, mithilfe der *Endoskopie* von einer Arm- oder Beinarterie aus bis in die Herzkranzgefäße vorzustoßen und im Bereich der Ablagerungen einen Ballon zu füllen, der die Ader weitet *(Ballondilatation)*. Neueste Techniken der Endoskopie erlauben sogar, die Ablagerungen mithilfe eines Laserstrahls zu schmelzen und abzusaugen (s. Abb.).

Wie die Bypass-Operation, so wurde auch das Einsetzen eines *Herzschrittmachers* zu einer Routineoperation. Der Schrittmacher liefert bei krankhaft unregelmäßigem Herzschlag immer zum richtigen Zeitpunkt die elektrischen Reize, die den Herzmuskel veranlassen, sich zusammenzuziehen.

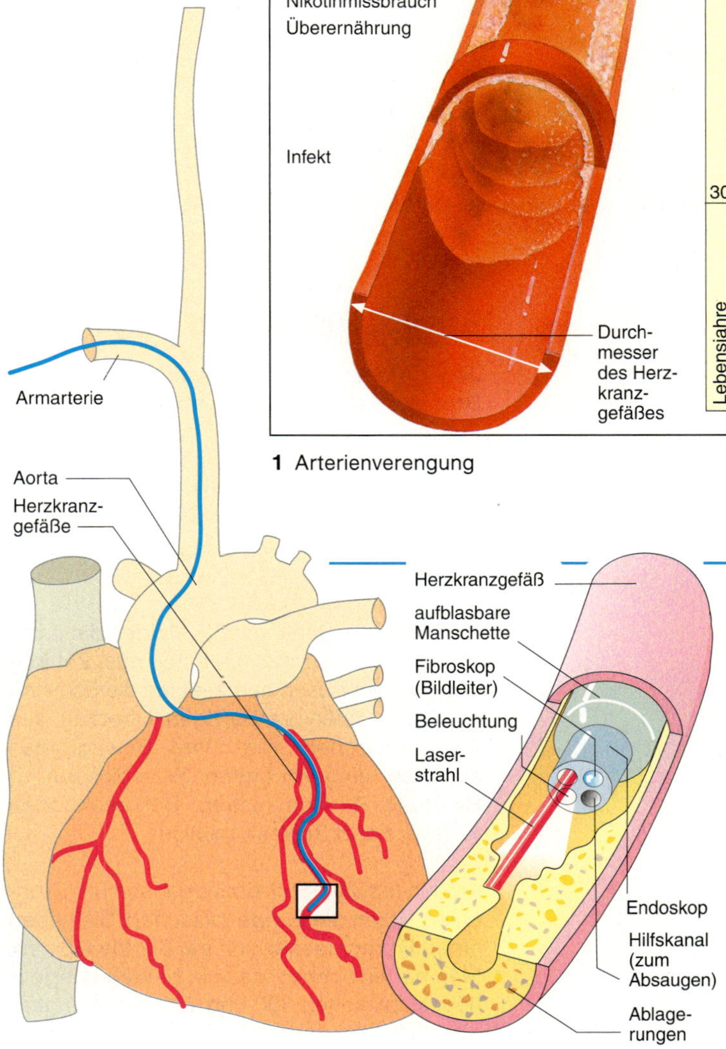

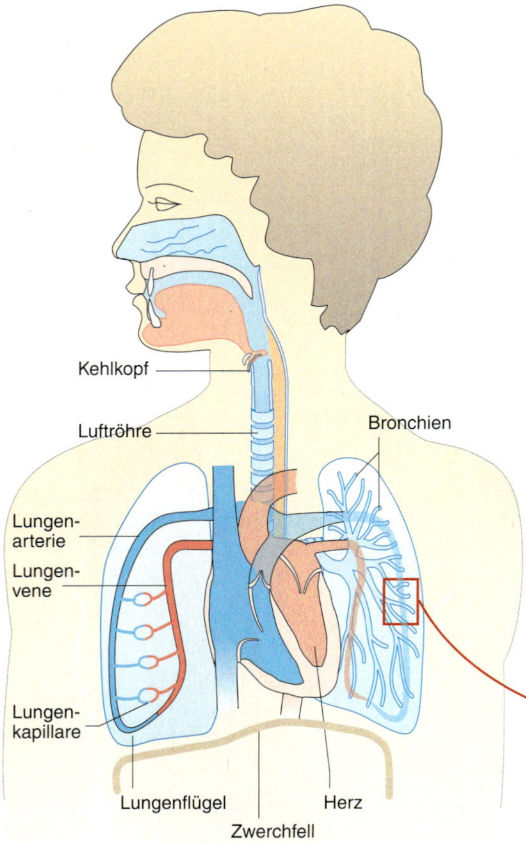

1 Schematischer Aufbau der Atmungsorgane

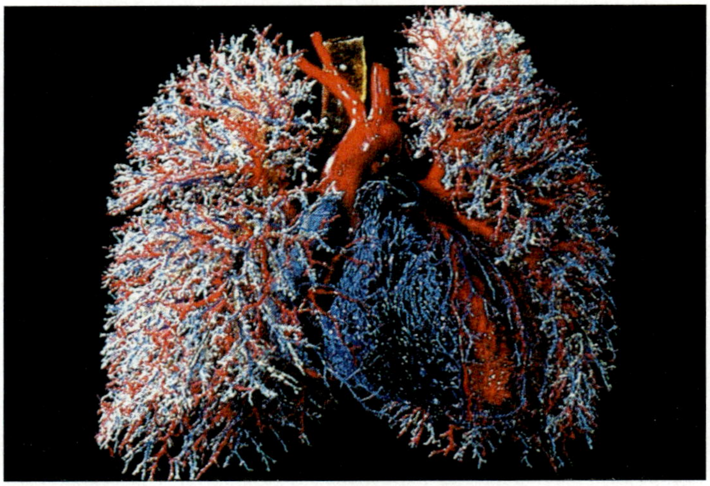

2 Lungenmodell mit Blutgefäßen und **3** Lungenbläschen (unten)

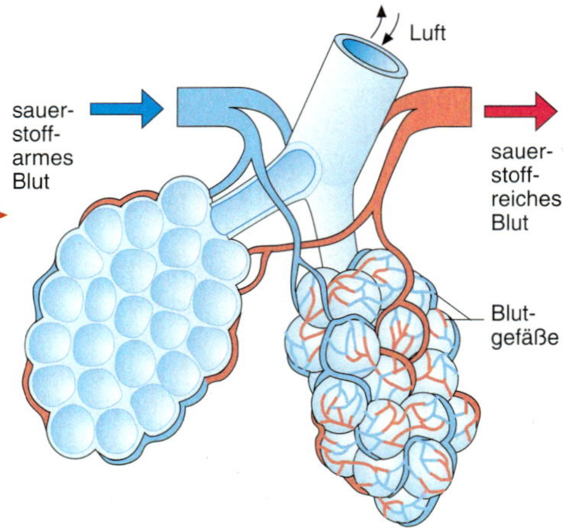

Bau und Funktion der Lunge

Jeder Atemzug ist gut sichtbar, weil sich der Brustkorb abwechselnd hebt und senkt. Die Zuführung der Atemluft erfolgt durch Nase oder Mund und die *Luftröhre*. Im Bereich des Brustbeins teilt sich die Luftröhre in zwei *Hauptbronchien*. Diese verästeln sich immer mehr, bis hin zu ganz feinen Bronchien, den *Bronchiolen*.

Eine weiche Schleimhaut kleidet die Luftröhre und die Bronchien innen aus. Zahlreiche Schleimdrüsen durchsetzen die Schleimhaut, die einen samtartigen Überzug aus *Flimmerhärchen* trägt. Ihre Bewegungen schaffen eingedrungene Fremdkörper in Richtung Rachen hinaus. Bei Infektionen wird vermehrt Schleim gebildet.

An den feinsten Endverzweigungen der Bronchien sitzen die *Lungenbläschen*. Sie haben einen Durchmesser von ca. 0,2 bis 0,6 mm. Man hat errechnet, dass in beiden Lungenflügeln zwischen 300 und 750 Mio. Lungenbläschen vorkommen. Dies entspricht einer gesamten Innenfläche von ca. 200 m^2. Ein *Kapillarnetz* umspinnt jedes Lungenbläschen. Die Gesamtlänge aller Lungenkapillargefäße beträgt ungefähr 13 Kilometer.

Die beiden *Lungenflügel* füllen fast den gesamten Brustkorb eines Menschen aus. Der rechte Lungenflügel ist dreilappig gegliedert. Der etwas kleinere linke besitzt nur zwei Lungenlappen. Das *Zwerchfell* trennt den Brust- vom Bauchraum.

Arbeitsweise der Lunge

Die Lungenflügel besitzen keine Muskeln; sie können sich deshalb nicht selbst mit Luft füllen oder entleeren. Die Vergrößerung der Lungen erfolgt indirekt durch die Erweiterung des Brustraumes durch die *Zwischenrippen-* und *Zwerchfellmuskulatur*.

Beim Einatmen zieht sich die Zwischenrippenmuskulatur zusammen, der Brustkorb wird angehoben *(Brustatmung)*. Gleichzeitig kontrahiert die Zwerchfellmuskulatur und flacht dadurch das kuppelförmige Zwerchfell ab *(Zwerchfellatmung)*. Durch beide Vorgänge wird der Brustraum vergrößert, die Lunge gedehnt und frische Luft strömt ein. Beim *Ausatmen* senkt sich der Brustkorb. Erschlafft die Zwischenrippenmuskulatur, drückt ihn das Eigengewicht zusammen. Die Bauchmuskeln drücken die Eingeweide gegen das Zwerchfell und wölben es so wieder nach oben. Die Verkleinerung des Brustraumes bewirkt ein Zusammenpressen der Lungen. Dadurch strömt die Luft aus.

Die ständigen Atembewegungen sind Voraussetzung für den *Gasaustausch* in den *Lungenbläschen*. Das Gasgemisch Luft besteht im Wesentlichen aus Stickstoff, Sauerstoff, Kohlenstoffdioxid und Edelgasen. Ein Teil des eingeatmeten Sauerstoffs diffundiert in die Lunge. Die übrigen Gase und das im Körper gebildete Kohlenstoffdioxid atmen wir wieder aus. Die Sauerstoffaufnahme und Kohlenstoffdioxidabgabe finden in den Lungenbläschen statt. Atemluft und Blut sind hier nur durch die dünnen Wände der Kapillaren und Lungenbläschen getrennt. Die beiden Wandinnenseiten sind befeuchtet. Dadurch wird die Durchlässigkeit für die Atemgase erhöht.

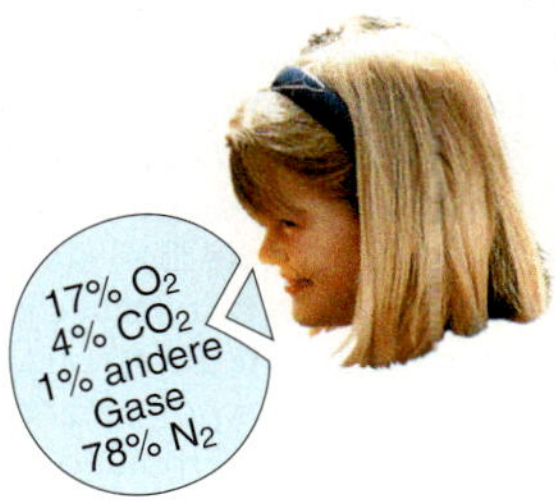

Der Vergleich der Struktur von Lunge und Luftröhre zeigt, wie zweckmäßig der Bau von Organen ist. In den Lungenbläschen erfolgt der Austausch der Atemgase: Ihre Wände sind mit einer Stärke von weniger als 0,001 mm sehr dünn, in ihrer Gesamtheit weisen sie eine sehr große Oberfläche auf. Die Luftröhre hat eine erheblich dickere Wand, die zusätzlich noch durch große, hufeisenförmige *Knorpelspangen* verstärkt ist. Diese verhindern ein Zusammendrücken der Luftröhre. Die Aufgabe der Luftröhre ist lediglich der rasche Transport der Atemgase. Hier zeigt sich ein allgemeingültiges **Prinzip:** Eine bestimmte **Struktur** ermöglicht die Erfüllung einer bestimmten **Funktion.** Weil eine Funktion an eine zweckmäßige Struktur gebunden ist, kann man oft aus der Struktur auf die Funktion schließen (▶ S. 146).

Aufgaben

① Was bedeutet die Veränderung des Kalkwassers im Versuch der Mittelspalte?

② Beschreibe weitere Beispiele, an denen der Zusammenhang zwischen Bau und Funktion eines Organs erkennbar ist.

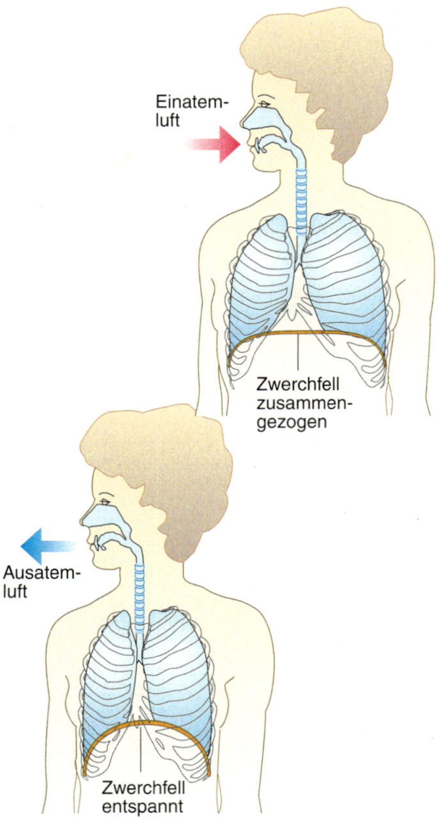

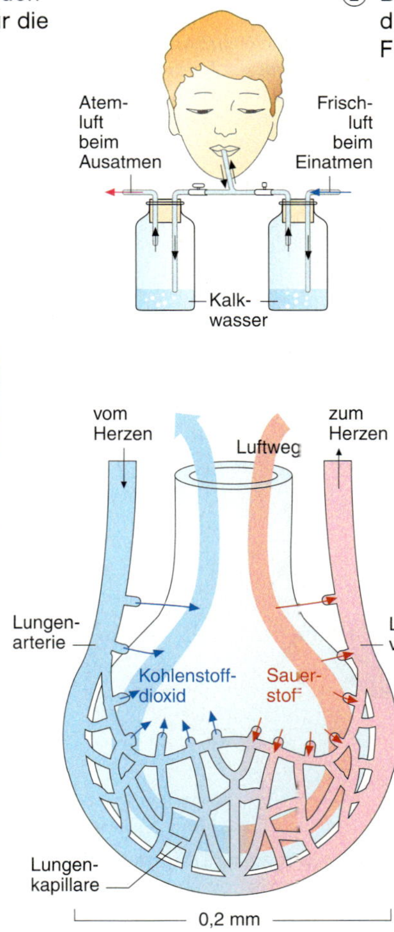

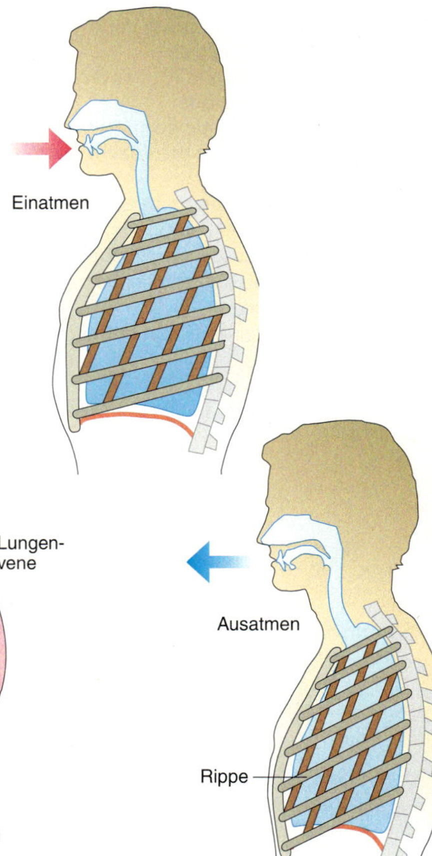

1 Atembewegungen und Gasaustausch in den Lungenbläschen

Herz, Kreislauf und Atmung

Herztöne und Puls

Benötigtes Material:
Stethoskop, Lehrbuch der Medizin bzw. Humanbiologie

Durchführung:
- Die Versuche werden in Zweiergruppen durchgeführt, wobei abwechselnd ein Schüler die Rolle des „Patienten“ und einer die des „Arztes“ übernimmt.
- Höre mit einem Stethoskop die Herztöne möglichst genau ab, dabei sollte es im Raum ruhig sein.
- Beschreibe Zahl und Art der verschiedenen Herztöne.
- Durch welche Vorgänge im Herzen könnten diese Töne verursacht werden?
- Überprüfe deine Vermutung mithilfe eines geeigneten Lehrbuchs.
- Höre das Geräusch des Pulses am Handgelenk ab und vergleiche mit den Herztönen.
- Beschreibe deine Beobachtungen und deute sie.

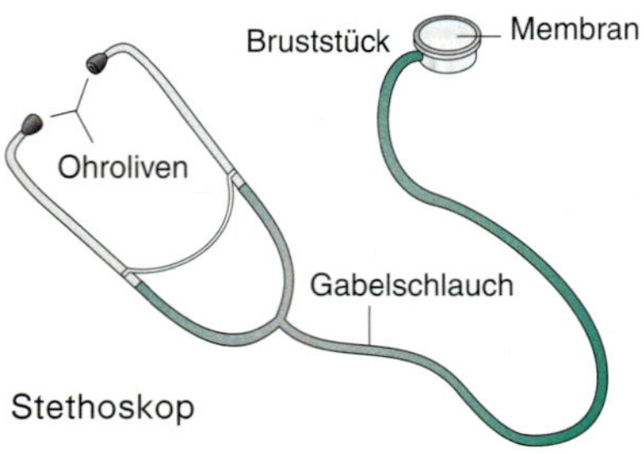

Stethoskop

Puls und äußere Faktoren

Durchführung:
- Die Versuche werden in Zweiergruppen durchgeführt. Die Messung der Pulswerte erfolgt am einfachsten an der Schlagader in der Nähe des Handgelenks. Die Versuchsperson muss sich erst einige Minuten in völliger Ruhe befinden, dann wird ihr Puls gemessen.
- Lege den Zeige- und den Mittelfinger auf und nicht den Daumen, da du sonst nicht den Puls des Partners, sondern den eigenen misst. Zähle die Pulsschläge während einer ganzen Minute, um möglichst genaue Werte zu erhalten.
- Die Messung wird wiederholt, nachdem die Versuchsperson jeweils 10, 20, 40 und, bei sehr guter Kondition, 80 Kniebeugen durchgeführt hat. Die Werte werden notiert.
- Bestimme den Puls nochmals, nachdem sich die Versuchsperson eine bzw. fünf Minuten erholt hat.
- In der Gruppe werden die Durchschnittswerte des Pulses in Ruhe, nach jeweils 10, 20, 40 und den eventuell 80 Kniebeugen und nach einer bzw. 5 Minuten Erholung gebildet:
  - für alle Schülerinnen und Schüler
  - nur für Schüler
  - nur für Schülerinnen
  - für alle aktiven Sportler(-innen)
  - für alle bekennenden Bewegungsmuffel
  - für alle Raucher, falls vorhanden
- Stelle Unterschiede in den Werten fest und formuliere mögliche Gründe. Überprüfe diese anhand geeigneter Literatur.

Messung des Blutdrucks

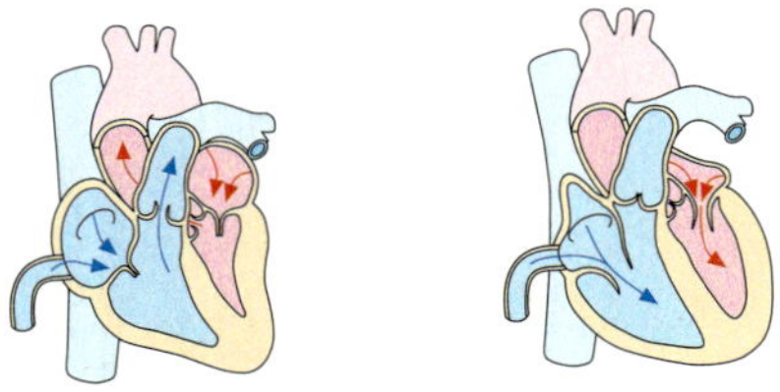

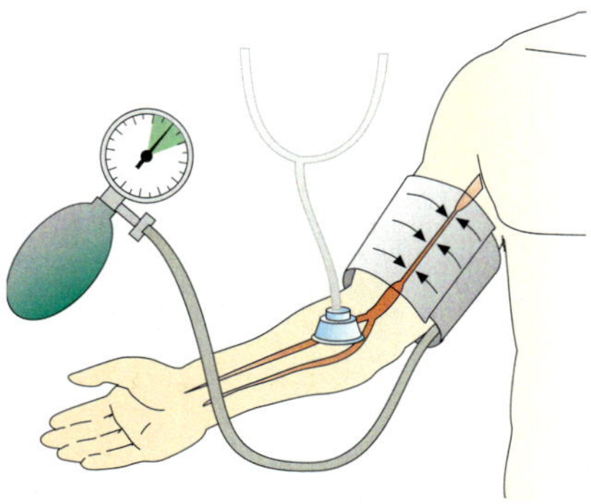

Früher wurden zur Druckmessung Quecksilbermanometer verwendet, wegen ihrer umständlichen Handhabung und der Giftigkeit des Quecksilbers heute jedoch nicht mehr. Die Einheit des Blutdrucks ist aber noch immer „Millimeter Quecksilbersäule“ *(mmHg)*. Ein Wert von 140 mmHg bedeutet dementsprechend, dass der Blutdruck ausreicht, die Quecksilberfüllung des Manometers um 140 mm nach oben zu bewegen.

Benötigte Geräte:
Blutdruckmessgeräte, möglichst für die Oberarmmessung mit getrennter Manschette und Stethoskop

Durchführung:
- Die Blutdruckmessung erfolgt an der Armarterie oberhalb des Ellenbogens. Der Arm sollte so auf eine Unterlage gelegt werden, dass er sich etwa in Höhe des Herzens befindet.
- Pumpe die Manschette so lange auf, bis ihr Druck auf die Gefäßwände von außen höher ist als der Druck des Blutes von innen. Bei jüngeren, gesunden Leuten genügt in Ruhe ein Wert von etwa 150 mmHg. Nun kann kein Blut mehr durch die Arterie fließen. Lege unterhalb der Manschette ein Stethoskop auf den Arm, es ist kein Geräusch wahrnehmbar.
- Vermindere durch Öffnen des Ventils langsam den Außendruck. Sobald der Druck des Blutes von innen etwas größer ist als der Druck der Manschette, strömt wieder Blut

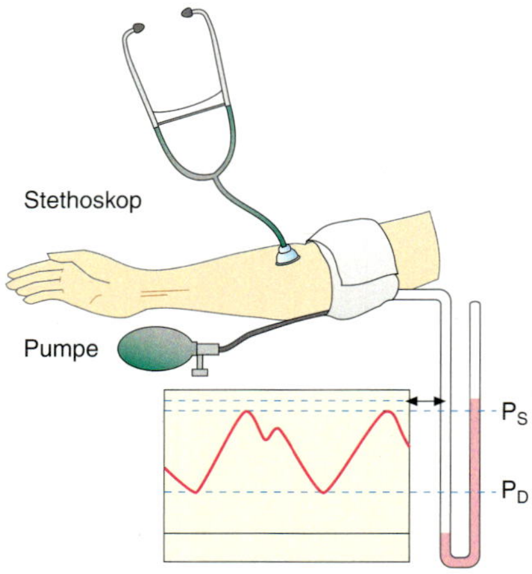

Aufblasen der Manschette

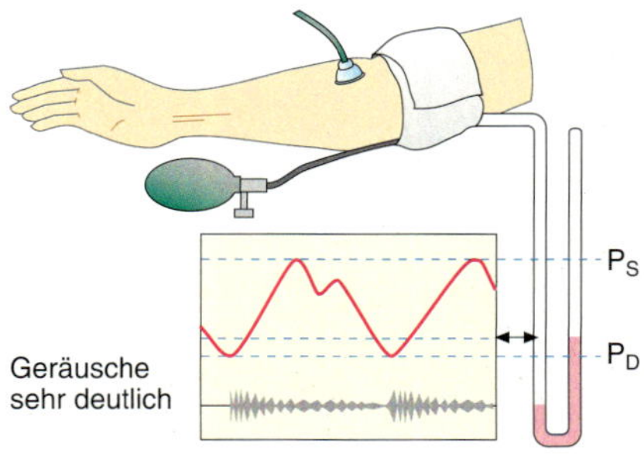

P_S > Manschettendruck > P_D

durch die Ader. Im Stethoskop hört man ein pochendes Geräusch, da das Blut an der Engstelle Turbulenzen erzeugt. Der gemessene Wert wird notiert. Man nennt ihn *systolischen Wert* (P_S), da nur beim Zusammenziehen des Herzmuskels *(Systole)* der Blutdruck hoch genug ist.
- Vermindere den Manschettendruck langsam weiter, bis die Geräusche im Stethoskop nicht mehr hörbar sind. Der Wert wird notiert. Man nennt ihn *diastolischen Wert* (P_D), da selbst beim Erschlaffen des Herzmuskels *(Diastole)* der Blutdruck noch so hoch ist, dass er die Arterie völlig offen halten kann. Das Blut strömt ohne Turbulenzen und erzeugt kein Geräusch.
- Warum ist auch noch ein Blutdruck vorhanden, wenn der Herzmuskel erschlafft ist?
- Miss ähnlich wie bei der Messung des Pulses den Blutdruck unter verschiedenen Belastungen, notiere die Werte und entwickle eine begründete Vermutung zu deren Erklärung.

Oberflächenvergrößerung

Die Oberflächenvergrößerung lässt sich anhand biologischer Beispiele nur schwer exakt bestimmen. Der folgende Modellversuch ist dagegen ohne großen mathematischen Aufwand auszuwerten.

Benötigtes Material:
Würfel oder Würfelzucker, Lineal, evtl. Taschenrechner

Durchführung:
- Lege in verschiedenen Versuchsreihen mit 2, 4, 6 oder 8 Würfeln unterschiedliche Figuren (Beispiele s. Abb. unten)
- Notiere für jede Figur die Anzahl der offenen bzw. der verdeckten Würfelflächen.

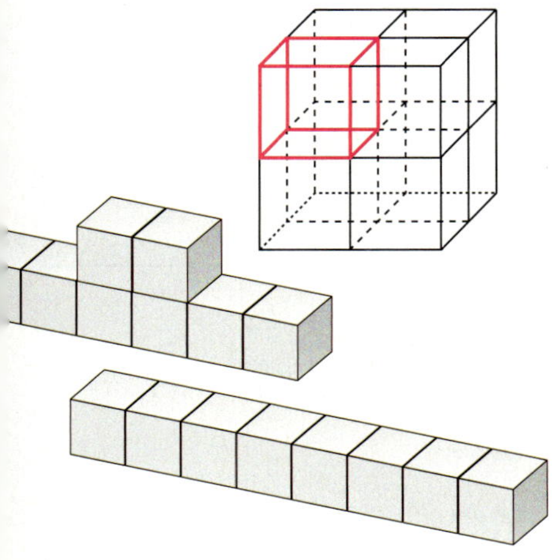

- Errechne für jede Figur die Oberfläche, das Volumen und die relative Oberfläche, d. h. den Quotienten aus Oberfläche und Volumen.
- Wie ändert sich die relative Oberfläche mit steigender Zahl von Würfeln?
- Wie hängt die relative Oberfläche von der Anordnung der Würfel ab?
- Vergleiche das Ergebnis dieses Modellversuchs mit deinen Kenntnissen über Bau und Funktion von Blutkreislauf und Lunge.
- Welche anderen Beispiele für das „Prinzip der Oberflächenvergrößerung“ gibt es in der Biologie und in der Technik?

Messung des Atemvolumens

Benötigte Geräte:
Spirometer je nach Ausstattung der Schule

Durchführung:
- Atme normal durch das Mundstück des Spirometers aus. Lies das Volumen der ausgeatmeten Luft an der Skala ab und notiere den Wert.
- Atme normal aus, nimm danach das Mundstück in den Mund und atme so viel Luft wie möglich in das Spirometer aus. Notiere die Volumenänderung.
- Atme so weit wie möglich ein, nimm das Mundstück in den Mund und atme möglichst intensiv in das Spirometer aus. Notiere den Messwert.
- Als Atemvolumen bezeichnet man das bei normalem Ein- oder Ausatmen umgesetzte Gasvolumen. Das Ergänzungsvolumen ist das bei maximaler Einatmung aufgenommene Luftvolumen. Reservevolumen nennt man das Luftvolumen, das nach normalem Ausatmen noch abgegeben werden kann. Ordne diesen Begriffen die gemessenen Volumenänderungen zu.
- Das Fassungsvermögen der Lunge ist das maximal austauschbare Luftvolumen. Formuliere den mathematischen Zusammenhang zwischen Ergänzungs-, Atem-, Reservevolumen und Fassungsvermögen. Stelle diesen Zusammenhang grafisch dar. Wie kann man überprüfen, ob die obigen 3 Messungen sorgfältig durchgeführt wurden?
- Ermittle innerhalb deiner Klasse das durchschnittliche Fassungsvermögen der Lunge.
- Welche Unterschiede im Fassungsvermögen gibt es in deiner Klasse zwischen Sportlern und Nicht-Sportlern, Mädchen und Jungen, Schülern, die ein Blasinstrument spielen und dem Durchschnitt der Klasse? Erkläre diese Unterschiede.
- Vergleiche diese Ergebnisse mit den Messungen zu Pulsfrequenz und Blutdruck. Welche Zusammenhänge werden erkennbar?

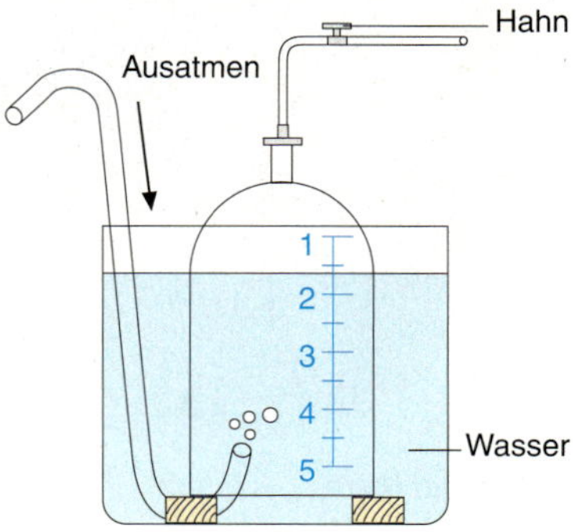

Modellversuch zur Brustatmung

Benötigtes Material:
4 Pappstreifen, Locher, Klammern, Lineal, Millimeterpapier oder kariertes Papier

Durchführung:
- Stelle gemäß der Abb. unten ein Modell des Brustkorbs her. Dabei sollte die Länge der Pappstreifen so gewählt werden, dass das fertige Modell auf einem Blatt kariertem Papier oder Millimeterpapier Platz findet.
- Zunächst ist das „Brustbein“ abgesenkt. Die Fläche der „Lunge“ wird entweder berechnet oder ermittelt, indem man die Quadrate auszählt.
- Nun wird das „Brustbein“ angehoben und wiederum die Fläche der „Lunge“ ermittelt.
- Vergleiche beide Werte. Formuliere entsprechende Schlussfolgerungen.
- Welche Vereinfachungen weist das Modellexperiment verglichen mit der Wirklichkeit auf?
- Welche Vergrößerung der „Lunge“ ist bei diesem Modellexperiment zu erwarten, wenn sich das „Brustbein“ beim Einatmen um 3 cm anhebt?

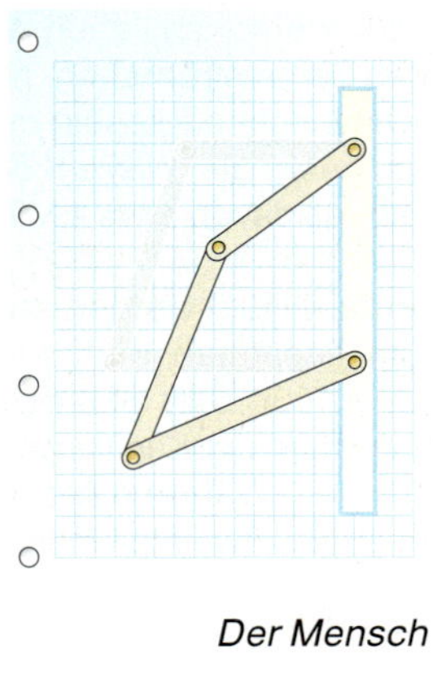

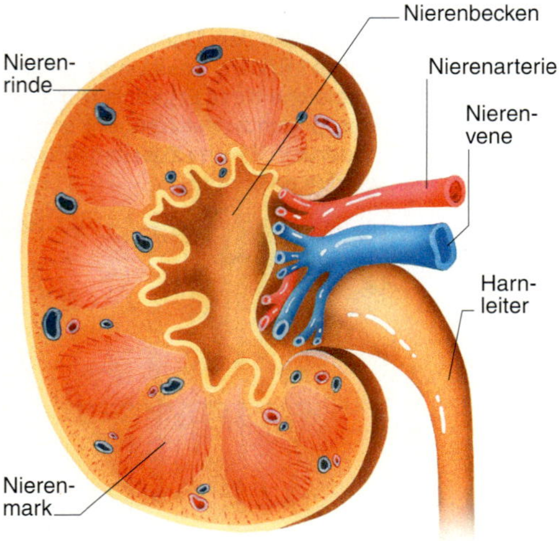

1 Bau der Niere

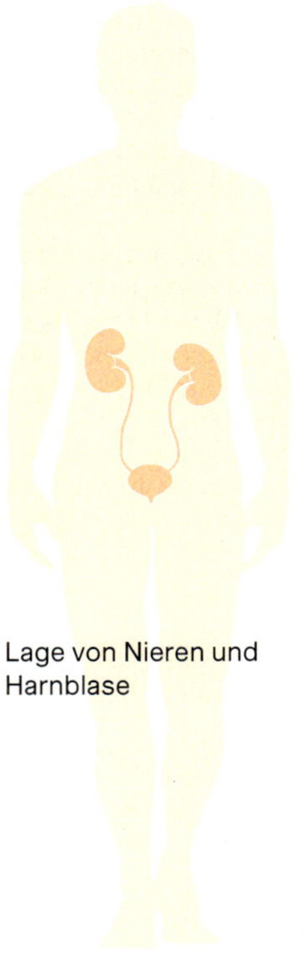
Lage von Nieren und Harnblase

Die Niere – Bau und Funktion

Mit dem Blut werden die Nährstoffteilchen zu den Organen, z. B. zur Leber transportiert. Hauptsächlich dort werden diese in körpereigene Stoffe umgebaut. Dabei entstehen auch giftige Abfallstoffe. Diese müssen aus dem Blut entfernt werden, da sich der Körper sonst selbst vergiften würde. Diese Aufgabe übernehmen die beiden bohnenförmigen, etwa jeweils 150 g schweren *Nieren*. Sie liegen an der hinteren Wand der Bauchhöhle unterhalb des Zwerchfells. Das Nierengewebe besteht aus zwei Schichten, der äußeren *Nierenrinde* und dem inneren *Nierenmark*. An dieses schließt sich das *Nierenbecken* an, das in den Harnleiter mündet, der mit der Harnblase verbunden ist .

Die Nierenrinde enthält die becherförmigen *Bowman'schen Kapseln*. Winzige Blutgefäße führen in jede Kapsel hinein. Sie bilden dort ein Knäuel von Kapillaren, bevor sie die Kapsel wieder verlassen. Man bezeichnet sie daher als *Kapillarknäuel*. Die Kapseln münden in die *Nierenkanälchen*, die eine Schleife bilden. Sie sind mit Blutgefäßen umsponnen. Die Nierenkanälchen führen zu den größeren Sammelröhrchen. Man bezeichnet die bowmanschen Kapseln mit den Kapillarknäueln auch als *Nierenkörperchen*. Pro Niere gibt es davon etwa 1 Million.

Die Kapillarknäuel werden etwa 300-mal am Tag vom gesamten Blut durchströmt, sodass etwa 1500 Liter Blut gereinigt werden. Die Blutgefäße der Kapillarknäuel wirken wie Filteranlagen. Während die großen Blutzellen und große Eiweißteilchen nicht durch die winzigen Poren in den Kapillarwänden gelangen, werden die im Blut gelösten kleineren Teilchen, z. B. Mineralsalze, Traubenzucker und auch die Abfallstoffe, in die Kapsel gepresst. Diese Flüssigkeit tropft in die sich anschließenden Kanälchen. Täglich gelangen so etwa 170 Liter Flüssigkeit in die Nierenkanälchen. Da damit ein enormer Wasser- und Mineralsalzverlust verbunden wäre, wird der größte Teil des Wassers mit den darin gelösten Stoffen, wie Traubenzucker und Mineralsalze, aus dem Nierenkanälchen in das Blut zurücktransportiert. Dies geschieht im Verlauf der von Blutgefäßen umsponnenen Nierenkanälchen. Übrig bleiben etwa 1,5 Liter *Harn*, der nun noch hauptsächlich die Abfallstoffe und wenig Salz enthält. Der Harn gelangt über die Sammelröhrchen und das Nierenbecken in die Harnblase und wird als *Urin* ausgeschieden.

Die Reinigung des Blutes von Abfallstoffen kann man mit dem Aufräumen der Bestandteile einer Spielzeugkiste vergleichen. Bis auf die größten Bauteile werden alle anderen Kleinteile zunächst ausgekippt *(Filtration)*. Dann sammelt man alle brauchbaren Gegenstände auf und gibt sie wieder zurück in die Spielzeugkiste *(Rücktransport)*. Die wenigen Teile, die unbrauchbar sind, bleiben übrig und wandern in die Mülltonne.

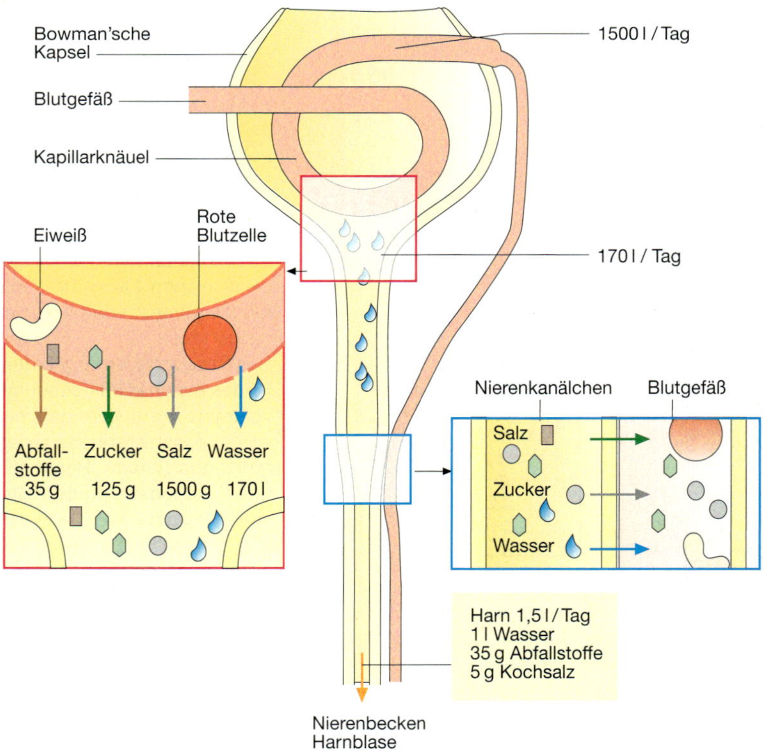

2 Schematisches Bild der Nierenkörperchen

Das Transport- und Ausscheidungsspiel

1 Schneide aus Pappe nach der Vorlage im Buch die Spielsteine für die rote Blutzelle sowie für die Sauerstoff-, die Kohlenstoffdioxid-, die Traubenzucker- und die Abfallstoffteilchen aus. Male die Teilchen mit den gleichen Farben wie im Buch aus. Man kann auch farbige Knöpfe verwenden.

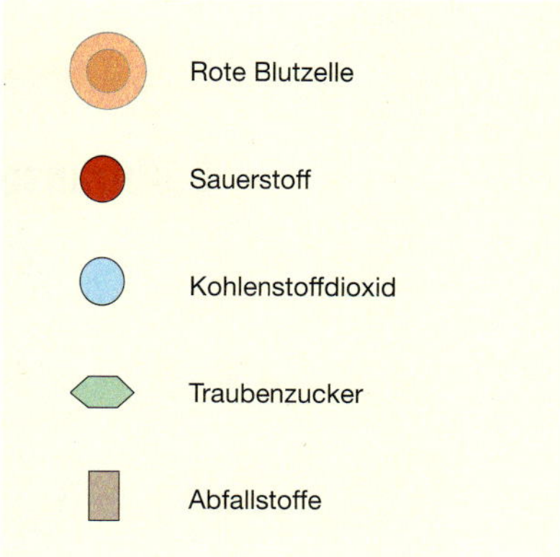

2 Lege eine rote Blutzelle in die Lunge. Diese nimmt ein Sauerstoffteilchen Huckepack. Transportiere nun die mit Sauerstoff beladene Blutzelle zu den Muskeln.

3 Welchen Weg nimmt das Traubenzuckerteilchen? Beginne an der richtigen Stelle. Mit dem Blutstrom gelangt es ebenfalls bis zu den Muskeln.

4 Was passiert im Muskel mit dem Sauerstoff und dem Traubenzucker? Welcher Abfallstoff entsteht? Lege den entsprechenden Spielstein in den Muskel. Transportiere ihn über das Kreislaufsystem an die Stelle, an der er ausgeschieden wird.

5 In der Leber entstehen giftige Abfallstoffe. Nimm den zugehörigen Spielstein und zeige deinem Mitschüler, welchen Weg die Abfallstoffe im Blutkreislauf nehmen.

6 Wenn die Reihenfolge beim Transport aller Teilchen richtig ist, ergeben die einzelnen Buchstaben einen Lösungssatz. Lies dafür die Buchstaben einer Farbe in der gleichen Reihenfolge, in der du die Spielsteine bewegt hast: Transport von Sauerstoff (rot), von Traubenzucker (grün), von Kohlenstoffdioxid (blau) und von Abfallstoffen (braun)!

Das Transport- und Ausscheidungsspiel funktioniert am besten, wenn du es mit deinem Banknachbarn zusammen spielst.

Wer von euch findet den Lösungssatz zuerst?

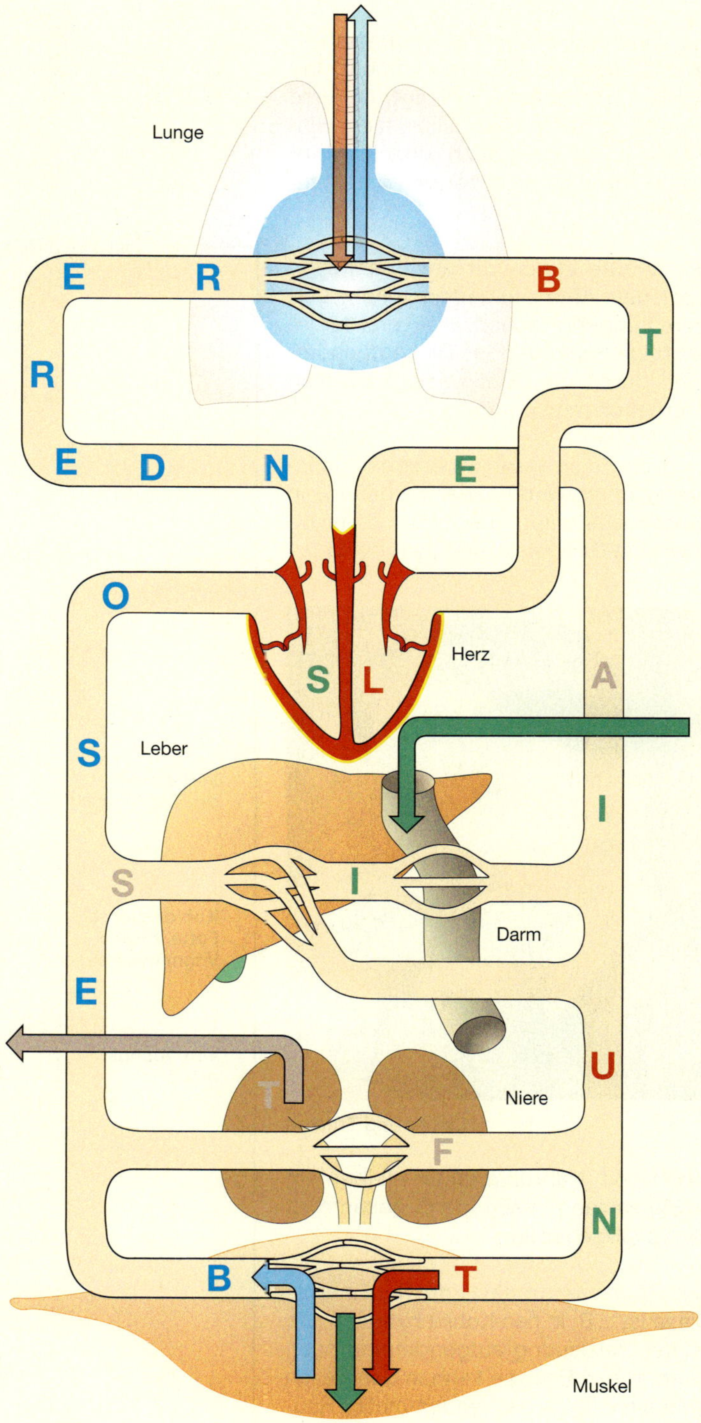

Zusammenwirken der Organe

Du hast jetzt viel über Ernährung und Verdauung, über Blutkreislauf und Atmung gelernt. Die Bedeutung dieser Vorgänge kannst du aber erst dann richtig verstehen, wenn du weißt, wie die einzelnen Organe in deinem Körper sinnvoll zusammen arbeiten.

In einer anstrengenden Sportstunde bemerkst du, dass du schneller atmest und dass dein Herz schneller schlägt. Dir wird wärmer und du beginnst zu schwitzen. Hinterher hast du meistens auch ordentlich Appetit. All diese Vorgänge hängen miteinander zusammen.

In jeder Minute atmen wir etwa sechzehn Mal. Bei jedem Atemzug gelangt frische Luft in unsere Lungenbläschen. Hier wird der lebenswichtige Sauerstoff ins Blut aufgenommen und durch den Blutkreislauf zu allen Körperorganen transportiert.

Mehrmals am Tag müssen wir essen und trinken. Die Nahrung wird bei der Verdauung in ihre Grundbausteine zerlegt. Diese gelangen durch die Darmwand ebenfalls ins Blut.

Essen und Trinken

Unverdauliche Nahrungsreste bleiben im Darm. Sie werden im Enddarm gesammelt und als Kot abgegeben.

In einer Sportstunde setzt du viel Energie um. Diese ist z. B. in den Kohlenhydraten, die du bei der Verdauung aufgenommen hast, enthalten. Diese Energie kann in den Zellen der Muskeln mithilfe des eingeatmeten Sauerstoffs umgewandelt werden. Erst dadurch kannst dich bewegen (▶ S. 146).

Die Zusammenarbeit mehrerer Organe mit ihren verschiedenen Aufgaben bildet ein biologisches System.

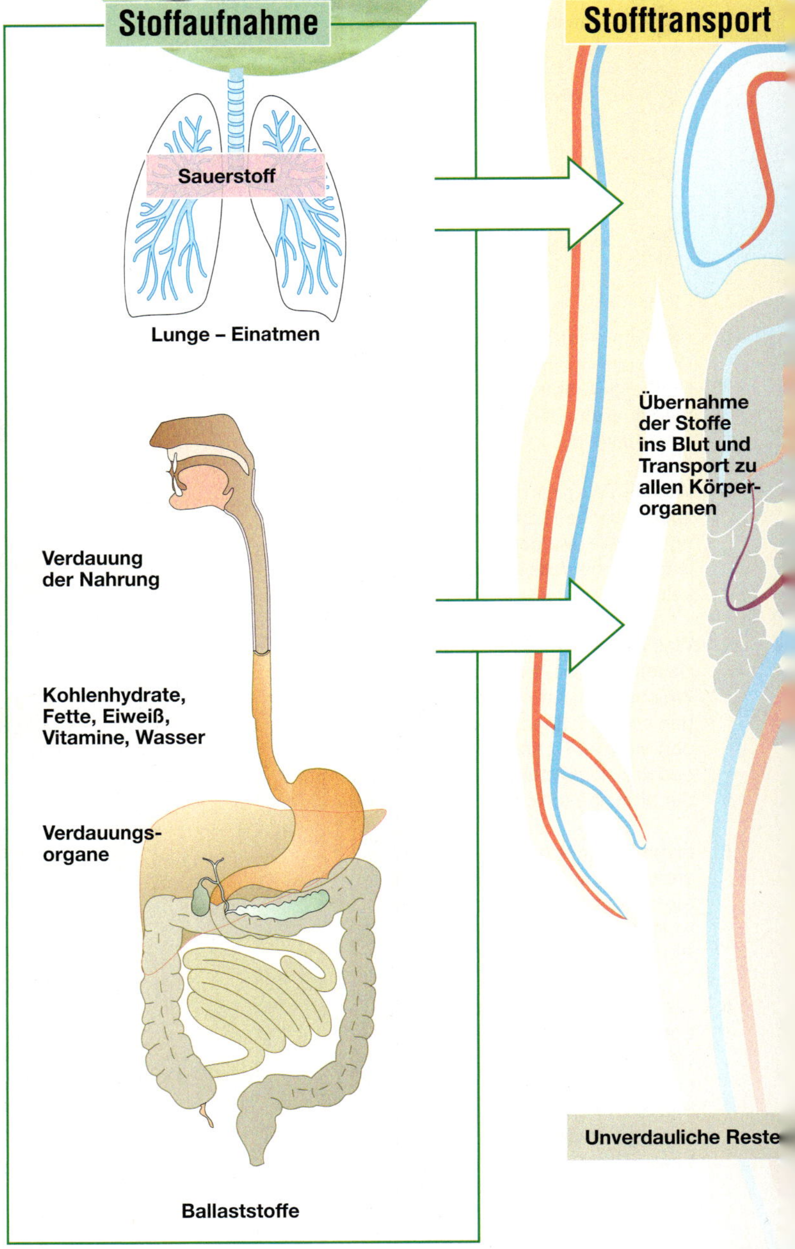

Die entstehenden Abfallstoffe werden mit dem Blut abtransportiert und ausgeschieden. Es sind in diesem Fall Kohlenstoffdioxid und Wasser.

Aufgaben

① Beschreibe anhand der Abbildung, welche Organe Kohlenstoffdioxid bzw. Wasser ausscheiden.

② Die mit der Nahrung aufgenommenen Eiweiße dienen vor allen dem Baustoffwechsel. Als Abfallprodukt wird Harnstoff ausgeschieden. Beschreibe die Zusammenarbeit der Organe für dieses Beispiel.

③ Hauche mehrmals aus kurzem Abstand gegen die trockene Wandtafel. Was beobachtest du? Erkläre!

④ Halte die flache Hand eine Zeit lang vor die trockene Tafel, ohne sie zu berühren. Was kannst du mit diesem Versuch nachweisen?

⑤ Pro Tag gibt der Mensch etwa einen Liter Harn ab. Um den Wasserverlust auszugleichen soll man aber, je nach Temperatur, zwei bis drei Liter trinken. Warum ist das nötig?

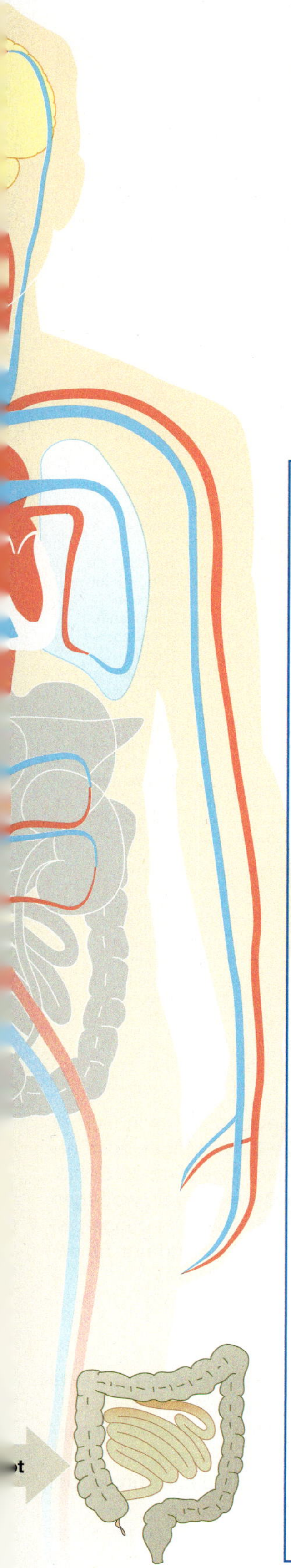

Stoffumwandlung

Verwendung der Stoffe zum Aufbau und Erhalt des Körpers

Energiegewinnung für Bewegung und alle Lebenstätigkeiten z.B. in Leber, Herz und Muskulatur

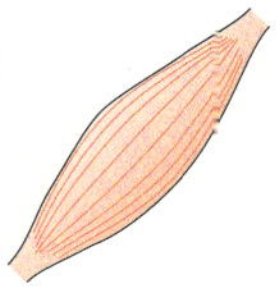

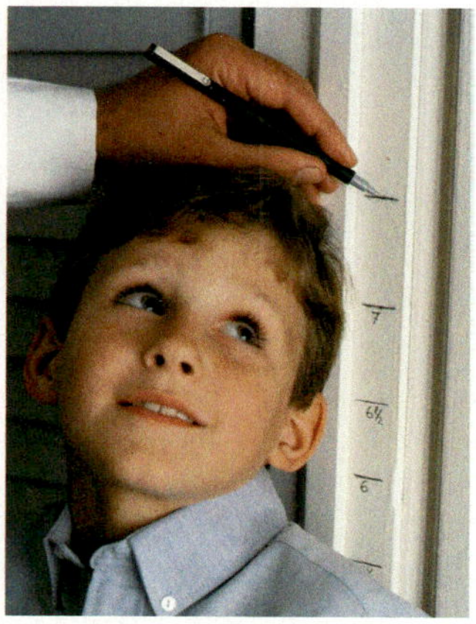

Wachstum des Körpers

Wärmebildung

Erneuerung der Organe z.B. von Haut, Haaren ...

Stoffabgabe

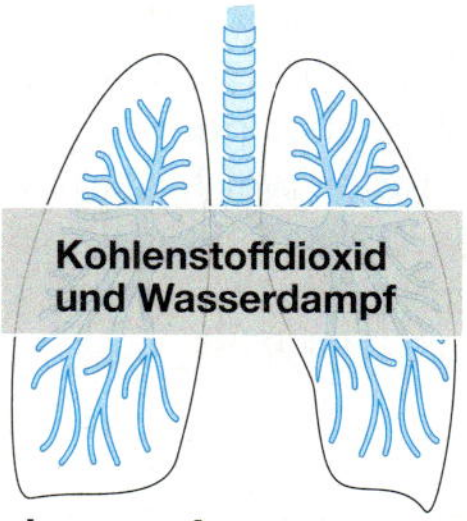

Kohlenstoffdioxid und Wasserdampf

Lunge – Ausatmen

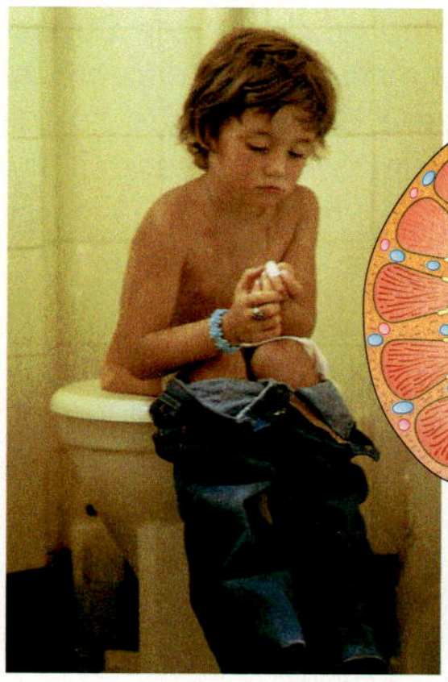

Niere

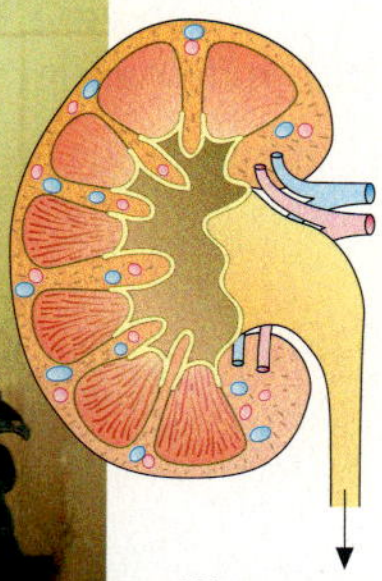

Wasser, Salze und Harnstoff im Harn

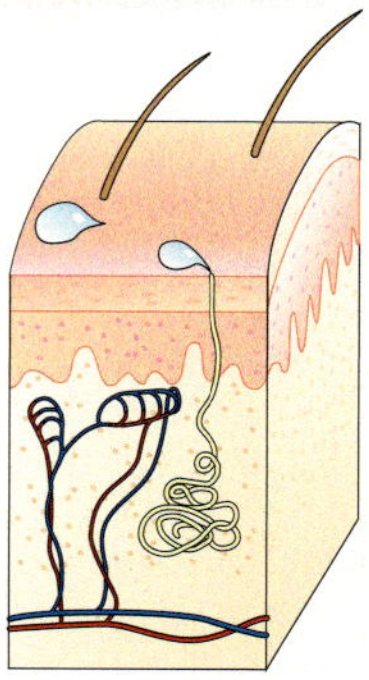

Wasser über die Haut als Schweiß

Skelett und Muskulatur

Die Vielzahl verschiedener Sportarten, die wir ausüben, zeigt die Bewegungsmöglichkeiten des menschlichen Körpers. Sehr zahlreich sind allein schon die verschiedenen Fortbewegungsweisen: Der Mensch kann gehen, laufen, springen, kriechen, krabbeln, klettern, schwimmen und tauchen.

Die Motoren der Bewegung sind die *Muskeln.* Sie können sich aktiv zusammenziehen. Sie werden dabei fühlbar hart und entwickeln dabei erhebliche Kräfte. Über *Sehnen* sind die Muskeln mit den Knochen verwachsen und üben Zug auf die *Gelenke* aus. Allerdings können sich Muskeln nicht aktiv dehnen. Daher gehören zu jedem Gelenk mindestens zwei Muskeln, von denen der eine das Gelenk beugt und der andere wieder streckt. Man nennt sie kurz *Beuger* und *Strecker* und bezeichnet sie als **Gegenspieler.**

Die Beweglichkeit des Körpers wird durch das *Skelett* ermöglicht. Es besteht aus 212 *Knochen,* die teilweise miteinander verwachsen sind. Man unterscheidet nach den Abmessungen kurze, lange und platte Knochen. Das Skelett ist die innere Stütze des Körpers, die es ermöglicht, aufrecht zu gehen und schwere Gegenstände zu tragen. Nicht miteinander verwachsene Knochen bilden bewegliche Gelenke. Je nach Gelenk sind unterschiedliche Bewegungen ausführbar. So ermöglicht das kugelförmige *Schultergelenk* kreisende Bewegungen, wogegen das *Ellenbogengelenk* oder die *Fingergelenke* wie Scharniere wirken und nur Bewegungen in einer Ebene zulassen.

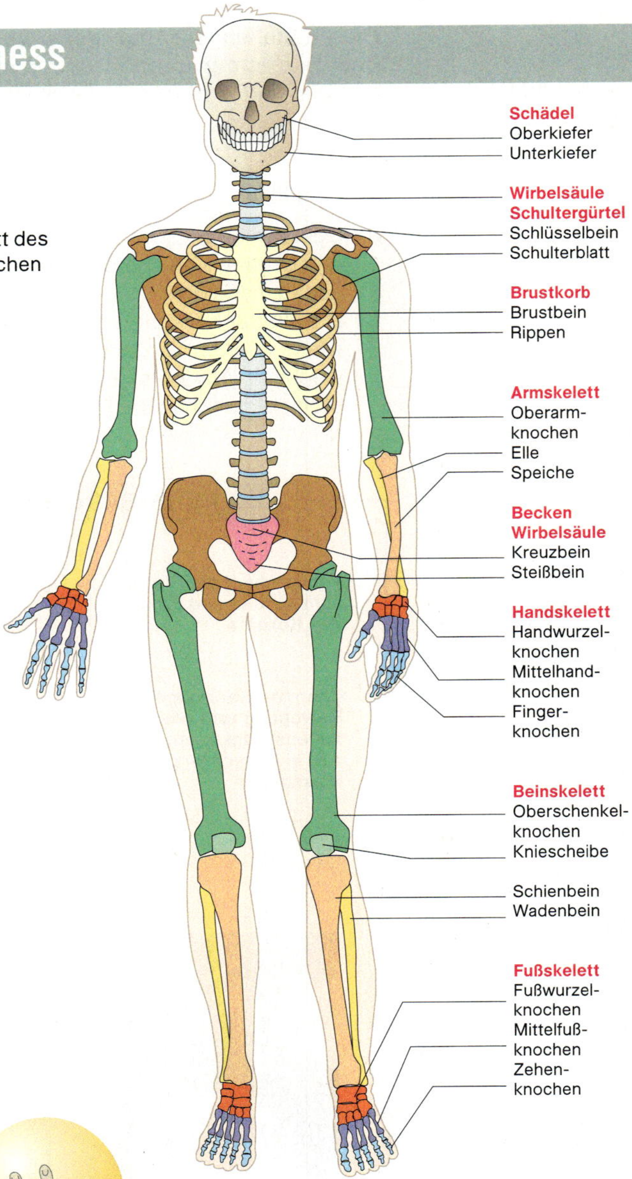

1 Skelett des Menschen

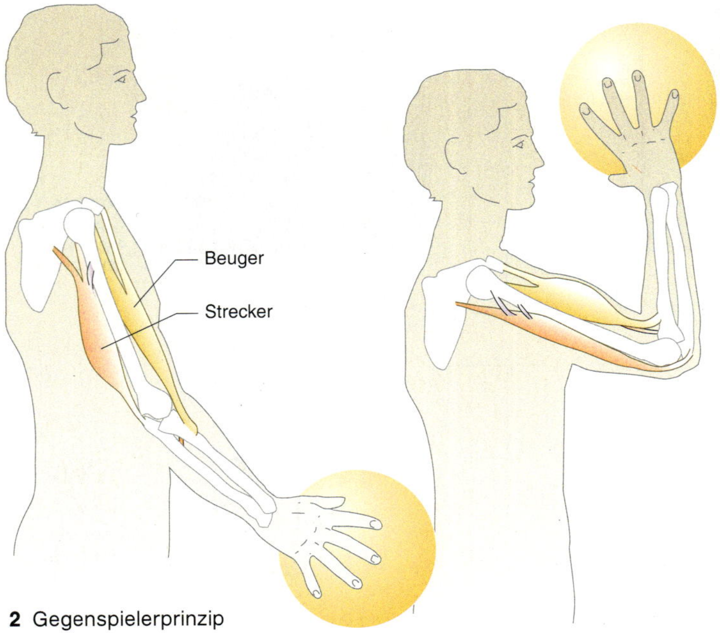

2 Gegenspielerprinzip

Aufgaben

① Beuge und strecke den Unterarm. Taste dabei nach Beuger und Strecker.
② Finde durch Tasten Beuge- und Streckmuskeln des Unterschenkels.
③ Erläutere das Gegenspielerprinzip bei der Gelenkbewegung.
④ Zu welchem Gelenktyp gehört das Kniegelenk?

Energieversorgung der Muskulatur

Immer wenn wir uns bewegen, besonders jedoch beim Sport oder an der Arbeitsstelle, wird mit Muskelkraft *Arbeit* verrichtet. Bei länger andauernder Muskelarbeit und starker Anstrengung wird die Atmung intensiver und das Herz schlägt nun spürbar und rascher. Dabei fühlen wir die Vorgänge, die der Muskulatur Energie zuführen, denn Muskelarbeit kann nur bei Energiezufuhr verrichtet werden.

Über den Blutkreislauf wird die Muskulatur mit *chemischer Energie* versorgt. Mit dem Blut wird der *Energieträger Traubenzucker* befördert, der für die Muskelaktivität nötig ist. Im Muskel kommt es in den dünnen Blutgefäßen, den *Blutkapillaren,* zum Übertritt des Blutzuckers in das Muskelgewebe. Zugleich wird hier auch Sauerstoff aus den Kapillaren an den Muskel abgegeben. Unter Sauerstoffverbrauch wird in den Muskelzellen der Blutzucker abgebaut. Dabei entsteht Kohlenstoffdioxid. Dieses Gas wird in die Kapillaren aufgenommen und mit dem Blutstrom abtransportiert.

Wirft der Spieler den Ball, so erhält der Ball *mechanische Energie*. Sie stammt aus dem abgebauten Traubenzucker. So betrachtet, ist ein Muskel ein **Energiewandler,** der chemische Energie in mechanische Energie umwandelt (▶ S. 148).

Bei längerer Anstrengung, wie beim Ballspiel, wird es dem Spieler warm und er schwitzt. Das zeigt, dass nicht die gesamte Energie aus dem Traubenzucker in mechanische Energie umgesetzt wird. Ein Teil davon wird als Wärme, auch *thermische Energie* genannt, an die Umgebung abgegeben.

Der Körper regelt diese Wärmeabgabe selbsttätig. Die Durchblutung der Haut verstärkt sich und Schweiß wird abgesondert. Wenn der Schweiß an der Hautoberfläche verdunstet, also vom flüssigen in den gasförmigen Zustand übergeht, so wird dabei viel Wärme abgegeben.

Vor allem in der kalten Jahreszeit nützt man den Effekt, dass intensive Bewegung zur *Aufwärmung* führt. Ganz besonders beim Wintersport ist das Aufwärmen wichtig, weil die Muskulatur nur richtig belastbar ist, wenn die Muskeln erwärmt sind. So beugt man Verletzungen vor, indem man die Muskulatur als Energiewandler zur Bildung von Wärme einsetzt.

Aufgaben

① Tennisspieler essen bei langen Turnieren, die über mehrere Stunden gehen, in den Pausen häufig Bananen. Erkläre, weshalb die Banane ein geeignetes Nahrungsmittel ist, um ein langes Spiel durchzustehen.

② Bergsteiger, die im Winter in Not geraten, drohen zu erfrieren, wenn ihnen die Nahrung ausgeht. Erkläre.

③ Wenn man sehr stark friert, beginnen die Muskeln zu zittern. Erläutere die Bedeutung dieser Reaktion des Körpers. Welche Körperreaktionen verursachen den gegenteiligen Effekt?

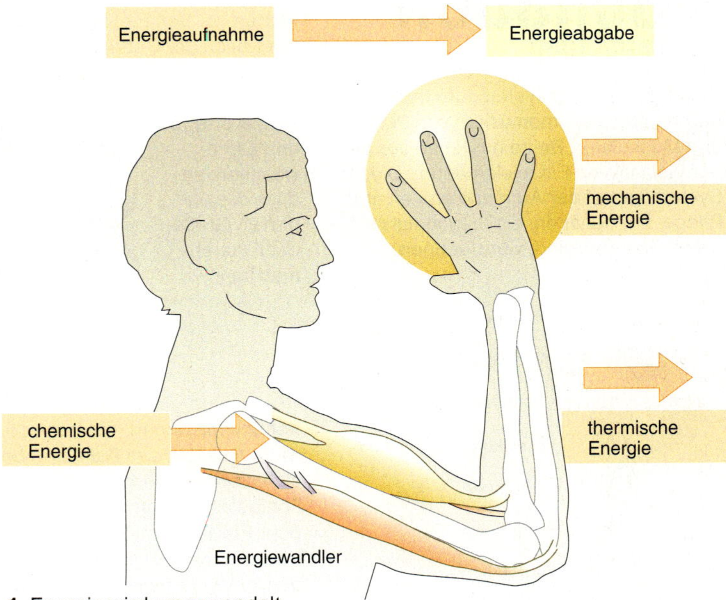

1 Energie wird umgewandelt

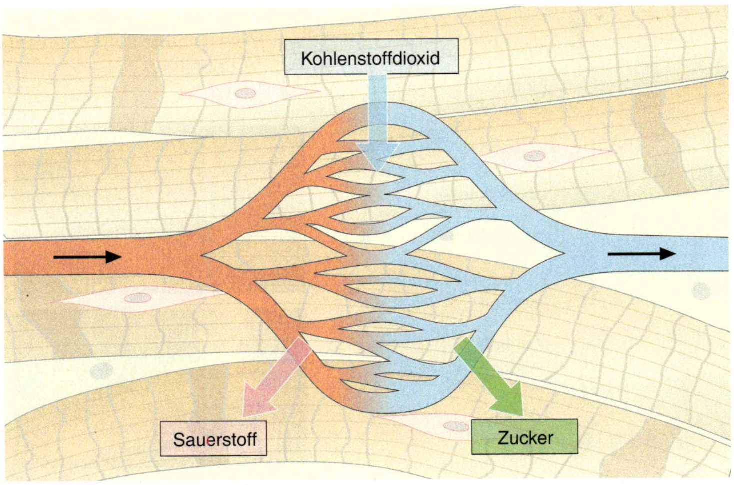

2 Stoffaustausch an Blutkapillaren

Unser Bewegungssystem – Schäden vermeiden

Unser Bewegungssystem funktioniert durch das Zusammenwirken von Skelett und Muskulatur. Beide bestehen aus einer Vielzahl von Einzelelementen. Dieses System bedarf der Aufmerksamkeit und Pflege, um Schäden, die manchmal nicht mehr reparabel sind, vorzubeugen.

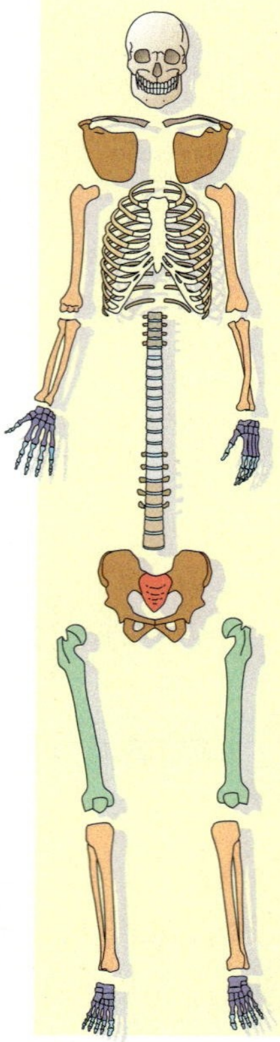

Schädel	25
Wirbelsäule	34
Schultergürtel	4
Brustkorb	25
Oberarme	2
Unterarme	4
Handwurzelknochen	16
Mittelhandknochen	10
Fingerknochen	28
Becken	6
Oberschenkel	2
Unterschenkel	4
Fußwurzelknochen	14
Mittelfußknochen	10
Zehen	28
Gesamt	212

Knochen des Menschen

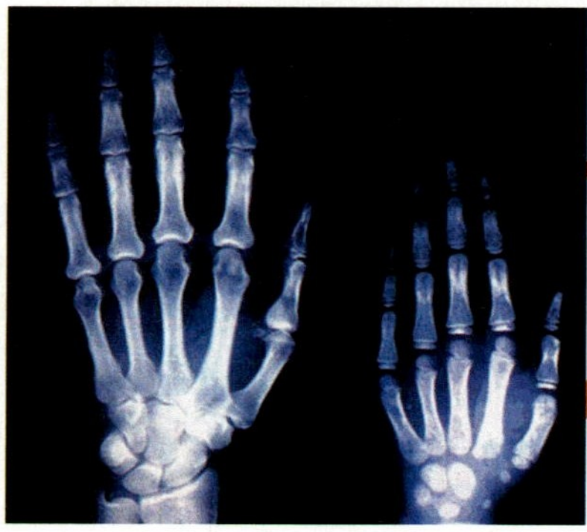

Während des **Wachstums** sind die Knochen noch nicht so hart wie die eines Erwachsenen. In der **Röntgenaufnahme** erkennt man, dass vor allem in den Gelenken deutlich weniger harte Knochensubstanz eingelagert ist. An diesen Stellen wächst der Knochen noch. Ähnliches gilt für die Verbindungen der Knochenplatten der Schädelkapsel. Dadurch, dass nach der Geburt zunächst noch Zwischenräume *(Fontanellen)* vorhanden sind, ist die Schädelkapsel elastisch und kann wachsen, sodass das Gehirn an Größe noch zunehmen kann.

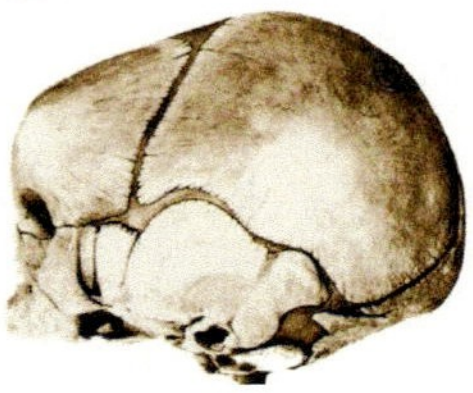

Schuhe mit hohen Absätzen oder auch Übergewicht belasten das **Fußgewölbe** stark, sodass sich dieses dauerhaft verformen kann. Je nach Fehlbelastung kann im Extremfall ein **Hohlfuß** oder **Plattfuß** entstehen. Die Folge ist, dass das Körpergewicht nicht mehr so gut abgefedert werden kann. Vorbeugen kannst du, indem du sorgfältig darauf achtest, dass du nicht zu kleine und enge sowie zu hohe Schuhe trägst. Günstig ist es, wenn die Schuhe außerdem ein gut ausgeformtes Fußbett besitzen.

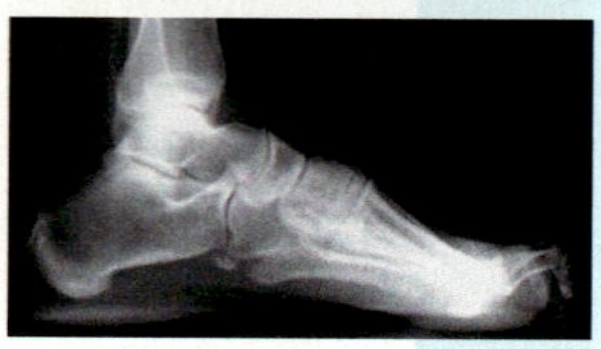

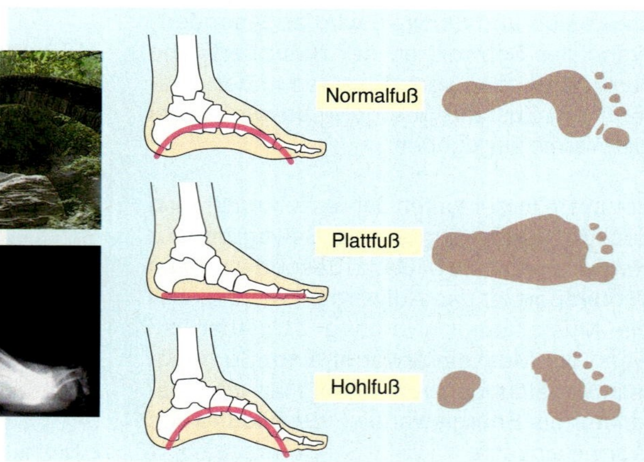

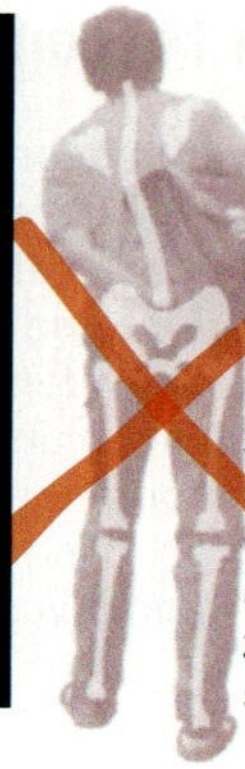

Zwar bietet die größere Elastizität des Skeletts während des Wachstums Vorteile, andererseits können sich aber auch zum Beispiel bei dauernder falscher Belastung des Skeletts **Fehlhaltungen** einstellen, die nur schwer oder gar nicht mehr zu beheben sind. Sitzen mit nach vorn gekrümmtem Körper oder einseitiges Tragen der schweren Schultasche können zu **Verkrümmungen** der Wirbelsäule führen.

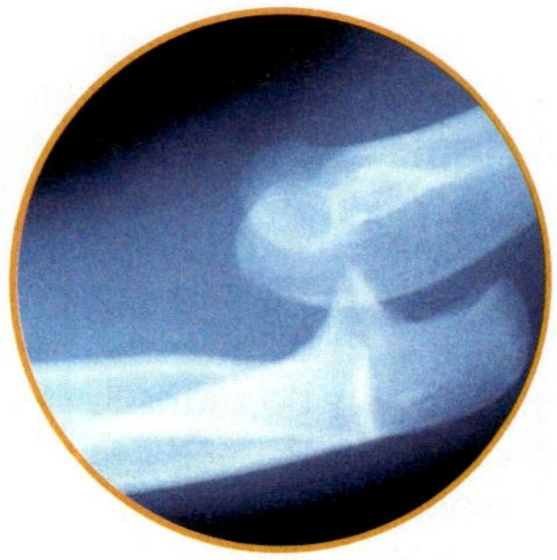

Die **Verstauchung** entsteht durch gewaltsames Auseinanderziehen der normalerweise aneinander liegenden Gelenkflächen über das normale Maß hinaus. Die Gelenkenden sind aus ihrer normalen Stellung gerückt. Die Gelenkkapsel wird dabei stark überdehnt und beschädigt, was sehr schmerzhaft ist. Normalerweise kehren die Gelenkflächen nach der Gewalteinwirkung aber wieder in ihre Ruhestellung zurück. Anders ist es bei der **Auskugelung**. Sie entsteht ähnlich wie die Verstauchung. Allerdings kehren die Gelenke nicht mehr in ihre Normalstellung zurück, sodass ärztliche Hilfe erforderlich ist, um das Gelenk wieder „einzurenken".

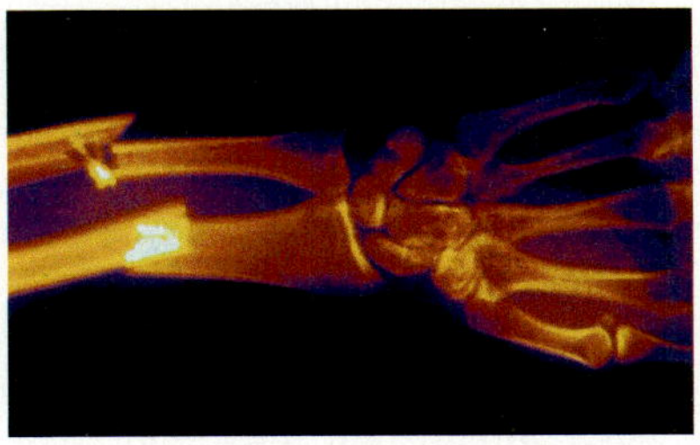

Liegt die überbelastete Stelle außerhalb des Gelenks, kann es zum **Knochenbruch**, z. B. von Elle und Speiche, kommen. Die Bruchstellen müssen dann wieder gerichtet werden, sodass die Bruchenden möglichst genau wieder zusammenwachsen können. Während des Heilungsprozesses bleibt die Bruchstelle geschient. Manchmal wird sogar eine Metallplatte auf der Bruchstelle verschraubt, die dann wieder entfernt wird, wenn der Bruch verheilt ist.

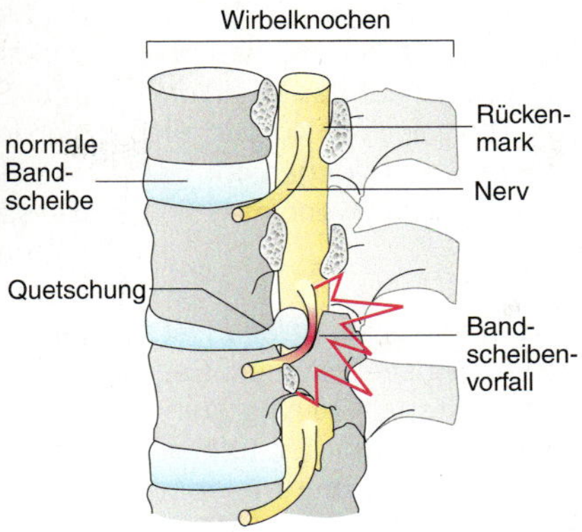

Fast zu einer Volkskrankheit ist der **Bandscheibenvorfall** geworden, meist bedingt durch die Lebens- und Arbeitsweise. Vor allem durch zu langes und falsches Sitzen werden die Bandscheiben meist des Lendenwirbelbereichs durch die dauernd zu hohe und einseitige Belastung schließlich so stark zusammengedrückt, dass die seitlich zwischen den Wirbeln austretenden Nerven gequetscht werden können. Starke Schmerzen sind dann die Folge. *Vorbeugung* kann einen Bandscheibenvorfall jedoch vermeiden helfen: durch Sport, der Bauch- und Rückenmuskulatur kräftigt, und durch eine aufrechte Sitzhaltung auf einem Stuhl, welcher der Anatomie des Menschen angepasst ist. Schwere Lasten sollte man aus der Hocke heben. Denn das Heben von Lasten in gebeugter Haltung belastet die Wirbelsäule außerordentlich stark.

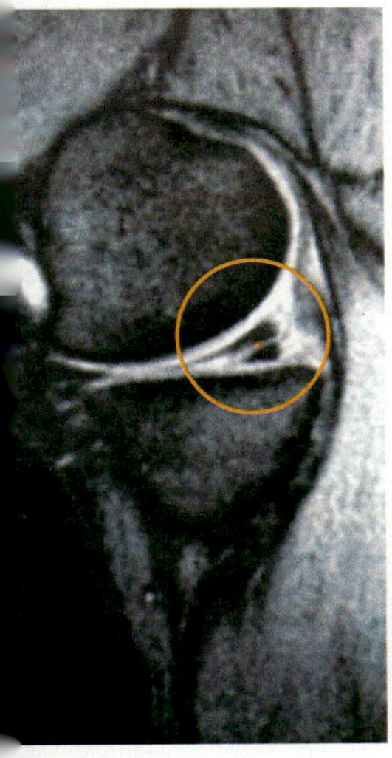

Verletzungen des **Kniegelenks** sind besonders häufige Sportverletzungen. Sportarten, bei denen das Kniegelenk durch Drehbewegungen zusätzlich belastet wird, sind dafür besonders anfällig. Der **Meniskus**, eine Knorpelscheibe innerhalb des Kniegelenks, kann gequetscht werden oder sogar reißen. Stärkere Schäden werden meist durch einen operativen Eingriff beseitigt, indem man die Ränder des Meniskus beschneidet und wieder glättet oder ihn manchmal sogar ganz entfernt.

Häufiger sind auch Verletzungen der **Kreuzbänder**, welche dem Kniegelenk die große Stabilität verleihen. Eine Überdehnung beeinträchtigt die Stabilität des Gelenks. Bei einem *Kreuzbandabriss* hilft oft nur noch ein operativer Eingriff.

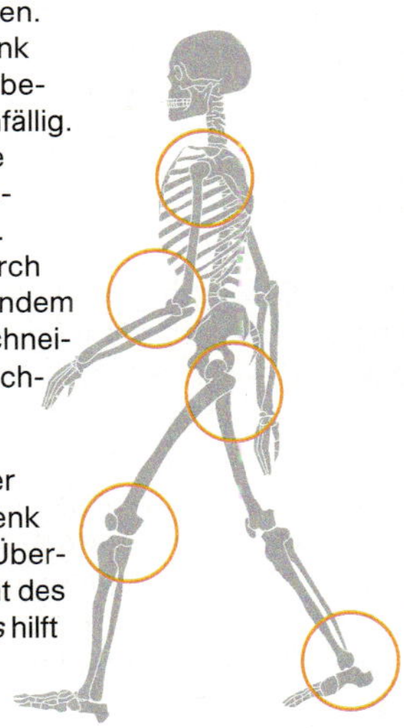

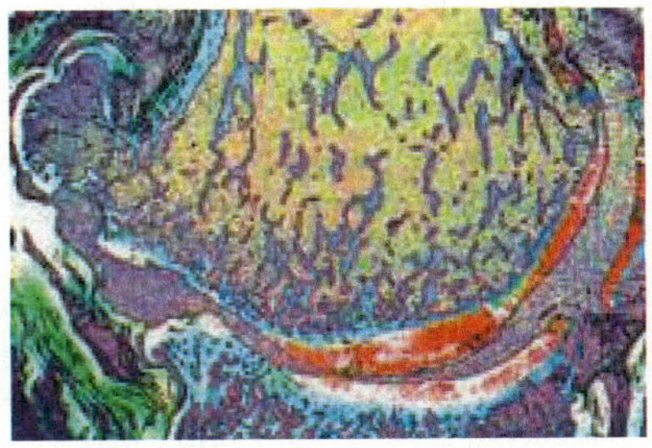

Die **Arthrose** ist eine allmählich auftretende entzündliche Veränderung der Gelenke (rot in Abb. oben). Dabei werden die ursprünglich glatten Gelenkoberflächen nach und nach zerstört, indem die Knorpelschicht abgetragen wird (unten). Die Gelenkflächen reiben dann schmerzhaft aufeinander. In besonders schweren Fällen wird das zerstörte Gelenk durch ein künstliches ersetzt.

Man kann eine Menge dafür tun, dass die **Verletzungsgefahr beim Sport** gering bleibt. So ist *regelmäßiges Training* wichtig. Muskeln und Knochen werden auf diese Weise gestärkt und auf die Belastungen eingestellt. Auch richtiges *Aufwärmen* und *Dehnen* der Muskulatur vor dem Sport sind wichtige Vorbeugemaßnahmen. Bänder und Sehnen werden geschmeidig, sodass eine Überdehnung oder gar ein Riss kaum auftreten können.

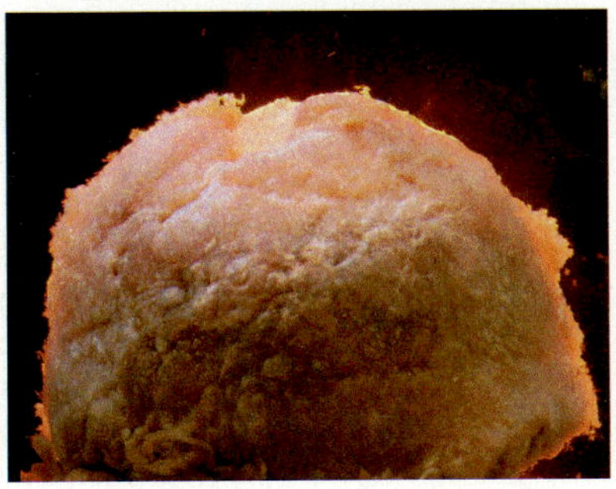

Rundum fit durch Körpertraining

Regelmäßiges Bewegungstraining fördert nicht nur die Skelett- und Herzmuskulatur, es wirkt sich auch positiv auf das seelische Gleichgewicht aus. Der gesamte Körper wird gestärkt und sieht gut aus. Insgesamt gewinnt man viel Lebensqualität, wenn man sich fit und in Form fühlt.

Beim Bewegungstraining schlägt das Herz schneller. Die Muskeln erhalten so mehr Sauerstoff und mehr Nährstoffe. Training stärkt und kräftigt die Herzmuskulatur. Ein trainiertes Herz kann bei Belastung die transportierte Blutmenge von 4 auf 27 Liter pro Minute steigern. Menschen mit guter Kondition haben einen niedrigeren Ruhepuls als Untrainierte; bei Athleten liegt er oft bei weniger als 50 Schlägen in der Minute. Mit jedem Herzschlag wird jedoch eine größere Menge Blut in den Kreislauf gepumpt als bei Untrainierten.

Bei jeder Bewegung kommt es zu einem Wechsel zwischen Zusammenziehen und Erschlaffen von Muskelgruppen. Dazu benötigen die Muskelzellen Energie, die durch den Abbau von Fett und Zucker gewonnen wird. Das Blut transportiert diese Nährstoffteilchen zusammen mit dem benötigten Sauerstoff zu den Muskelzellen.

Durch regelmäßige Bewegung verbessert sich die Fähigkeit der Muskelzellen, Energie haltige Stoffe umzusetzen (▶ S. 148). Infolge des erhöhten Blut- bzw. Sauerstoffbedarfs werden um das Muskelgewebe zusätzliche Kapillaren ausgebildet. Damit wird die Blutversorgung der Muskelzellen dauerhaft verbessert. Werden die Muskeln kontinuierlich an eine erhöhte Leistungsfähigkeit herangeführt, so sinkt auch das Risiko eines so genannten Muskelkaters.

Ein Körpertraining in Verbindung mit einer vollwertigen Ernährung hilft, überschüssige Pfunde loszuwerden oder das Körpergewicht zu halten: Jede Bewegung benötigt Energie. Ein Teil davon wird aus den Fettdepots des Körpers gedeckt. Eine Gewichtsabnahme erfolgt erst einige Zeit nach Trainingsbeginn. Zuerst baut das Training die Muskulatur auf. Dieses zusätzliche Gewicht kann den Verlust durch Fettabbau zunächst ausgleichen. Außer bei Kraftsportarten, zu denen auch das Bodybuilding gehört, wird beim Körpertraining die Muskelmasse aber nur geringfügig größer. Die Muskeln werden eher straffer und kräftiger. Ein Sport treibender Mensch wirkt dadurch erheblich drahtiger und schlanker. Mit zunehmender Kräftigung und Straffung der Muskulatur verbessert sich in der Regel auch die Körperhaltung.

Bei sportlicher Betätigung muss man schneller und tiefer atmen, um mehr Luft bzw. mehr Sauerstoff aufzunehmen. Durch regelmäßiges Training nimmt deshalb das Lungenvolumen zu. Bei einer anstrengenden Sportart können so pro Minute bis zu 100 Liter Luft mehr ein- und ausgeatmet werden als in Ruhe. Zum Vergleich: In Ruhe werden etwa 6 Liter Luft in der Minute ein- und ausgeatmet.

Ein regelmäßiges Training fördert das allgemeine Wohlbefinden. Man ist entspannter und auch geistig „voll drauf". Wenn man Sport treibt, werden im Gehirn morphiumähnliche Stoffe freigesetzt, sogenannte *Endorphine*. So kann man auf völlig natürliche Weise „high" werden.

Sport entspannt und fördert einen erholsamen Schlaf. Allerdings sollte man spätestens eine Stunde vor dem Schlafengehen nicht mehr trainieren.

Die Trainingsstärke

Man muss wissen, wie viel man sich zumuten darf. Wer sich zu wenig anstrengt, erzielt kaum eine Trainingswirkung. Bei Überanstrengung wird man zu schnell müde und muss vorzeitig aufgeben. Beim Training soll der Pulsschlag zwischen 65 und 85 % des größtmöglichen Pulses liegen. Der größtmögliche Puls beträgt 220 minus Lebensalter, liegt also bei bis Zwanzigjährigen bei 200. Der Trainingsbereich liegt demnach zwischen 130 und 170. Bei älteren Menschen sollte das Herz nicht mehr so schnell schlagen. Deshalb lautet eine allgemeine Regel für die Obergrenze des Trainingspulses: 180 minus Lebensalter.

Aufgaben

① Weshalb soll sich ein Sportler nach dem Lauf noch bewegen und durchatmen?

② Weshalb wiegen Marathonläufer nach dem Lauf weniger als vorher?

③ Wähle eine gesunde Sportart, die dir Spaß macht, und beginne ein regelmäßiges Training (mindestens dreimal pro Woche und mindestens 10 bis 20 Minuten im Trainingsbereich).
Notiere jeden Tag:
- Ruhepuls vor und drei Minuten nach dem Training,
- Belastungspuls während des Trainings,
- Körpergewicht,
- wie du dich fühlst und, falls möglich,
- Blutdruck.

Welche Veränderungen stellst du nach einiger Zeit (z. B. nach 6 Wochen) fest?

Aktive Vorsorge und Gesundheit

Bewegung und Fitness

Außer durch eine ausgewogene und gesunde Ernährung werden deine Gesundheit und Leistungsfähigkeit auch durch dein Körpergewicht, dein Verhalten, deine körperliche Fitness und nicht zuletzt durch dein Wohlbefinden beeinflusst. Man kann meist selbst eine Menge dafür tun, ohne dass es übermäßige Überwindung kostet.

Die Möglichkeiten körperlicher Betätigung, zum Beispiel durch Sport, sind so groß, dass für jeden etwas dabei ist, was auch Spaß macht — eine wichtige Voraussetzung dafür, dass man auch für längere Zeit bei seiner Sportart bleibt.

Verhalten im Alltag

Für viele oft lästig, aber wichtig: der richtige Umgang mit den Zähnen. Zeigt doch das elektronenmikroskopische Foto das ganze Ausmaß der Besiedlung der Zahnoberfläche durch Bakterien, die durch ihre Aktivität nach und nach den Zahn zerstören — wenn man sie lässt. Neuerdings gibt es auch deutliche Hinweise darauf, dass der Bakterienbelag *(Plaque)* Ausgangspunkt für bakterielle Infektionen an anderen Orten im Körper ist.

Es ist vergleichsweise leicht, dieses zu verhindern. Welche Inhaltsstoffe der Nahrung begünstigen besonders die Vermehrung der Kariesverursacher?

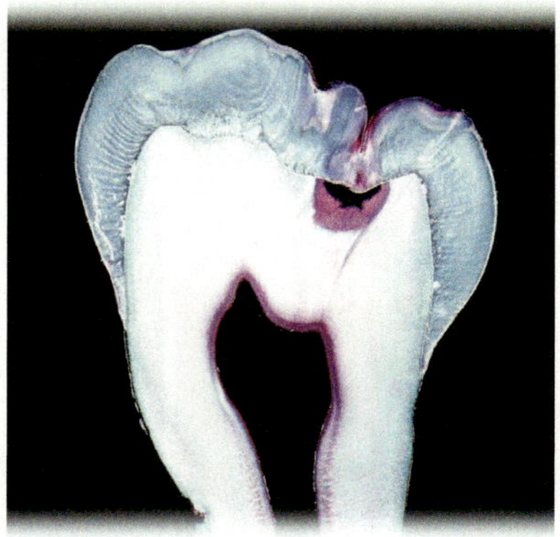

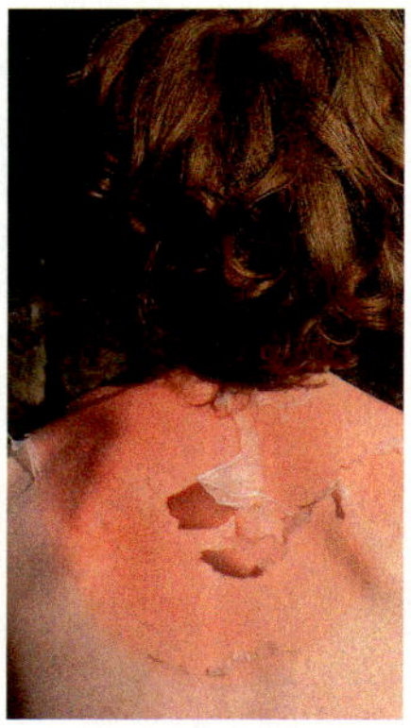

Viele finden eine intensiv gebräunte Haut schön und attraktiv und wenden viel Mühe auf, diesem Ideal zu entsprechen. Intensives Sonnenbaden hat jedoch seinen Preis, denn die Haut hat ein langes „Gedächtnis“. Weißt du, wie sich das äußert? Welche weiteren Folgeschäden kennst du und wie kannst du ihnen durch dein Verhalten vorbeugen?

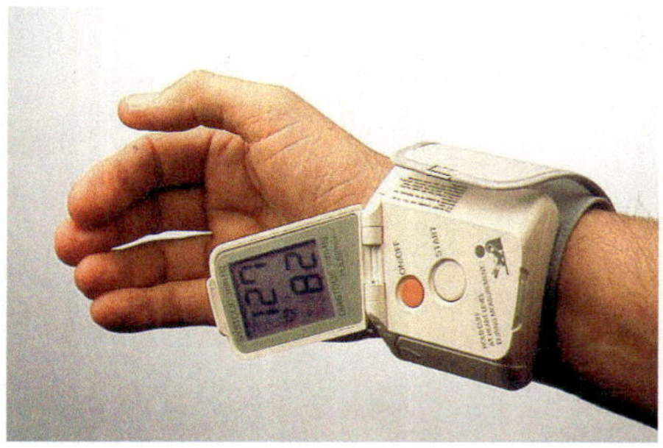

Die meisten Jugendlichen haben einen normalen Blutdruck, viele Erwachsene leiden unter Bluthochdruck. Der Blutdruck kann einfach gemessen werden. Die Messung ergibt zwei Werte, den höheren *(systolischen)* Wert und den niedrigeren *(diastolischen)* Wert.
Wie kommen die beiden Blutdruckwerte zustande?
Welcher Blutdruck ist normal und unbedenklich? Wann spricht man von Bluthochdruck und welche gesundheitlichen Risiken hat er? Wie kann man dem Bluthochdruck vorbeugen? Welche Sportarten trainieren das Herz-Kreislauf-System in besonderem Maße?

Welche Sportart würde dir am meisten Spaß machen? Kannst du diese in deiner Umgebung ausüben? Welche sonstigen Voraussetzungen sind erforderlich?

Nicht jeder Sport ist in gleicher Weise risikoarm. Welche Sportarten sind risikoreicher als andere? Wie kann man Verletzungen vorbeugen, einschließlich durch geeignetes Training?

Körpergewicht

Welches Gewicht ist normal, welches Gewicht ist richtig? Für viele Menschen ist das eine wichtige Frage, weil sie mit ihrem eigenen Körpergewicht nicht zufrieden sind. In vielen Fällen ist diese Unzufriedenheit allerdings unberechtigt.

Durch welche äußeren Einflüsse wird die eigene Vorstellung vom „richtigen" Körpergewicht bestimmt? Kann sich diese mit der Zeit auch ändern?

Wann aber ist ein Mensch wirklich zu dick oder zu dünn, sodass das eigene Körpergewicht zum Risikofaktor wird? Häufig sind Essstörungen in diesen Fällen die Ursache. Dazu gehören *Magersucht* und *Bulimie*. Mehrheitlich sind Mädchen davon betroffen. Solche Essstörungen treten oft in der Pubertät auf.

Informiere dich über Magersucht und Bulimie und ihre Folgen für den Körper. Welche Ursachen können diesen Essstörungen zugrunde liegen?

Andererseits hat die Zahl der übergewichtigen Menschen zugenommen. Übergewicht gilt als Risikofaktor für eine Reihe von Erkrankungen, die dann später bei Übergewichtigen häufiger auftreten als bei anderen Menschen, zum Beispiel Gelenkschäden, Herz-Kreislauf-Erkrankungen und Diabetes.

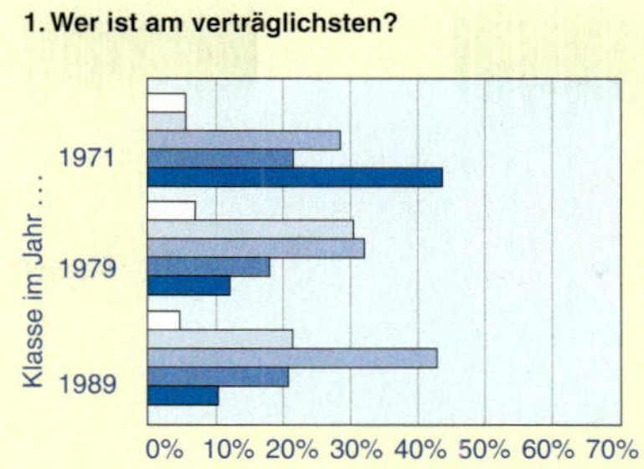

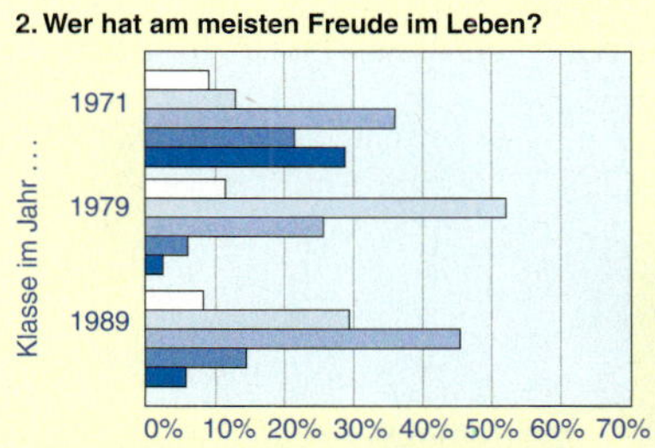

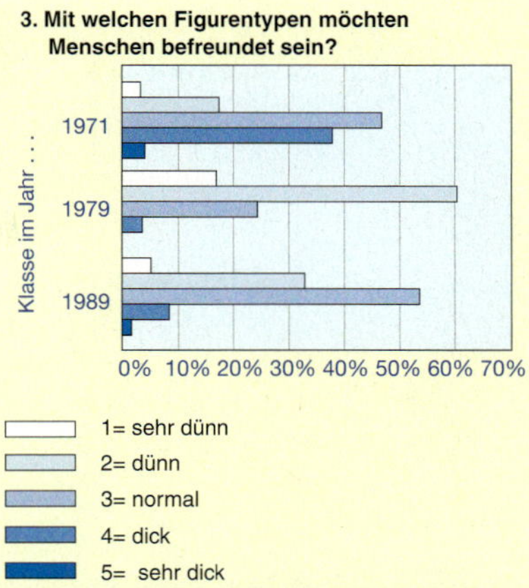

Überprüfe dein Essverhalten einige Tage. Stelle dazu einen Fragenkatalog auf, der folgende Fragen enthalten könnte: Höre ich auf zu essen, wenn ich satt bin? Esse ich erst, wenn ich Hunger habe? Suche ich bei Langeweile, Einsamkeit oder Stress nach etwas Essbarem?

Formuliere weitere Fragen, mit denen du überprüfen kannst, ob du eher kontrolliert oder unkontrolliert isst.

„Der Mensch ist, was er isst".
LUDWIG FEUERBACH (1804 – 1872); deutscher Philosoph

„Man kann einen Menschen mit guten Saucen ebenso unter die Erde bringen wie mit Strychnin, bloß dauert es länger".
CHRISTIAAN BARNARD (1922 – 2001); südafrikanischer Herzchirurg

Erläutere die beiden Aussagen.

Leistungsvermögen und Wohlbefinden

Wie wohl du dich fühlst, hängt neben deiner körperlichen Fitness und Ernährung von deinem Tagesrhythmus ab. Dieser ist genetisch bedingt und wird durch den Wechsel von Licht und Dunkel „geeicht". Deshalb gibt es einen Tagesrhythmus für deine Leistungsfähigkeit. Wer ihn berücksichtigt, kann Arbeit leichter bewältigen, fühlt sich dabei wohler und gerät nicht so leicht in Stress.

Wie könnte ein Tagesplan aussehen, der die Leistungsfähigkeit in Abhängigkeit von der Tageszeit berücksichtigt?

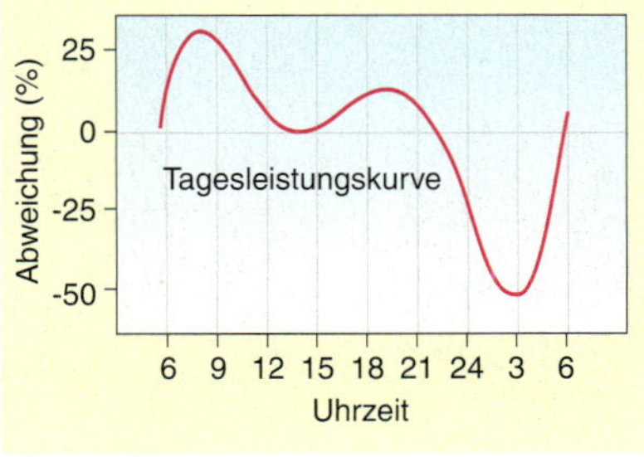

Es ist schwierig, das „richtige" Körpergewicht für einen Menschen anzugeben. Denn dieses hängt unter anderem von Alter, Geschlecht und Körperbau ab. Für das Erfassen von Übergewicht wird heute der body mass index – BMI – nach folgender Formel bestimmt:

$$\text{BMI} = \frac{\text{Gewicht in Kilo}}{(\text{Körpergröße in Metern})^2}$$

Recherchiere im Internet nach dem „wünschenswerten" BMI deiner Altersgruppe.

Gesundheit

Im Jahre 1976 wurde in Amerika ein Junge geboren, dessen Leben gegenüber dem anderer Neugeborener ungewöhnlich verlaufen musste. Sein Abwehrsystem gegen Krankheitserreger war nur schwach entwickelt. Die Ärzte konnten ihn nur am Leben erhalten, indem sie ihn in einem luftdichten Zelt mit gefilterter Luft aufwachsen ließen. Nahrung und Spielsachen wurden desinfiziert und anschließend über luftdichte Schleusen in das Zelt eingeführt. Ein direkter Kontakt mit den Eltern oder anderen Menschen war nicht erlaubt. Dies Alles hätte zum Tode des Jungen führen können.

Auch unser Körper ist ständig von Krankheitserregern umgeben, trotzdem sind wir nur selten krank.
Wie schön es ist gesund zu sein, merkt man immer erst, wenn man krank ist. Deswegen ist es wichtig, sich bewusst zu machen, wie man sich persönlich am Besten gesund erhält.

Abwehrsystem

Medizin

Krankheit

Sucht

Drogen

Viren

Bakterien

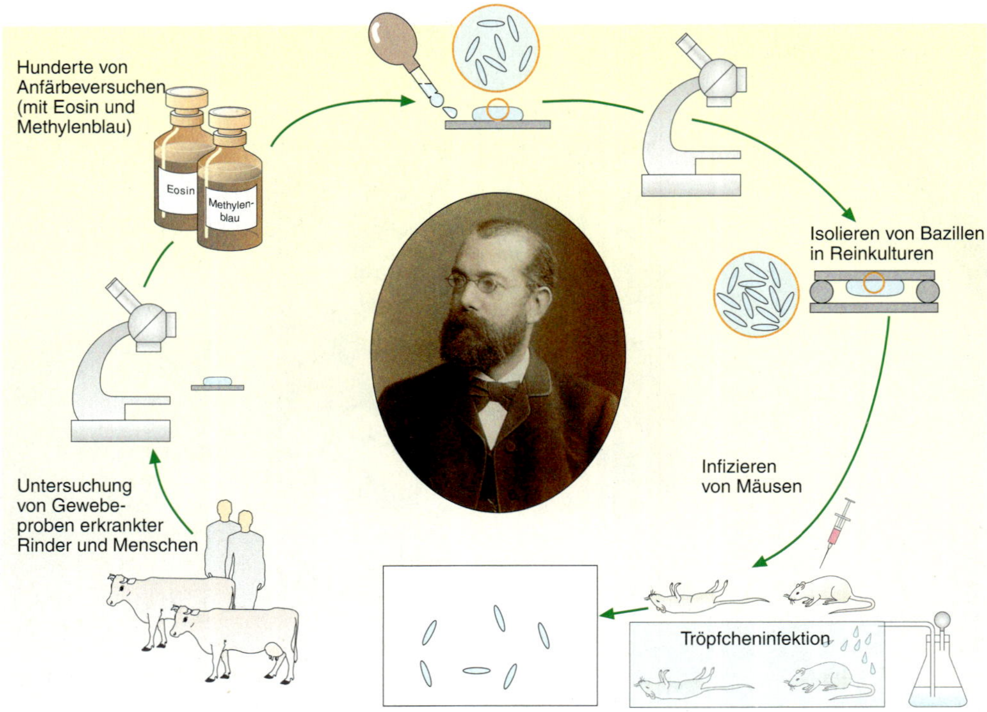

1 Versuchsreihe von ROBERT KOCH

Kampf gegen winzige Feinde

Infektion
infectio, lat. = Ansteckung

Bakterien
bakterion, gr. = Stäbchen
einzellige Mikroorganismen ohne Zellkern

Bazillus
bacillum, lat. = Stäbchen
stäbchenförmiges Bakterium

Mikrobiologie
Wissenschaft und Lehre von den Mikroorganismen

Bakteriologie
Teilgebiet der *Mikrobiologie*, das sich mit der Untersuchung von Bakterien beschäftigt.

Im Jahre 1879 untersuchte ROBERT KOCH (1843 – 1910) das Blut von an *Milzbrand* erkrankten Rindern unter dem Mikroskop. Milzbrand war damals eine weit verbreitete und gefürchtete Viehseuche. KOCH hoffte, bei den erkrankten Tieren die Krankheitserreger zu finden. Er suchte nach *Mikroorganismen* (Kleinstlebewesen) – zunächst jedoch ohne Erfolg.

Daraufhin färbte er seine Präparate mit verschiedenen Farbstoffen und konnte tatsächlich bei einer bestimmten Färbemethode winzige stäbchenförmige Gebilde erkennen. Um beweisen zu können, dass es Lebewesen waren, isolierte er sie und beobachtete ihre Vermehrung (▶ S. 152). Danach spritzte er diese Mikroorganismen gesunden Mäusen ein, die daraufhin an Milzbrand erkrankten und starben. In ihrem Blut konnte KOCH die Erreger in großer Zahl feststellen und damit beweisen, dass der Milzbrand durch diese Mikroorganismen hervorgerufen wird. Beim Milzbranderreger handelt es sich um stäbchenförmige *Bakterien,* die auch *Bazillen* genannt werden. Mit der selben Methode bewies KOCH zwei Jahre später, dass auch die Schwindsucht *(Tuberkulose)* durch Bazillen hervorgerufen wird. Zudem wies er nach, auf welche Weise die Ansteckung mit Tuberkulosebazillen erfolgt: Beim Husten und Sprechen von kranken Menschen gelangen feinste Tröpfchen in die Luft. Sie enthalten Tuberkulosebazillen. Über die in der Luft schwebenden Tröpfchen können sich gesunde Menschen infizieren, sobald sie sie einatmen *(Tröpfcheninfektion).*

Mit der Entdeckung des Tuberkuloseerregers hatte KOCH die Grundlagen zur Bekämpfung einer *Infektionskrankheit* gelegt, an der zur damaligen Zeit noch jeder siebte Mensch in Europa starb. Seine Arbeitsmethode ist für die *Bakteriologie* grundlegend geworden.

Aufgabe

① Erkläre, warum ROBERT KOCH die Versuche zur Vermehrung der Bakterien und die Infektionen der Mäuse durchführen musste, um zu beweisen, dass es sich um die Milzbranderreger handelte.

Bakterien sind besondere Einzeller

Schon 1683 entdeckte LEEUWENHOEK mithilfe seines einfachen Mikroskops im Zahnbelag winzige, zu Ketten zusammengeschlossene Kügelchen . Heute weiß man, dass es Bakterien waren. Er muss auf recht große Exemplare mit einer Länge von ca. 7 µm gestoßen sein, denn die kleinsten, etwa 0,2 µm großen Bakterien lassen sich auch mit modernen Lichtmikroskopen nicht mehr ausmachen.

Nur mit einem Elektronenmikroskop ist der *Feinbau* der Bakterienzelle zu erkennen. Eine feste, relativ dicke *Zellwand* grenzt die Zelle nach außen ab und gibt ihr Halt und die charakteristische Form. Bei manchen Bakterien ist sie von einer *Schleimhülle* umgeben, die einen zusätzlichen Schutz bietet. Innerhalb der Zellwand umgibt die dünne *Zellmembran* das *Zellplasma*. An manchen Stellen ist die Oberfläche der Zellmembran durch Einstülpen und Auffalten stark vergrößert. Dadurch entsteht eine größere Oberfläche für die zahlreichen lebensnotwendigen Vorgänge, die nur an der Zellmembran ablaufen können. Im Zellplasma liegen *Reservestoffe* und die *Erbsubstanz*. Ein Zellkern ist nicht vorhanden. Auffallend an der Gestalt mancher Bakterien sind die im Zellplasma verankerten *Geißeln*. Sie dienen der Fortbewegung (▶ S. 146).

Gelangt ein Bakterium in eine neue Umgebung, stellt es seinen Stoffwechsel auf die neuen Lebensbedingungen ein. Es kann die für den Stoffwechsel nötigen Stoffe über die gesamte Zelloberfläche aufnehmen und ebenso Stoffe abgeben. Es wächst bis zu einer bestimmten Größe heran und teilt sich dann. Die beiden dabei entstehenden Zellen wachsen, bis sie für eine erneute Zellteilung groß genug sind. Diese Form der *Reproduktion* findet man bei vielen einzelligen Lebewesen. **Reproduktion** tritt also sowohl bei geschlechtlicher Fortpflanzung als auch bei ungeschlechtlicher Vermehrung auf. Da sie bei allen Lebensformen stattfindet, ist sie ein allgemein gültiges **Prinzip** (▶ S. 152).

Bei gutem Nahrungsangebot, ausreichender Luftfeuchtigkeit und Temperaturen um 30 °C kann sich ein Bakterium alle 20 Minuten teilen. Doch diese *Massenvermehrung* führt mit der Zeit zu einschneidenden Veränderungen der Bakterienumwelt: Nahrung wird knapp und giftige Stoffwechselendprodukte, die von den Bakterien ausgeschieden werden, reichern sich in der Umgebung an. Das Bakterienwachstum wird dadurch gehemmt. Bei sehr ungünstigen Umweltbedingungen bilden manche Bakterienarten eine zusätzliche, kräftige Wand aus; sie kapseln sich ab und bilden so genannte *Sporen* aus. Bakteriensporen sind sehr widerstandsfähig und können mehrere Jahre überleben. Es wurde nachgewiesen, dass solche Bakteriensporen extreme Temperaturen bis etwa +90 °C und -250 °C überstehen können. Sie überleben sogar im Weltraum. Sobald sich die Umweltbedingungen bessern, keimt die Spore zur Bakterienzelle aus und diese beginnt erneut mit Wachstum und Teilung (▶ S. 152).

Aufgaben

① Vergleiche Bakterienzellen mit Tier- und Pflanzenzellen. Nenne Gemeinsamkeiten und Unterschiede.

② Wie viele Nachkommen hat ein Bakterium nach 4 Stunden, wenn sich die Zahl der Bakterien alle 20 Min. durch Teilung verdoppelt? Berechne und zeichne eine Vermehrungskurve.

③ Vergleiche die Kurve aus Aufgabe 2 mit der realen Vermehrungskurve (Abb. 1). Nenne Ursachen für die Abweichung vom berechneten Kurvenverlauf.

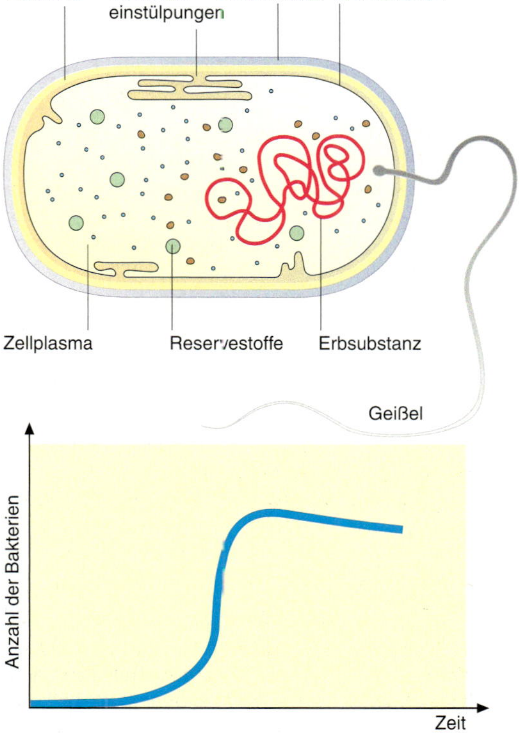

1 Bakterienzelle und reale Vermehrungskurve

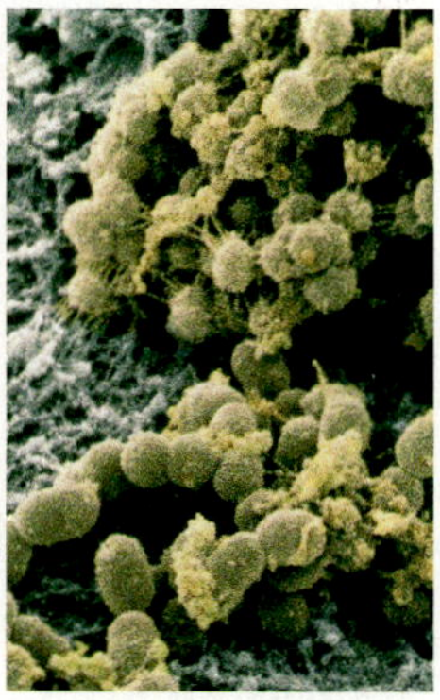

Zahnbelag mit Bakterien

(1 µm = 1 Mikrometer = 1/1000 mm)

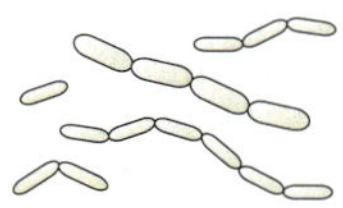

Bazillen

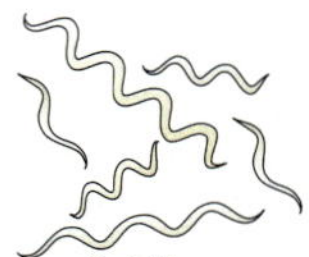

Spirillen

Vibrionen

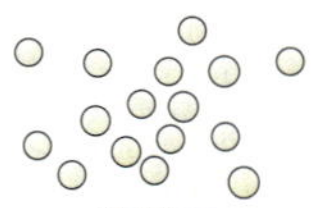

Kokken

Reproduktion
re-, lat. = wieder
productio, lat. = Hervorbringung

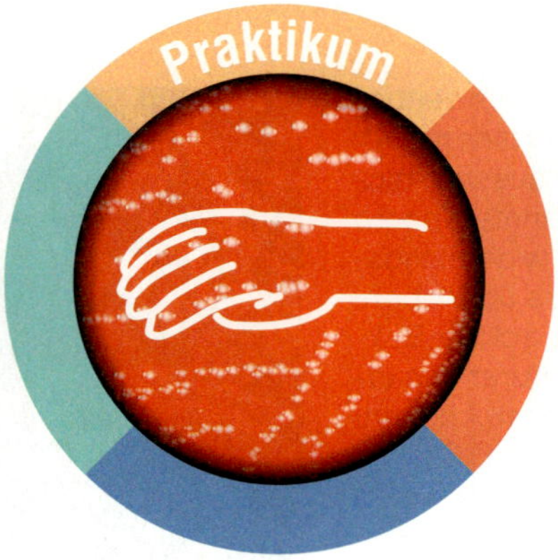

Bakterien sind vielseitig

Bakterien sind nicht nur Krankheitserreger und eine Plage der Menschen. Im Stoffhaushalt der Natur und in unserem Leben selbst sind sie von großer Bedeutung. Bakterien sind wichtig im *Stoffkreislauf des Bodens*, hier bauen sie altes Laub und anderes abgestorbenes Material zu Wasser, Kohlenstoffdioxid und Mineralstoffen um. Auch in *Gewässern* sind sie für die Selbstreinigung des Wassers sehr wichtig. In *Kläranlagen* sind sie entscheidende Helfer bei der Abwasserreinigung. Große Bedeutung haben die Mikroorganismen auch in der *Nahrungsmittelherstellung.* Milchsäurebakterien verwandeln zum Beispiel Milch in Dickmilch, Quark oder Jogurt und Weißkohl in Sauerkraut. Die Säure verhindert, dass sich Fäulniserreger bilden können und machen Lebensmittel so länger haltbar.

Bakterien in der Frischmilch

In Frischmilch sind Milchsäurebakterien immer vorhanden.

① Lasse ein Glas Milch bis zur Säuerung stehen. Entnimm mit einer Pipette sowohl von der wässrigen Molke als auch von dem quarkartigen Niederschlag etwas Material und stelle ein Dauerpräparat her. Färbe dieses drei Minuten mit Methylenblaulösung, gieße den überschüssigen Farbstoff ab und spüle mit Leitungswasser.

Im Mikroskop kann man Milchsäurebakterien mit der stärksten Vergrößerung gut erkennen. Sie haben Kugel- oder Stäbchenform.

Milchsäurebakterien sind für Menschen ungefährlich. Es ist bei den Versuchen jedoch darauf zu achten, dass sich während der Versuchsdurchführung und -beobachtung keine anderen Mikroorganismen auf dem Versuchsmaterial ansiedeln: Fäulnisbakterien erkennt man an dem muffigen Geruch, Schimmelpilze an einer weißlich bis grünlichen, zusammenhängenden Schicht. **Solche Versuche muss man sofort abbrechen!** Die benutzten Kulturen und Gefäße müssen vom Lehrer fachgerecht entsorgt werden.

Herstellung von Dickmilch und Quark

② Fülle einen halben Liter frische Milch in zwei Trinkgläser. Stelle eines in die Küche oder an die Heizung, das andere in den Kühlschrank. Schaue täglich nach, wann die Milch dick wird. Erkläre den Zeitunterschied. Wenn die Milch dick geworden ist und säuerlich riecht, kannst du sie mit etwas Marmelade auslöffeln.

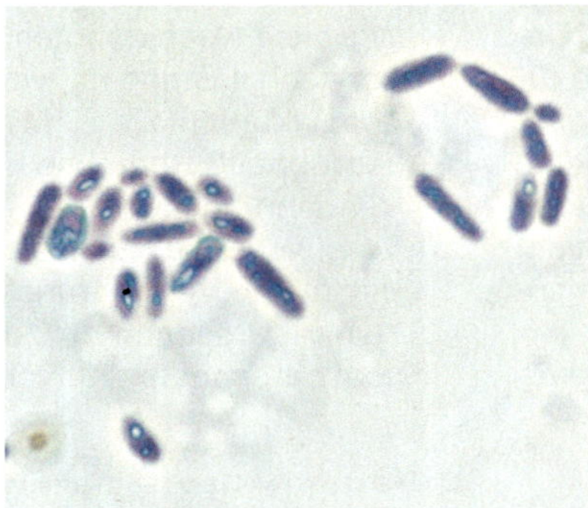

③ Rascher verläuft die Säuerung, wenn man einen Esslöffel bereits vorhandener Dickmilch in die Milch rührt. Beim längeren Stehen der Dickmilch trennt sich die wässrige Molke ab, der Rest wird fester. Schütte alles in ein feines Sieb. Die Molke tropft ab und übrig bleibt Quark. Ermittle das Massenverhältnis von Molke zu Quark. Berechne, wie viel Liter Milch für 1 kg Quark benötigt werden.

Jogurtbakterien

Jogurt wird in vielerlei Variationen und Geschmacksrichtungen angeboten. Zur Eigenproduktion eignen sich nur Bakterienkulturen aus Jogurt, der ohne Zusätze, nicht sterilisiert und frisch ist.

④ Ein Liter warme Milch wird mit einem Esslöffel Jogurt verrührt, portioniert und warm gestellt (etwa 40 °C) im Wärmeschrank, im Backofen oder im Jogurt-Gerät. Nach wenigen Stunden ist der Jogurt fertig.

Lebensgemeinschaft im Kefirkorn

Kefir ist ein gesundes, in den warmen Ländern Europas beliebtes Sauermilchgetränk. Hergestellt wird es durch Zusatz von Kefirkörnern, die auch bei uns in Spezialitätengeschäften erhältlich sind. Kefirkörner sind blumenkohlartige Knöllchen, die von verschiedenen Bakterien und Pilzen gebildet werden. Das wichtigste Bakterium ist der Kefirbazillus.

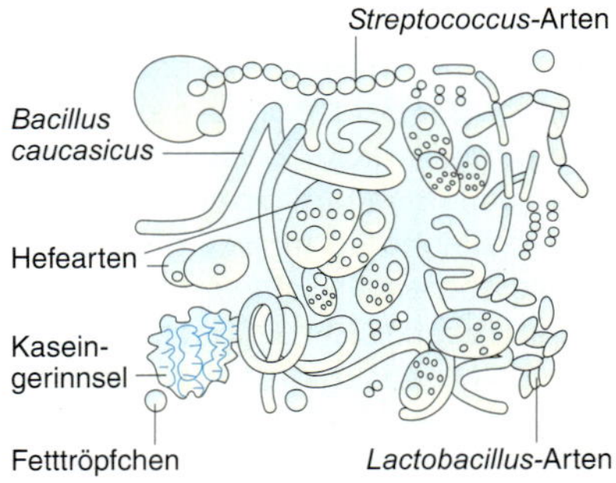

⑤ Zunächst spült man ein Kefirkorn unter dem Wasserstrahl ab. Dann schneidet man ein kleines Stück heraus und zerquetscht es zwischen zwei Objektträgern. Anschließend färbt man beide Präparate 4 Minuten mit Methylenblaulösung und mikroskopiert.

Sauerkraut selbst gemacht

Die Herstellung von Sauerkraut dauert längere Zeit und erfordert sauberes Arbeiten, damit nicht Schimmel den Ansatz verdirbt.

⑥ Einen kleinen Weißkrautkopf waschen, äußere Blätter wegwerfen, Schadstellen ausschneiden, mit dem Krauthobel oder der Küchenmaschine schnitzeln. Als Behälter zum Einlagern eignet sich ein Steinguttopf (ca. 2 Liter Inhalt). Er wird mit kochendem Wasser ausgespült und so keimarm gemacht. Nun eine Krautschicht 1 cm hoch einstampfen, darauf folgt ein Esslöffel Salz. So geht es weiter, bis der Topf fast voll ist. Auf das Kraut kommt ein Brett, mit einem Stein beschwert, darüber wird ein Tuch gedeckt.

Zu beachten ist, dass alle verwendeten Teile vorher in kochendem Wasser intensiv gereinigt und somit keimarm gemacht werden müssen. Im Keller reift in zwei Wochen die erste Mahlzeit heran. Nach dem Entnehmen von Mahlzeiten wird der verbleibende Rest wieder gut abgedeckt.

Arzneimittel gegen Bakterien

Einzelne Bakterien lassen sich mit bloßem Auge nicht erkennen, trotzdem ist es möglich, sie sichtbar zu machen. Man lässt sie dazu auf einem *Nährboden* wachsen, der alle Stoffe enthält, die Bakterien benötigen. Aus einem einzigen Bakterium entsteht durch viele Zellteilungen ein Häufchen von Bakterien, eine *Kolonie* (▶ S. 152). Diese sieht man gut mit bloßem Auge.

Der englische Bakteriologe ALEXANDER FLEMING bemerkte auf dem Nährboden in einer Kulturschale einige verschimmelte Stellen. Um diese Stellen herum wuchsen keine Bakterienkolonien. Sonderte der Schimmelpilz vielleicht einen Stoff ab, der die Bakterien nicht gedeihen ließ oder tötete? Nach zahlreichen Versuchen zeigte sich, dass der Schimmelpilz *Penicillium notatum* einen Hemmstoff *(Penicillin)* freisetzt, der Bakterien an der Zellteilung hindert. FLEMINGS Ergebnisse waren eine Sensation, konnte man doch hoffen, diesen Stoff als Medikament gegen die zahlreichen, durch Bakterien hervorgerufenen Krankheiten einsetzen zu können. Für seine Entdeckung erhielt FLEMING im Jahr 1945 den Nobelpreis.

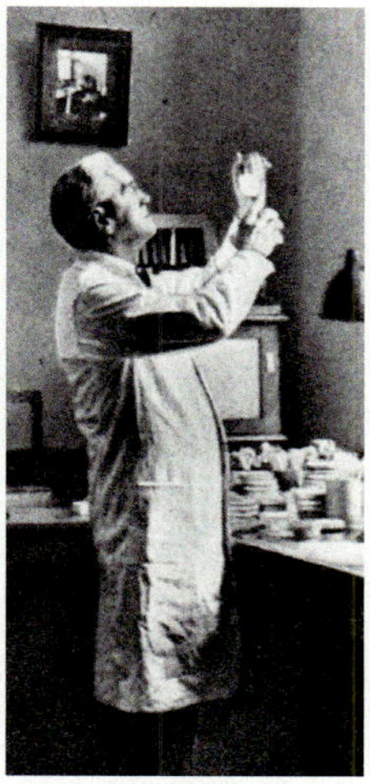

Alexander Fleming
(1881 – 1955)

Die Erfolge mit Penicillin hielten jedoch nur einige Jahre an. Es traten immer mehr Bakterien auf, bei denen das Penicillin keine Wirkung zeigte, die gegen Penicillin *resistent* waren. Neue Penicillin-Varianten wurden entwickelt und so lange eingesetzt, bis auch gegen diese neuen Stoffe resistente Bakterienstämme auftraten. Um heute wirksam gegen Bakterien vorzugehen, wird oftmals ein Gemisch verschiedener Stoffe eingesetzt. Man kennt zahlreiche bakterienhemmende Substanzen, die aus Pflanzen oder Pilzen gewonnen oder von Mikroorganismen produziert werden. Ein solcher Stoff, der in geringer Konzentration Mikroorganismen abtötet oder ihre Vermehrung hemmt, wird **Antibiotikum** genannt.

resistent
resistere, lat. = widerstehen

Antibiotikum,
Plural: Antibiotika
anti, gr. = gegen;
bios, gr. = Leben

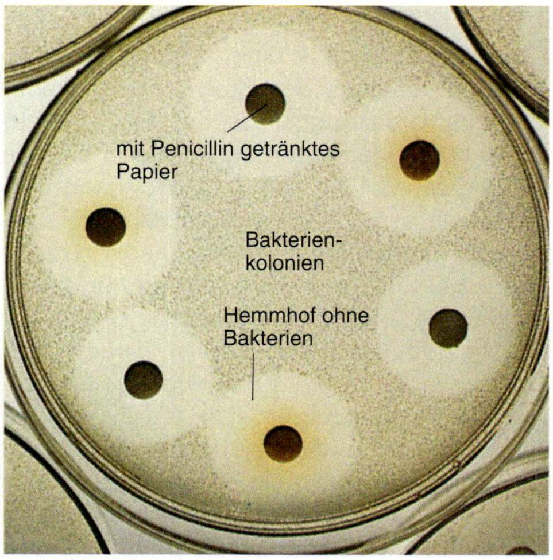

1 Wirkung von Penicillin

Zettelkasten

Geschichte des Penicillins

FLEMING machte seine Entdeckung zur Bedeutung des Penicillins im Jahre 1928. Jedoch erst 1940 gelang es einer anderen Forschergruppe, eine kleine Menge Penicillin als reine Substanz aus den Pilzkulturen zu gewinnen. Mit dieser kleinen Menge wurde es als Arzneimittel zuerst an Mäusen, dann an Menschen getestet.

Das Problem bestand jedoch darin, dass nur geringe Mengen des Reinstoffes hergestellt werden konnten. Penicillin war daher zu diesem Zeitpunkt teurer als Gold, selbst aus dem Urin behandelter Patienten wurde es wieder zurückgewonnen. In den folgenden Jahren wurde die Massenproduktion in England und den USA vorangetrieben: Man nutzte Pilzkulturen mit höherer Penicillinproduktion und entwickelte effektivere Trennverfahren.

Die Bedeutung im 2. Weltkrieg war groß, da entzündete Verwundungen ohne Penicillingabe bis zu diesem Zeitpunkt meist den Tod bedeuteten. Die Entwicklung der Penicillingroßproduktion wurde daher besonders intensiv gefördert. Ab dem Jahr 1944 konnten große Mengen zur Behandlung der verwundeten alliierten Soldaten eingesetzt werden.

Penicillin kann als Medikament eingesetzt werden, weil es ausschließlich Bakterienzellen stark schädigt, menschliche Zellen jedoch nicht. Trotzdem sind Penicillin und andere Antibiotika nicht ohne Nebenwirkungen für den Menschen. Antibiotika zerstören z. B. die nützlichen Bakterien im menschlichen Darm, die *Darmflora.* Diese ist für eine normale Verdauung notwendig und verhindert die Entwicklung schädlicher Bakterien. Daher kommt es durch Antibiotika zu Verdauungsstörungen. Außerdem sind manche Menschen gegenüber Antibiotika *allergisch*; ihr Körper reagiert in krankhafter Weise überempfindlich. Bei leichten Erkrankungen ist es sinnvoll, auf Antibiotika zu verzichten, der Körper kann eigene Abwehrkräfte aktivieren und ist auf Dauer sogar besser geschützt. Antibiotika dürfen daher nur unter ärztlicher Kontrolle eingenommen werden.

Grippe – eine Viruserkrankung

Grippe
chrip, russisch = Heiserkeit

grippaler Infekt
Erkältung, umgangssprachlich auch als „Grippe" bezeichnet

Die *Grippe* geht um. Mit Husten, Schnupfen, Augentränen und Mattigkeit beginnt sich eine Grippe bemerkbar zu machen. Starkes Fieber, Schüttelfrost, Kopf- und Gliederschmerzen, Appetitlosigkeit und Müdigkeit folgen. Nach einigen Tagen lassen die Beschwerden zwar nach, trotzdem fühlt man sich noch schwach und ist nicht voll leistungsfähig.

Beim Niesen, Husten oder Sprechen gelangen die Grippeerreger mit winzigen Flüssigkeitströpfchen in die Luft. Andere atmen die Krankheitserreger mit der Luft ein.

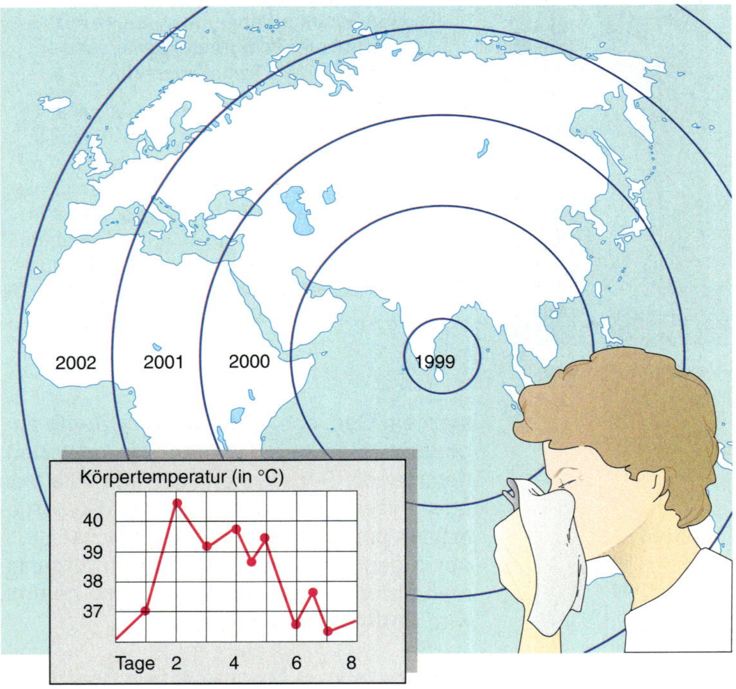

1 Krankheitsverlauf bei einer Grippe und Ausbreitung einer Grippeepidemie

Das **Virus**
virus, lat. = Schleim, Gift

Epidemie
Seuche, örtlich und zeitlich gehäuftes Auftreten einer ansteckenden Krankheit

Sie haben sich angesteckt *(Tröpfcheninfektion)*. Die Infektion wird zunächst gar nicht bemerkt. Nach mehreren Stunden, oft auch erst bis zu 4 Tagen später, treten die oben beschriebenen Anzeichen der Krankheit, die *Symptome*, auf. Die Zeit von der Infektion bis zum Ausbruch der Krankheit und dem ersten Auftreten der Symptome heißt *Inkubationszeit*.

Besonders groß ist die Infektionsgefahr dort, wo viele Menschen in engem Kontakt untereinander stehen, beispielsweise in öffentlichen Verkehrsmitteln, auf Märkten, in Kinos, Schulen oder anderen öffentlichen Einrichtungen. Auch das Wartezimmer des Arztes ist während einer Grippewelle ein Ort besonderer Infektionsgefahr.

Die Grippe verbreitet sich während einer bestimmten Jahreszeit wie eine Seuche. Über die Tröpfcheninfektion werden viele Menschen infiziert. Man spricht daher auch von einer *Grippeepidemie*. Nach zwei bis drei Monaten ebbt die Grippewelle langsam wieder ab.

Viren

Lange nahm man an, dass auch die Grippe von Bakterien ausgelöst wird. Man musste aber feststellen, dass mit Antibiotika diese Krankheit nicht zu bekämpfen war, höchstens einige Symptome konnten abgeschwächt werden. Der Grippeerreger kann also kein Bakterium sein. Der Erreger ist ein *Virus*, das sich im Aufbau und Wirkung von den Bakterien unterscheidet.

Viren sind extrem klein. Ihre Größe reicht von 0,02 µm bis zu 0,7 µm (1 µm = 1 Mikrometer = $^1/_{1000}$ mm). Im Lichtmikroskop sind Viren nicht zu erkennen, sondern nur mit einem Elektronenmikroskop. Untersuchungen der Viren ergaben, dass sie nur aus Eiweißen und Erbsubstanz (▶ S. 150) bestehen. Gibt man Viren in eine Nährlösung, so vermehren sie sich im Gegensatz zu den Bakterien nicht. Viren haben keinen eigenen Stoffwechsel, keine eigene Fortpflanzung, keine eigene Bewegung und kein Wachstum. Sie besitzen keinen zellulären Aufbau, wie wir ihn sonst allgemein von Lebewesen kennen, sondern bestehen nur aus einer Eiweißhülle, welche die Erbsubstanz umgibt (Abb. 95.1).

Gelangt ein Virus in eine lebende Zelle, so bewirkt es, dass der Stoffwechsel dieser Zelle auf die Bedürfnisse des Virus umgestellt wird. Man nennt die befallene Zelle *Wirtszelle*, weil sie den eingedrungenen Erreger mit allem notwendigen Material versorgen („bewirten") muss. Die Wirtszelle produziert in vielfacher Ausfertigung die Eiweißstoffe und die Erbsubstanz des Virus. Diese Virusbausteine lagern sich in der Wirtszelle zu zahlreichen neuen, vollständigen Viren zusammen. Die Viren werden nach und nach von der Wirtszelle freigesetzt und können sofort neue Zellen befallen. Von der Infektion der Wirtszelle bis zur Freisetzung neuer Viren vergehen manchmal nur 30 Minuten (▶ S. 152).

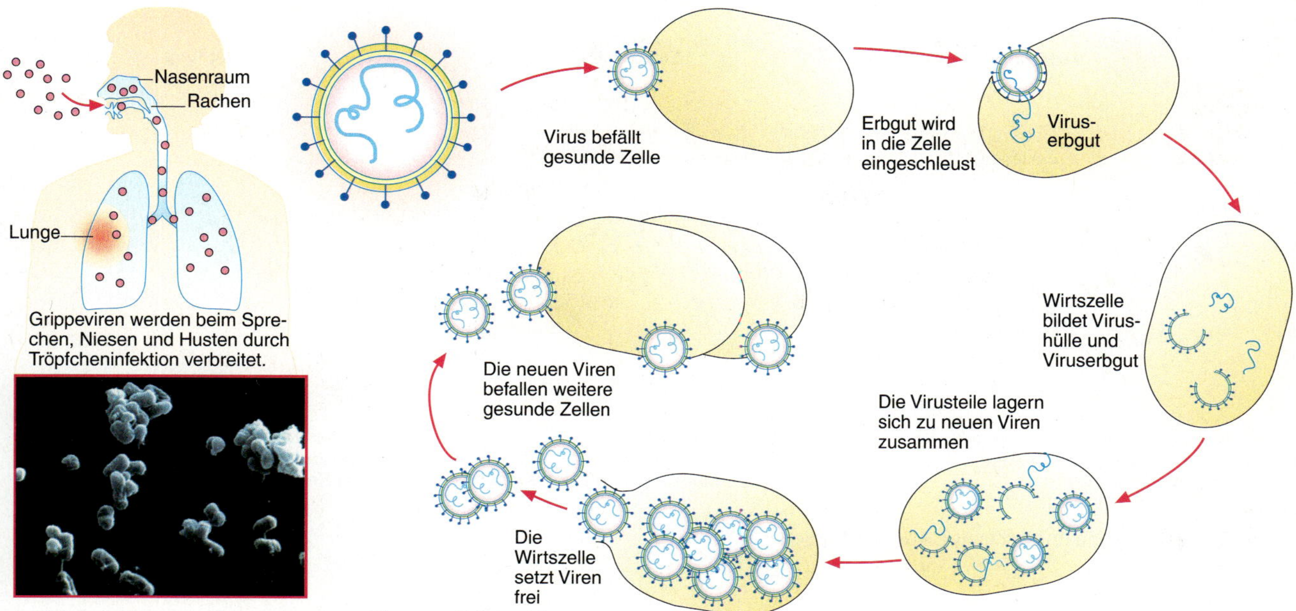

1 EM-Aufnahme und Vermehrungszyklus von Grippe-Viren

Typische Viruserkrankungen sind Schnupfen, Grippe, Röteln, Herpes, Masern, Kinderlähmung und Hirnhautentzündung. Auch AIDS wird durch ein Virus verursacht.

Das Grippevirus befällt vor allem die Zellen der Schleimhäute von Nase und Bronchien. Dies erscheint zunächst harmlos. In der Folge können aber bakterielle Krankheitserreger leichter in die geschädigten Gewebe eindringen. Man spricht in solchen Fällen von *Sekundärinfektionen*. So ist die häufigste Todesursache im Verlauf einer Grippeerkrankung eine anschließende *Lungenentzündung*, die durch Bakterien hervorgerufen wird. Gegen bakterielle Sekundärinfektionen kann der Arzt Medikamente, wie Antibiotika, verschreiben, sie wirken jedoch nicht gegen die Viren.

Aufgaben

① Erkläre, weshalb zwischen Ansteckung und Ausbruch einer Krankheit mehrere Tage vergehen können.

② Mache Vorschläge, wie man sich vor einer Infektion schützen könnte.

③ Wie unterscheiden sich Bakterien und Viren voneinander? Stelle die Unterschiede in einer Tabelle zusammen.

Zettelkasten

Grippe – Millionen Tote!

Die „Spanische Grippe" gehörte zu den großen medizinischen Katastrophen des letzten Jahrhunderts. Weltweit starben 20 bis 40 Millionen Menschen während und nach Beendigung des Ersten Weltkriegs an dieser Krankheit. Alte und junge Menschen wurden gleichermaßen befallen und manchmal trat der Tod innerhalb von 48 Stunden nach dem Auftreten der ersten Symptome ein. Man vermutet, dass die Katastrophe im März 1918 mit einer fiebrigen Erkrankung in einem Militärcamp in den USA begann. Die Krankheit war außerordentlich ansteckend. Ganze Bataillone erkrankten. Mit den Truppentransporten gelangte die Krankheit nach Europa und innerhalb weniger Monate in nahezu jeden Winkel der Erde.

Die Grippe von 1918 hatte sich bereits durch zahlreiche kleine Epidemien in Frankreich, England und besonders in Spanien angekündigt. In Deutschland erkrankten 10 Millionen Menschen, 300 000 starben. Zu der Katastrophe kam es, weil aggressive Grippeviren an unterschiedlichen Orten zu Erkrankungen führten und am Ende des Ersten Weltkriegs viele Faktoren zusammenfielen: die Ernährung der Bevölkerung war schlecht, die Abwehrkräfte geschwächt, die Wohnungen waren nicht beheizt und Millionen Menschen mussten auf engsten Raum zusammen hausen. Zusätzlich wurde die weltweite Verbreitung dadurch gefördert, dass Hunderttausende infizierter Soldaten – und Flüchtlinge – in ihre Heimatländer zurückkehrten.

Da Impfungen noch nicht möglich waren, versuchte man mit anderen Methoden die Seuche einzudämmen. Schulen und öffentliche Einrichtungen wurden geschlossen. In einigen Städten der USA war das Tragen von Gesichtsmasken Pflicht.

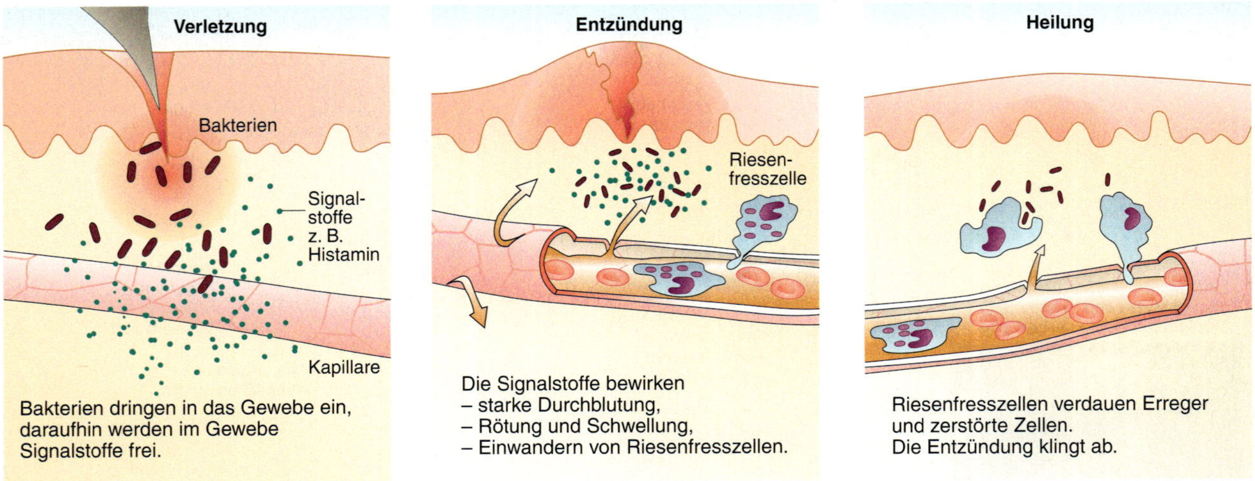

1 Entzündung und unspezifische Abwehrreaktion

Der Körper wehrt sich

Wir sind ständig von Mikroorganismen umgeben, unter denen auch viele Krankheitserreger sind. Trotzdem werden wir normalerweise nur selten krank, da unser Körper über wirksame Schutzmechanismen verfügt.

Das unspezifische Abwehrsystem

Einen ersten Schutz gegen das Eindringen von Krankheitserregern in den Körper bildet die unverletzte Haut. Auch die Schleimhäute im Körperinneren haben Abwehrfunktion. Der Nasenschleim z. B. enthält ein Enzym, das Bakterienzellwände zerstört. Im Magen tötet die von der Magenschleimhaut gebildete Magensäure eingedrungene Mikroorganismen ab.

Krankheitserreger können diese natürlichen Schranken normalerweise nur schwer überwinden. Gelangen dennoch Krankheitserreger über Wunden, die Atemwege oder mit der Nahrung in den Körper, werden sie vom *körpereigenen Abwehrsystem* meist schnell beseitigt und so an ihrer Ausbreitung im Körper gehindert.

Die eingedrungenen Krankheitserreger zu beseitigen, bevor sie sich in unserem Körper explosionsartig vermehren, ist Aufgabe von weißen Blutzellen vom Typ *Riesenfresszelle,* auch *Makrophagen* genannt. Sie können die Blutbahn verlassen und sich zwischen den Zellen im Gewebe bewegen. Treffen sie auf Fremdkörper, umfließen sie diese, nehmen sie in ihr Zellplasma auf und verdauen sie.

Sowohl die natürlichen Barrieren als auch die Aktivitäten der Makrophagen richten sich gegen körperfremde Stoffe. Sie sind Teil des *unspezifischen Abwehrsystems.*

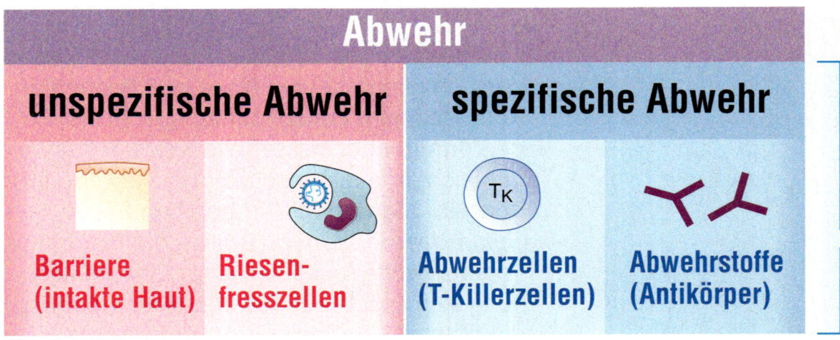

Das spezifische Abwehrsystem

Kann das unspezifische Abwehrsystem Krankheitserreger nicht aufhalten, z. B. weil der Körper geschwächt ist, reagiert dieser mit einer *spezifischen Immunabwehr.* Der Körper arbeitet nun gezielt gegen einen bestimmten Erregertyp, der vermehrt im Blut auftritt. Gegen diesen werden große Mengen von spezifischen Abwehrstoffen produziert. Diese so genannten *Antikörper* werden mit dem Blut in alle Bereiche des Körpers transportiert. Treffen sie dabei auf Erreger, heften sie sich nach dem *Schlüssel-Schloss-Prinzip* an deren Oberfläche und verbinden immer mehrere von ihnen. Es bilden sich Klumpen, die von Riesenfresszellen leicht gefunden und verdaut werden können.

Antikörper wirken allerdings nur außerhalb von Zellen. Handelt es sich bei den Erregern um *Viren,* so tritt ein Problem auf, denn Viren besitzen die Fähigkeit in Körperzellen einzudringen. Dort sind sie für Antikörper unerreichbar und können ungehindert vermehrt werden. Zur Abwehr von Viren werden *spezifische Abwehrzellen* gebildet. Diese *T-Killerzellen* erkennen die befallenen Wirtszellen und zerstören sie. Dabei werden auch auch die in den Zellen vorhandenen Viren vernichtet.

Bis die spezifische Immunabwehr greift, können Tage bis Wochen vergehen. Genesung tritt ein, wenn die Erreger beseitigt sind. Im Körper bleiben *Gedächtniszellen* zurück (▶ S. 150). Bei erneutem Befall mit dem selben Erreger erfolgt eine schnellere Produktion von Antikörpern und eine stärkere Vermehrung der Killerzellen: Die Erreger werden vernichtet, bevor sie sich im Körper ausbreiten. Die Krankheit bricht nicht aus. Eine solche Unempfindlichkeit gegen bestimmte Krankheitserreger bezeichnet man als *Immunität.*

Zettelkasten

Aktivierung der spezifischen Abwehr

Die spezifische Immunabwehr richtet sich gezielt und sehr wirkungsvoll gegen einen bestimmten Erregertyp. Hierbei wirken neben den Riesenfresszellen weitere Typen der weißen Blutzellen mit:

B-Zellen: Sie entstehen im Knochenmark und reifen in der Milz oder den Lymphknoten (s. S. 69) heran. Ihre Aufgabe ist es, Abwehrstoffe gegen die Krankheitserreger zu bilden.

T-Zellen: Auch sie entstehen im Knochenmark und reifen in der Thymusdrüse.

Während des Reifens lernen die Zellen körperfremde von körpereigenen Stoffen zu unterscheiden. B- und T-Zellen kreisen ständig im Blut und im Lymphsystem. Gelangen z. B. Grippeviren in die Schleimhäute der Atemwege, werden Riesenfresszellen durch Signalstoffe angelockt und verdauen die Erreger (Abb. 96.1). Die Riesenfresszellen bauen Bruchstücke der verdauten Erreger in ihre Zellmembran ein und präsentieren sie nach außen. Die T-Zellen nehmen Kontakt zu den präsentierenden Makrophagen auf und werden so über den eingedrungenen Erreger informiert. Da die T-Zellen nun helfen, das ganze Abwehrsystem zu aktivieren, werden sie auch *T-Helferzellen* genannt.

Die T-Helferzellen aktivieren *B-Zellen.* Diese vermehren sich daraufhin sehr stark und produzieren genau auf den Erreger zugeschnittene *Antikörper.* Pro Stunde können von jeder aktivierten B-Zelle Millionen von Antikörpern freigesetzt werden. Die Antikörper besitzen eine Y-förmige Struktur, wobei die beiden Enden der Y-Arme so gebaut sind, dass sie genau zur Oberfläche der Erreger passen. Dadurch können sich die Antikörper auf der Erregeroberfläche festsetzen und immer zwei Erreger miteinander verbinden. Die Erreger werden so verklumpt und dann durch Riesenfresszellen beseitigt.

Sind die Viren jedoch schon in die Wirtszellen eingedrungen, sind sie für Antikörper unerreichbar. Die T-Helferzellen informieren und aktivieren daher auch die *T-Killerzellen.* Diese Abwehrzellen sind in der Lage, befallene Körperzellen zu erkennen und mitsamt den Viren zu zerstören.

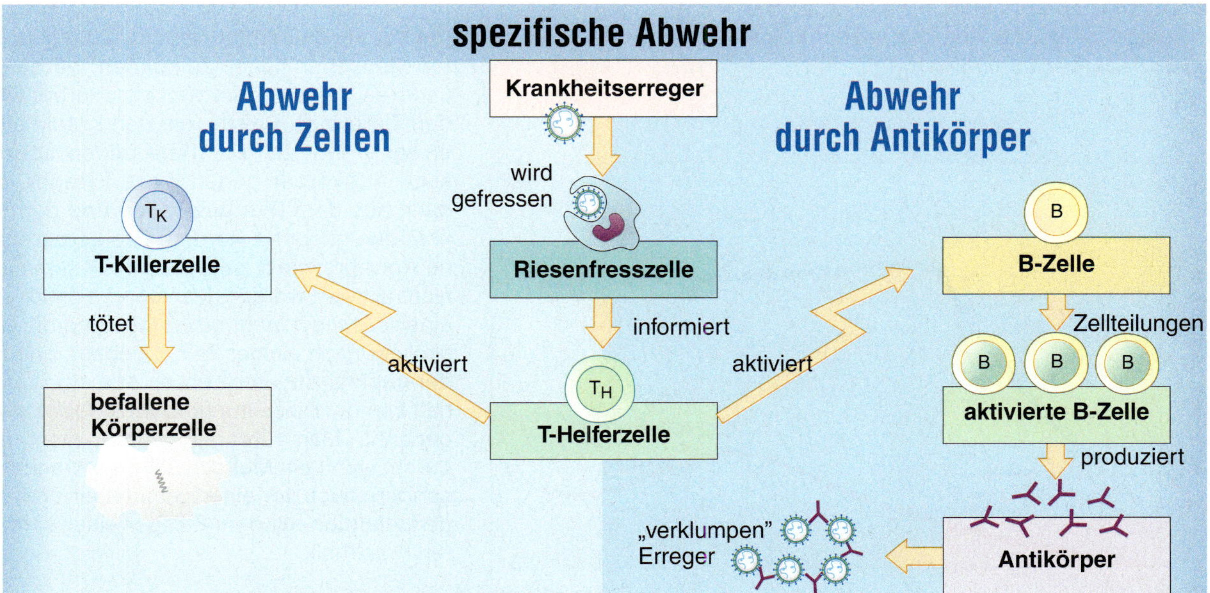

Aktive und passive Immunisierung

Besonders für ältere oder durch Krankheiten geschwächte Menschen, aber auch für Kleinkinder, stellt eine Grippeerkrankung eine große Gefahr dar. Deshalb empfehlen viele Ärzte ihren Patienten, sich gegen die Grippe impfen zu lassen. Die Wirkung der Impfung beruht auf der Bildung von Gedächtniszellen bei der spezifischen Abwehr, genau wie bei der im Körper natürlich ablaufenden Immunabwehr (▶ S. 150).

Kleine Mengen von abgeschwächten Erregern werden in die Blutbahn gespritzt. Diese Erstinfektion bewirkt beim Menschen, dass B-Zellen Antikörper herstellen. Gleichzeitig entstehen Gedächtniszellen. Die Antikörper werden nach einiger Zeit abgebaut, die Gedächtniszellen bleiben jedoch erhalten — oft ein Leben lang.

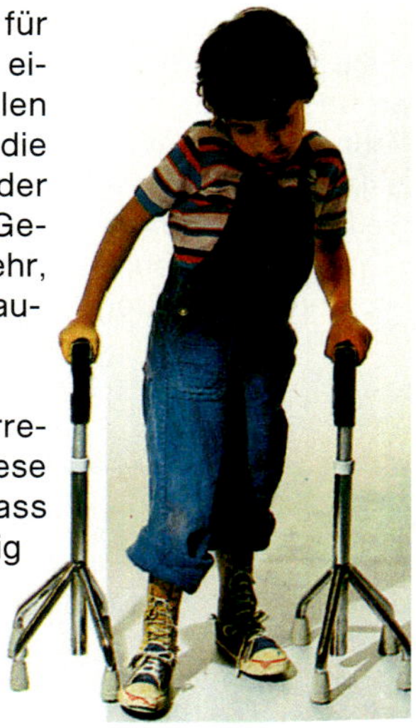

Kinderlähmung

Sobald durch eine Zweitinfektion die selben Krankheitserreger wieder auftreten, werden aufgrund der Gedächtniszellen in kurzer Zeit große Mengen passender Antikörper gebildet (Abb. 1). Da die abgeschwächten und die „echten" Krankheitserreger ähnliche Oberflächeneigenschaften besitzen, reagieren die Gedächtniszellen auch auf die echten Krankheitserreger. Die zu Beginn einer Infektion geringe Zahl an Erregern kann so rasch beseitigt werden. Die Impfung ist deshalb der beste Schutz gegen die Grippe, weil die Viren weder durch Antibiotika noch durch andere Medikamente effektiv bekämpft werden können. Da der Körper die Antikörper selbst gebildet hat, spricht man von einer *aktiven Immunisierung*.

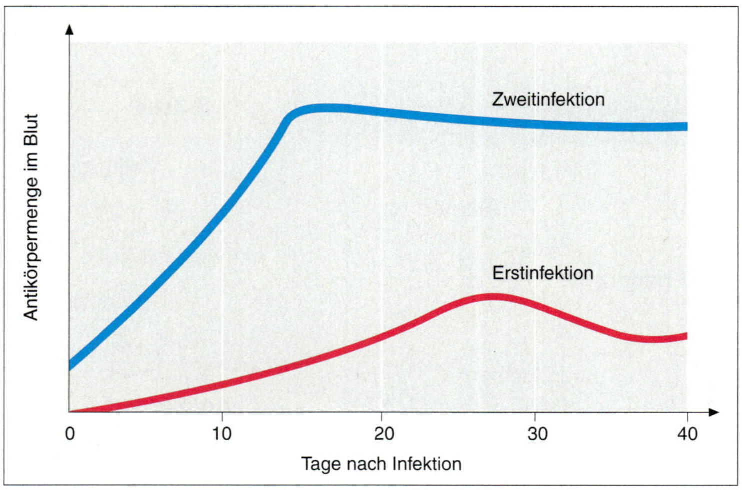

1 Bildung von Antikörpern bei einer Erst- und Zweitinfektion

Viren verändern sich schnell. Daher wird auch die Zusammensetzung des Impfstoffs jedes Jahr nach den Empfehlungen von Medizinexperten der Weltgesundheitsorganisation WHO geändert. Die Experten erhalten Daten über Grippefälle aus 110 Grippezentren in 80 verschiedenen Ländern. Besonders häufige Grippeviren werden herausgesucht und in Hühnereiern vermehrt. Der Impfstoff besteht aus geschwächten Virusstämmen oder Teilstücken dieser Viren, die in den Hühnereiern vermehrt wurden. Die Herstellung des Impfstoffs dauert 3 Monate. Zu Beginn der nächsten Wintersaison wird der Impfstoff ausgeliefert.

Die Erfolge der Schutzimpfungen sind weltweit sehr groß, z. B. hat die generelle Einführung der Schutzimpfung gegen *Kinderlähmung* (Schluckimpfung) bei uns bewirkt, dass die Zahl der jährlichen Neuerkrankungen von 4700 vor 1960 bis heute auf wenige Krankheitsfälle sank. Es gab jedoch vereinzelt Fälle, bei denen Kinder an den bei der Impfung aufgenommenen, abgeschwächten Viren schwer erkrankten. Seit 1998 wird daher gegen Kinderlähmung nicht mehr mit Lebend-, sondern mit Totimpfstoff geimpft, der auch nicht mehr geschluckt, sondern gespritzt wird. Totimpfstoffe enthalten abgetötete oder Bruchstücke von Erregern, die sich im Körper nicht mehr vermehren können. So ist auch bei unsachgemäßem Umgang mit dem Impfstoff eine Infektion ausgeschlossen.

Um bereits erkrankten, jedoch nicht geimpften Menschen helfen zu können, wurde ein anderes Verfahren entwickelt. Hierbei werden Tiere, z. B. Pferde, mit den Krankheitserregern infiziert. Die Tiere bilden spezifische Antikörper gegen diese Erreger, die dann aus dem Blut gewonnen und den Erkrankten gespritzt werden. Das körpereigene Abwehrsystem ist jedoch in diesem Falle nicht aktiviert worden. Man spricht daher von einer *passiven Immunisierung*. Sind die Antikörper nach einiger Zeit abgebaut, erlischt der Impfschutz, der Körper ist nicht dauerhaft immun. Diese Impfung wird *Heilimpfung* genannt. Man führt sie jedoch nicht nur durch, wenn ein Mensch schon erkrankt ist, sondern auch vor einer unmittelbar drohenden Infektion mit dem Erreger einer schweren Krankheit.

Aufgabe

① Erkläre die Schutzimpfung.

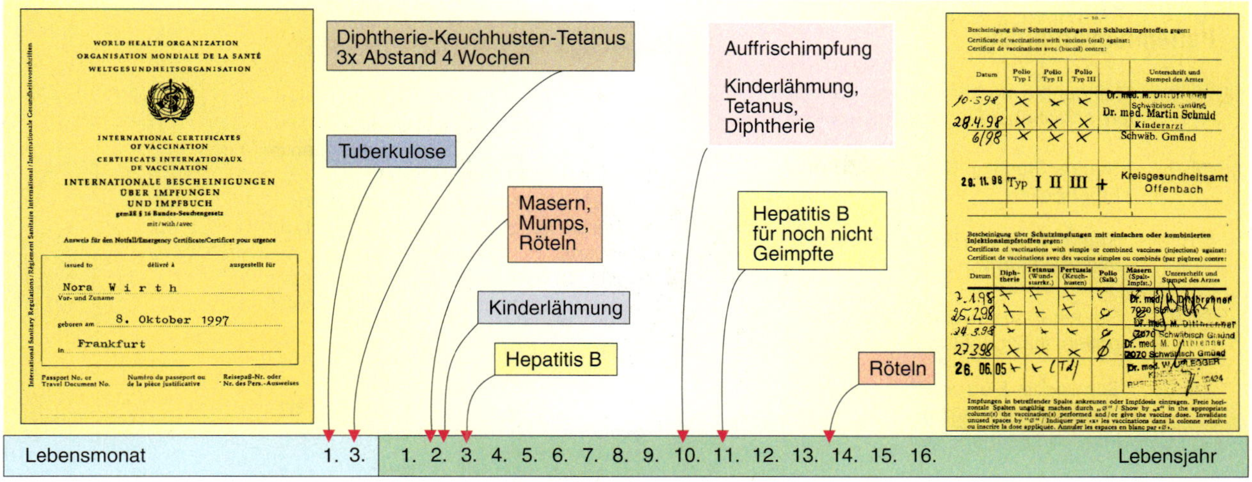

1 Impfbuch und Impfplan für die wichtigsten Kinderkrankheiten

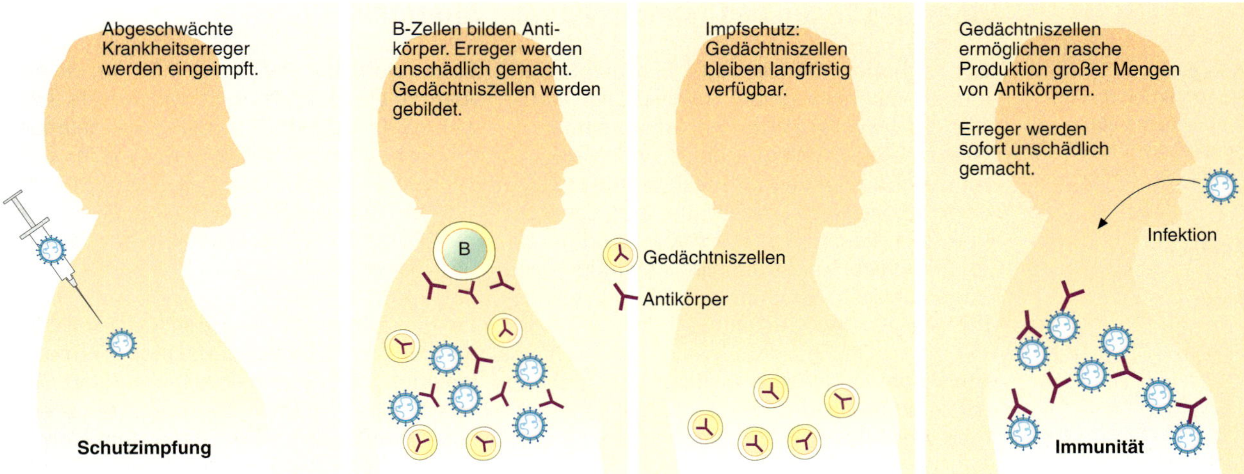

2 Aktive Immunisierung

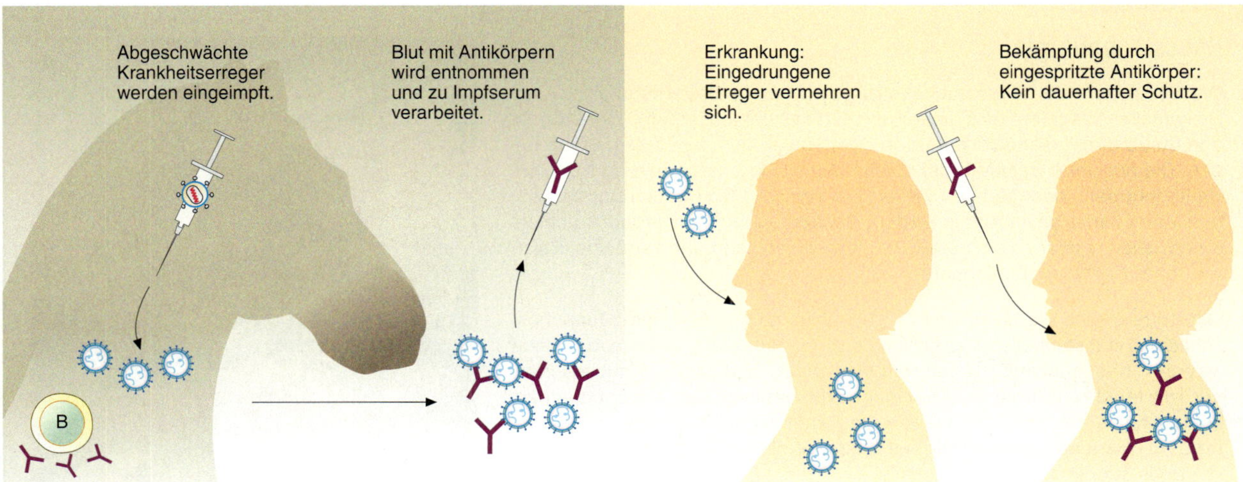

3 Passive Immunisierung

Pollenflugvorhersage

15. 2.: Mäßiger bis starker Flug von Haselpollen, schwacher Flug von Erlenpollen.

29. 2.: Starker Flug von Erlen-, Hasel- und Eibenpollen

5. 3.: Starker Flug von Erlenpollen und mäßiger Flug von Haselpollen.

12. 3.: Starker Flug von Erlen- und Weidenpollen, mäßiger Flug von Haselpollen.

31. 3.: Schwacher Flug von Eichen- und Weidenpollen. Mäßiger Flug von Birken- und Eschenpollen.

Ratschläge für Pollenallergiker

- Meide in den Monaten deiner stärksten Beschwerden Wiesen und Felder.
- Meide Sport und körperliche Arbeiten im Freien. Betreibe Hallensport.
- Schlafe bei geschlossenen Fenstern. Öffne sie nur zwischen 22 Uhr und 4 Uhr morgens.
- Wasche die Haare vor dem Zubettgehen. Ziehe die Tageskleidung nicht im Schlafraum aus.
- Achte auf die Pollenfluginformationen im Radio oder im Internet.
- Lasse dir bei starken Beschwerden ein geeignetes Medikament verschreiben.

1 Pollenflugvorhersage und Tipps für Pollenallergiker

Überreaktionen des Immunsystems: Allergien

Allergie
Überreaktion des Immunsystems auf eigentlich harmlose Stoffe der Umwelt

Allergen
Allergie auslösender Stoff

Ein schöner Sonnentag, Getreidefelder blühen, ein feiner gelber Schleier liegt darüber: Es sind die Pollen der unscheinbaren Gräser, die vom Wind kilometerweit verbreitet werden. Nicht alle Menschen freuen sich über solche Tage. Ihre Nase läuft, sie bekommen Niesanfälle, ihre Augen sind gerötet und jucken und sie fühlen sich müde und abgeschlagen: **Heuschnupfen!** Sie reagieren *allergisch* auf bestimmte Pollen.

Etwa jeder Dritte leidet an einer oder mehreren *Allergien.* Unter einer Allergie versteht man eine Überreaktion des Immunsystems auf bestimmte und eigentlich harmlose Fremdstoffe aus der Umwelt. Stoffe, die eine Allergie auslösen können, werden als *Allergene* bezeichnet. Die Allergene gelangen mit der Atemluft, der Nahrung oder auch schon bei direktem Hautkontakt in unseren Körper. Genau wie Krankheitserreger, rufen die Allergene eine Abwehrreaktion des Körpers hervor.

Es gibt nicht nur Allergien gegen Pollen, sondern auch gegen Hausstaub, Tierhaare, Insektengift, Schimmelpilzsporen oder Stoffe in Nahrungsmitteln. Hierbei treten allergische Reaktionen sofort nach dem Kontakt mit den genannten Stoffen auf. Andere Stoffe,

Zettelkasten

Hausstauballergie

Die Symptome der Hausstauballergie sind häufig Dauerschnupfen und Niesanfälle. Ausgelöst wird diese Reaktion des Immunsystems nicht durch den Staub direkt, sondern durch den Kot von *Milben,* die in dem Staub leben. Die nur unter dem Mikroskop sichtbaren Tierchen ernähren sich von Hautschuppen, jeder Mensch verliert pro Tag ca. 1,5 g Hautschuppen. Milben leben daher bevorzugt in Betten, Decken und Kissen, jedoch auch an allen Stellen, an denen sich Staub gut festsetzen kann, wie Teppiche, Polstermöbel, Gardinen, Plüschtiere.

Giftstoffe gegen die Milben gibt es nicht, da diese auch dem Menschen schaden. Hausstauballergiker sollten es daher vermeiden, viel Staub „aufzuwirbeln“: besser Staub saugen (mit Mikrofilter) als kehren, Staubwischen nur mit feuchten Tüchern. Aber auch Plüschtiere oder Kuscheldecken können milbenfrei gehalten werden. Da Milben nicht bei Temperaturen unter 0 °C überleben, sind in der Tiefkühltruhe nach zwei Tagen alle Milben im Teddy oder in der Decke beseitigt.

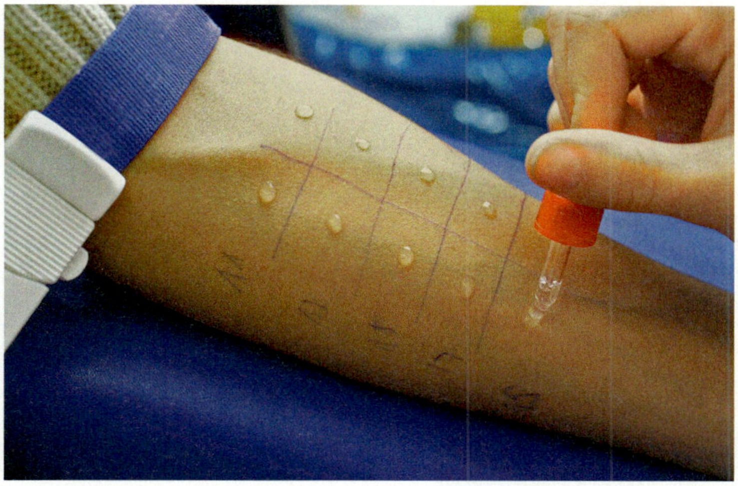

1 Allergietest

wie beispielsweise Kosmetika, Seifen oder auch Nickel, aus dem zum Beispiel Schmuck oder Hosenknöpfe hergestellt sein können, können allergische Reaktionen auslösen, die erst nach Tagen oder manchmal sogar erst nach Wochen auftreten. Es kommt dabei zu Hautausschlägen, Rötungen und Schwellungen.

Wie verläuft eine allergische Reaktion zum Beispiel bei Heuschnupfen? Bei Pollenallergikern schütten bestimmte Zellen des Immunsystems, die *Mastzellen,* große Mengen des Stoffes *Histamin* aus, wenn sie mit bestimmen Pollen in Kontakt kommen. Histamin bewirkt eine Erweiterung der Blutgefäße und macht die Gefäßwände durchlässig. Die Haut rötet sich, die Schleimhäute schwellen an und sondern vermehrt Schleim ab. Juckreiz tritt auf. Die Bronchien verengen sich, in besonders schweren Fällen kann es bei den Betroffenen zu Asthma kommen.

Die Ursache von Allergien ist nicht vollständig erforscht. Welcher Stoff eine allergische Reaktion auslöst, kann in vielen Fällen ein Facharzt mit einem *Hauttest* ermitteln. Dazu werden Testsubstanzen mit der Haut in Kontakt gebracht oder unter die Haut gespritzt. Wenn eine Allergie vorliegt, zeigen sich nach kurzer Zeit *Quaddeln* oder Rötungen (Abb. 1).

Allergiker sollten, wenn irgend möglich, den Kontakt mit dem Allergen vermeiden. Eine Abschwächung der allergischen Reaktion kann erreicht werden durch eine Behandlung mit Medikamenten, die die Freisetzung von Histamin verhindern oder freigesetztes Histamin binden. Die Wirkung dieser Medikamente hält aber nur für relativ kurze Zeit an, sodass sie in regelmäßigen Abständen eingenommen werden müssen.

Aufgaben

① Erkläre, welche Bedeutung Histamin bei einer allergischen Reaktion hat. Vergleiche den Vorgang der allergischen Reaktion mit Entzündungsreaktionen nach Hautverletzungen (siehe auch S. 96).

② Erläutere, weshalb die Tipps für Pollenallergiker in der Abbildung 1 auf Seite 100 hilfreich sind.

Zettelkasten

Neurodermitis

Die Neurodermitis ist eine Hautkrankheit, die sich bereits im Kindes- und Jugendalter zeigen kann. Die erkrankte Haut ist glanzlos und trocken. Es treten auch gerötete und schuppende Hautveränderungen auf. Vererbt wird nicht die Krankheit, sondern die übermäßige Reaktionbereitschaft des Immunsystems. Man kennt verschiedene Formen der Neurodermitis. Bei Schulkindern und Jugendlichen bilden sich Ekzeme vor allem in den Ellenbeugen und Kniekehlen, erst in zweiter Linie im Gesicht und am Hals. Bei einer anderen Form bilden sich kirschkerngroße Knötchen in der Haut aus, die stark jucken.

Ein Symptom aller Neurodermitisformen ist der quälende Juckreiz mit nächtlichen Juckkrisen, die oft zu Verletzungen und Infektionen der Haut führen. Man schläft schlecht oder gar nicht, die Leistungsfähigkeit lässt nach. Verschlechterungen im Krankheitsbild treten oft im Winter und Frühjahr auf. Juckreiz und Entzündungen kommen meist in Schüben, die durch Prüfungsstress oder persönliche Konfliktsituationen ausgelöst werden.

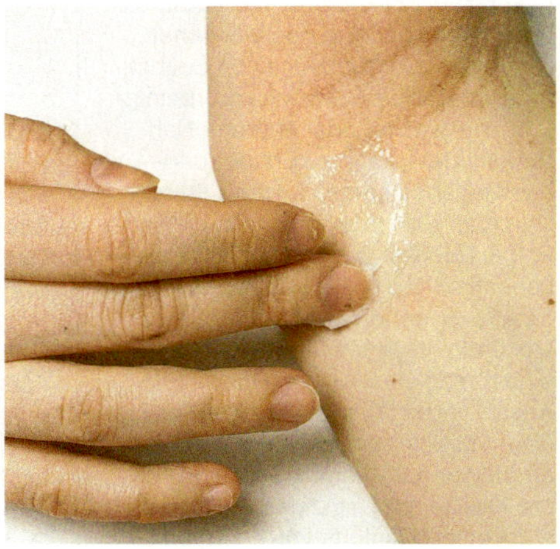

Infektionskrankheiten

Infektionskrankheiten können sehr unterschiedlich verlaufen. Die meisten werden von Viren, Bakterien oder Einzellern ausgelöst. Einige Infektionskrankheiten sind *meldepflichtig*, d. h. sie müssen dem Gesundheitsamt gemeldet werden. Um die Verbreitung der Infektionskrankheiten zu verhindern, werden die betroffenen Menschen isoliert, sie kommen in *Quarantäne*.

Bakterieninfektion

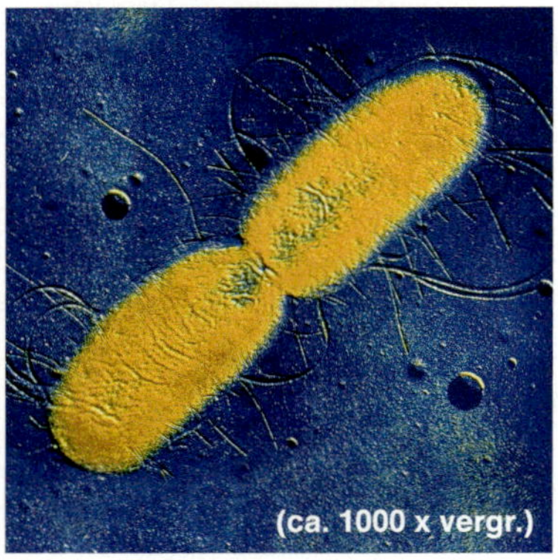
(ca. 1000 x vergr.)

Das **Bakterium Escherichia coli** (abgekürzt: *E. coli)* oder einfach **Colibakterium** lebt im Darm des Menschen. Die vermehrte Aufnahme von Colibakterien, beispielsweise mit verunreinigtem Trinkwasser oder anderen Nahrungsmitteln, kann zu Erkrankungen des Magens und des Darmes führen. Durchfall (*Diarrhoe*) ist häufig die Folge. Deshalb werden Trinkwasser, Lebensmittel und Wasser in Schwimmbädern dauernd von Mitarbeitern des Gesundheitsamtes überwacht. Sie bestimmen die *Keimzahl*, das ist die Anzahl vermehrungsfähiger Keime in einem Milliliter der Wasserprobe. In öffentlichen Schwimmbädern dürfen pro Milliliter kein einziges Colibakterium, keine krankheitserregenden Keime und höchstens 100 andere, nicht gefährliche Keime vorkommen. Bei Lebensmittelkontrollen fallen insbesondere immer wieder Nahrungsmittel auf, die mit **Salmonellen** verseucht sind. Die große Gruppe der Salmonellen besteht aus über 1600 verschiedenen Bakterienarten. *Salmonellosen* (Lebensmittelvergiftungen) dauern meist nur wenige Tage. Sie sind mit Übelkeit und Durchfall verbunden. Hauptursache von Salmonellosen ist der Verzehr von verunreinigten Nahrungsmitteln. Es gibt Menschen, die nach einer überstandenen Salmonellose weiterhin über Jahre hinweg Salmonellen ausscheiden.

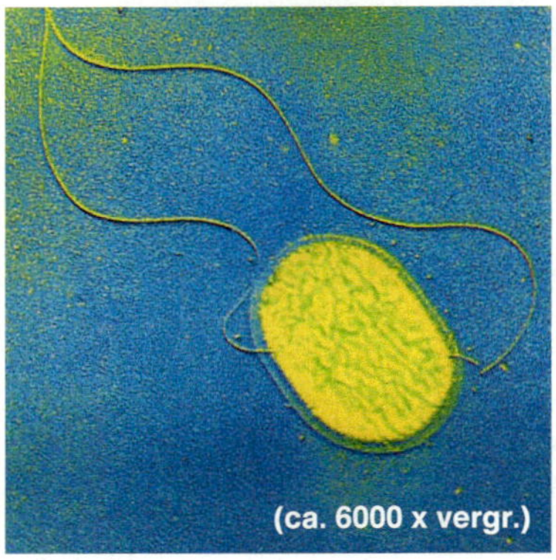
(ca. 6000 x vergr.)

Dies ist meldepflichtig. In der Bundesrepublik Deutschland werden alle Beschäftigten in der Lebensmittelbranche vom Amtsarzt auf Salmonellenausscheidungen untersucht.

Eine Salmonellenart ruft **Typhus** hervor, eine melde- und isolierungspflichtige Krankheit. Die Aufnahme der Erreger erfolgt mit der Nahrung: „Typhus wird gegessen und getrunken“. Die Inkubationszeit beträgt 7 bis 14 Tage. Wochenlanges, hohes Fieber (40 bis 41 °C) schwächt den Körper. Früher betrug die Sterblichkeit 15 %, nach der Einführung der Antibiotika noch etwa 1 %. Nach überstandener Krankheit ist man lebenslang immun.

Diphtherie-Kranke zeigen eine starke Rötung des Rachens und mäßiges Fieber. Die Übertragung der Erreger erfolgt durch *Tröpfcheninfektion*. Gefährlich wird Diphtherie durch die Erstickungsgefahr bei starkem Anschwellen des Rachens und durch die Giftstoffe *(Toxine)*, die durch Diphtheriebakterien abgegeben werden. Sie schädigen den Herzmuskel und führen zu Nervenlähmungen. Gegen die Toxine hat Emil von Behring ein Heilserum entwickelt. Antibiotika allein reichen zur Behandlung nicht aus, da sie die Toxine nicht unschädlich machen können.

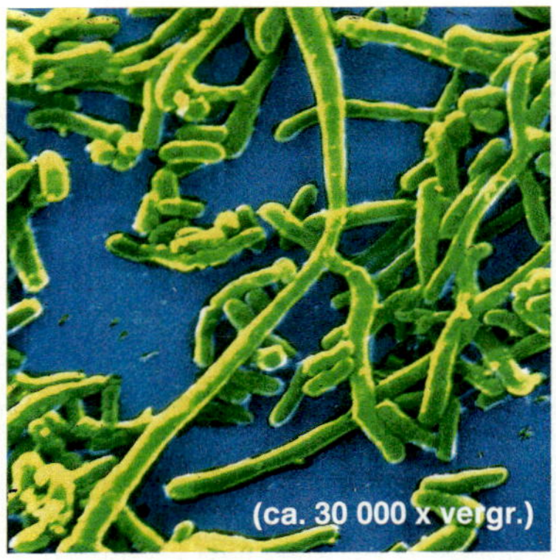
(ca. 30 000 x vergr.)

Beim **Keuchhusten** gelangen die Bakterien durch Tröpfcheninfektion in die Atemwege und rufen dort Entzündungen hervor. Ein keuchender Husten ist die Folge, der vor allem für Kinder gefährlich sein kann, da Erstickungsgefahr besteht. Sehr hohe Ansteckungsgefahr, Meldepflicht! Vorbeugung durch aktive Schutzimpfung.

Ein feuerroter Rachen ist ein Krankheitsmerkmal für **Scharlach**. Dazu kommt ein feinfleckiger, roter Hautausschlag am ganzen Körper. Die Zunge ist entzündet: *Himbeerzunge*. Die Behandlung erfolgt mit Penicillin.

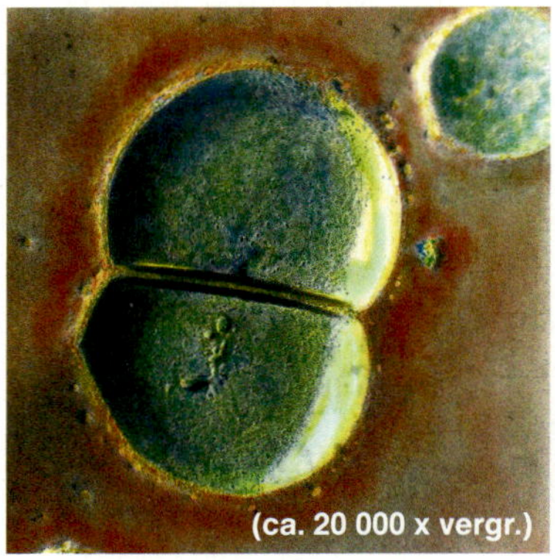
(ca. 20 000 x vergr.)

Sowohl eine durchgemachte Scharlacherkrankung als auch eine Impfung bietet keinen sicheren, dauerhaften Schutz.

Eine krampfhafte Erstarrung der Muskulatur ist die Folge des Toxins, das die **Tetanus**-Bazillen abgeben. Meist gelangen die Bakterien mit Erde oder Straßenschmutz schon bei kleinen Verletzungen in offene Wunden. Die Impfung gegen Tetanus *(Wundstarrkrampf)* soll nach 8 Jahren aufgefrischt werden. Im Krankheitsfall muss innerhalb von 24 Stunden ein Heilserum verabreicht werden.

Virusinfektionen

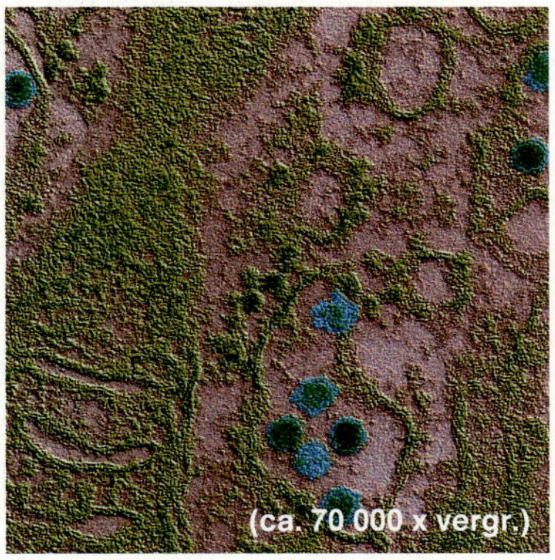
(ca. 70 000 x vergr.)

Röteln sind an sich eine harmlose Viruserkrankung. Ein Anschwellen der Lymphdrüsen und ein Hautausschlag, der mit rosaroten Flecken im Gesicht beginnt und sich dann auf den ganzen Körper ausdehnt, kennzeichnen die Krankheit. Meist tritt nur schwaches Fieber auf; das allgemeine Wohlbefinden ist nicht stark beeinträchtigt. Gefährlich sind die Röteln bei Schwangeren, die diese Krankheit noch nicht hatten und auch nicht geimpft sind.

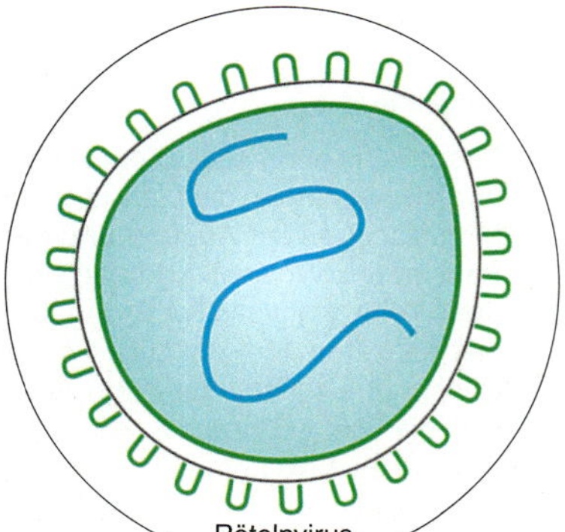
Rötelnvirus

Das ungeborene Kind kann durch die Abwehrstoffe geschädigt werden. Mögliche Folgen sind Taubheit, Herzfehler und schwere Mehrfachschädigungen. Häufig treten auch Fehlgeburten auf. Deshalb sollten sich alle Mädchen vor Beginn der Pubertät gegen Röteln impfen lassen!

Mumps (Ziegenpeter) ist eine Viruserkrankung, bei der die Ohrspeicheldrüsen anschwellen und Schmerzen verursachen. Dies führt zu der typischen verdickten Wange, den „Hamsterbacken". Die Übertragung erfolgt durch Tröpfcheninfektion, aber auch über gemeinsam benutztes Geschirr oder Besteck sowie durch unmittelbaren Kontakt wie Küssen. Die Infektion erfolgt am häufigsten zwischen dem 5. und 9. Lebensjahr. Eine aktive Schutzimpfung ist bei Jungen sinnvoll, da diese doppelt so häufig erkranken wie Mädchen. Zudem können die Erreger die Hoden befallen, was spätere Unfruchtbarkeit *(Sterilität)* zur Folge haben kann.

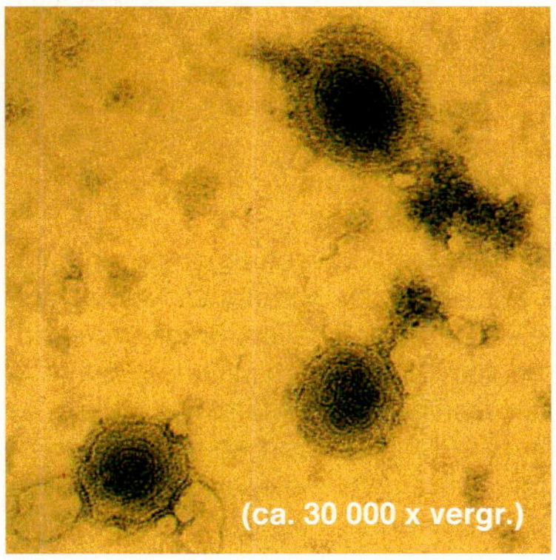
(ca. 30 000 x vergr.)

Kinderlähmung wird von den *Polioviren* hervorgerufen — aber durchaus nicht nur bei Kindern! Nach einer Inkubationszeit von 3 bis 14 Tagen fangen Kopf, Rücken und Glieder zu schmerzen an, man beginnt zu schwitzen. Dann treten erste Lähmungserscheinungen auf. Bei sehr schweren Fällen kann es zur Lähmung der Atemmuskulatur kommen. Die Sterblichkeit kann bis zu 20 % betragen. Im Erholungsstadium können die Lähmungen teilweise, selten ganz zurückgehen. Meist bleiben Skelett- und Gelenkveränderungen zurück. Durch konsequenten Impfschutz ist die Kinderlähmung bei uns zu einer fast vergessenen Krankheit geworden. In tropischen Entwicklungsländern ist dies nicht der Fall. Bei der Impfung gegen *Polio* erhält man den Impfstoff auf einem Stück Zucker zum Schlucken *(Schluckimpfung)*.

Bis zu 50 % der an **Pocken** Erkrankten sterben. Die Inkubationszeit beträgt 12 Tage, dann setzt hohes Fieber ein. Schließlich zeigen sich vorwiegend im Gesicht Pusteln, die später aufgehen und nach Abheilen die typischen *Pockennarben* hinterlassen. Schon vor 2000 Jahren führte man in Indien eine Impfung gegen Pocken durch. Die angeritzte Haut wurde mit dem Inhalt der Pusteln bestrichen. Darauf folgte eine abgeschwächte Erkrankung, die zur Immunität führte. Ähnlich arbeitete man vor rund 1500 Jahren in China, wobei man die Viren über die Nase zuführte. Diese Methode wurde durch den schottischen Arzt MAITLAND 1721 in Europa eingeführt. JENNER entwickelte 1796 die harmlosere Variante der Schutzimpfung mit Kuhpocken.

Wer einmal **Masern** gehabt hat, bleibt lebenslang immun. Deshalb gehören sie zu den typischen *Kinderkrankheiten*. Die Erreger werden durch Tröpfcheninfektion auch über größere Entfernung übertragen. Die Inkubationszeit beträgt 10 bis 14 Tage. Dann zeigen sich Rötungen des Rachens, Schnupfen, Husten und ein rascher Fieberanstieg, der nach 4 Tagen wieder abklingt. Daraufhin bildet sich der typische Masernausschlag auf der Haut, verbunden mit erneutem Fieberanstieg. Da man sich schon während der Inkubationszeit anstecken kann, ist eine Infektion kaum zu verhindern. Es gibt eine *aktive Schutzimpfung*.

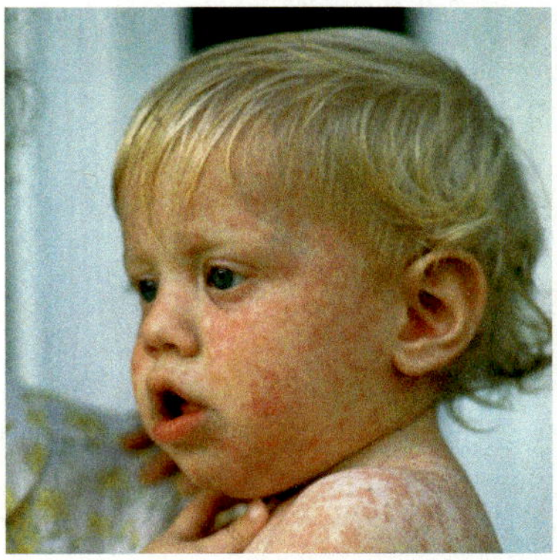

Tollwut wird meist durch einen Hundebiss auf den Menschen übertragen, selten auch durch Bisse von Fuchs oder Katze. Die lange Inkubationszeit von 1 bis 6 Monaten erschwert das Erkennen der Krankheit. Der Ausbruch kündigt sich durch Kopfschmerzen, Krämpfe in der Atemmuskulatur und Atemnot an. Der Kranke hat qualvollen Durst, kann aber nicht schlucken (die sog. „Wasserscheu") und hat starken, schäumenden Speichelfluss. Es gibt eine Heilimpfung, die möglichst sofort nach Verdacht auf einen Tollwutbiss anzuwenden ist. Ansonsten verläuft die Tollwut meist tödlich.

Achtung! Daran erkennt man tollwütige Tiere: Sie verlieren ihre Scheu vor dem Menschen. Sie beißen und schnappen nach allem, was sich bewegt. Speichel tropft aus ihrem Maul.

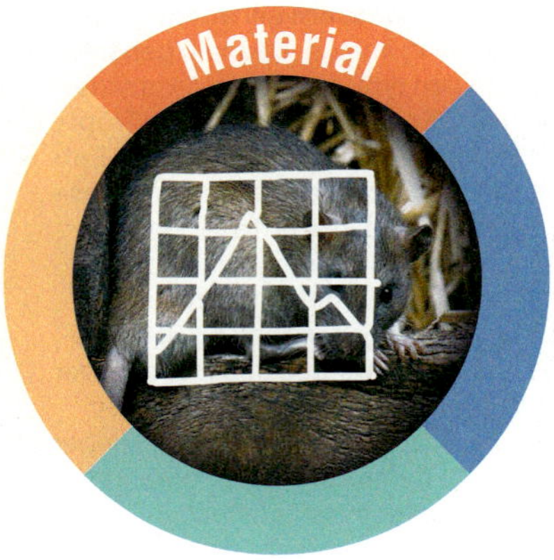

Krankheiten
beeinflussen die Welt

Pest

Der Begriff Pest stammt von dem lateinischen Wort *pestilentia* = Seuche, Pest, ungesunde Luft.
Die Pest ist eine extrem ansteckende Infektionskrankheit, die sowohl als Beulen- als auch als Lungenpest auftritt. Ursprünglich kommt sie bei wild lebenden Nagetieren wie Ratten vor. Der Erreger der Pest ist ein unbegeißeltes, stäbchenförmiges Bakterium, welches 1894 entdeckt wurde. Dieses Bakterium wird durch Parasiten, wie Flöhe, übertragen. Rattenflöhe infizieren sich an erkrankten Ratten. Suchen die Flöhe den Menschen als Ersatzwirt auf, infizieren sie ihn mit den Krankheitserregern. Die Erkrankung wird auch von Mensch zu Mensch weitergetragen: Eine Ansteckung ist über infizierte Gegenstände und als Tröpfcheninfektion über die Atemwege möglich.

Zwischen 1347 und 1352 breitete sich der „schwarze Tod" bis nach Island aus und forderte ca. 25 Millionen Tote, etwa ein Drittel der damaligen Bevölkerung.
Die Pest hatte ihren Ausgangspunkt im Orient. Über das Mittelmeer kamen Handelsschiffe nach Italien, Frankreich und Spanien. 1347 kamen in Genua zwölf Galeeren an, deren Matrosen bereits auf der Überfahrt verstorben oder schwer krank waren. Viele dieser Schiffe trieben als Geisterschiffe vor der Küste.

Infizierte Ratten von diesen Schiffen verbreiteten die Pest in den Hafenstädten des Mittelmeers und weiter ins Landesinnere, da die Waren – und damit auch die Ratten – mit Schiffen auf den Flüssen weitertransportiert wurden.

„In den Städten ist die Zahl der Beerdigten größer als die der Lebenden", schrieb ein Geschichtsschreiber. Die Menschen flohen vor der Krankheit in andere Orte, in denen noch keine Pestfälle aufgetreten waren. Auch Kriege wurden von der Pest beeinflusst, da Stadtbelagerungen unabhängig von der militärischen Stärke durch das Sterben der Belagerten oder der Belagerer endeten.

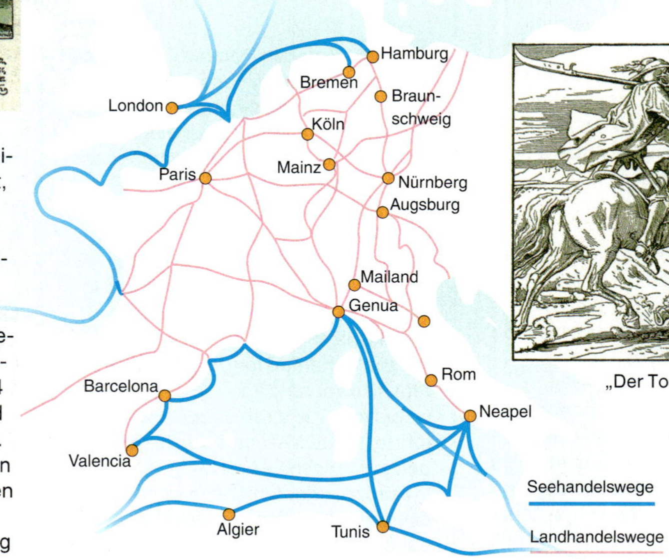

Im Mittelalter stellte man sich vor, die Luft sei mit krankmachenden Stoffen befleckt, die der Menschennatur feindlich sind. Auf Pestbildern findet man in den Straßen der Städte Scheiterhaufen, die angezündet wurden, um die Luft mit Holzrauch von krankmachenden Stoffen zu befreien. Auch die Doktoren in der Pestkleidung hatten in der Schnabelnase der Gesichtsmaske Riech- und Räuchermittel, welche die Atemluft von den schädlichen Stoffen der Luft reinigen sollten. Die Doktoren glaubten, dass weniger der Rauch, sondern das Feuer eine Rolle spielt, in dem es den Infektionstierchen in der Luft Flügel und Beine verbrannte und sie so unschädlich mache. Es herrschten verschiedene Begründungen über die Herkunft der Pest. Man beschuldigte Juden, Zigeuner, fremde Handelsreisende und Hexen.

Aufgaben

① Beschreibe anhand der Texte, welche Vorstellungen die Menschen im Mittelalter von der Ausbreitung der Pest hatten. Weshalb konnten sie noch keine sinnvolle Erklärung für das Auftreten der Pest haben?
② Beschreibe anhand der Karte, wie sich die Pest in Europa ausbreitete und wie es dazu kommen konnte.
③ Erläutere, wie man heute die Pest bekämpfen würde.

„Der Tod" von A. Rethel

Cholera in Hamburg
1831 trat die Cholera in Deutschland auf. Immer wieder kehrte diese Krankheit in die Städte zurück. In Hamburg starben 1892 innerhalb von sechs Wochen 8605 Menschen an der Cholera.
Die Stadt Hamburg hatte nach dem Großen Brand im Jahre 1842 ein Wasserversorgungsnetz errichtet, indem man das Wasser mit einer dampfgetriebenen Pumpenanlage aus der Elbe in ein Rohrsystem saugte und verteilte. Die großen Mengen Abwässer mit dem Kot und Unrat gelangten in die Elbe zurück. Erst nach 1892 führte man Abwasserkanäle ein und filterte das Trinkwasser durch Kiesfilteranlagen.

Slums in der Dritten Welt

Ein Bericht aus einer großen Stadt um 1860: „In den Stadtteilen der armen Leute sind keine Kloaken und Abtritte (Toiletten); und daher wird aller Unrat, Abfall und Exkremente von wenigstens 50 000 Menschen jede Nacht in die Rinnsteine geworfen, sodass trotz allen Straßenkehrens eine Masse angetrockneter Kot und ein stinkender Dunst entsteht. Alle, die diesen Zustand der Bewohner näher kennen, werden Zeugnis geben, welchen hohen Grad Krankheiten und Elend hier erreicht haben."

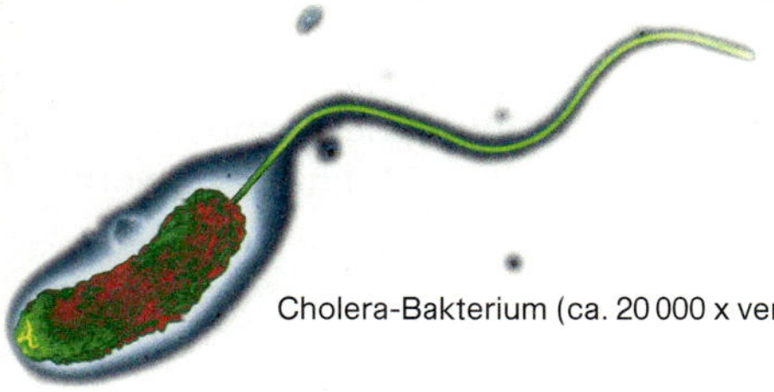

Cholera-Bakterium (ca. 20 000 x vergr.)

Cholera

Der Cholera-Erreger wurden 1883 von Robert Koch identifiziert. Es ist ein Bakterium, das sich mithilfe von Geißeln fortbewegt. Die Bakterien gelangen durch verunreinigte Lebensmittel und Trinkwasser in den menschlichen Körper und verursachen die Krankheit, indem sie im Dünndarm des Menschen ein Gift ausscheiden. Die Inkubationszeit beträgt ca. 3 Tage.
Erstes Anzeichen der Krankheit ist das Schrumpfen des Gesichtes und anderer weicher Körpergewebe aufgrund des großen Wasserverlustes. Dieser wird durch massiven Durchfall hervorgerufen, bei dem man innerhalb eines Tages ca. 20 Liter Wasser verliert. Es kommt zu einem Kreislaufkollaps, die Gliedmaßen werden blau und der Körper ist allgemein unterkühlt. Die Krankheit dauert 2 bis 7 Tage. Der erste Choleraanfall ist für 70% der Erkrankten tödlich.

Aufgaben

④ Kläre die Bedeutung der Begriffe Hygiene, Prophylaxe und Diagnose. Verwende sie bei der Beantwortung der folgenden Fragen.

⑤ Nenne Gründe, weshalb in den größer werdenden Städten des 19. Jahrhunderts die Gefahr einer Choleraepidemie sehr groß war. Welche Veränderungen hat diese Epidemie ausgelöst, sodass die Cholera in den Großstädten der Industriestaaten heute nicht mehr auftritt?

⑥ In den Ländern der 3. Welt kommen immer wieder Choleraepidemien vor, besonders in den Slums und Flüchtlingslagern. Welche Ursachen spielen dabei eine Rolle? Erläutere, welche Möglichkeiten es gibt, den Menschen dort zu helfen.

⑦ Deutsche Touristen haben sich in Kenia mit Cholera infiziert. In manchen Ländern besteht ein Cholera-Risiko auch für Personen, die sich nur in Hotels aufhalten. Durch welche Vorsichtsmaßnahmen können sich Touristen schützen?

AIDS:
Acquired
Immune
Deficiency
Syndrom

erworbenes
Abwehrschwäche-
syndrom

Syndrom
Gruppe von zusammengehörigen Krankheitszeichen, die für eine bestimmte Krankheit kennzeichnend sind.

HIV
Human
Immunodeficiency
Virus

menschliches Immunschwäche-Virus

AIDS – ein Virus überlistet das Immunsystem

Eine Infektion mit HI-Viren führt nicht direkt zu der schweren Krankheit AIDS. Viele Infizierte merken zunächst nichts oder es treten nur grippeähnliche Symptome auf, die nach 2 Wochen wieder abklingen. Die Infektion verläuft danach ohne besondere Symptome weiter. Erst nach 12 bis 16 Wochen kann man Antikörper und damit die HIV-Infektion zuverlässig nachweisen. Es kann Jahre dauern, bis die Krankheit AIDS zum Ausbruch kommt.

Bei allen AIDS-Kranken kann man eine extrem niedrige Anzahl von weißen Blutzellen, besonders der T-Helferzellen, feststellen. Dies ist darauf zurückzuführen, dass die HI-Viren sich besonders auf Riesenfresszellen und T-Helferzellen als Wirtszellen spezialisiert haben. Auf der Oberfläche der Viren sind Andockknöpfe, die sich an der Oberfläche der Wirtszellen an passenden Andockstellen anheften können. Die Andockknöpfe bestehen aus speziellen Eiweißen, die wie ein Schlüssel ins Schloss der Andockstellen auf den Wirtszellen passen. Da die Riesenfresszellen und die T-Helferzellen diese Stellen besitzen, können sie von HI-Viren befallen werden. Die Membranen der Wirtszelle und des Virus verschmelzen, die Erbsubstanz wird in die Wirtszelle aufgenommen und dort kopiert (► S. 152).

Da die T-Helferzellen das Abwehrsystem aktivieren, wirkt sich deren Verminderung nachteilig auf den Schutz vor Infektionen aus. So sind HIV-Infizierte anderen Krankheitserregern, die sich bei einem normal funktionierenden Abwehrsystem niemals im Körper ausbreiten und vermehren könnten, hilflos ausgesetzt. Die Erreger solcher Krankheiten, die nur bei geschwächtem Immunsystem zum Ausbruch kommen, nennt man deswegen *opportunistisch*. Dieser Begriff leitet sich ab vom lateinischen Wort *opportunus* = einer günstigen Gelegenheit folgend. Zu diesen Krankheiten gehören Pilzbefall auf der Haut, besonders auf den Schleimhäuten im Mund, der Speiseröhre oder Luftröhre, spezielle Formen von Lungenentzündungen, Hirnhautentzündungen oder eine seltene Form des Hautkrebs (*Kaposisarkom*).

HI-Viren wurden nicht nur im Blut, sondern auch in anderen Körperflüssigkeiten, wie Sperma, Scheidensekret, Muttermilch, Speichel oder Tränen, nachgewiesen. In der Tränenflüssigkeit und im Speichel reicht die Konzentration der Viren jedoch nicht für eine Infektion aus. Eine hohe Ansteckungsgefahr geht daher von Situationen aus, in denen größere Mengen der HI-Viren in Körperflüssigkeiten eines Infizierten in den Körper eines Nichtinfizierten gelangen:
- Infektionen über *Bluttransfusionen*. Sie sind in Deutschland seit 1985 ausgeschlossen, da die Blutkonserven auf HI-Viren untersucht werden. In Entwicklungsländern ist dies jedoch nicht immer der Fall, daher besteht hier ein hohes Risiko.
- Gemeinsam genutzte *Spritzen* von Drogensüchtigen sind riskant, da in den Injektionsnadeln noch Blutreste vorhanden sind.

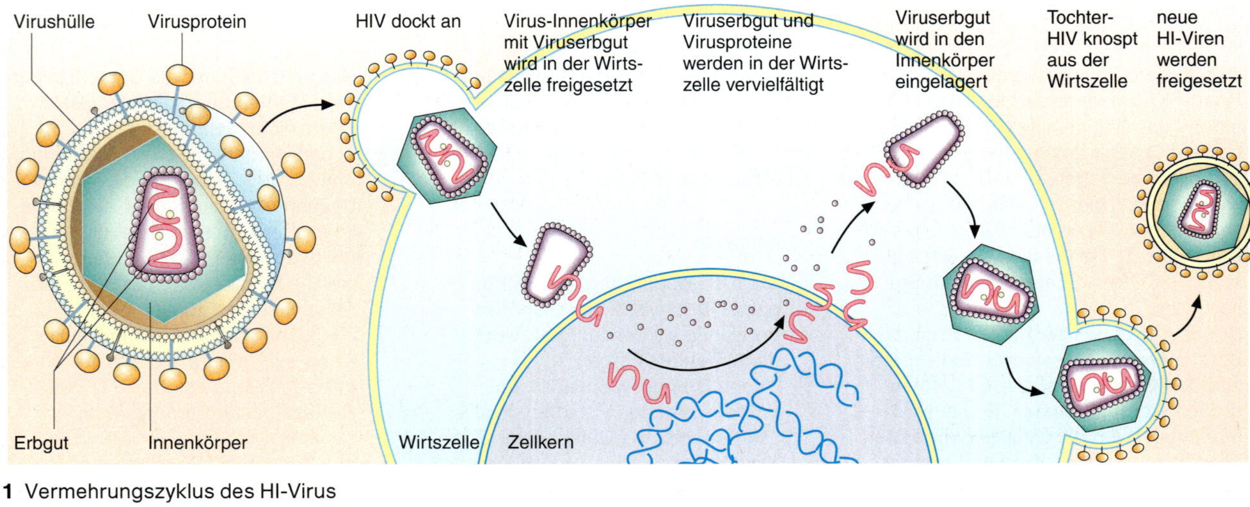

1 Vermehrungszyklus des HI-Virus

Großes Risiko

- Gemeinsame Benutzung von Fixerbestecken, Spritzen und Nadeln
- Ungeschützter Analverkehr
- Ungeschützter Vaginalverkehr
- Schwangerschaft bei einer HIV-infizierten Frau
- Oralverkehr

Kein Risiko

- Küsse, Zungenküsse
- Körperkontakte, Hautkontakte
- Zusammenleben mit einem Infizierten
- Anhusten oder Niesen
- Essen im Restaurant
- Schwimmbad, Sauna, Toiletten, Waschräume
- Friseur, Maniküre, Tätowierungen, Piercing, Ohrlochstechen
- Insektenstiche

Gib AIDS keine Chance

- Während der Schwangerschaft von HIV-infizierten Müttern werden wenige Feten infiziert. Wesentlich größer ist das Risiko während der *Geburt* über das Blut oder danach durch die *Muttermilch*.
- Beim *Geschlechtsverkehr* können durch kleinste Risse in der Scheide oder des Penis Viren aus dem Scheidensekret oder dem Sperma in die Blutbahn gelangen. Beim Analverkehr ist das Risiko besonders groß, da die Viren sehr schnell in den Körper aufgenommen werden. Außerhalb des Körpers an der Luft können die HI-Viren nicht lange überleben.

Die wichtigste Schutzmaßnahme gegen die HI-Viren ist die Verwendung von Kondomen beim Geschlechtsverkehr. Dies ist besonders wichtig bei häufig wechselnden Sexualpartnern. Drogenabhängige sollten immer eine eigene Injektionsnadel benutzen. Bei schweren Unfällen sollten bei der Ersten Hilfe Schutzhandschuhe getragen werden.

Wirksame Medikamente gegen AIDS gibt es nicht, man kann bisher nur den Krankheitsverlauf verlangsamen und die opportunistischen Krankheiten unterdrücken. Eine Eindämmung von AIDS lässt sich nur durch **effektive Aufklärung** und **dauerhafte Änderung der Verhaltensweisen** erreichen.

Wie wichtig Aufklärung und der Schutz vor einer HIV-Infektion ist, zeigen die schrecklichen Zahlen aus dem Statusbericht der aids-stifung vom Dezember 2005: Weltweit mehr als 40 Mio. HIV-Infizierte, 4,9 Mio. Neuinfizierte allein im Jahr 2005, von denen rund zwei Drittel im südlichen Afrika leben. In Deutschland haben sich seit Beginn der Epidemie vor 25 Jahren rund 67 500 Menschen infiziert, jährlich kommen ca. 2 600 Neuinfektionen hinzu – Tendenz steigend, da viele Menschen gleichgültiger gegenüber dem Infektionsrisiko geworden sind und weniger auf Schutzmaßnahmen achten. Bisher sind insgesamt über 30 Mio. AIDS-Tote zu beklagen, im Jahr 2005 starben 3,9 Mio. Menschen an der Seuche.

Ein Zusammenleben mit HIV-Infizierten ohne intime Beziehung ist für Nichtinfizierte unbedenklich. Bei alltäglichen Kontakten in der Schule oder am Arbeitsplatz besteht keine Ansteckungsgefahr. HIV-Infizierte brauchen unser Verständnis und dürfen nicht aus der Gemeinschaft ausgegrenzt werden!

Zettelkasten

Hepatitis B – eine schleichende Epidemie?

Jedes Jahr sterben in Deutschland mehr Menschen an den Folgen einer Hepatitis B-Infektion als an AIDS. In Deutschland infizieren sich jährlich 50 000 meist junge Menschen mit dem Hepatitis B-Virus. Die Infektion bleibt oft unbemerkt. Eine Erkrankung beginnt mit relativ unspezifischen Symptomen, wie Appetitlosigkeit, Unwohlsein, Gelenkschmerzen und leichtem Fieber. Danach kann es zu einer Gelbsucht kommen, aufgrund einer Störung der Leberfunktion färben sich Haut, Schleimhäute und Augen gelb.

Bei den meisten Erwachsenen heilt die Krankheit nach 4 bis 6 Wochen vollständig aus. Bei 10 % der Betroffenen kann es aber zu einer chronischen Hepatitis kommen, bei der das Virus im Körper verbleibt. Es kann bleibende Leberschäden oder auch Leberkrebs auslösen. Auch ohne dass Anzeichen einer Erkrankung bestehen, sind chronisch Infizierte eine Infektionsquelle für ihre Umgebung. Hepatitis B-Viren werden beim Geschlechtsverkehr durch Sperma oder Scheidensekret übertragen. Aber auch andere Körperflüssigkeiten, wie Speichel, Tränen, Wundsekret und vor allem Blut sind ansteckend. Eine Infektion ist zum Beispiel über Spritzen möglich, aber auch über Zahnbürsten, Rasierer, Nagelfeilen oder -scheren. Auch über nicht sterile Instrumente zum Piercen oder Tätowieren kann man sich mit Hepatitis B-Viren infizieren.

Ein wirksamer Schutz vor Hepatitis B besteht in einer rechtzeitig durchgeführten Schutzimpfung. Sie gehört seit wenigen Jahren zur Standardimfung für alle Säuglinge und wird generell allen Kindern und Jugendlichen bis zum 18. Lebensjahr empfohlen. Angezeigt ist eine Impfung für Personen in medizinischen Berufen sowie für Reisende in tropische und subtropische Gebiete, in denen die Hepatitis B gehäuft auftritt.

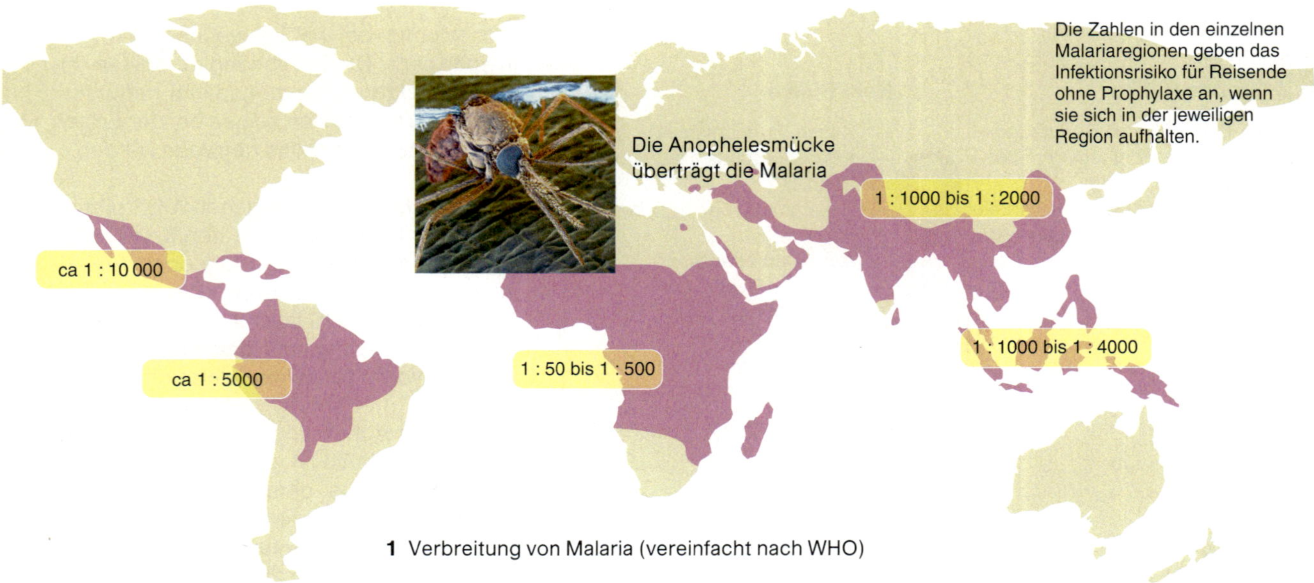

1 Verbreitung von Malaria (vereinfacht nach WHO)

Mücken und Zecken übertragen Krankheitserreger

In Deutschland eingeschleppte Malariafälle (1993 – 1999)

Kenia	964
Indien	205
Indonesien	127
Thailand	64
Dom. Republik	59
Brasilien	26
Mexiko	16

Malaria

Reisen in ferne Länder rangieren ganz oben auf der Hitliste der Ferienwünsche. Doch immer mehr Urlauber zahlen einen hohen Preis: Jährlich gibt es über 1000 Malariainfektionen beim Urlaub im Ausland. Man schätzt, dass 300 Millionen Menschen infiziert sind und 2 Millionen jedes Jahr an dieser Krankheit sterben. Abb.1 zeigt die heutigen Malariagebiete.

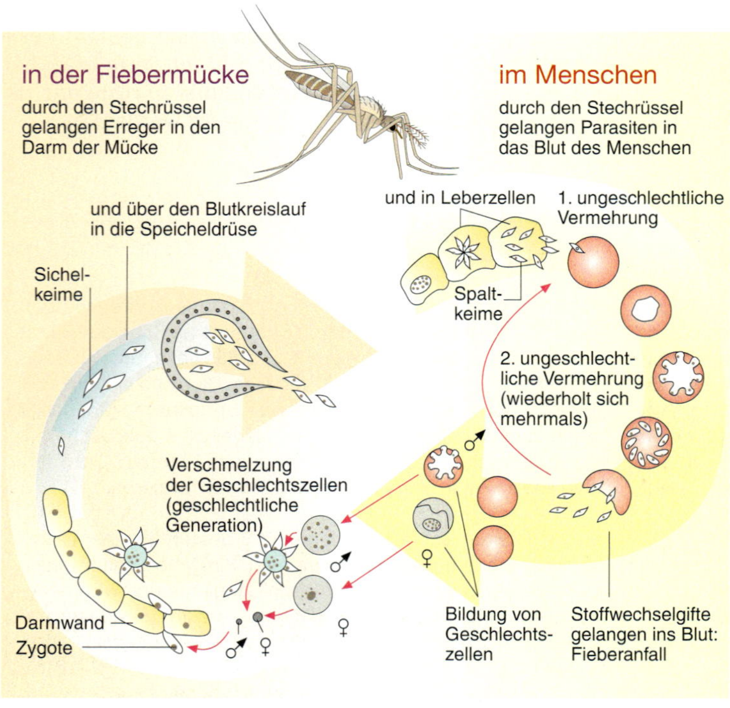

3 Entwicklungszyklus der Malariaerreger

Viele Touristen haben keine Informationen über vorbeugende Maßnahmen oder Heilungschancen. Vor Fernreisen sollte man sich bei einem Arzt über die notwendigen Medikamente informieren. Einen absolut sicheren Schutz vor Malaria gibt es nicht, jedoch können Medikamente das Risiko einer Infektion stark herabsetzen. Die beste Prophylaxe ist jedoch immer noch, sich in Malariagebieten vor Mückenstichen zu schützen. Da die weiblichen Mücken nur in der Dämmerung oder nachts stechen, schläft man unter Moskitonetzen; am Tag genügt es, sich die Haut mit Insekten abwehrenden Lotionen einzureiben.

Malaria wird ausgelöst durch Einzeller der Gattung *Plasmodium*. Für ihre Entwicklung sind sie auf zwei Wirte angewiesen, den Menschen und die Fiebermücke *Anopheles*. Die Entwicklung läuft folgendermaßen ab: Eine infizierte Mücke sticht einen Menschen. Dabei gelangen Parasiten, die Plasmodien, mit dem Speichel der Mücke in das menschliche Blut. Über die Blutbahn wandern sie bis zur Leber und dringen in die Leberzellen ein. In den Leberzellen vermehren sie sich durch Zellteilung (▶ S. 152). Die entstandenen Zellen werden *Spaltkeime* genannt. Diese wandern zurück ins Blut und dringen in die roten Blutzellen ein. Dort machen sie erneut Mehrfachteilungen durch, sodass viele neue, kleinere Spaltkeime gebildet werden. Diese Mehrfachteilungen erfolgen bei allen befallenen Blutzellen im gleichen Rhythmus, sodass auch das Aufplatzen der Zellen gleichzeitig erfolgt (bei der häufigsten Malariaform alle drei Tage). Pro Zelle werden etwa 32 Spaltkeime frei, die wiederum neue Blutzellen befallen. Gleichzeitig mit dem Zerfall der roten Blutzellen werden Stoffwechselgifte *(Toxine)* freigesetzt, die zu heftigen Fieberanfällen führen *(Dreitagefieber)*.

Ist das Blut mit Spaltkeimen überschwemmt, bilden sich Vorstufen geschlechtlicher Zellen, die sich nur in der Fiebermücke Anopheles weiterentwickeln können. Sticht Anopheles einen Infizierten, gelangen Erreger mit dem aufgesaugten Blut in den Darm der Mücke. Dort entwickeln sich Geschlechtszellen. Verschmelzen eine männliche und eine weibliche Geschlechtszelle, entsteht eine *Zygote*. Sie dringt in die Darmwandzellen der Mücke ein und bildet dort durch Zellteilung *Sichelkeime*. Sie wandern in die Speicheldrüsen und werden beim nächsten Stich wieder auf Menschen übertragen — der Entwicklungskreislauf ist geschlossen.

Hirnhautentzündungen

Zecken sind Spinnentiere und ernähren sich von Blut, welches sie für ihre Entwicklung benötigen. Ein Weibchen saugt in den 2 bis 3 Tagen so viel Blut, dass es von 2 mm auf 4 mm anschwillt. Mit ihren Mundwerkzeugen sägen sie eine Öffnung in die Haut (s. Abb. 2) und geben dabei ein Betäubungsmittel und Sustanzen, die eine Blutgerinnung verhindern, in das Blut ihrer „Opfer“ ab. Während des Saugens nehmen die Zecken auch Krankheitserreger auf und können sie auf andere „Opfer“ übertragen.

In Mitteleuropa übertragen die Zecken zwei für den Meschen gefährliche Krankheiten: die FSME und die Borreliose. *FSME* ist die Abkürzung für die **F**rüh-**S**ommer-**M**eningo-**E**nzephalitis, eine Erkrankung des Nervensystems, die zu Entzündungen der Hirnhaut *(Meningo)* und des Gehirns *(Enzephalon)* führen kann. Die Krankheitserreger sind Viren, die im Frühsommer durch die Zecken eine weite Verbreitung finden. 2 bis 28 Tage nach dem Zeckenbiss kann es zu einem Fieberanstieg kommen. Bei 60% der Erkrankten kommt es zu schwerwiegensten Folgen im Nervensystem, die zu langdauernden Kopfschmerzen und vereinzelt auch zu Lähmungen führen können.

Die *Borreliose* wird durch Bakterien ausgelöst. Zwischen dem Zeckenbiss und den ersten Erscheinungen können bis zu 12 Wochen vergehen. Bei 50% der Infizierten entsteht um die Bissstelle eine sich ringförmig ausbreitende Hautrötung, begleitet von Fieber, Lymphknotenschwellungen, Gelenk- und Kopfschmerzen. Häufig heilt die Erkrankung in diesem Stadium von alleine aus. Es kann jedoch zu Komplikationen im Bereich des Nervensystems bzw. des Herzens kommen.

Bei der Gartenarbeit, bei Wanderungen im Wald oder beim Spielen auf einer Wiese sind Kontakte mit Zecken möglich. Deshalb sollte man sich danach gründlich auf Zecken absuchen. Kleidung mit langen Ärmeln oder lange Hosen können zusammen mit einer insektenabwehrender Lotion einen gewissen Schutz bieten. In gefährdeten Gebieten kann man sich gegen FSME impfen lassen. Die Borreliose kann nur mit Antibiotika behandelt werden.

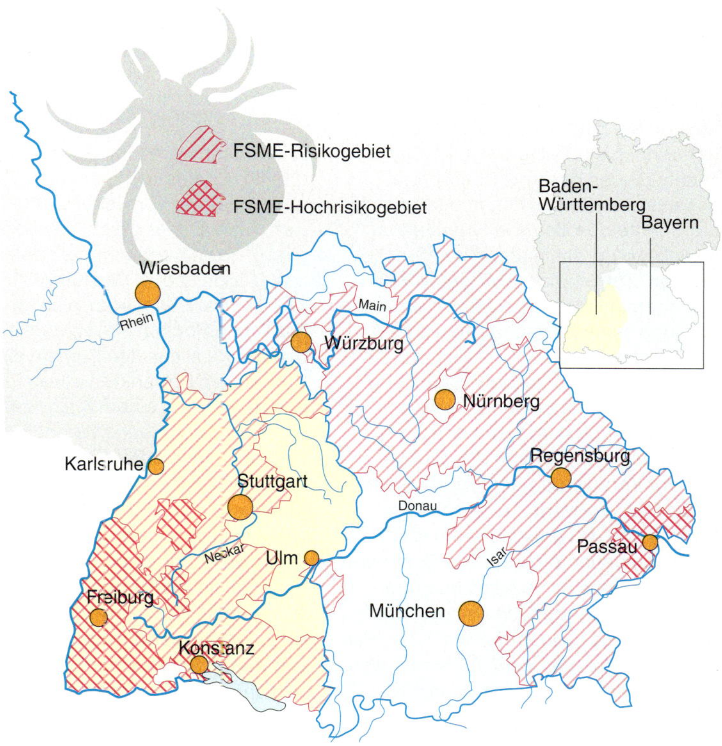

1 Verbreitung des Erregers der Hirnhautentzündung

2 Zecke und **3** Mundwerkzeuge der Zecke

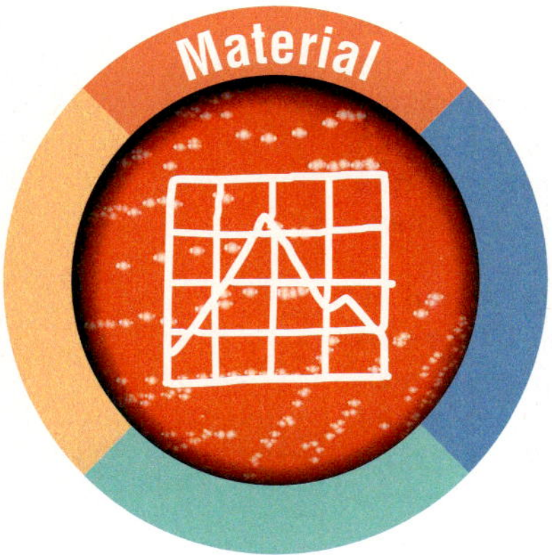

Meilensteine der Medizin

Aristoteles (384 – 322 v. Chr.)

Aristoteles studierte Medizin und beschäftigte sich im Laufe seines Lebens mit vielen weiteren Wissenschaften, wie Ethik, Logik, Staatskunde sowie Zoologie und Botanik. Er soll etwa 600 Bücher geschrieben haben, von denen heute leider nur noch ein Teil erhalten ist. Darin hat er auch das gesamte biologische Wissen seiner Zeit zusammengefasst. Er untersuchte den Bau von Organen und entwickelte Vorstellungen über ihre Funktion. Zutreffend waren seine Vorstellungen bei Magen und Darm, anders allerdings seine Betrachtungen zum Herz:

„Das Herz ist der Quellpunkt der Adern, denn ersichtlich kommen sie aus ihm und gehen nicht durch es hindurch. ... Hohl ist es zur Aufnahme des Blutes, dicht zur Verwahrung der Wärmequelle. ... Das Herz entsteht zuerst von allen Gliedern und ist von vornherein voller Blut. Auch gehen offenbar alle Regungen der Freude, des Schmerzes und überhaupt alle Empfindungen von dort aus und enden auch wieder bei ihm. Das 'Pulsieren' des Herzens geht auf regelmäßiges 'Aufkochen' des Blutes zurück."

William Harvey (1578 – 1657)

Die Ideen des Aristoteles bestimmten lange das medizinische Verständnis. Man meinte, die Natur ließe sich durch Beobachten und Nachdenken ergründen. Mit dem ausgehenden Mittelalter wurde eine neue, wichtige Methode entwickelt: **Das Experiment**. Man stellt damit eine „Frage an die Natur", die durch das Resultat „beantwortet" wird.

Durch Untersuchen, Beobachten und Experimentieren mit klaren Fragestellungen überwand der englische Arzt William Harvey die falschen Vorstellungen über die Funktion von Blut, Herz und Blutgefäßen. Er erkannte, dass das Blut im Körper durch die Adern kreist und nicht, wie bislang angenommen, vom Herzen wegfließt und zur Organbildung ständig verbraucht wird. In seiner Veröffentlichung im Jahr 1628 beschrieb Harvey das Herz als „rhythmisch arbeitende Pumpe.

Edward Jenner (1749 – 1823)

Die *Pocken* waren im 18. Jdh. eine meist tödlich verlaufende Krankheit. Wer sie überlebte, war vor weiterer Ansteckung geschützt. Der englische Landarzt Edward Jenner beobachtete, dass Knechte und Mägde, die an den harmlosen *Kuhpocken* erkrankt waren, nicht an den gefährlichen Pocken erkrankten. 1796 entnahm Jenner aus den Pusteln einer an Kuhpocken Erkrankten etwas Flüssigkeit und ritzte diese einem 8-jährigen Jungen unter die Haut. Sechs Wochen später infizierte er ihn mit Pocken. Wie vermutet, blieb das Kind gesund. Die Impfung wurde anfangs für gefährlich gehalten. Jenner erhielt für einige Jahre Berufsverbot. Doch die Methode war so erfolgreich, dass sie sich in Europa verbreitete. Auf öffentlichen Plätzen wurden Menschen reihenweise geimpft, indem ihnen direkt von Kühen Sekrete der Kuhpockenpusteln unter die Haut geritzt wurden.

Louis Pasteur (1822 – 1895)

1879 beobachteten der französische Biologe und Chemiker Louis Pasteur und sein Mitarbeiter Émile Roux, dass Krankheitserreger, die man länger an sauerstoffreicher Luft oder bei bestimmten Temperaturen liegen ließ, „geschwächt" wurden. Die Experimente wurden mit den Erregern der *Hühnercholera* durchgeführt. Hühner, die mit diesen Erregern infiziert wurden, zeigten kaum Anzeichen der sonst tödlich verlaufenden Darmkrankheit. Daraus folgerte Pasteur, dass die Erreger ihre Stärke verloren hatten. Infizierte er anschließend die selben Hühner mit nicht abgeschwächten Erregern, so überlebten sie. Die Hühner wurden also durch die abgeschwächten Krankheitserreger aktiv immunisiert.

Im Jahr 1885 behandelte Pasteur ein Kind, dem 14 Bisswunden von einem tollwütigen Hund zugefügt worden waren. Er impfte seinen kleinen Patienten mit abgeschwächten Krankheitserregern. Wie Pasteur vermutet hatte, verhinderte er mit seiner Impfmethode den Ausbruch der Krankheit und konnte das Kind retten.

Emil von Behring (1854 – 1917)

Emil von Behring entwickelte 1890 als Assistent von Robert Koch ein Verfahren, um nicht geimpften und bereits erkrankten Menschen zu helfen. Er infizierte Pferde mit den abgeschwächten Erregern der *Diphtherie*, einer sehr schweren Erkrankung der oberen Atemwege. Die Tiere bildeten daraufhin die passenden Antikörper.

Aus dem Blut dieser *aktiv immunisierten* Tiere gewann von Behring ein Serum. Spritzte man das Serum mit den darin enthaltenen Antikörpern Menschen, die an Diphtherie erkrankt waren, so konnten sie dadurch geheilt werden.

Aristoteles

William Harvey

Edward Jenner

„Heilserum direkt vom Pferd — die Zukunftsapotheke!“ (von 1894)

„Der wunderbare Effekt der Kuhpocken-Impfung“

Christian Barnard (1922 – 2001)

Am 3. Dezember 1967 verpflanzte in Kapstadt der Chirurg CHRISTIAN BARNARD dem todkranken, 55-jährigen LOUIS WASHKANSKY das gesunde Herz eines Verstorbenen. Diese weltweit erste Herzverpflanzung löste hitzige Debatten über die ethische Rechtfertigung von *Organtransplantation* aus. BARNARD meinte dazu:

„Wir sind Wissenschaftler, Herzspezialisten. Für uns ist nicht maßgeblich, was in der Bibel oder anderen Büchern steht oder in Liedern gesungen wird. Nach unserer Kenntnis ist das Herz nicht Sitz der Seele, auch nicht das Organ, mit dem Sie lieben oder hassen. Es hat nur eine Funktion: Blut pumpen. Wenn wir es verpflanzen, ändern wir keineswegs die Individualität des Menschen.“

Der Patient starb nach 18 Tagen an einer Lungenentzündung, weil das Immunsystem stark gehemmt wurde, um die *Abstoßungsreaktion* gegen das Spenderorgan zu unterdrücken. Heute lässt sich die Abstoßung mit speziellen Medikamenten verhindern.

Aufgaben

1. Zeichne einen Zeitpfeil und trage ein, wann die hier dargestellten Wissenschaftler gelebt und welche Entdeckungen sie gemacht haben.
2. Beschreibe, welche Vorstellungen ARISTOTELES über das Herz hatte.
3. Die Ideen von ARISTOTELES über das Herz sind immer noch vorhanden. Wir finden sie nicht mehr in der Wissenschaft, aber in der Umgangssprache. Trage dazu Beispiele zusammen.
4. Inwiefern unterscheiden sich die Arbeitsmethoden der Naturphilosophen der Antike von den Methoden der modernen Naturwissenschaftler? Nenne Arbeitsmethoden, die in der Biologie gebräuchlich sind.
5. Beschreibe, wie es JENNER gelang, die Schutzimpfung gegen Pocken zu entwickeln. Welche Kenntnisse zur Entstehung und zur Abwehr von Pocken konnte JENNER nicht besitzen? Beschreibe.
6. Zu den großen Entdeckern gehört auch ROBERT KOCH (siehe Seite 90). Er entwickelte ein Verfahren, um Krankheitserreger nachzuweisen, das bis heute gültig ist. Es wird angewendet, wenn man bei einer neu auftretenden Krankheit vermutet, dass sie von einem Krankheitserreger verursacht wird. Stelle die vier Schritte dieses Verfahrens dar.
7. Beschreibe die Unterschiede der Impfmethoden, die JENNER und VON BEHRING entwickelt haben.
8. JENNER arbeitete mit dem Pockenerreger, PASTEUR mit dem Erreger der Hühnercholera. Stelle Gemeinsamkeiten und Unterschiede der Verfahren dar, mit denen die Forscher Lebewesen gegen Krankheitserreger schützen konnten.
9. Anlässlich der ersten Herzverpflanzung wurde kritisiert, dass diese Operation nicht zu vertreten sei, weil sich durch diese Transplantation die Persönlichkeit des Menschen verändere. Bei zuvor durchgeführten Nierenverpflanzungen wurde keine entsprechende Kritik geäußert. Wie lässt sich das erklären?

Louis Pasteur

Emil von Behring

Christian Barnard

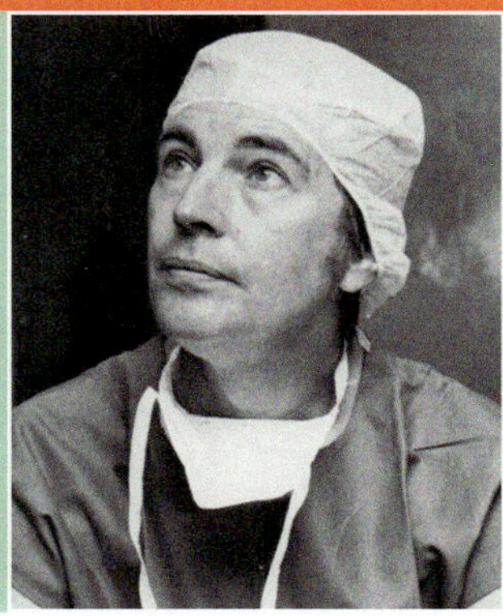

1 Das Leben dreht sich um die Droge

Drogen und Sucht

Droge
Ursprünglich der Begriff für *Heilmittel,* die aus getrockneten Pflanzen gewonnen wurden.

Heute bezeichnet man alle Stoffe als Drogen, die in die natürlichen Abläufe des Körpers eingreifen und Stimmungen, Gefühle und Wahrnehmungen beeinflussen.

Bei Drogen denken viele Menschen zunächst an **illegale** Stoffe, wie *Haschisch, Heroin, Kokain, LSD* oder *Ecstasy.* Aber auch die **legalen** Suchtmittel wie *Nikotin, Alkohol* und *Medikamente* zählen dazu. Gebrauch und Verkauf legaler Drogen ist nicht strafbar, die meisten sind gesellschaftlich akzeptiert. Trotzdem sind legale Drogen keineswegs ungefährlich: Bei Missbrauch verursachen sie zum Teil schwere Gesundheitsschäden und können abhängig machen. Der Konsum, Besitz und Handel mit illegalen Drogen ist bei uns verboten. Ausgenommen sind lediglich ärztlich verordnete Medikamente.

Wird aus gelegentlichem Konsum ein regelmäßiger, bilden sich meist feste Konsumgewohnheiten. Es besteht die Gefahr der *Abhängigkeit.* Unter Drogenabhängigkeit versteht man das zwanghafte Verlangen, eine bestimmte Droge zu nehmen. Bei stark ausgeprägter, in der Regel körperlich bedingter Abhängigkeit, spricht man von **Sucht.** Das starke Verlangen, die *psychische Abhängigkeit,* besteht bei allen Drogen. Alkohol, Nikotin, Opiate, Schlaf- und Beruhigungsmittel führen darüber hinaus zu einer körperlichen Abhängigkeit. Eine Gewöhnung setzt ein. Um Wirkung zu erzielen, werden immer größere Mengen des Stoffs benötigt, und beim Absetzen des Mittels treten massive *Entzugserscheinungen* auf.

Der Drogenkonsum, vor allem der legalen Drogen, wird trotz aller Aufklärung von vielen Jugendlichen und Erwachsenen nach wie vor verharmlost oder offen akzeptiert. In der Probierphase überwiegen Neugier, die Suche nach neuen Erfahrungen und der Wunsch, dazu zu gehören und anerkannt zu werden. Oft sind aber auch persönliche Probleme der Anlass, Drogen zu nehmen. Drogen helfen zu entspannen, regen an oder trösten, sie lassen die Realität für eine Weile vergessen. Doch die Probleme bleiben unverändert. Beim Erwachen aus dem Rausch scheinen sie noch feindlicher und brutaler.

Und wieder wird die Lösung in der Droge gesucht: ein Teufelskreis, der in die psychische und körperliche Abhängigkeit führt. Das Leben wird grau und eintönig, denn nicht mehr der Süchtige bestimmt, was er machen will, sondern die Droge.

Zettelkasten

Drogen – Hoffnung und Enttäuschung

Mit 16, 17, 18 Jahren war ich kein Freund von Drogen. Ich hatte zwar schon Zigaretten, Alkohol und Marihuana ausprobiert. Doch für mich stand fest, dass Rauchen, Trinken und Kiffen ein Zeichen von Schwäche sind. Ich war der Meinung, dass man sein Leben absolut drogenfrei halten kann und auch soll.

Mit 19 ging ich nach Berlin, um meinen Zivildienst zu leisten. Natürlich freute ich mich auf den neuen Lebensabschnitt. Doch sehr schnell fand ich mich dort in einer schwierigen Lage wieder: Einerseits erhoffte ich mir von dieser Metropole ein aufregendes Leben, wollte Neues erleben und neue Leute treffen. Andererseits war es ein furchtbares Gefühl für mich, dass meine damalige Freundin auf einmal über 600 km von mir entfernt war. Die Sehnsucht nach ihr war anfangs so schlimm, dass es für mich beinahe unmöglich war, mich in Berlin wohl zu fühlen. Ich war hin und her gerissen und wurde sehr unzufrieden mit der ganzen Situation, was sich zwangsläufig auf meine Beziehung auswirkte. Jedes Mal, wenn ich meine Freundin sah, wurde die Stimmung zwischen uns beiden schlechter. War ich dann wieder in Berlin, dachte ich viel über uns nach und fühlte mich hilflos. Das war nicht das schöne, neue Leben, es war ein Teufelskreis, in dem ich steckte. Mir wurde bewusst, dass ich mich zu diesem Zeitpunkt nirgends wirklich wohl fühlte.

Es kam der Moment, an dem ich nicht mehr über diese verfahrene Situation nachdenken wollte. Ich wollte überhaupt nicht mehr nachdenken müssen. Ich sehnte mich nach Ablenkung und merkte, wie meine ablehnende Haltung gegenüber Drogen in eine erwartungsvolle Neugier umschlug. Immer öfter ließ ich mir von einem Zivi-Kollegen eine Zigarette drehen, wenn wir bei gutem Wetter auf dem Balkon oder im Park saßen. Wenn ich mit den Kollegen abends zusammen war, trank ich immer öfter Alkohol mit ihnen, um mich in dieser angeheiterten Atmosphäre locker und unbeschwerter zu fühlen. Immer öfters rauchte ich mit ihnen Marihuana oder Haschisch. Vor allem vom Kiffen erhoffte ich mir, dass es mich von den ganzen Gedanken befreien könnte, um mir Entspannung zu geben – was auch der Fall war. In der Tat erlebte ich auf diese Art eine Reihe von Abenden, an denen meine Sorgen und Gedanken wie weggeblasen waren. Es schien so, als ob es nur noch mich, die Leute, die mich umgaben, die Musik, die wir hörten und das Zimmer, in dem wir uns befanden, gäbe. Alles andere war auf einmal völlig egal.

Doch mit der Zeit wurde mir bewusst, dass das nichts zur Lösung meiner Probleme beitrug. Denn jedes Mal, wenn ich nach einem solchen Abend aufwachte, musste ich feststellen, dass die Welt nach wie vor exakt dieselbe war. Die Probleme mit meiner Freundin, meine Unsicherheit in meinem neuen Zuhause, alles war so wie vorher. Ich hatte nur für einige Stunden die Augen davor zugemacht und die Verantwortung für mein Leben ignoriert. Als die Beziehung zu meiner Freundin irgendwann unerträglich wurde, trennte ich mich von ihr und kam zunächst mit meinen Gefühlen überhaupt nicht klar. Doch anstatt meine Trauer und das, was in mir vorging, zu hinterfragen und zu verarbeiten, griff ich immer öfter zur Droge. Das, was mir Entspannung und Ablenkung geben sollte, wurde mehr und mehr zur Flucht vor der Realität.

Mit der Zeit wurde es normal, dass ich Drogen konsumierte. Ich rauchte täglich mehrere Zigaretten, ich trank viel. Und es gab auch Phasen, in denen ich jeden Abend kiffte. Für jemanden, der noch ein halbes Jahr vorher strickt gegen Drogen war, war ich schon ganz schön weit gekommen. Die positiven Gefühle des ersten Rauschs gehörten zunehmend zur Normalität meines Tagesablaufs.

Doch obwohl ihr Reiz mit der Zeit völlig verloren ging, wurde mir erst gar nicht klar, wie sehr ich anfing, unter diesen Drogen zu leiden. Mein Schlaf wurde immer unruhiger und viel zu kurz, die Tage begannen schleppend, ich fühlte mich lustlos. Dinge, die mir bisher Spaß gemacht hatten, gaben mir nichts mehr, Menschen, die mir wichtig waren, wurden mir gleichgültig – ich rutschte von Tag zu Tag immer tiefer in meine depressive Stimmung. Die schlechte Laune versuchte ich immer wieder aufs Neue durch Marihuana oder Haschisch zu verdecken. Ich wollte nicht daran denken, dass das Kiffen unter Umständen für meine miese Situation mitverantwortlich sein könnte.

Eine Zeit lang ging das so weiter und alles in meinem Leben litt extrem unter meiner schlechten Stimmung: das Studium, das ich bereits begonnen hatte, Freundschaften, die Beziehung zu meiner Familie. Doch ich änderte nichts. Erst als ich eines abends nach der üblichen Tüte völlig fertig und verzweifelt in der Küche saß und ohne Grund anfing zu weinen, wurden mir zwei Dinge klar: Erstens, dass mich die Drogen nicht nur körperlich, sondern auch psychisch stärker beeinflussten, als ich mir das hätte vorstellen können. Und zweitens, dass ich nicht mehr länger die Augen vor mir und dem, was in mir vorging, verschließen durfte.

In der Folgezeit schränkte ich den Konsum von Nikotin, Alkohol, Marihuana und Haschisch – ich hatte zum Glück auf nichts Stärkeres zurückgegriffen – stark ein. Und einige Wochen später beschloss ich, ganz darauf zu verzichten. Ich spürte deutlich, wie sich zumindest meine körperliche Verfassung besserte. Und ich war auch wieder in der Lage, über mich und die Dinge, die mich beschäftigten, nachzudenken. Ich konnte mich wieder besser mit mir auseinander setzen. Heute habe ich begriffen, dass die Erfahrungen mit Drogen zwar anfangs ganz angenehm erschienen, mich aber im Endeffekt von dem entfernt haben, was ich durch sie sein wollte, nämlich unbeschwert und frei!

Ich weiß, dass ich kein abschreckendes Beispiel bin. Ich habe keinen totalen Absturz erlebt, habe meinen Körper nicht völlig zerstört, war nie süchtig. Aber ich denke doch, dass man an mir Eines gut sehen kann: Drogen nimmt man sehr oft nur deshalb, weil man sich von der alltäglichen Welt – die bei jedem irgendwann auch Stress, Probleme und Trauer mit sich bringt – ablenken will. Ich war mit meiner alltäglichen Welt nicht mehr zurecht gekommen, ich wollte an einen „schöneren" Ort fliehen. Und dieses Bedürfnis wurde schnell größer, denn es ist nicht besonders schwer, die Augen für einen Abend zuzumachen. Doch ich musste einsehen, dass es wichtig ist, sich den Herausforderungen zu stellen, anstatt sie vergessen zu wollen. Denn auch wenn dir Drogen kurzfristig das Glück auf Erden zu bescheren scheinen, so können sie doch eines nicht:
Sie machen nicht glücklich!

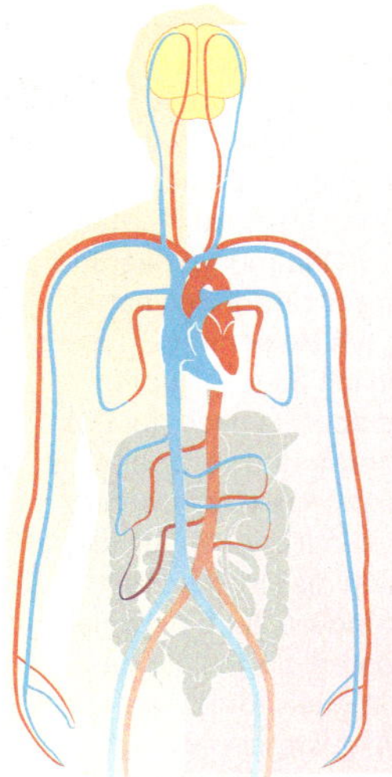

Gehirn:	Gedächtnisverlust, Orientierungslosigkeit, mangelnde Auffassungsfähigkeit, Absterben von Hirnzellen, bleibende Schäden
Nerven:	Nervenentzündung, Absterben von Nervenzellen
Herz:	Herzmuskelerkrankung, Verfettung
Magen:	Magenschleimhautentzündung
Bauchspeicheldrüse:	Entzündungen
Leber:	Fettleber, Leberentzündung (Alkohol-Hepatitis), Leberverhärtung und -schrumpfung (Leberzirrhose)
Blutgefäße:	Gefäßerweiterung, Aussackungen, „Schnapsnase“
Hoden/Eierstock:	reduzierte Fruchtbarkeit

1 Alkohol beeinträchtigt und schädigt viele Organe

Alkohol – Alltagsdroge Nr. 1

Ein Glas Sekt, um auf einen Geburtstag anzustoßen, oder ein Glas Wein zu einem guten Abendessen. In Maßen ist Alkohol bei Erwachsenen gesellschaftlich akzeptiert, wer aber zu viel trinkt oder gar Ausfallserscheinungen zeigt, wird nicht toleriert. Diese Grenze erkennen Jugendliche häufig nicht. Vor allem Mischgetränke aus Limonade und Rum, Wodka oder Whisky sind bei Jugendlichen sehr beliebt. Sie sind süß und süffig – und gefährlich! Zu schnell wird zu viel getrunken wird. Gerade im Körper von Jugendlichen wird das Zellgift Alkohol schlecht abgebaut und kann schwere Schäden anrichten (s. S. 17). Aus diesem Grund verbietet das Jugendschutzgesetz Ausschank und Verkauf von Spirituosen an unter 18-Jährige.

Schon geringe Mengen Alkohol wirken sich auf das Verhalten aus: Alkohol regt an und enthemmt, die Risikobereitschaft steigt. Mit steigender Blutalkoholkonzentration nimmt die Wahrnehmungs- und Reaktionsfähigkeit ab, das Gleichgewicht leidet und die Koordination der Bewegungen fällt schwer. Das Gesichtsfeld wird enger, man sieht doppelt. Viele neigen zur Selbstüberschätzung, andere reagieren ängstlich, weinerlich oder auch aggressiv. Das Sprechen geht in Lallen über. Bei noch höheren Dosen verlangsamen sich Puls und Atmung so stark, dass der Betroffene das Bewusstsein verliert und akute Lebensgefahr besteht.

Die Wirkung einer bestimmten Alkoholmenge hängt individuell z. B. vom Gesundheitszustand, von Müdigkeit oder Medikamenteneinfluss ab. Ein rasch getrunkenes Glas auf nüchternen Magen wirkt schneller als langsames Trinken während einer Mahlzeit. Deshalb kann bereits ein Blutalkoholgehalt von 0,5 Promille die Reaktions- und Wahrnehmungsfähigkeit gefährlich beeinträchtigen.

Manche trinken Alkohol, weil sie Probleme haben: Schulschwierigkeiten, Ärger mit den Eltern oder Liebeskummer. Alkohol hilft zumindest kurzfristig zu vergessen. Am nächsten Morgen wacht man mit Kopfschmerzen auf; die Probleme aber sind nicht gelöst.

Größere Mengen Alkohol machen Durst, es wird vermehrt Flüssigkeit ausgeschieden, der Salz- und Wasserhaushalt gerät durcheinander. Auf Dauer kommt es zu Störungen im Vitaminstoffwechsel, Appetitlosigkeit und Wachstumsverzögerungen. Bei jedem Alkoholrausch sterben Hirnzellen ab. Auf Dauer nimmt die Gedächtnisleistung ab und die Persönlichkeit verändert sich. Die Spätfolgen eines langfristig erhöhten Alkoholkonsums sind Entzündungen der Bauchspeicheldrüse und der Magenschleimhaut, Lebererkrankungen oder Krebs (Abb. 1).

Alkoholiker sind Menschen, die ein unbezähmbares Verlangen nach Alkohol verspüren. Oft fangen sie heimlich zu trinken an. Zu der psychischen Sucht kommt die körperliche Abhängigkeit. Ihr Körper hat sich auf eine bestimmte Alkoholkonzentration eingestellt. Fällt der Alkoholspiegel im Blut, reagiert ihr Körper mit Schweißausbrüchen, Schlafstörungen und Wahnvorstellungen *(Halluzinationen)*. Alkoholsüchtige sind krank! Ein Entzug ist nur mit ärztlicher Hilfe, meist in speziellen Entziehungsanstalten, möglich. Auch nach einem Entzug bleiben sie ihr Leben lang rückfallgefährdet. Selbsthilfegruppen wie die *anonymen Alkoholiker* helfen „trocken“ zu bleiben.

Zettelkasten

Promille – wie berechnet man den Blutalkohol?

Ein halber Liter Bier mit einem Alkoholgehalt von 5 Vol% enthält 25 Milliliter reinen Alkohol. Trinkt ein 75 kg schwerer Mann diese Menge Bier, verteilt sich der Alkohol in Blut und Lymphe. Diese Körperflüssigkeiten machen etwa $^2/_3$ der Körpermasse eines Menschen aus. Das wären in diesem Beispiel 50 kg Körperflüssigkeit, was in etwa einem Volumen von 50 Litern entspricht. Der Blutalkoholgehalt in Promille (‰) beträgt dann:

$$\frac{\text{Alkoholmenge (in ml)}}{\text{Körperflüssigkeit (in l)}} = \frac{25\text{ ml}}{50\text{ l}} = 0{,}5\text{ ‰}$$

Samstagabend:

Harald holt seine Freundin Martina zuhause ab. Sie fahren zur Diskothek, die außerhalb der Stadt liegt. Es soll ein schöner Abend werden.
Die Stimmung ist gut, man trifft viele Freunde, Alkohol gehört dazu. Es wird nicht zu viel Alkohol getrunken, weil man noch mit dem Auto nach Hause fahren muss.

Harald und Martina gehen zum Auto. Martina hat ein ungutes Gefühl. Eigentlich war es doch zu viel Alkohol, aber sie will sich nicht schon wieder wie am letzten Wochenende mit Harald darüber streiten.

Auf der Rückfahrt verliert Harald in einer Kurve die Gewalt über seinen Wagen. Der Wagen gerät ins Schleudern und prallt an einen Baum.
Er war nur etwas zu schnell, sagt er später dem Polizeibeamten. Martina stirbt noch am Unfallort. Ein Unfall, wie er an jedem Wochenende passiert!

Gesichtsfeld nüchtern

Gesichtsfeld bei 0,8 ‰

Blutalkohol	Wirkungen
ab ca. 0,2 ‰	Wärmegefühl, Zwanglosigkeit, verschlechterte Konzentrationsfähigkeit
ab ca. 0,4 ‰	Leutseligkeit, Rededrang, Reizbarkeit. Nachlassen von Selbstkritik und Urteilsvermögen
ab ca. 0,5 ‰	Enthemmung, Selbstüberschätzung, deutlich verminderte Sehleistung, stark herabgesetzte Aufmerksamkeit und Konzentrationsfähigkeit
um 0,8 ‰	Koordinationsstörungen, stark verlängerte Reaktionszeit
um 1,0 ‰	Sprachstörungen, Gleichgewichtsstörungen, fehlende Muskelkontrolle, Torkeln
um 2 ‰	Verwirrtheit, Gedächtnisstörungen, Muskelerschlaffung, Unfähigkeit zu stehen
ab ca. 3 ‰	Bewusstlosigkeit, flache Atmung, Koma, Tod

Rauchen – nein danke!

... jeder 2. Raucher braucht sich nicht um sein Alter zu sorgen — er stirbt vorher!

Aus Angst vor einer Gefährdung ihrer Gesundheit fordern viele Menschen eine drastische Verschärfung der Grenzwerte für gesundheitsschädliche Stoffe in der Luft, in Nahrungsmitteln und im Trinkwasser. Auf der anderen Seite nehmen zahlreiche Menschen eine ganze Reihe von giftigen Stoffen regelmäßig und in großen Mengen zu sich — sie rauchen. Jährlich sterben weltweit etwa 4 Millionen Menschen an den Folgen des Rauchens. Rauchen ist Selbstmord auf Raten!

Viele Gefahrenstoffe aus dem Zigarettenrauch werden auch von Nichtrauchern inhaliert *(Passivrauchen)* und schädigen deren Gesundheit. Zum Schutz der Nichtraucher ist in öffentlichen Gebäuden, in öffentlichen Verkehrmitteln und an vielen Arbeitsplätzen das Rauchen verboten.

140 000 Raucher sterben in Deutschland jährlich an den Folgen des Rauchens, das entspricht etwa der Zahl der Einwohner von Heidelberg.

Zigarettenrauch enthält *Teer,* der die reinigenden Flimmerhärchen in den Atemwegen verklebt. Staub und Schleim sammeln sich in der Lunge an, ein quälender *Raucherhusten* ist die Folge. Teer und mehrere Hundert weitere schädliche Stoffe setzen sich beim Rauchen in Rachen, Luftröhre, Bronchien und Lungenbläschen ab. Sie behindern den Gasaustausch, schädigen das Gewebe und führen zu Kehlkopf-, Bronchial- und Lungenkrebs. Mehr als 90% aller an Lungenkrebs erkrankten Menschen sind Raucher.

Wer täglich eine Schachtel Zigaretten raucht, dessen Lunge nimmt in einem Jahr etwa eine Tasse Teer auf.

Ein weiterer Giftstoff der Zigarette ist das *Nikotin.* Dieses Nervengift gelangt mit dem Rauch über die Lunge ins Blut. Durch Nikotin ziehen sich die Muskeln der Gefäßwände zusammen, die Blutgefäße verengen sich, der Blutdruck steigt und der Herzschlag wird beschleunigt. Haut und Gliedmaßen werden schlechter durchblutet. Die Hauttemperatur der Fingerspitzen sinkt um etwa 3 °C ab. Nikotin fördert zudem die Bildung von Ablagerungen in den Arterien. Es kommt häufig zu Durchblutungsstörungen und in Folge dessen zur Untervorsorgung einzelner Organe mit Sauerstoff. Gewebeteile können absterben und müssen operativ entfernt werden *(Raucherbein).*

60 mg Nikotin sind für einen Erwachsenen tödlich. Bei Kleinkindern ist bereits das in einer verschluckten Zigarette enthaltene Nikotin tödlich.

Bei der Verbrennung von Tabak entsteht außerdem *Kohlenstoffmonooxid,* ein sehr giftiges Gas, das an das Hämoglobin der roten Blutzellen bindet und so den Sauerstofftransport verhindert. Dies führt zu Kurzatmigkeit, mangelnder Kondition und verringert die sportliche Leistungsfähigkeit.

Die Haut vieler Raucher wird fahl und faltig, die Zähne verfärben sich und der Atem riecht übel. Rauchen fördert, besonders bei Frauen, den Alterungsprozess der Haut — und wer will schon gerne alt aussehen?

Durch Rauchen während der Schwangerschaft wird das Kind geschädigt, in vielen Fällen ist das Geburtsgewicht reduziert. Früh- und Fehlgeburten treten bei Raucherinnen vermehrt auf.

Viele wissen über die Gefahren des Rauchens Bescheid, fangen aber trotzdem damit an oder hören nicht auf. Der Griff zur Zigarette erfolgt aus Neugier, weil es cool ist oder um dazu zu gehören. Viele haben ältere Freunde, die rauchen, und wollen erwachsener wirken. Meistens schmeckt die erste Zigarette überhaupt nicht — im Gegenteil: bei den meisten löst sie Husten, Übelkeit und Benommenheit aus. Trotzdem greifen viele zum ersten Mal und danach immer wieder in bestimmten Situationen zur Zigarette, etwa um Wartezeiten zu überbrücken oder Unsicherheiten zu überspielen. Andere rauchen, um sich zu entspannen oder um sich zu belohnen.

Der Schritt vom gelegentlichen Rauchen zum Gewohnheitsrauchen ist oft sehr kurz. Wer das Rauchen nach wenigen Zigaretten nicht einstellt, wird mit hoher Wahrscheinlichkeit zum Raucher. Ohne es zu merken schlittert man in die Abhängigkeit. Dabei wollen mehr als zwei Drittel der jugendlichen Raucher mit dem Rauchen aufhören oder es zumindest reduzieren. Die meisten haben auch schon vergebliche Aufhörversuche hinter sich.

Wer einmal mit dem Rauchen angefangen hat, dem fällt es schwer, auf Zigaretten zu verzichten. Nervosität, Unruhe, Gereiztheit und mangelnde Konzentrationsfähigkeit sind typische Entzugserscheinungen. Nur mit großer Willensstärke gelingt es, sich das Rauchen abzugewöhnen und den inneren Drang zu überwinden, der einen immer wieder zur Zigarette greifen lässt.

Aufgabe

① Entwerfe ein Plakat, mit dem du einen Raucher anhand der Informationen auf S. 117 davon überzeugst, dass es auch nach vielen Jahren sinnvoll ist, mit dem Rauchen aufzuhören.

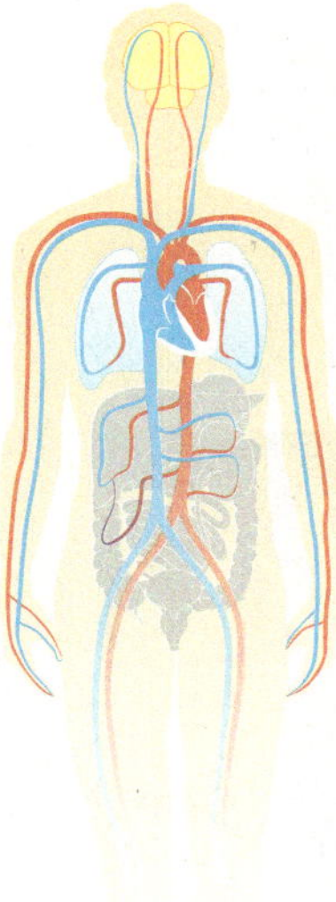

Gehirn:
Kopfschmerzen

Herz:
Herzbeschwerden
erhöhtes Infarktrisiko

Bronchien, Lunge:
Luftknappheit
Raucherhusten
chronische Bronchitis
Lungenkrebs

Beine:
Durchblutungsstörungen bis hin zum Raucherbein

Kohlenstoffmonooxid
Folge:
Sauerstoffmangel im Körper

Teerstoffe
(Kondensat)
Folge:
Ablagerungen in der Lunge

Nikotin
Folge:
Durchblutungsstörungen

1 Schädigende Auswirkungen des Rauchens

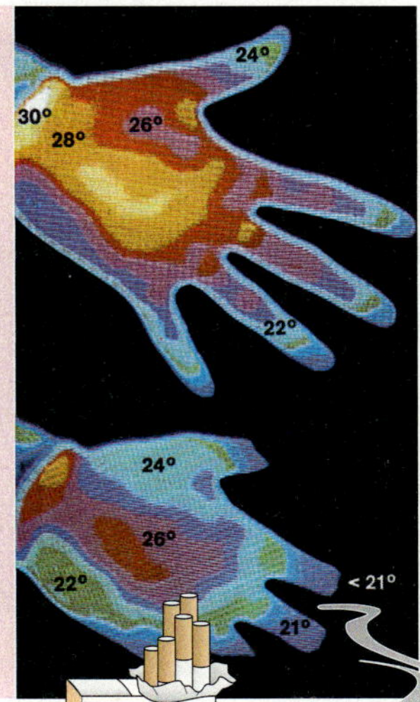

2 Thermografie einer Hand vor und nach dem Rauchen einer Zigarette

Rauchen – weltweit Todesursache Nr. 1
10 Zigaretten am Tag steigern das Krebsrisiko um das Achtfache
15 bis 20 Zigaretten am Tag . . . um das Zwanzigfache
Kettenraucher haben das 30fache Krebsrisiko

Rund 1 Million Menschen sind in der EU in der Zigarettenindustrie beschäftigt. Die Einnahmen aus der Tabak- und Mehrwertsteuer betragen jährlich knapp 70 Milliarden.

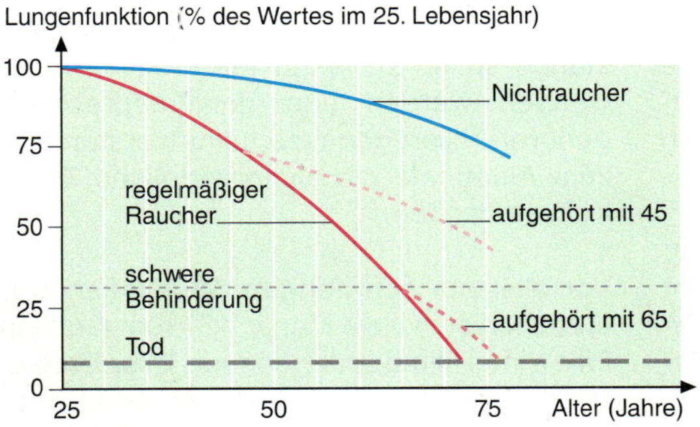

3 Rauchen und Lungenfunktion

„Aber es liegt auch im Rauchen eine arge Unhöflichkeit, eine impertinente Ungeselligkeit. Die Raucher verpesten die Luft weit und breit und ersticken jeden honetten Menschen, der nicht zu seiner Verteidigung zu rauchen vermag."

Zitat von Goethe

4 Was passiert nach der letzten Zigarette ...

Nach 20 Minuten	Blutdruck und Puls sinken auf normale Höhe
... 8 Stunden	Der Kohlenstoffmonooxidspiegel im Blut sinkt, der Sauerstoffspiegel steigt auf normale Höhe
... 24 Stunden	Das Risiko des Herzinfarktes sinkt
... 48 Stunden	Regeneration der Nervenenden beginnt, Geschmacks- und Geruchssinn verbessern sich
... 2 Wochen	Der Kreislauf stabilisiert sich
... 3 Monaten	Die Lungenfunktion hat sich um ca. 30 Prozent verbessert
... 1 Jahr	Das zusätzliche Risiko von Thrombosen verringert sich um die Hälfte
... 5 Jahren	Das Risiko, an Lungenkrebs zu sterben, hat sich fast halbiert
... 5 bis 15 Jahren	Das Risiko des Herzinfarktes verringert sich auf das eines Nichtrauchers
... 10 Jahren	Das Lungenkrebsrisiko ist auf das eines Nichtrauchers gesunken
... 15 Jahren	Das Risiko von Thrombosen in den Herzkranzgefäßen ist so hoch wie bei einem Nichtraucher

1 Kopfschmerzen – es gibt Alternativen zu Tabletten

Eine Pille – und man fühlt sich wohl?

Zweimal in der Woche Nachmittagsunterricht, montags und mittwochs Training, Tanzkurs, Konfirmanden- und Klavierunterricht, Zeitungen austragen, Mathenachhilfe geben und zwischendrin noch Hausaufgaben machen und auf die Klassenarbeiten lernen …

Ohne *Aufputschmittel* würde Julia das gar nicht schaffen. Abends kann sie häufig nicht einschlafen und ihre Mutter gibt ihr *Beruhigungspillen,* damit sie zur Ruhe kommt. Diese Pillen nimmt sie auch vor Klassenarbeiten, weil sie da immer so aufgeregt ist, oder oft auch heimlich, wenn sie zum Beispiel Krach mit ihren Freunden oder Eltern hat.

So wie für Julia, ist für viele Menschen der Griff zu *Medikamenten* zu einer Selbstverständlichkeit geworden. Unangenehme Zustände sollen so rasch wie möglich überwunden werden und dementsprechend gehören Pillen genauso selbstverständlich zum Alltag wie die allmorgendliche Tasse Kaffee oder Tee.

Vor allem in schwierigen Situationen versprechen sich viele Menschen vom Griff zur Pille eine Hilfe bei der Lösung ihrer Probleme. In den meisten Fällen aber tritt genau das Gegenteil des Gewünschten ein und die Probleme verstärken sich durch die Tabletten sogar.

Zettelkasten

Ecstasy

Ecstasy ist eine künstlich hergestellte Droge, die anregend und bewusstseinsverändernd wirkt. Die kleinen bunten Pillen oder Kapseln werden meist von Jugendlichen bei Partys und in Discos als *Aufputschmittel* verwendet, um beim stundenlangen Tanzen ohne Pausen mit- und durchhalten zu können.

Ecstasy vermittelt die Illusion, unendliche Kräfte und Ausdauer zu besitzen. Unter der Wirkung von Ecstasy wird das Schlafbedürfnis unterdrückt und die normalen Alarmsymptome des Körpers werden nicht mehr wahrgenommen: Durst, Hunger, Schwindel, Unwohlsein und Erschöpfung werden nicht rechtzeitig bewusst, um einem lebensbedrohlichen Kreislaufkollaps vorbeugen zu können. Auch Todesfälle durch Wasserverlust, Überhitzung und totale Erschöpfung wurden bekannt.

Ecstasy hat auch *Nebenwirkungen* wie Nervosität, Unruhe, Depressionen, Gedächtnis- und Konzentrationsstörungen. Tierversuche haben gezeigt, dass Ecstasy Nervenzellen im Gehirn zerstört. Das erklärt auch, warum die Droge auf Dauer zu schweren *psychischen Veränderungen* führt. Da sich die Zusammensetzung verschiedener Pillen unterscheidet, ist die Wirkung und vor allem das Risiko schwer abschätzbar.

Richtig angewandt, sind Medikamente sinnvoll und wichtig, um Krankheiten zu heilen oder bestimmte Beschwerden zu lindern. Wenn aber Gesunde zu Medikamenten greifen, um persönliche Probleme und Konflikte (scheinbar) zu lösen, liegt ein *Missbrauch* vor. Die Wirkung der Medikamente gerät dann schnell außer Kontrolle. Der Schritt vom Medikamentenmissbrauch zur Abhängigkeit ist oft nur klein. Besonders häufig ist dies bei Aufputschmitteln *(Amphetaminen)*, Beruhigungs- und Schlafmitteln *(Barbituraten)* zu beobachten.

Anfangs steigern Aufputschmittel die Leistungsfähigkeit. Sie werden deshalb auch im Sport zum *Doping* eingesetzt. Häufig eingenommen führen sie zu Unrast, Schlaflosigkeit und Wahnvorstellungen. Deshalb kommen Viele nicht nur mit einem Medikament aus und es entsteht ein Teufelskreis: morgens Aufputschmittel und abends Schlafmittel.

In einem solchen Teufelskreis entsteht schon nach wenigen Wochen eine *körperliche* und *psychische Abhängigkeit*. Ohne Pillen kommt es zu Entzugserscheinungen, die sich in Angstzuständen und Depressionen zeigen — und gegen die erneut Medikamente helfen sollen. Ohne ärztliche Verordnung sollten Medikamente nie über einen längeren Zeitraum eingenommen werden. Vor allem der Gebrauch von Schmerzmitteln muss stets mit dem Arzt abgesprochen sein und von ihm überwacht werden. Halten die Beschwerden an, muss in jedem Fall geprüft werden, ob nicht eine schwerwiegende Erkrankung vorliegt, die mit Schmerzmitteln nur vertuscht wird.

Auch *rezeptfreie Medikamente* sind nicht unbedenklich. Neben den erwünschten Eigenschaften haben Medikamente oft auch unerwünschte *Nebenwirkungen*. Diese können dem Körper zu schaffen machen, vor allem wenn die Medikamente unkontrolliert und zu häufig eingenommen werden. Bei kleineren Unpässlichkeiten sollte man daher nicht gleich zur Tablette zu greifen. Bei Kopfschmerzen hilft oft schon frische Luft oder ein kurzes Nickerchen. Anstelle von Abführmitteln isst man ballaststoffreiche Kost. Zur Anregung hilft Morgengymnastik oder nachmittags ein Spaziergang, zur Beruhigung ein Kräutertee.

Viele Leiden lassen sich besser und gesünder beheben, wenn man die Ursache kennt. So sind Schlafstörungen häufig auf Ängste oder Überforderung im Alltag zurückzuführen. *Stress* ist oft der Grund für psychische, aber auch körperliche Beschwerden, wie häufige Kopfschmerzen. In solchen Fällen kann ein dauerhafter Erfolg erzielt werden, wenn die Lebensführung geändert und Stressfaktoren beseitigt werden.

Aufgaben

① Mache Vorschläge, wie Julia auch ohne Medikamente auskommen kann.

② Stellt Übungen zur Beruhigung bei Klassenarbeiten zusammen.

③ Informiere dich in einem Lexikon oder im Internet über die Wirkung von Heilpflanzen. Welche Kräuter eignen sich beispielsweise zur Linderung von Erkältungsbeschwerden? Welche wirken entspannend und beruhigend?

1 Eine Pille für alle Fälle?

Hanf – Drogen von der Nutzpflanze

Der indische Hanf *(Cannabis sativa)* ist eine alte Kulturpflanze, die bis zu 4 Metern hoch wird. Wirtschaftliche Bedeutung hat der Hanf wegen seiner langen, reißfesten Fasern. Aus ihnen werden unter anderem Schiffstaue und Säcke gefertigt.

Schon vor 2 500 Jahren wusste man, dass das Einatmen der Dämpfe erhitzter Samen rauschartige Zustände herbeiführen kann. An der Pflanzenoberfläche wird Harz gebildet. Es enthält den Stoff *Tetrahydrocannabinol (THC)*, der im Wesentlichen für die Rauschwirkung verantwortlich ist. Das Harz lässt sich sammeln und zusammenpressen. Es wird dann als *Haschisch* bezeichnet. Getrocknete und klein geschnittene Pflanzenteile nennt man *Marihuana.*

Haschisch und Marihuana werden überwiegend geraucht. Dabei entstehen Rauschzustände, welche die Konsumenten als angenehm empfinden. Allerdings führt dieser Rausch im Straßenverkehr zu ähnlichen Fehlleistungen wie erhöhter Alkoholkonsum. Es treten Sinnestäuschungen auf, die wiederum zu Fehleinschätzungen der Verkehrsituation und zu falschen und verlangsamten Reaktionen führen. Die Wirkung der Droge kann bis zu sieben Tage anhalten, denn inzwischen wird sie aus Pflanzen gewonnen, die ein Vielfaches des THC-Gehalts aufweisen als noch vor einigen Jahren.

Längerer Konsum von Cannabisprodukten führt vermutlich nicht zu Organschäden oder körperlicher Abhängigkeit. Allerdings treten bei Dauerkonsumenten der Droge eine psychische Abhängigkeit und weitere Veränderungen auf. Die körperliche Aktivität und das Interesse im Umgang mit anderen Menschen lassen nach, die Urteilsfähigkeit wird eingeschränkt und häufig kommt es zu Konzentrations- und Gedächtnisstörungen. Besonders intensiv wirkt die Droge bei Jugendlichen in der Pubertät. Speziell in dieser Lebensphase reagiert das Gehirn sehr empfindlich. Es entwickelt schneller ein *Suchtgedächtnis* und die Drogenabhängigkeit tritt schneller ein.

Obwohl in Deutschland der Besitz von Cannabispflanzen und -produkten verboten ist, steigt die Zahl jugendlicher Konsumenten seit Jahren an.

Aufgaben

① Nenne Gründe, die Jugendliche zum Konsum von Cannabis-Produkten verleiten können.

② Beschreibe die Gefahren, die sich besonders für Jugendliche aus dem Konsum von Haschisch und Marihuana ergeben können, wenn sie in der Schule oder in der Ausbildung sind und regelmäßig lernen müssen.

Zettelkasten

Kokain ist in den Blättern des **Coca-Strauches** (*Erythoxylum coca*) enthalten. In der Medizin wurde es als oberflächenwirksames Betäubungsmittel der Schleimhäute verwendet. Die Indianer der Anden kauen die Cocablätter wegen der euphorisierenden Wirkung des Kokains. So ertragen sie leichter Kälte, Hunger und schwere Arbeit. Dabei wird allerdings der Körper durch Überlastung auf Dauer ausgezehrt.

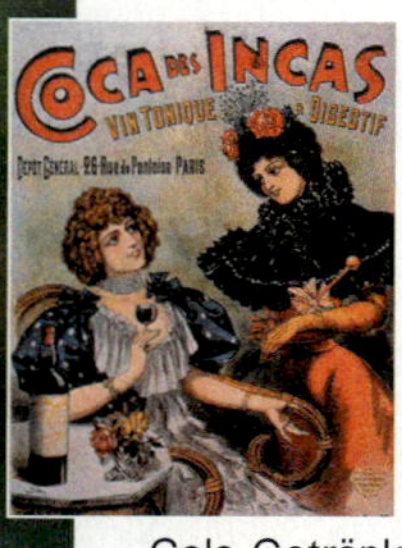

Außerdem kann Kokain zu Verfolgungswahn und Nervenschäden führen. Vor rund 100 Jahren nutzte man Kokain als Arzneimittel. Es gab Kokain in Drogerien und Apotheken frei zu kaufen, bis man die abhängig machende Wirkung erkannte. Zahlreiche Getränke wurden mit Kokain zubereitet. So enthielt das 1886 entstandene Coca Cola-Getränk außer Wein auch Kokain. Der Wein wurde später durch Mineralwasser ersetzt, das Kokain im Jahre 1906 durch Koffein.

Die unreifen Früchte des **Schlafmohns** *(Papaver somniferum)* werden angeritzt. Den austretenden Milchsaft lässt man trocknen. Das so gewonnene *Opium* ist ein Stoffgemisch. Es enthält verschiedene medizinisch interessante Stoffe, *Opiate* genannt, z. B. Morphium (10 %), Narkotin (5 %) und Papaverin (0,5 %). Diese Stoffe wirken schmerzlindernd, einschläfernd und narkotisierend. Im 17. Jahrhundert wurden die Opiate zur „Linderung der menschlichen Leiden“ eingesetzt, wie es damals ein Arzt formulierte.

Erst zu Beginn des 20. Jahrhunderts wurde die Gefahr erkannt und richtig eingeschätzt: Bei Einnahme von 0,1 bis 0,2 g Morphium treten starke Vergiftungserscheinungen auf, wie langsames Atmen, tiefer Schlaf und Abschwächung der Herztätigkeit. Ab 0,3 g tritt der Tod durch Lähmung der Atemmuskulatur ein. Mithilfe einer chemischen Reaktion wurde im Jahr 1898 erstmals aus Morphium Heroin hergestellt. Es kam ursprünglich als „nicht süchtig machendes“ Hustenmittel auf den Markt.

Drogen – ohne mich!

Mit den folgenden Experimenten wird die Wirkung von Alkohol und Zigarettenrauch auf Lebewesen untersucht. Im Unterricht bieten sich *Kresse* oder *Senf* dafür an.

Zigarettenrauch auf Kresse

Material:
5 Schraubdeckelgläser (ca. 200 ml), Filterpapier, Samen von Kresse oder Senf, Zigarette, Kolbenprober

Durchführung:
- Beschrifte die Gläser mit mit den Ziffern 1 bis 5. Gib in jedes Glas 2 Lagen Filterpapier, feuchte es mit Wasser an und streue etwa 20 Kressesamen darauf. Lege die Deckel auf die Gläser. Ziehe mit einem Kolbenprober Luft durch eine brennende Zigarette, sodass er sich mit Rauch füllt. Drücke dann in die Gläser 2 bis 5 jeweils 20, 50, 100 bzw. 150 ml des Rauchs. Hebe dazu die Deckel nur leicht an, damit möglichst wenig Rauch entweicht, und schraube sie anschließend sofort fest zu. Glas 1 dient als Kontrollansatz ohne Rauch. Stelle die Gläser an einen hellen Ort, z. B. auf das Fensterbrett.
- Beobachte die Keimung und das Wachstum der Kressepflanzen. Bestimme nach etwa 5 Tagen, den Anteil der Samen, die gekeimt sind, sowie die Länge der Keimlinge in den verschiedenen Ansätzen.

Alkohol auf Kresse

Material:
7 Schraubdeckelgläser (ca. 200 ml), Filterpapier, Samen von Kresse (oder Senf), Alkohollösungen der Konzentrationen: 0,1%, 0,2%, 0,3%, 0,4%, 0,5% und 1%.

Durchführung:
- Beschrifte die Gläser mit den Zahlen 1 bis 7. Gib in jedes der 7 Gläser 2 Lagen Filterpapier, feuchte es in Glas 1 mit 5 ml Leitungswasser, in den Gläsern 2 bis 7 jeweils mit 5 ml der unterschiedlich konzentrierten Alkohollösungen an. Streue etwa 20 Kressesamen in jedes Glas und schraube die Deckel zu. Stelle die Gläser an einen hellen Ort, z. B. auf das Fensterbrett.
- Beobachte das Wachstum der Kressepflanzen. Bestimme nach etwa 5 Tagen die Keimungsrate und die Länge der Keimlinge in den verschiedenen Ansätzen.

Inhaltsstoffe des Zigarettenrauchs

Durchführung:
- Eine Zigarette wird in ein 3 cm langes Schlauchstück gesteckt. Ein 5 cm langes Glasrohr wird mit Kochsalz gefüllt, an den Enden mit Watte verstopft und in das Schlauchstück geschoben. Das andere Ende des Glasrohrs ist mit einer Saugpumpe verbunden. Die Zigarette wird angezündet und der Rauch durch das Glasrohr gesaugt. Betrachte das Salz und notiere deine Beobachtungen. Welcher Stoff im Zigarettenrauch kann die Veränderungen hervorgerufen haben?

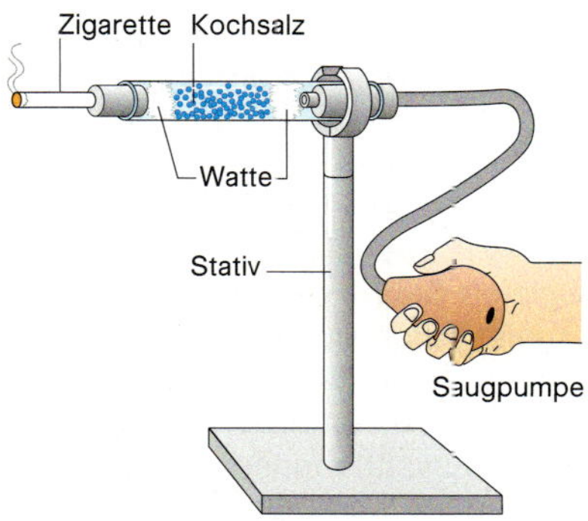

- Nimm das Glasrohr aus der Versuchsanordnung, entferne die Wattepfropfen mit einer Pinzette (nicht in die Hand nehmen). Fülle etwas Wasser in ein 200-ml-Becherglas und schütte das Salz aus dem Glasröhrchen hinein. Rieche an der Wasseroberfläche und beschreibe den Geruch.

Wo lagern sich diese Stoffe im Körper des Rauchers ab? Welche Auswirkungen oder Folgen hat dies für den Organismus des Rauchers?

Raucher in der Werbung

In Rundfunk und Fernsehen darf seit 1974 nicht mehr für Tabakwaren geworben werden. Doch mit Kinospots, auf Plakatwänden und in Zeitschriften wird für Zigaretten geworben.

Aufgaben

① Sammle entsprechende Werbeanzeigen aus Zeitschriften. Wie werden Raucher dort gezeigt?
Achte auf folgende Gesichtspunkte:
a) Welche Stimmung vermitteln die dargestellten Szenen?
b) Welchen Typ Mensch verkörpern die dargestellten Raucher?

② Wie einprägsam Werbung ist, könnt ihr leicht testen. Klebt die Produktnamen in den Anzeigen ab und testet an euren Mitschülern, ob ihnen die entsprechende Marke zu der Werbebotschaft einfällt.

③ Entwirf ein Werbeplakat gegen den Zigarettenkonsum.

Coole Drinks ohne Promille

Piña Colada (ganz ohne)

Zutaten: 16 cl Ananassaft; 4 TL Cream of Coconut oder 4 cl Kokossirup, 2 cl Sahne, Eiswürfel (1 cl = 1/100 l = 10 ml)
Dekoration: 1/4 Ananasscheibe, 1 Cocktailkirsche
Zubereitung: Die Eiswürfel in ein Cocktailglas geben, die übrigen Zutaten gut mixen und darüber gießen. Die Ananasscheibe an den Glasrand stecken und die Cocktailkirsche mit einem Spieß daran stecken.

Dragonheart

Zutaten: 12 cl Kirschsaft; 4 cl Maracujanektar, 2 cl Zitronensaft, 2 cl Grenadinesirup, Eiswürfel (1 cl = 1/100 l = 10 ml)
Zubereitung: Alle Zutaten zusammen mit den Eiswürfeln in einem Shaker kräftig schütteln und danch in ein Cocktailglas gießen.

Bananagirl

Zutaten: 8 cl Bananensaft, 8 cl Orangensaft, 4 cl Mineralwasser mit Kohlensäure, 2 TL Zucker
Zubereitung: Fruchtsäfte mit dem Zucker gut verrühren und mit Mineralwasser auffüllen.

Probiere die Rezepte auf der nächsten Fete aus. Versuche dich doch mal an eigenen Kreationen!

Computersüchtig ist, wer...

- mehr Zeit mit dem Computer verbringt, als er eigentlich will.
- wiederholt erfolglos versucht hat, die Zeit vor dem Computer zu reduzieren und
- stattdessen immer länger vor dem Computer sitzt.
- gereizt, unruhig und unzufrieden wird, wenn ihm der Zugang zum Computer verwehrt wird.

1 Auch der Computer kann süchtig machen

Sucht ohne Drogen

Nicht nur Cannabis, LSD, Crack, Heroin, Ecstasy, Alkohol, Nicotin und Medikamente machen süchtig. Auch alltägliche, harmlose Verhaltensweisen, wie etwa Essen, Spielen, Arbeiten, Joggen, Einkaufen oder Putzen können zur Sucht werden. Sie können einen Menschen so gefangen nehmen, dass er nicht mehr frei entscheiden kann, wie er seine Freizeit gestaltet. Er verspürt einen unwiderstehlichen Drang, sich in bestimmte Situationen zu begeben oder bestimmte Handlungen auszuführen — ohne Rücksicht auf die Folgen für sich und oft auch andere.

Wann ist ein Verhalten Sucht? Der Übergang von Gewohnheiten zur Abhängigkeit ist fließend. Nicht jedes intensiv ausgeübte Verhalten muss gleich Sucht sein. Süchte entwickeln sich meist aus ausweichendem Verhalten, etwa dem Ausweichen vor der Auseinandersetzung mit Alltagsproblemen, vor Konflikten und Stresssituationen. Auch Langeweile, Unsicherheit und belastende Ereignisse können durch diese Verhaltensweisen verdrängt oder vertuscht werden.

Esssüchtige müssen essen, um sich zu beruhigen oder zu trösten. Sie können ihr Essverhalten nicht durch das Gefühl von Hunger und Sättigung steuern. Durch extremes Übergewicht schädigen sie sich körperlich. *Magersüchtige* verweigern die Nahrung und verfolgen ihr Ziel, immer schlanker zu werden, mit unerbittlicher Härte gegen sich selbst — bis zu lebensbedrohendem Untergewicht. Nicht stoffgebundene Abhängigkeiten sind auf den ersten Blick oft nicht als Süchte zu erkennen. Aber auch sie können ebenso zur „Krücke" für die Lebensbewältigung werden wie stoffliche Suchtmittel. So ist z. B. *Computerspielen* an sich keine schädigende Freizeittätigkeit. Sie kann sich aber dazu entwickeln. Vor allem dann, wenn der Computer dazu benutzt wird, sich vor Hausaufgaben oder Lernen zu drücken oder um Problemen aus dem Weg zu gehen, anstatt sich ihnen zu stellen.

Etwa drei Stunden, die Hälfte seiner Freizeit, sitzt jede(r) Deutsche im Mittel täglich vor dem Fernseher; für keine andere Tätigkeit, außer Arbeiten und Schlafen, wird mehr Zeit aufgebracht. *Fernsehsüchtige* fliehen aus der Realität in den angenehm passiven Zustand des Zuschauers. Sie werden nervös, wenn es um sie herum still ist, oft haben sie Angst, mit ihren Gedanken allein zu sein.

Spielsüchtige nehmen jede Gelegenheit zum Glückspiel in Spielbanken und -hallen wahr. Und oft ruinieren sie sich finanziell.

Aufgaben

① Vergleiche die Kriterien für die Computersucht mit denen für die klassischen Drogensüchte wie Heroin oder Alkohol.
② Nenne gesundheitliche Schäden, die durch stundenlanges Rumhängen vor dem Computer entstehen können.
③ Welche weiteren Gefahren siehst du?
④ Gib Ratschläge, wie man sich das Computerspielen abgewöhnen oder zumindest reduzieren kann.

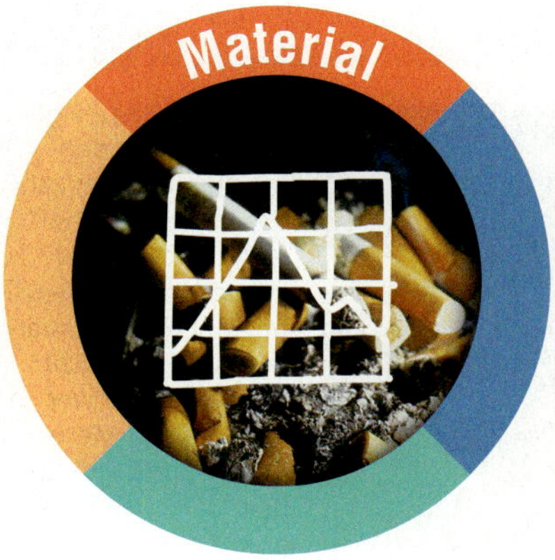

Gefährdung durch Drogen

Blutalkoholkonzentration

Die *Aufnahme* von Alkohol ins Blut erfolgt zu 20 bis 30% im Magen und zu 70 bis 80% im Dünndarm. Der *Abbau* des Alkohols erfolgt in der Leber, pro Stunde verringert sich bei Erwachsenen die Alkoholkonzentration im Blut um etwa 0,1 Promille, bei Jugendlichen liegt dieser Wert noch niedriger.

Getränk	Alkoholgehalt	Trinkmenge	Energiegehalt
Bier	ca. 5 %	0,5 l	900 kJ
Wein	ca. 10 %	0,25 l	830 kJ
Sekt	ca. 10 %	0,1 l	350 kJ
Weinbrand	ca. 40 %	2,0 cl	180 kJ
Alkopop	ca. 6 %	0,2 l	???
Likör	ca. 20 %	2,0 cl	250 kJ

Aufgaben

① Nimm an, du würdest die in der Tabelle aufgeführten alkoholischen Getränke zu dir nehmen. Berechne die Blutalkoholkonzentration, die bei dir jeweils auftreten würde (s. S. 114). Vergleiche mit den Werten eines etwa 75 kg schweren Erwachsenen.

② Wie lange würde es mindestens dauern, bis du danach wieder nüchtern wärst?

Alkohol im Straßenverkehr

Ab einem Blutalkoholgehalt von 0,5 Promille darf man kein Kraftfahrzeug mehr steuern. Kommt es zu einem Unfall oder einer gefährlichen Verkehrssituation, kann bereits ab 0,3 Promille eine Verurteilung wegen Trunkenheit am Steuer oder Gefährdung des Straßenverkehrs ausgesprochen werden.

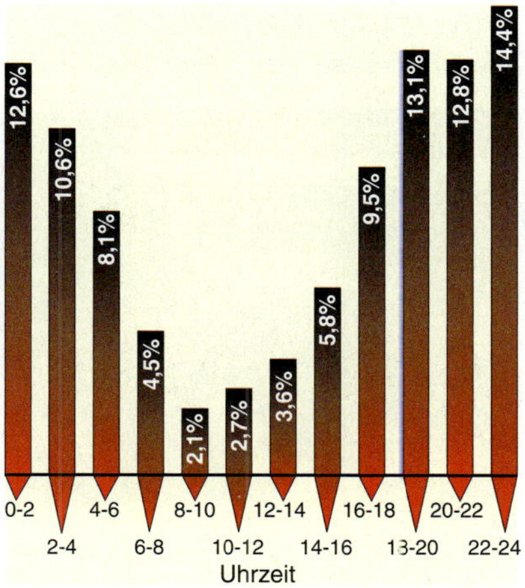

Unfälle mit Personenschaden unter Alkoholeinfluss der beteiligten PKW-Fahrer

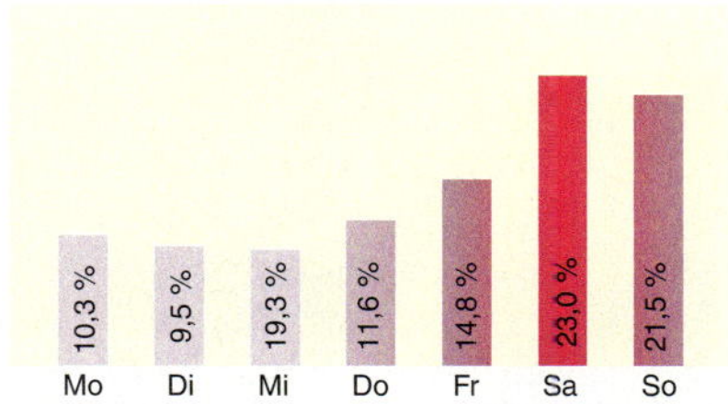

Unfälle mit Personenschaden unter Alkoholeinfluss auf Wochentage verteilt

③ Zum 1. 4. 2001 wurde die „Promille-Grenze" von 0,8 auf 0,5 Promille abgesenkt. Nenne Gründe dafür.

④ Was hältst du von der in manchen Ländern praktizierten 0-Promille-Regelung?

⑤ Werte die Unfallstatistiken aus. Gib mögliche Erklärungen.

So manches Speckröllchen war mal flüssig!

Der Energiegehalt alkoholischer Getränke wird häufig unterschätzt. Überschüssige Energie legt der Körper als Reserve in Fettdepots an. Zum Ausgleich weniger zu essen, ist aber keine Lösung, da der Körper neben Kohlenhydraten auch Eiweiß, Fett, Vitamine und Mineralstoffe in ausgewogenen Mengen benötigt.

⑥ Wer 10 Minuten joggt, verbraucht dabei rund 400 kJ. Wie lange musst du jeweils joggen oder dich auf andere Weise sportlich betätigen, um die Energie, die in einem Glas der genannten alkoholischen Getränke steckt, abzuarbeiten (vergleiche S. 53).

⑦ Auf Alkoholflaschen findet man in der Regel keine Angaben über den Energiegehalt. Gib mögliche Erklärungen.

Tabakpreis und Konsum

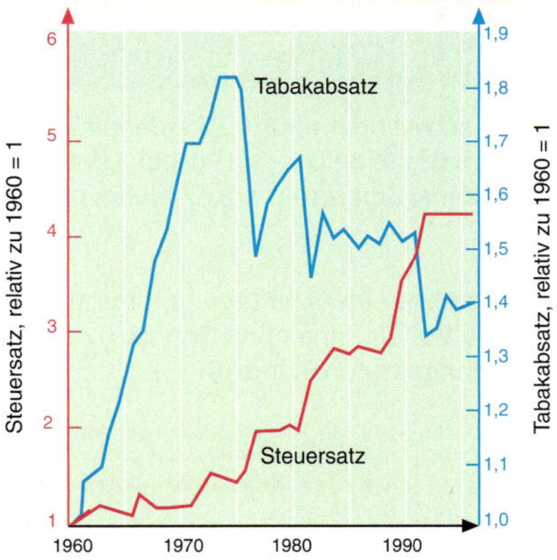

Die Abbildung zeigt die Entwicklung der Tabaksteuer und des Tabakabsatzes in Deutschland zwischen 1960 und 1997.

⑧ Beurteile anhand der Grafik, welche Auswirkungen Erhöhungen der Tabaksteuer auf den Absatz hatten.

Drogen – ohne mich?!

Auf Seite 113 berichtet ein junger Mann von seinen Erfahrungen mit Drogen.

⑨ Welche Gründe waren es, die ihn gegen seine Überzeugung zu Drogen greifen ließen?

⑩ Wie hätte er statt dessen handeln können? Überlege dir Alternativen.

⑪ Vergleiche die Gefühle nach dem ersten Joint mit den Eindrücken und Folgen, die er später erlebt hat.

⑫ War er deiner Meinung nach abhängig von den Drogen? Wo beginnt die Abhängigkeit?

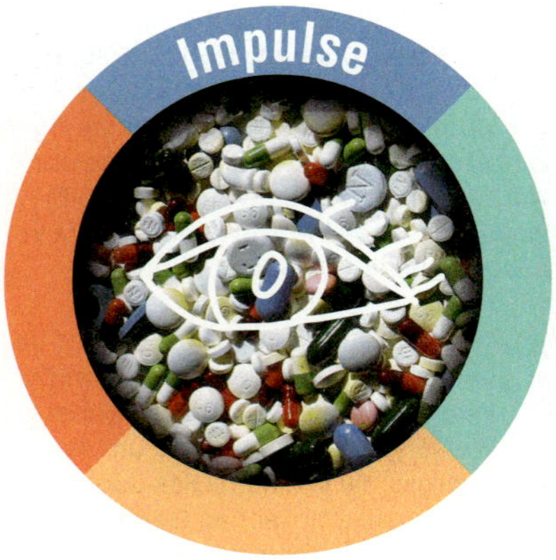

Keine Macht den Drogen

Neugier, cool sein, dazu gehören, mithalten können oder einfach die Lust am Risiko – alles mögliche Antworten auf die Frage:
„Warum nehmen Menschen Drogen?"

Keine Macht den Drogen

Ob man will oder nicht! – kaum jemand kommt heute an Drogen vorbei: Hast du schon mal Zigaretten oder Alkohol probiert?

Ergebnisse einer Umfrage unter über 11 000 Schülerinnen und Schülern der Jahrgangsstufen 9 und 10:

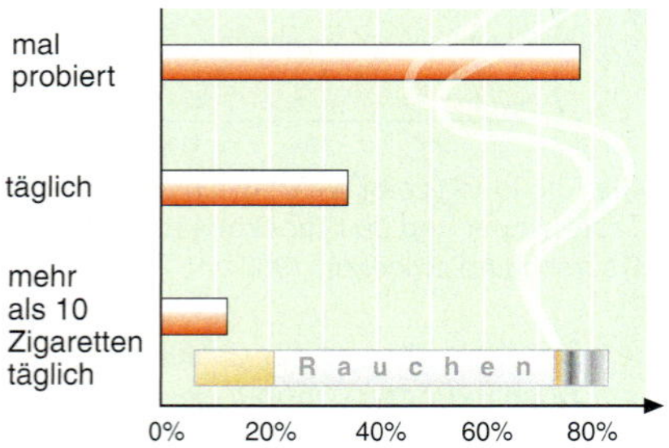

Welches Ergebnis erwartest du bei einer Umfrage an eurer Schule?
Welche Schlüsse ziehst du daraus?

Alkohol am Steuer – eine Gefahr für alle

7817 Unfallbeteiligte standen in Baden-Württemberg im Jahr 2004 unter Alkoholeinfluss. **2879** Verkehrsteilnehmer wurden bei Alkoholunfällen leicht und **1320** Menschen schwer verletzt; **102** Menschen sind bei Alkoholunfällen zu Tode gekommen.

Samstagabends auf Sylvias Geburtstagsparty:
„Komm' schon, trink mal was. Wir haben groß eingekauft!" „Nee Danke, ich bleibe lieber beim Saft." „Wieso das denn?"...

Wie wird das Gespräch weitergehen?

Rauchen hält jung ...

Große Pause, Raucherecke: „Willst du auch 'ne Kippe?", „Nee Danke, ich rauche nicht.", „Ja, ich höre auch schon lange auf."...

Wie könnte das Gespräch weitergehen?
Warum wollen viele mit dem Rauchen aufhören?
Was macht Aufhören so schwer?

7 Gründe für das Rauchen

- Rauchen beruhigt und entspannt.
- Rauchen regt an.
- Rauchen hilft, die Zeit zu vertreiben.
- Rauchen hilft, schlank zu bleiben.
- Rauchen erhöht die Lebensfreude.
- Rauchen ist doch harmlos.
- Mit anderen zu rauchen verbindet.

Gute Gründe?

... wer täglich eine Schachtel Zigaretten raucht, verkürzt seine Lebenserwartung im Schnitt um mehr als 8 Jahre.

Aber es ist doch rein pflanzlich?!

Etwa ein Drittel der Schülerinnen und Schüler der Klassenstufe 9 und 10 hat schon einmal irgendeine illegale Droge probiert. Cannabis ist mit 31 % die am häufigsten konsumierte Substanz.

Was ist Sucht?

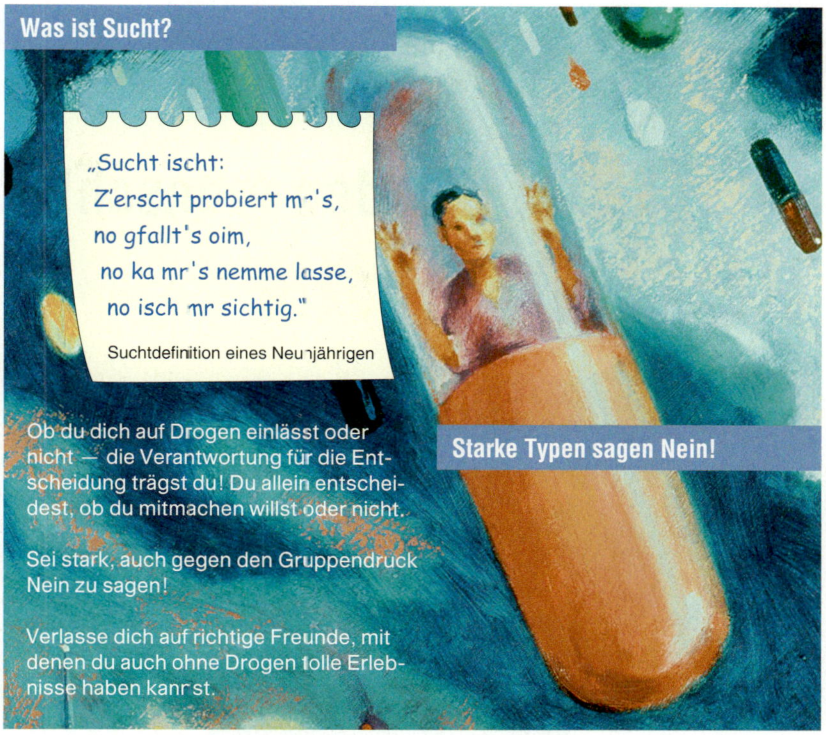

„Sucht ischt:
Z'erscht probiert mr's,
no gfallt's oim,
no ka mr's nemme lasse,
no isch mr sichtig."

Suchtdefinition eines Neunjährigen

Starke Typen sagen Nein!

Ob du dich auf Drogen einlässt oder nicht – die Verantwortung für die Entscheidung trägst du! Du allein entscheidest, ob du mitmachen willst oder nicht.

Sei stark, auch gegen den Gruppendruck Nein zu sagen!

Verlasse dich auf richtige Freunde, mit denen du auch ohne Drogen tolle Erlebnisse haben kannst.

Erkenne deine Stärken!

Ich sehe mich, du siehst mich!
Hast du dir schon einmal überlegt, welche Eigenschaften du hast? Wie würdest du dich beschreiben? Kannst du dir vorstellen, wie dich andere, z. B. deine Banknachbarin bzw. dein Mitschüler, sehen?

Schreibe deinen Vor- und Zunamen senkrecht auf ein Blatt Papier. Ergänze nun in der Waagrechten, wie in einem Kreuzworträtsel, deinen Namen mit Eigenschaften, die zu dir passen. Bitte deine Nachbarin, ebenso zu verfahren.

Be smart . . .
Ab und zu mal kiffen ist doch nicht so schlimm? Das dachten auch alle diejenigen, die heute nicht mehr davon loskommen!
. . . don't start!

Weitere Eigenschaften

kameradschaftlich, aufgeschlossen, lebhaft, langsam, kess, freundlich, ungeduldig, ernsthaft, verlässlich, launisch, chaotisch, ängstlich, fröhlich, geduldig, ordentlich, hilfsbereit, selbstständig, selbstbewusst, zuverlässig, glücklich, langweilig, unnahbar, unzufrieden, zufrieden, souverän, ruhig, launisch, nachdenklich, brav, sensibel, empfindlich, ...

Vergleicht danach eure Ergebnisse und besprecht, warum Unterschiede bestehen. Wiederhole nun umgekehrt mit deinem Banknachbarn.

Wie kommen die unterschiedlichen Sichtweisen wohl zustande?

Drogenprobleme?

Hilfe gibt es bei Beratungslehrern, Jugend- und Drogenberatungsstellen und Ärzten. Sie sind zur Verschwiegenheit verpflichtet.

Sexualität und Aspekte des menschlichen Verhaltens

Partnerschaft

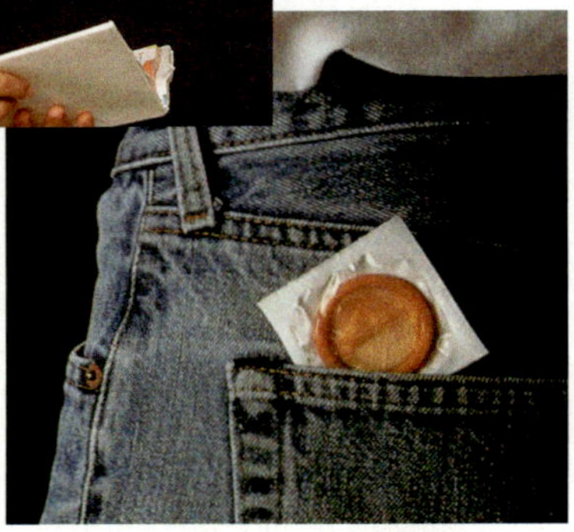

Verhütung

Der Begriff „Sexualität“ schließt beim Menschen aus biologischer Sicht Fortpflanzung und Entwicklung sowie aus ethischer Sicht Liebe, Partnerschaft und Verantwortung mit ein. Wenn bei der Fortpflanzung ein Spermium in eine Eizelle eindringt, beginnt die Entwicklung eines neuen Lebewesens.

Diskutieren zwei Partner über Themen der Sexualität, so können unterschiedliche Einstellungen und Werte sowie uneinheitliches Rollenverhalten aufeinander treffen. Es kommt darauf an, dass man lernt, offen und fair miteinander zu reden. Jeder und jede sollte versuchen, Toleranz zu üben und eine verantwortungsvolle Einstellung zur eigenen Sexualität, zur Geschlechtspartnerin bzw. zum Geschlechtspartner zu finden.

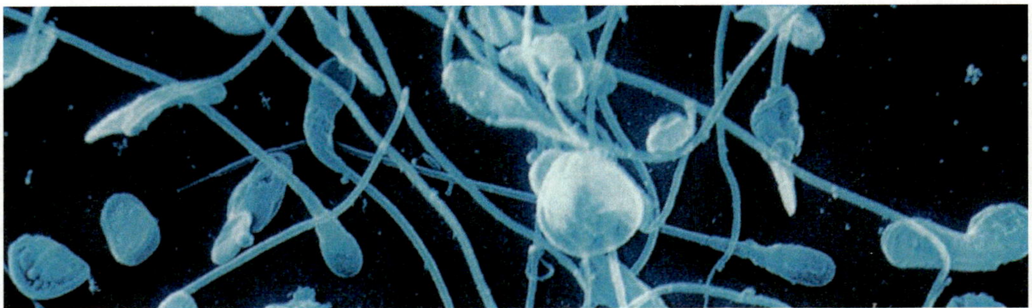

Spermien und Befruchtung

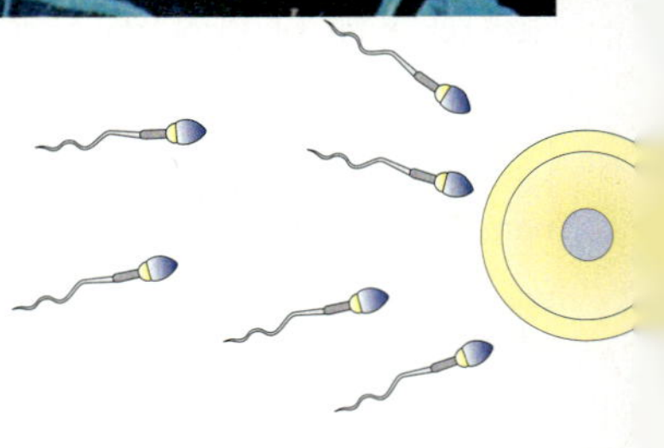

Liebe

Freundschaft

Verhalten

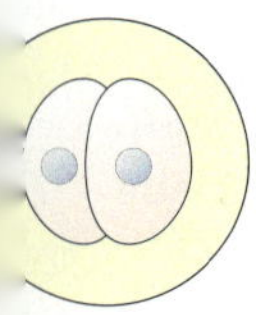

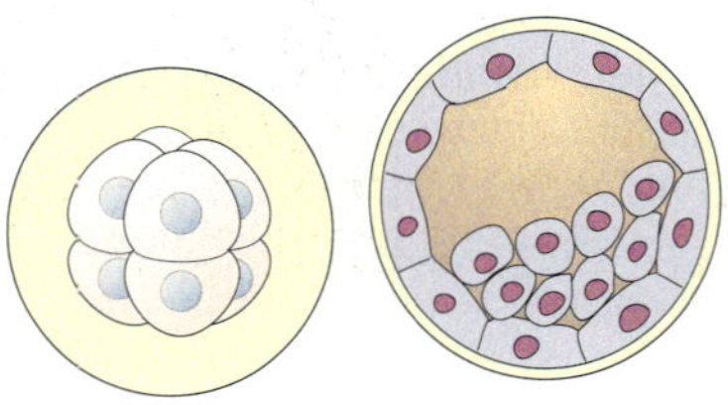

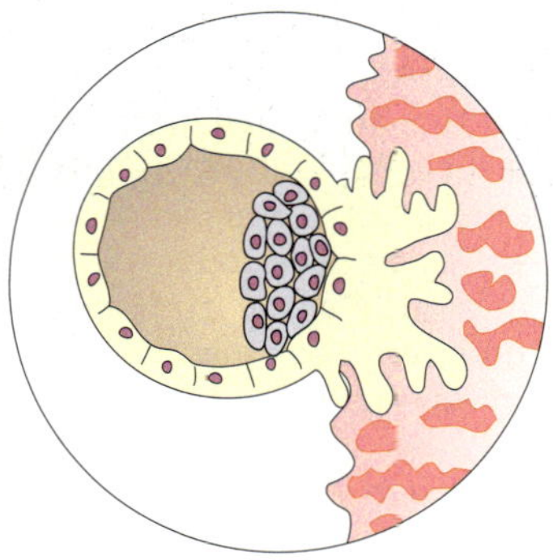

Zellteilung

„In der Schule habe ich schon lange ein Auge auf sie geworfen. Sie hat schöne blonde Haare und eine Superfigur. Sie heißt Alex. Anfänglich hatte ich keinen Mut zu einem Gespräch mit ihr. Viele Jungen haben sie schon angebaggert. Sie lässt sie immer abblitzen, auch wenn es die coolsten Typen sind. Gestern traf ich sie im Schwimmbad. Ich hab sie angesprochen, weil meine Schwester mir gut zugeredet hat. Später haben wir noch ein Eis zusammen gegessen. Hoffentlich mag sie mich auch, weil ich sie total gern habe."

„Endlich habe ich Ulli kennen gelernt, in den ich schon lange heimlich verliebt bin. Die meisten Jungen, die ich bisher getroffen habe, sind so aufdringlich gewesen, doch Ulli ist eher schüchtern. Und genau das gefällt mir an ihm. Ohne die Hilfe seiner Schwester hätten wir uns nie unterhalten. Das Eisessen war auch noch richtig lustig. Wir haben die ganze Zeit herumgealbert. Ich fände es toll, wenn er mit mir gehen würde."

Willst du mit mir gehen?

So wie Ulli und Alex geht es vielen Jugendlichen und Erwachsenen. Sie sind zu schüchtern, einem anderen Menschen zu gestehen, dass sie ihn mögen. Es gehört schon eine ganze Menge Mut dazu, zu seinen Gefühlen zu stehen und sie dem anderen zu offenbaren. Was ist, wenn man ihm oder ihr nicht gefällt und er oder sie nichts von einem wissen will? Zu groß ist oft die Angst, der oder die andere könnte die eigenen Gefühle nicht erwidern und einen vielleicht gar auslachen.

Häufig warten beide auch darauf, dass der andere die Initiative ergreift und dieses Risiko wagt. Dabei muss nicht immer der Junge den ersten Schritt tun, auch Mädchen dürfen ihre Vorliebe für einen Jungen zeigen. Übrigens – man braucht sicher nicht das Aussehen eines Topmodells oder eines Traummanns, um einen Partner zu finden, den man liebt und von dem man geliebt wird! Verliebt sein versetzt jeden Menschen in Hochstimmung. Die ganze Welt steht Kopf, plötzlich dreht sich alles nur noch um „sie" oder „ihn" und man möchte am liebsten dauernd zusammen sein. Schon der Gedanke an den anderen kann weiche Knie, Herzklopfen oder das berühmte Kribbeln im Bauch auslösen. Bekommt man jedoch einen Korb, muss man das akzeptieren, auch wenn es sehr weh tut. Zur Liebe überreden kann man niemanden.

Schwärmen, vorsichtige Annäherungsversuche, erste Verabredungen und Verliebtsein gehören zu den neuen Erfahrungen in der *Pubertät*. Zu der Liebe, wie man sie für Eltern, Großeltern oder Geschwister empfindet, kommt beim Verliebtsein ein neues Gefühl hinzu, das mit *Sexualität* zu tun hat. Wer verliebt ist, möchte dem anderen nahe sein. Es entsteht bei beiden der Wunsch, einander zu berühren und sich zu küssen. Liebe ist ein tiefes, warmes und schönes Gefühl, das man für einen anderen Menschen empfindet. Gegenseitige Liebe schenkt beiden Partnern Wärme und Zärtlichkeit und gibt beiden das Gefühl von Sicherheit (▶ S. 150).

Pubertät – Zeit der Veränderungen

„Ihr habt doch keine Ahnung!“ Türen knallen; dicke Luft bei Familie K. Auseinandersetzungen mit den Eltern sind an der Tagesordnung, wenn Kinder versuchen sich abzugrenzen und ihre eigenen Wege zu gehen. „Du bist wohl gerade in der Pubertät!“ oder „Das sind die Hormone!“ bekommt man dann häufig zu hören.

In der *Pubertät* entwickeln sich Mädchen zu Frauen, die selbst Kinder bekommen können, und aus Jungen werden zeugungsfähige Männer.

Manche der Jungen und Mädchen sind in dieser Zeit mit sich selbst unzufrieden: Die anderen sehen besser aus, haben weniger Pickel und sind irgendwie cooler. Dabei leiden die anderen unter den selben Problemen und haben genauso Angst, nicht akzeptiert zu werden.

Beginn und Dauer der Pubertät sind nicht eindeutig festzulegen. So kann sie schon im Alter von 8 bis 10 Jahren beginnen, manchmal jedoch aber erst mit 16 Jahren. Dies ist durchaus normal. Die Pubertät beginnt mit einem Wachstumsschub – bei Mädchen etwa im Alter zwischen 10 und 12 Jahren, bei Jungen ca. 2 Jahre später. Danach ist das Wachstum der Jungen stärker, sodass sie die Mädchen bald eingeholt und mit 14 oder 15 Jahren meist überholt haben. Manchmal halten die inneren Organe und die Muskulatur mit dem schnellen Körperwachstum nicht Schritt und bei den Jugendlichen kommt es zu Kreislaufproblemen. Daneben finden in der Pubertät weitere körperliche Veränderungen statt. Bei Mädchen und Jungen beginnt die *Achsel-* und *Schambehaarung.* Die Jungen bilden eine kräftigere Muskulatur aus, die Schultern werden breiter, das Becken bleibt schmal. Der Kehlkopf vergrößert sich, die Stimmbänder werden länger und die Stimme wird tiefer *(Stimmbruch).* Bartwuchs und Brustbehaarung setzen ein.

2 Mit der Clique die Freizeit genießen

Bei den Mädchen entwickeln sich die Brüste, die Hüften werden breiter, die Schultern bleiben schmal. Die bei den Jugendlichen nach der Pubertät ausgebildeten Merkmale werden als **sekundäre Geschlechtsmerkmale** (► S. 150) bezeichnet.

Häufig werden die sekundären Geschlechtsmerkmale auch durch entsprechende Kleidung besonders betont, nicht zuletzt um für einen Partner oder eine Partnerin attraktiv zu sein.

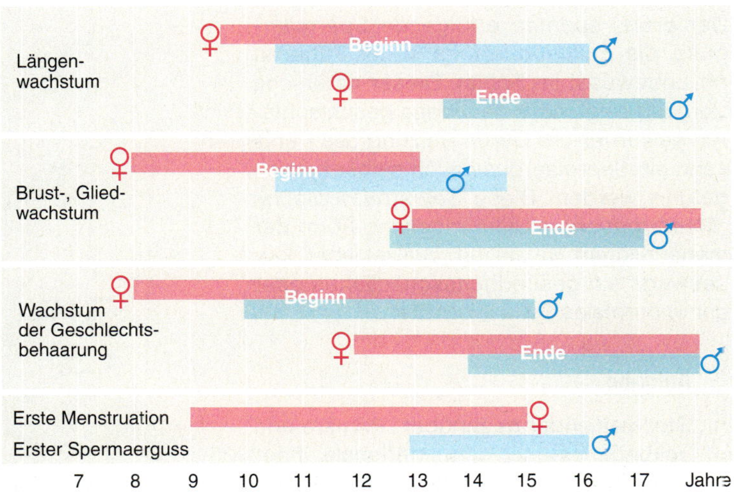

1 Möglicher Beginn von Veränderungen in der Pubertät

Aufgaben

① Jugendlich schließen sich in der Pubertät oft zu Cliquen zusammen. Nenne Vorteile dieser Cliquenbildung. Siehst du auch Nachteile oder Probleme?

② Mädchen und Jungen verhalten sich in einer Gruppe Gleichaltriger oft unterschiedlich. Liste typisch weibliche und typisch männliche Verhaltensweisen auf. Vergleicht untereinander.

③ Stelle in einer Tabelle die primären und sekundären Geschlechtsmerkmale von Mann und Frau einander gegenüber.

Die Geschlechtsorgane des Mannes

Schon bei neugeborenen Jungen sind der *Penis* und der *Hodensack* als äußere Geschlechtsmerkmale zu erkennen. Man bezeichnet sie als *primäre Geschlechtsmerkmale*, im Gegensatz zu den sekundären Geschlechtsmerkmalen, die sich erst in der Pubertät ausbilden.

Die eiförmigen Hoden des Mannes sind paarig und liegen eingebettet im Hodensack. In den Hoden entstehen die männlichen Keimzellen, die *Spermien*, und die Geschlechtshormone (s. Zettelkasten Seite 134). Die Spermien werden in den *Nebenhoden* gespeichert. Dort beginnt je ein *Spermienleiter*. In diese geben die *Vorsteherdrüse* (Prostata) und weitere Drüsen Sekrete ab. Nur mithilfe dieser Sekrete können sich die Spermien in der Scheide, der Gebärmutter und im Eileiter der Frau bewegen.

Spermien und Sekrete bilden zusammen das *Sperma*. Im Bereich der Vorsteherdrüse vereinigen sich die beiden Spermienleiter mit dem Harnleiter aus der Blase zu einem gemeinsamen Ausführgang, der *Harn-Sperma-Röhre*.

Der Penis, auch *Glied* genannt, besteht aus *Schaft* und *Eichel*. Der Schaft enthält *Schwellkörper*, die rasch mit Blut gefüllt werden können, wodurch sich das Glied versteift. Die Harn-Sperma-Röhre führt durch den Schaft und mündet in der Eichel.

Die Eichel ist sehr empfindlich. Sie wird von der verschiebbaren *Vorhaut* bedeckt und geschützt. Unter der Vorhaut sondern Talgdrüsen fettende Stoffe ab, in denen sich Krankheitserreger gut vermehren können. Deshalb muss das Glied täglich gewaschen werden. Dazu wird die Vorhaut zurückgezogen und die Eichel und das übrige Glied werden mit warmem Wasser und Seife gewaschen.

Bei der sexuellen Erregung des Mannes kommt es zur *Erektion,* also der Versteifung des Gliedes. Dabei sind die Schwellkörper mit Blut gefüllt. So kann der steife Penis bei der körperlichen Vereinigung von Mann und Frau, dem *Geschlechtsverkehr,* in die Scheide der Frau eingeführt werden. Auf dem Höhepunkt der gefühlsmäßigen Erregung der Geschlechtspartner, dem *Orgasmus*, wird das Sperma herausgeschleudert. Man nennt dies *Ejakulation*.

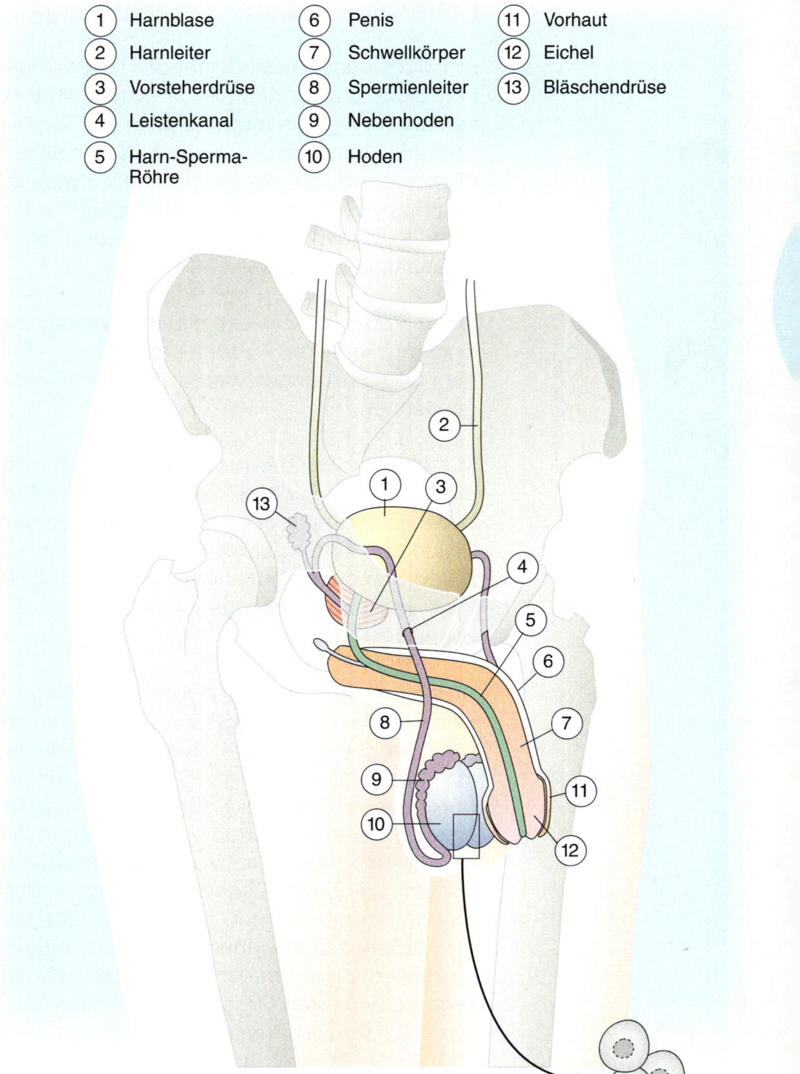

1 Die Geschlechtsorgane des Mannes

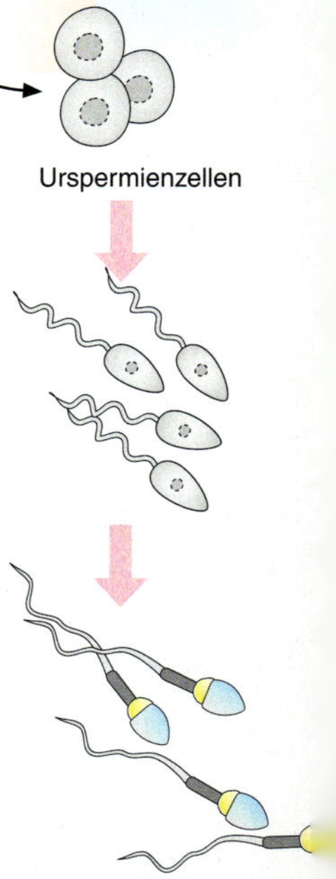

Spermienentwicklung in den Hoden

Der erste, spontan erfolgende Spermaerguss, die *Pollution*, erfolgt in der Pubertät oft unbewusst im Schlaf. Dieser natürliche Vorgang zeigt, dass der Junge geschlechtsreif geworden ist. Durch Reizung des Penis kann ein Spermaerguss auch selbst herbeigeführt werden. Diese *Selbstbefriedigung (Masturbation)* ist eine mögliche Form der menschlichen Sexualität. Sie ist aber keineswegs ein gesundheitsschädliches oder gar unnormales Sexualverhalten.

Aufgabe

① Stelle einander gegenüber: Primäre und sekundäre Geschlechtsmerkmale, innere und äußere Geschlechtsorgane des Mannes.

Die Spermien

Die Spermien gehören mit einer Länge von etwa 0,06 mm zu den kleinsten Zellen des menschlichen Körpers. Sie entstehen im Innern der Hoden aus den *Urspermienzellen* (Spermienmutterzellen). Erst bei Eintritt in die Pubertät beginnen sich diese Zellen zu teilen. Dabei führt jede Urspermienzelle nacheinander zwei so genannte *Reifeteilungen* durch. So entstehen aus jeder Urspermienzelle vier Spermien.

Im *Kopf* des Spermiums liegt der Zellkern. Von dem *Mittelstück* wird die Energie für die Fortbewegung bereitgestellt. Der *Schwanzfaden* schlägt wie eine Geißel eines Einzellers. Er verleiht dem Spermium eine Schwimmgeschwindigkeit von ca. 3 mm pro Sekunde. Auf dem Weg zur Eizelle, die sich bereits im Eileiter befindet, werden die Spermien zunächst schnell durch das rhythmische Zusammenziehen der Scheide, der Gebärmutter und der Eileiter nach dem Orgasmus der Frau vorwärts bewegt. Langsamer kommen die Spermien durch die Eigenbewegung mit ihren Geißeln ihrem Ziel näher (► S. 146). Sie können sich dabei entlang der steigenden Konzentration eines Lockstoffs orientieren, der von der befruchtungsfähigen Eizelle abgegeben wird.

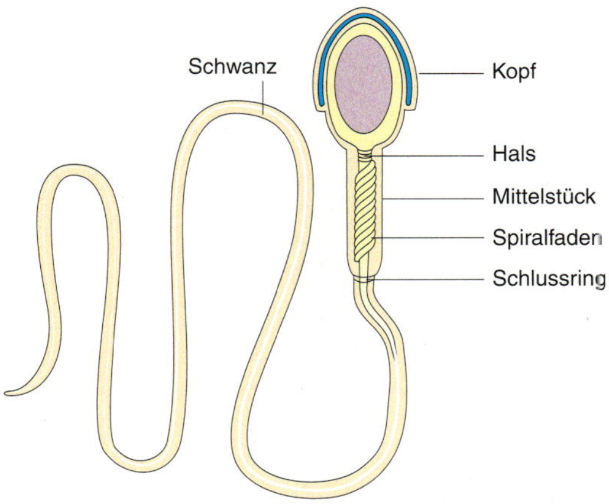

1 Aufbau eines Spermiums (Schema)

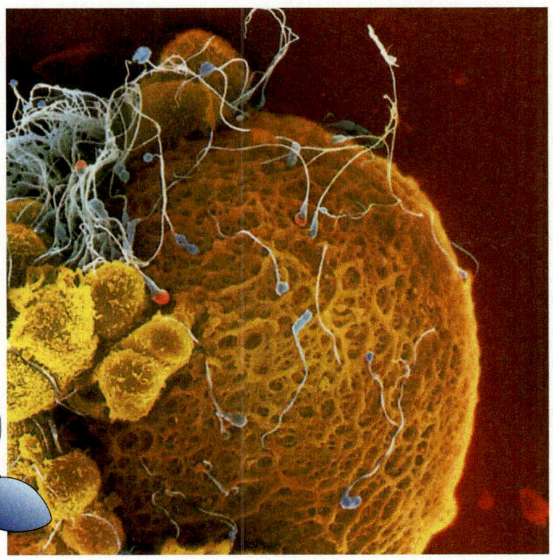

2 Menschliche Spermien an Eizelle (ca. 275 x vergr.)

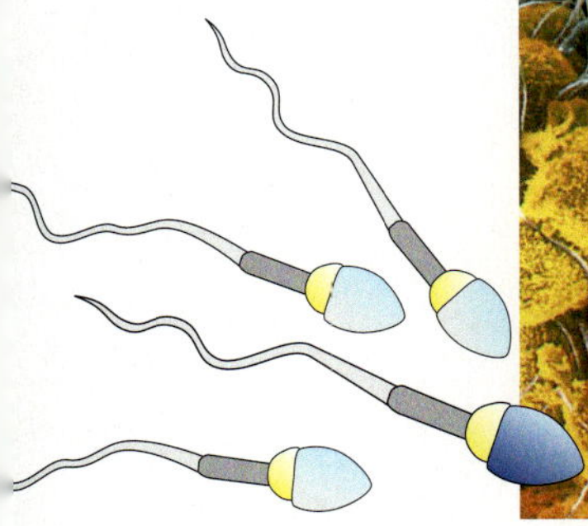

reife Spermien

Bei einer Ejakulation werden 3 bis 5 ml Sperma abgegeben, das bis zu 100 Millionen Spermien enthält. Trotzdem gelangen von dieser riesigen Zahl von Spermien nur einige hundert bis zur Eizelle. Dafür gibt es mehrere Gründe:
- Zahlreiche Spermien sind so verändert, dass sie bewegungsunfähig und nicht mehr befruchtungsfähig sind. Man kennt solche mit zwei und mehr Geißeln, solche ohne Geißel oder mit funktionsuntüchtiger Geißel sowie viele andere Missbildungen.
- Durch das saure Milieu in der Scheide wird die Bewegungsfähigkeit der Spermien gehemmt.
- Im Schleimpfropf am Gebärmuttereingang bleiben viele Spermien stecken.
- Die weißen Blutzellen der Frau vernichten zahlreiche Spermien, da sie für den weiblichen Körper fremde Zellen sind.
- Der Energievorrat vieler Spermien ist verbraucht, bevor die Eizelle erreicht ist.
- Die Strömung einer Flüssigkeit, die durch das Schlagen der Wimpern der Eileiter zur Gebärmutter bewirkt wird, hemmt die Wanderung der Spermien zum Eileitertrichter hin.

Die im Nebenhoden gespeicherten Spermien bleiben dort in einem inaktiven Zustand etwa vier Wochen lebensfähig. Nach einer Ejakulation sind die Spermien im Gebärmutterhals bis zu mehreren Tagen befruchtungsfähig.

Für die ständige Neubildung von Spermien und deren Speicherung ist es von Bedeutung, dass die Temperatur im Hodensack zwischen 2 °C und 5 °C unter der normalen Körpertemperatur von etwa 37,5 °C liegt. Untersuchungen haben gezeigt, dass schon bei geringfügig höheren Temperaturen die Spermienbildung unterdrückt wird. Ebenfalls nachgewiesen wurde, dass Raucher und Alkoholiker eine deutlich höhere Zahl defekter Spermien haben oder die Gesamtzahl der Spermien geringer ist.

Die Geschlechtsorgane der Frau

Die äußerlich sichtbaren Geschlechtsorgane der Frau bestehen aus verschiedenen Hautfalten, *große* und *kleine Schamlippen* genannt. Es sind Fettpolster, durchsetzt von Bindegewebe und Muskelfasern. Die Schamlippen umschließen schützend den Scheideneingang und die von der *Scheide* getrennte Öffnung der Harnröhre. Im vorderen Bereich zwischen den Schamlippen liegt der *Kitzler* (Klitoris). Er ist ein leicht erregbarer Schwellkörper, der zahlreiche Nervenendigungen enthält und, wie die Eichel des Penis, sehr empfindlich ist. Durch Reizung des Kitzlers können sich Frauen selbst befriedigen. Zwischen Scheide und After liegt der *Damm*, der von der dehnbaren Beckenbodenmuskulatur gebildet wird.

Die Scheide *(Vagina)*, ein 8 bis 11 cm langer schlauchförmiger Hohlmuskel, führt nach innen zur *Gebärmutter.* Die Scheidenwände sind mit einer Schleimhaut ausgekleidet, deren abgestoßene Epithelzellen reich an Glykogen sind. Dieses stärkeähnliche Kohlenhydrat wird von den in der Scheide lebenden Milchsäurebakterien *(Scheidenflora)* in Milchsäure umgewandelt. Dadurch entsteht ein saures Milieu, das Krankheitserreger unschädlich machen kann. Ein zusätzlicher Schutz der inneren Geschlechtsorgane besteht darin, dass sich die elastischen Scheidenwände zusammenziehen, sodass sie aufeinander liegen und nur einen schmalen Spalt freilassen. Zum größten Teil wird der Scheideneingang bis zum ersten Geschlechtsverkehr durch das *Jungfernhäutchen* (Hymen) verschlossen.

Der Scheide kommen im Wesentlichen zwei Aufgaben zu: Sie nimmt beim Geschlechtsverkehr den Penis und das von ihm abgegebene Sperma auf und sie ist der natürliche Geburtskanal, durch den das Kind bei der Geburt herausgepresst wird.

Am oberen Ende der Scheide liegt der *Gebärmutterhals.* Er ist die Übergangsstelle von den äußeren zu den inneren Geschlechtsorganen und damit die Verbindung zwischen Gebärmutter und Scheide. Er wird von einem Schleimpfropf verschlossen. Die *Gebärmutter* (Uterus) ist ein faustgroßer, dehnbarer Hohlmuskel, der von einer Schleimhaut ausgekleidet ist. Während der Schwangerschaft vergrößert sich ihr Volumen von wenigen Millilitern auf mehrere Liter. Am oberen, breiten Ende der Gebärmutter münden die beiden *Eileiter* ein. Es sind etwa 15 cm lange, bleistiftstarke Schläuche, die innen mit einer Flimmerschleimhaut ausgekleidet sind. Jeder Eileiter öffnet sich mit fransenbesetzten Trichtern zu je einem *Eierstock* hin. Die Eierstöcke *(Ovarien)* sind die weiblichen Keimdrüsen, die an Bindegewebsbändern in der Bauchhöhle aufgehängt sind. In ihnen reifen die Eizellen heran und sie bilden weibliche Geschlechtshormone.

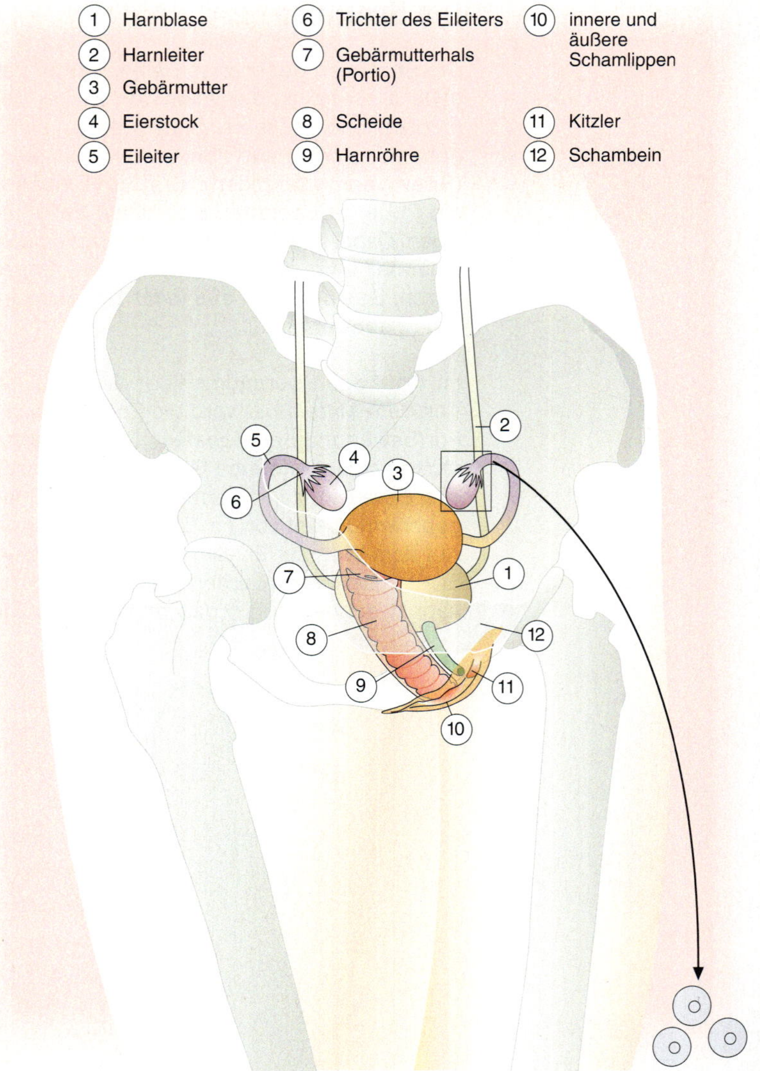

1 Die Geschlechtsorgane der Frau

Aufgaben

(1) Ordne den Geschlechtsorganen der Frau die jeweils vergleichbaren des Mannes zu.

(2) Welches sind die primären und sekundären Geschlechtsmerkmale der Frau? Erstelle eine Liste.

Eizellen und Befruchtung

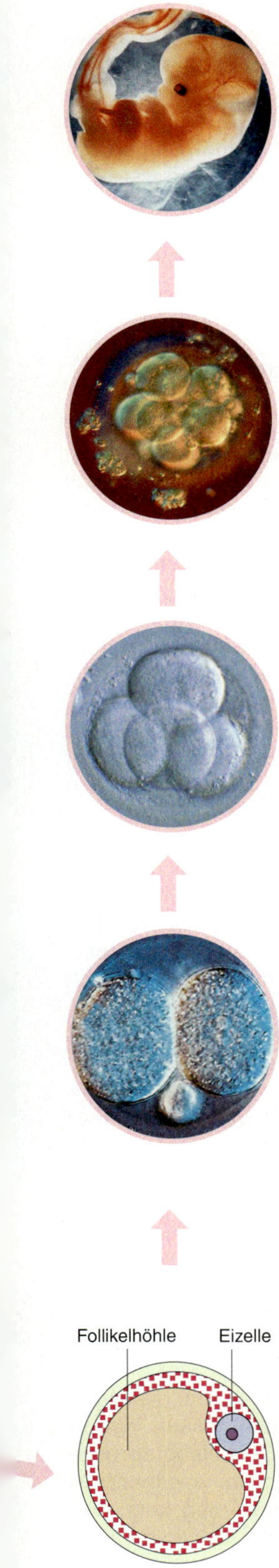

Schon während der dritten Schwangerschaftswoche bilden sich im weiblichen Embryo die ersten *Ureizellen*. Durch vielfache Zellteilungen entstehen daraus 5 bis 6 Millionen *Eimutterzellen* in jedem Eierstock des noch ungeborenen Mädchens. Die meisten dieser Eimutterzellen gehen bereits vor der Geburt zugrunde, die Überlebenden wachsen heran und verharren nach einer ersten Reifeteilung in einem Ruhestadium. Bei der Geburt des Mädchens sind etwa 400 000 solcher unreifer Eizellen in den beiden Eierstöcken vorhanden. Von diesen aber kommen im Laufe des Lebens einer Frau, beginnend mit der Pubertät, nur etwa 450 wirklich zur Ausreifung.

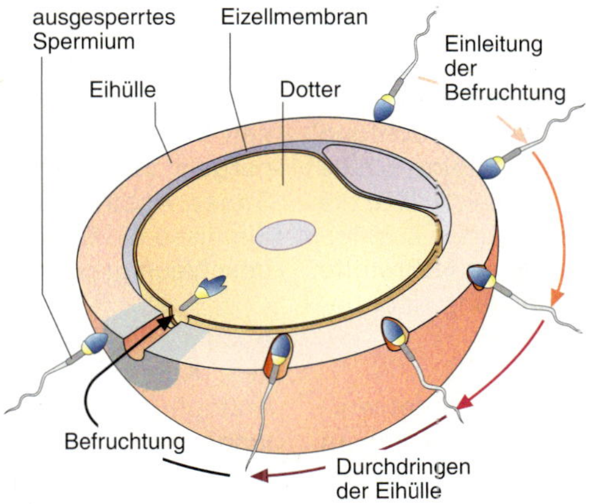

1 Menschliche Eizelle und Befruchtung

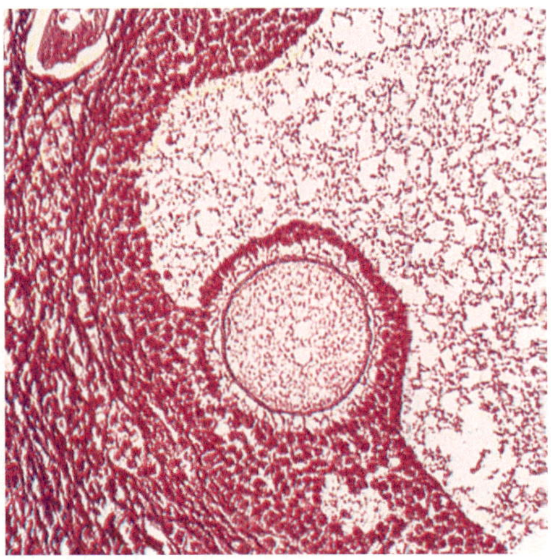

2 Eizelle im Follikel (160 x vergr.)

Die Eizelle, umgeben von einer feinen schützenden Schicht, reift innerhalb des Eierstocks in einem flüssigkeitsgefüllten Bläschen, dem *Follikel,* heran. Dieser Follikel kann auf eine Größe von bis zu 2 cm heranwachsen. Ist das Ei reif, wandert der Follikel an die Oberfläche des Eierstocks und platzt auf. Das Ei wird mit der Follikelflüssigkeit ausgespült und vom nahe liegenden Trichter des Eileiters aufgenommen. Diesen Vorgang nennt man *Follikel-* oder *Eisprung* (Ovulation). Die im Eierstock zurückbleibenden Follikelreste werden zum *Gelbkörper* umgebaut.

Die reife Eizelle ist eine der größten Zellen des menschlichen Körpers; sie ist bereits mit bloßem Auge sichtbar. Mit einen Durchmesser von etwa 0,2 mm hat sie ein rund 250 000-mal größeres Volumen als eine Spermienzelle. In ihrem Zellkern liegen die Erbanlagen. Den größten Teil des Volumens nimmt aber der große *Dotter* ein, der der Speicherung von Nährstoffen dient. Im Gegensatz zu den Spermien kann die Eizelle sich nicht selbst fortbewegen. Flimmerhärchen im Eileiter und Kontraktionswellen der Eileitermuskulatur erzeugen einen Flüssigkeitsstrom, der sie in Richtung Gebärmutter transportiert.

Die Eizelle ist nach dem Eisprung nur ca.12 Stunden lang befruchtungsfähig und befindet sich noch im oberen Teil des Eileiters. Um sie zu befruchten, müssen die Spermien sie innerhalb dieser Zeitspanne dort erreichen. Dabei kann nur ein einziges Spermium in die Eizelle eindringen. Danach wird die Hülle der Eizelle für weitere Spermien undurchdringbar. Der Zellkern im Spermienkopf verschmilzt mit dem Zellkern der Eizelle. Mit der Verschmelzung der Zellkerne ist die *Befruchtung* vollzogen (▶ S. 152). Die befruchtete Eizelle nennt man *Zygote.* Ihr Zellkern enthält die Erbanlagen aus dem Spermium des Vaters und aus der Eizelle der Mutter (▶ S. 150). Aus der befruchteten Eizelle entstehen nun durch fortwährende Teilungen der *Embryo* und letztlich alle Zellen des menschlichen Körpers.

Aufgabe

① Stelle in einer Tabelle Gemeinsamkeiten und Unterschiede in der Entwicklung der Spermien und der Eizellen aus ihren jeweiligen Mutterzellen zusammen.

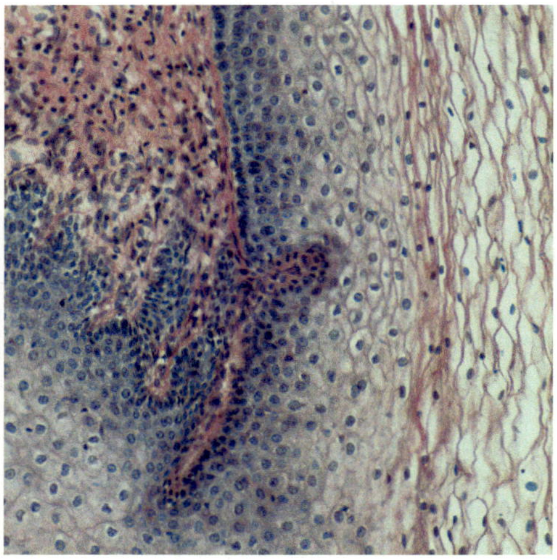

1 Gebärmutterschleimhaut (ca. 10 x vergr.)

Der weibliche Zyklus

Jedes Mädchen hat von der Geburt an etwa 400 000 Eizellen in seinen Eierstöcken. Ab der Pubertät wird jeden Monat ein Ei reif, das heißt, es kann zu einer Befruchtung kommen. Während im Eierstock eine Eizelle heranreift, verändert sich zeitgleich dazu die Schleimhaut, die die Gebärmutter auskleidet. Sie baut sich dick auf, lagert Nährstoffe ein und ist damit auf die *Einnistung* einer befruchteten Eizelle vorbereitet.

Ist die Eizelle jedoch nicht befruchtet worden, reißen in der Gebärmutterschleimhaut feine Äderchen, die oberflächlichen Schichten der Schleimhaut lösen sich ab und werden mit etwas Blut nach außen durch die Scheide abgegeben. Diesen Vorgang nennt man *Menstruation, Regel* oder *Monatsblutung,* man spricht auch von den *Tagen.* Die Blutmenge ist gering, sie beträgt nur etwa 50 bis 150 ml in 3 bis 7 Tagen. Die Menstruation wiederholt sich regelmäßig jeden Monat. Man bezeichnet die Zeitspanne vom Beginn einer Blutung bis zum Beginn der nächsten Blutung als *Zyklus.* Der erste Tag der Blutung zählt als der erste Zyklustag. Ein Zyklus dauert bei den meisten Frauen zwischen 26 und 30 Tagen, aber auch kürzere oder längere Zyklen können auftreten. Frauen sollten darüber einen *Regelkalender* führen und bei Abweichungen einen Frauenarzt oder eine Frauenärztin aufsuchen.

Etwa zwischen dem 11. und dem 14. Lebensjahr bekommen Mädchen normalerweise ihre erste Menstruation. Sie zeigt an, dass das Mädchen geschlechtsreif geworden ist und von da an schwanger werden kann. Vor allem am Anfang kann die Regelblutung sehr unregelmäßig kommen. Manchmal dauert es Jahre, bis sie sich auf einen bestimmten Rhythmus einpendelt. Aber auch dann können durch starke Schwankungen des Körpergewichts, durch seelische Belastungen, Stress, Anstrengung, Krankheit oder andere Einflüsse die Eireifung und der Zyklusablauf beschleunigt oder verlangsamt werden.

Auch *Menstruationsbeschwerden,* wie Übelkeit, Kopf- und Rückensschmerzen oder Krämpfe, treten gerade bei Mädchen und jungen Frauen manchmal auf. Meist hilft Ruhe und Entspannung. Bei starken Schmerzen oder wenn sich auch nach Jahren noch keine konstante Zykluslänge eingestellt hat, sollten ein Frauenarzt oder eine Frauenärztin *(Gynäkologen)* aufgesucht werden.

Während der Regel fehlt der Schleimpfropf im Gebärmutterhals, sodass Schleimreste und Blut abfließen können. Damit fehlt aber auch die Sperre gegen aufsteigende Krankheitserreger, für die das ausfließende Blut mit den Schleimzellen ein guter Nährboden ist. Deshalb ist gerade während der Menstruation auf eine besonders gründliche *Hygiene* der äußeren Geschlechtsorgane zu achten. Das ausfließende Blut wird mit *Binden* oder *Tampons* aufgefangen, die regelmäßig gewechselt werden müssen. Ferner sollte man die äußeren Geschlechtsorgane mehrmals täglich gründlich waschen. Da Tampons innen getragen werden, kann man auch während der Periode schwimmen gehen. Der Tampon wird dann direkt nach dem Baden gewechselt.

Zettelkasten

Hormone

Neben dem Nervensystem gibt es im Körper ein zweites Informationssystem: das **Hormonsystem.** Hormone sind chemische *Botenstoffe,* die den Stoffwechsel regulieren, Wachstum, Entwicklung, Reifung und Fortpflanzung steuern und das Verhalten beeinflussen. Hormone werden von Drüsen produziert, in die Blutbahn abgegeben und gelangen mit dem Blutstrom zu allen Organen. Aber nur in den *Zielorganen* entfalten sie ihre spezifische Wirkung, da sich nur dort *Rezeptoren* befinden, zu denen das Hormon passt wie ein *Schlüssel zum Schloss.* Verbinden sich Hormon und Rezeptor, werden Reaktionen ausgelöst.

Für die Ausbildung der sekundären Geschlechtsmerkmale, aber auch für die Keimzellenbildung oder die Steuerung des weiblichen Zyklus sind *Geschlechtshormone* verantwortlich. Weibliche Geschlechtshormone, die *Östrogene* und das *Progesteron,* werden in den Eierstöcken produziert. In den Hoden entstehen *Androgene* wie das *Testosteron,* das wichtigste männliche Geschlechtshormon.

Im Alter von etwa 45 bis 50 Jahren kommen Frauen in die *Wechseljahre,* die auch *Klimakterium* (*gr.* = Stufenleiter) genannt werden. In dieser Zeit werden die Zyklen unregelmäßig und die Regelblutungen hören schließlich ganz auf. Diesen Zeitraum, der sich über einige Jahre erstrecken kann, nennt man *Menopause.* Das bedeutet, dass keine Eizellen mehr heranreifen und die Frau jetzt keine Kinder mehr bekommen kann.

Aufgaben

① Weshalb ist während der Menstruation die Gefahr einer Gebärmutterinfektion besonders groß?

② Bei regelmäßiger und exakter Messung der Körpertemperatur, der so genannten *Basaltemperaturmethode,* erhält man einen Überblick über den Zyklusverlauf (Abb. 1). Kann mit dieser Methode der Zeitpunkt angegeben werden, wann ein Eisprung erfolgen wird?

③ Begründe, warum jede Frau einen Regelkalender führen sollte.

④ An bestimmten Tagen des Zyklus kann eine Befruchtung stattfinden und die Frau schwanger werden.
- Wo liegen die fruchtbaren Tage einer Frau, wenn man davon ausgeht, dass eine Eizelle bis zu 12 Stunden lang befruchtungsfähig ist und Spermien im Körper der Frau bis zu 5 Tagen lang lebensfähig sind?
- Weshalb darf man sich – gerade als junge Frau – auf solche Berechnungen überhaupt nicht verlassen?

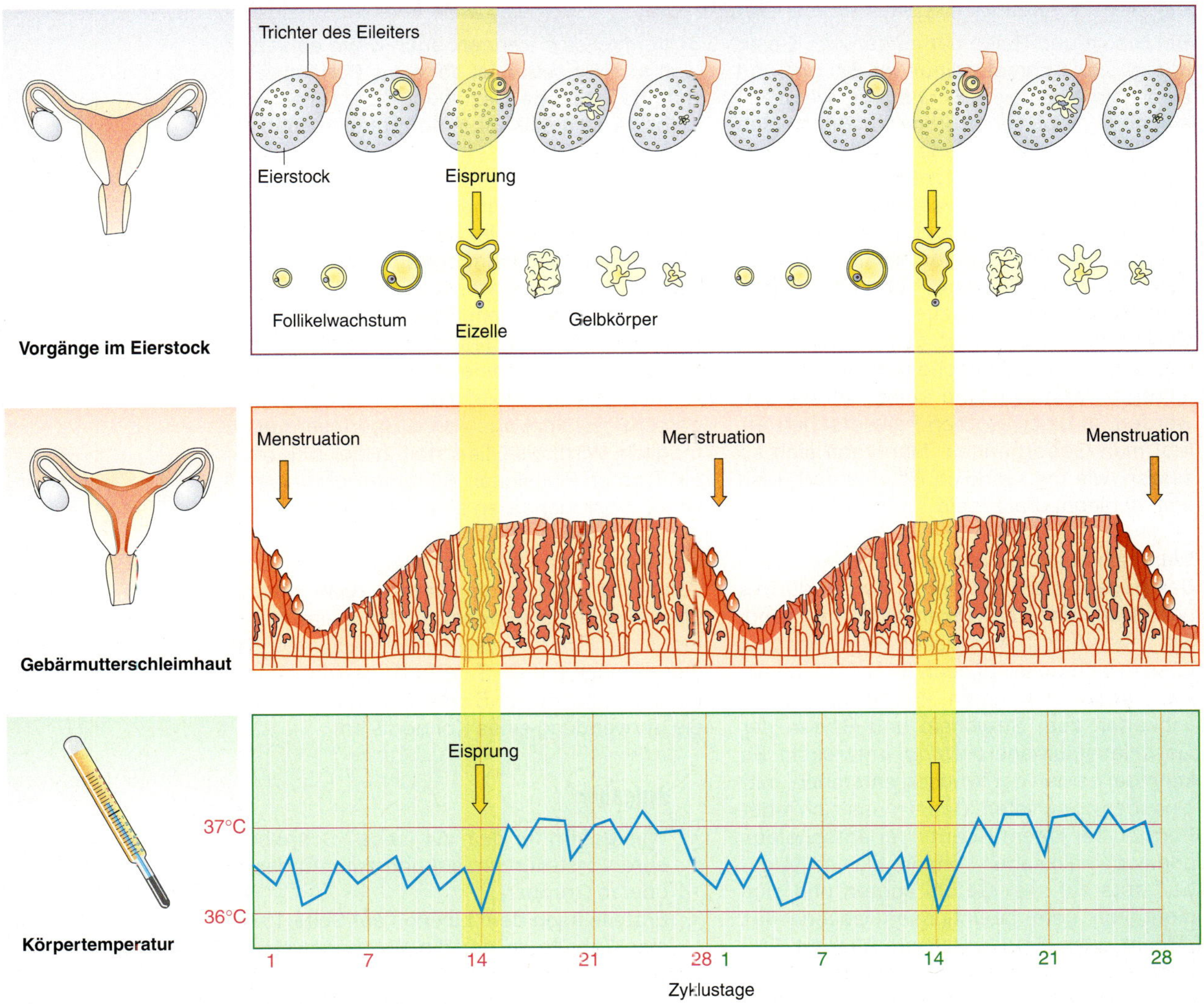

1 Übersicht zu den Vorgängen beim weiblichen Zyklus

Sexualität und Verantwortung

Bei Nicole und Heiko hat es gefunkt. Beide haben sie „Schmetterlinge im Bauch" und sind halb krank vor Sehnsucht, wenn sie einander nicht sehen können. Die beiden möchten am liebsten jede freie Minute miteinander verbringen. Trotzdem unternehmen sie auch öfter etwas getrennt oder in der Gruppe mit Freunden. Denn wer nur noch Augen für einander hat und sich mit dem Traumpartner von Freunden isoliert, läuft Gefahr alleine dazustehen, sollte die Beziehung in die Brüche gehen. Nicole und Heiko wollen die Wünsche und Gefühle des anderen verstehen und selbst verstanden werden. In einer solchen Partnerschaft erlebt man Geborgenheit. Man kann sich so zeigen, wie man wirklich ist, und darf auch mal „schlecht drauf" sein.

Wenn ein Mädchen und ein Junge miteinander gehen, steht zunächst das Bedürfnis nach Nähe und Zärtlichkeit im Vordergrund. Sie gehen Arm in Arm, halten Händchen und küssen sich vielleicht auch (▶ S. 150). Ist ein Paar länger zusammen, können sich Zärtlichkeiten zum Streicheln und Reizen der Geschlechtsorgane *(Petting)* entwickeln. Es kann bei beiden der Wunsch entstehen, miteinander zu schlafen. Dabei muss sich jeder Partner bei jedem Schritt frei entscheiden und auch nein sagen können. Man sollte dabei stets auf sein Gefühl achten und sich nicht von dem beeinflussen lassen, was „Mann" oder „Frau" in diesem Alter tut. Einander zu lieben bedeutet auch, dass beide auf die Wünsche und Bedürfnisse des anderen Rücksicht nehmen. Gelingt dies nicht, sollte man sich trennen, auch wenn es sehr weh tut. Nur selten ist der erste Partner der richtige. Manche Beziehung, die zunächst Liebe zu sein scheint, entpuppt sich später als Verliebtsein.

Will ein Paar miteinander schlafen, müssen sich beide darüber im klaren sein, dass ein Mädchen bereits beim ersten Geschlechtsverkehr schwanger werden kann. Beim Petting kann es zu einem Spermaerguss kommen und Spermienzellen können über die Hände in die Scheide gelangen. Die Befruchtung der Eizelle und damit eine Schwangerschaft ist aber auch ohne Spermaerguss möglich. Wird das Glied steif, bildet sich oft ein Tropfen Flüssigkeit *(Vorlusttropfen),* der schon Spermienzellen enthalten kann.

Um eine ungewollte Schwangerschaft zu vermeiden, sollten die Partner zuvor offen über *Verhütung* sprechen, sich auf eine Methode der *Empfängnisverhütung* einigen und diese anwenden (▶ S. 152). Angesichts der Infektionsgefahr, z. B. mit HIV, bietet sich die Verwendung eines Kondoms an.

Aufgaben

① Was gehört für dich zur Liebe? Schreibt eure Vorstellungen auf und sprecht darüber in Gruppen.

② Erstelle nach dem Lexikon auf Seite 137 eine Tabelle, in der die Wirkungsweise und Zuverlässigkeit der Verhütungsmethoden aufgeführt sind. Welche der Methoden sind für Jugendliche geeignet?

Methoden der Empfängnisverhütung

Um eine ungewollte Schwangerschaft zu verhindern, sollten sich die Partner gemeinsam über Methoden der Verhütung informieren und diese verantwortungsvoll und konsequent einsetzen (▶ S. 152). Informationen und Beratung zu Methoden der Verhütung geben auchFrauenärzte oder z. B. die *Bundeszentrale für gesundheitliche Aufklärung* (www.bzga.de).

Barrieremethoden verhindern das Eindringen von Spermien in die Gebärmutter. Ein **Kondom** besteht aus sehr dünnem und dehnbarem Latexmaterial und wird vor dem Geschlechtsverkehr über das versteifte Glied des Mannes gezogen, bevor dieses in die Scheide eingeführt wird.

Wird der Penis nach dem Spermaerguss aus der Scheide gezogen, muss das Kondom am Ring festgehalten werden, damit es nicht abrutscht und Sperma in die Scheide gelangt. Bei jedem Geschlechtsverkehr wird ein neues Kondom verwendet. Das Kondom ist das einzige Verhütungsmittel, das – richtig angewandt – vor AIDS und anderen sexuell übertragbaren Krankheiten schützt! Kondome erhält man problemlos rezeptfrei in Apotheken, Drogerien und Supermärkten.
Zuverlässigkeit (Pearl Index):
1 bis 6, d. h. von 100 Paaren, die diese Methode ein Jahr lang anwenden, werden 1 bis 6 Frauen schwanger.

Ein **Diaphragma** oder **Pessar** ist eine halbkugelige Gummikappe mit einem biegsamen Rand. Bestrichen mit einem *spermienabtötenden Gel* wird es vor dem Geschlechtsverkehr in die Scheide eingeführt. Es verschließt den Muttermund und verhindert so das Eindringen von Spermien in die Gebärmutter. Ein Arzt passt die Größe des Diaphragmas an und erklärt die richtige Handhabung. (*Pearl Index:* 2 bis 6)

Eine **Spirale** wird vom Arzt in die Gebärmutter eingesetzt und regelmäßig kontrolliert. Bei der Kupferspirale hemmt in Spuren freigesetztes Kupfer die Beweglichkeit der Spermien. Hat dennoch eine Befruchtung stattgefunden, verhindert die Spirale die Einnistung des Keims in die Gebärmutterschleimhaut. Sie gilt mit einem *Pearl Index* von 2 bis 3 als relativ sicher.

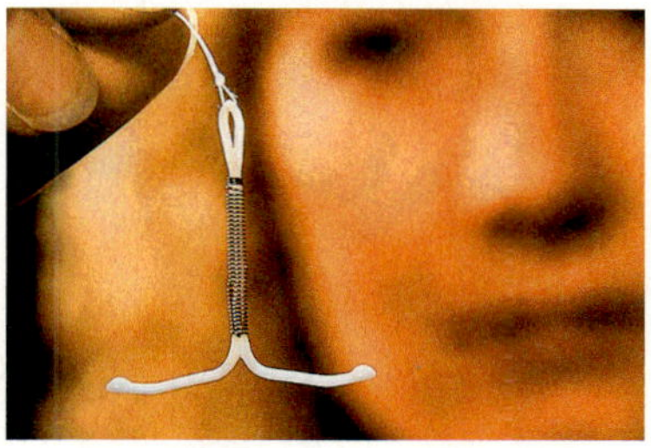

Die **Pille** enthält Hormone, Östrogene und Gestagene, die im Körper der Frau eine wichtige Rolle für den Zyklus und die Schwangerschaft spielen. Die Einnahme dieser Hormonpräparate verhindert, dass im Eierstock eine Eizelle heranreift. Zudem verfestigt sich der Schleim im Gebärmutterhals, sodass die Spermienzellen nicht eindringen können. Durch Veränderungen der Gebärmutterschleimhaut kann sich ein Keim nicht einnisten.

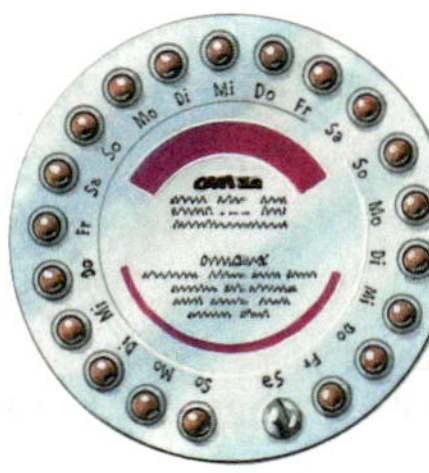

Die Pille wird von Arzt oder Ärztin verschrieben, die dann auch die regelmäßigen Kontrolluntersuchungen durchführen. Die meisten Präparate werden 21 Tage lang täglich immer zur selben Zeit eingenommen, dann folgt eine siebentägige Einnahmepause. Bei Erbrechen oder Durchfall besteht kein ausreichender Empfängnisschutz und es muss in diesem Zyklus auf ein anderes Verhütungsmittel, z. B. das Kondom, zurückgegriffen werden. Frauen, die die Pille nehmen, sollten auf das Rauchen verzichten, da es die Gefahr einer Thrombose deutlich erhöht.
Bei regelmäßiger Einnahme gilt die Pille als sehr sicher (*Pearl Index:* 0,5 bis 2); sie schützt jedoch nicht vor sexuell übertragbaren Krankheiten, wie z. B. AIDS. Die **Minipille** enthält nur das Hormon Progesteron, sie kann den Eisprung nicht verhindern, wohl aber den Schleimpfropf im Gebärmutterhals verändern, so dass es im Allgemeinen nicht zu einer Befruchtung kommt (*Pearl Index:* 0,4 bis 4,3).

Ein *Verhütungsring* ist ein hormonhaltiger, flexibler Kunststoffring, der in die Scheide eingeführt wird. Dort verbleibt er für 3 Wochen und setzt kontinuierlich geringe Mengen an Hormonen frei. Nach einer ringfreien Woche wird ein neuer Ring eingesetzt.

Hormonimplantate sind Stäbchen, die unter die Haut eingepflanzt werden und über lange Zeiträume kleine Mengen an Hormonen freisetzen.

Chemische Verhütungsmittel in Form von Zäpfchen, Cremes, Tabletten und Schaum müssen eine bestimmte Zeit vor dem Geschlechtsverkehr in die Scheide eingebracht werden. Sie enthalten spermienabtötende Substanzen und bilden außerdem eine mechanische Barriere für die Spermien. Diese chemischen Verhütungsmittel gelten als sehr unsicher und sollten daher nur zusammen mit einem Kondom (wenn sie dafür laut Beipackzettel geeignet sind) oder Diaphragma verwendet werden.

Beim *Koitus Interruptus*, dem umgangssprachlichen „Aufpassen", zieht der Mann sein Glied vor dem Spermaerguss aus der Scheide. Zur Empfängnisverhütung ist diese Methode absolut ungeeignet, da auch schon vor dem Höhepunkt Spermien in die Scheide gelangen können.

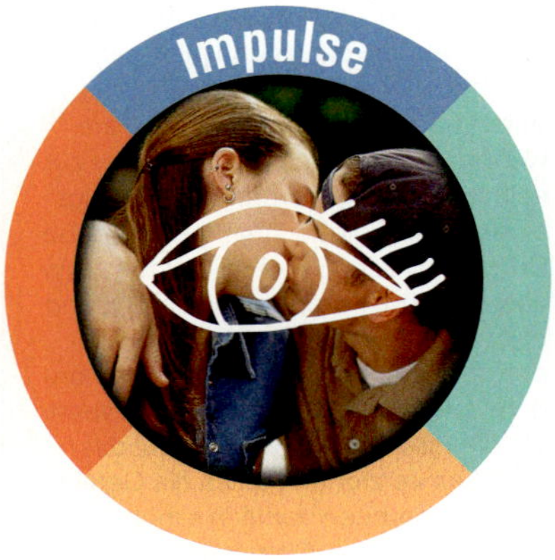

Sexualität

Auf dieser Doppelseite geht es um Freundschaft, Liebe, Sexualität, Verhütung und AIDS. Das sind sehr persönliche Themen. Verschiedene Menschen haben unterschiedliche gesellschaftliche und religiöse Anschauungen. Jeder sollte auf dem Weg zum Erwachsenwerden seinen eigenen Standpunkt und seine Form der selbstbestimmten Sexualität finden. Diese Seiten sollen dir Impulse geben zum Nachdenken über deine Wünsche und Träume, über deine Hoffnungen und Befürchtungen. Sie wollen Denkanstöße geben und dich zum Gespräch mit Freunden, Freundinnen und auch deinen Eltern herausfordern und dir Mut machen, unbefangen über diese Themen zu sprechen.

Verhütung

Jährlich werden in Deutschland etwa 20000 minderjährige Mädchen schwanger! In einer Partnerschaft sollten die Partner gemeinsam die Verantwortung übernehmen, damit es nicht zu einer ungewollten Schwangerschaft kommt.

Hast du dir schon Gedanken über Verhütung gemacht? Welche Verhütungsmethode käme für dich in Frage? Wie kannst du mit einem Partner/einer Partnerin über Verhütung sprechen?

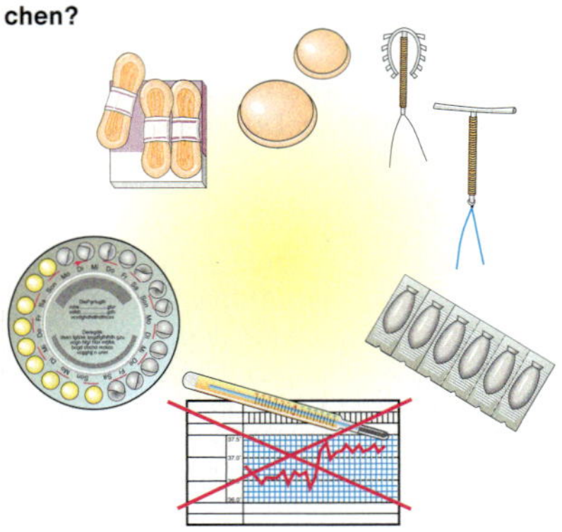

Sexuelle Selbstbestimmung

Gabi hat einen Freund, den sie liebt. Aber sobald er sie anfasst, wird sie stocksteif. Ein Mal hat sie sogar nach ihm geschlagen. Wenn er zärtlich zu ihr werden will, sieht sie sofort ihren Onkel vor sich. Der hat sie sechs Jahre lang begrapscht und betätschelt. Erst als er vor zwei Jahren weggezogen ist, hat das aufgehört. Was der Onkel mit ihr gemacht hat, weiß sie nicht mehr genau. Sie hat sich immer wie tot gestellt, weil sie sich so ekelte.

An wen kann Gabi sich wenden? Welche Beratungsstellen in eurer Nähe können in einem solchen oder einem ähnlichen Fall Hilfe geben?

Liebe und Sexualität

Liebe und Sexualität sind Begriffe, die viel miteinander zu tun haben, man sollte sie aber nicht gleichsetzen oder verwechseln. Für viele sind beide untrennbar miteinander verbunden — sie können sich Sexualität ohne Liebe nicht vorstellen. Anderen fällt es dagegen leicht, Liebe und Sexualität zu trennen. Für sie kann es durchaus auch Sexualität ohne Liebe oder Verliebtsein geben.

Welche Probleme können sich dadurch ergeben?

Das erste Mal

„Ich habe schon irgendwie versucht, sie zu überreden, aber es war mir auch wichtig, dass wir beide es wollten."
(Robert, 17 Jahre)

„Ich habe eigentlich nicht wirklich auf mich gehört, ich hatte eigentlich nur Angst ihn zu verlieren, wenn ich nicht das tue, was er will."
(Michaela, 18 Jahre)

„Bin ich unnormal, wenn ich mit 18 noch keine sexuellen Erfahrungen habe?"
(Sarah, 18 Jahre)

Wie denkst du über das erste Mal? Glaubst du, du könntest etwas verpassen, wenn du wartest?

Bildlich gesprochen

Wär ich ein Baum ich wüchse
dir in die hohle Hand
und wärst du das Meer ich baute
dir weiße Burgen aus Sand.

Wärst du eine Blume ich grübe
dich mit allen Wurzeln aus
wär ich ein Feuer ich legte
in sanfte Asche dein Haus.

Wär ich eine Nixe ich saugte
dich auf den Grund hinab
und wärst du ein Stern ich knallte
dich vom Himmel ab.

(Ulla Hahn)

Welche ist die „Superfrau"

Was macht mich liebenswert?

Wenn du genau hinsiehst und hinhörst, merkst du, dass verschiedene Menschen Unterschiedliches an dir liebenswert finden. Das hilft, nicht immer auf das zu schauen, was du an dir vielleicht nicht magst.

Jeder schreibt seinen Namen auf ein DIN A4-Blatt. Lasst die Blätter kreisen und schreibt dabei zu jeder Person eine positive Eigenschaft.

Wer immer so sein will wie die anderen, hat nur wenig, was ihn von anderen unterscheidet, was aus dem Rahmen fällt, was ihn zu etwas Besonderen und vielleicht gerade deshalb liebenswert macht.

Welcher ist der „Supermann"

Sexualität und AIDS

Nach Angaben der Weltgesundheitsorganisation infizieren sich täglich 14000 Menschen neu mit HIV. Rund 40 Millionen Menschen tragen weltweit das HIV in sich. 25 Millionen sind an den Folgen von AIDS gestorben und täglich kommen etwa 8500 weitere Tote hinzu.

95% der HIV-Infizierten leben in Niedriglohnländern, aber auch in Deutschland infizieren sich jährlich rund 2000 Menschen neu mit HIV. In den letzten Jahren hat die Zahl der Neuinfektionen zugenommen.

Wie erklärst du dir die zunehmende Zahl von HIV-Neuinfektionen?

Welche Vorsichtsmaßnahmen ergreifst du, um eine Ansteckung zu verhindern?

Homosexualität

Früher wurden homosexuelle Menschen strafrechtlich verfolgt, heute ist Homosexualität formal akzeptiert, auch Homo-Ehen sind möglich. Trotzdem haben manche Vorbehalte oder Vorurteile gegen homosexuelle Menschen.

Warum ist das wohl so?

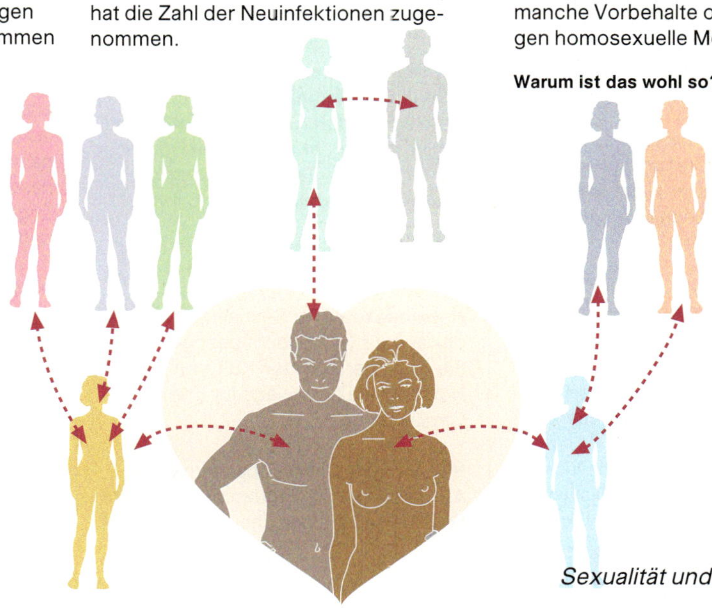

Glossar zur Sexualität

AIDS: Abkürzung für engl. *acquired immune deficiency syndrome* — Vollbild der Infektionskrankheit des erworbenen Immunschwächesyndroms. Das HI-Virus kann beim Geschlechtsverkehr mit dem Sperma oder der Scheidenflüssigkeit auf den Sexualpartner übertragen werden. Ungeschützter Geschlechtsverkehr, d. h. ohne Nutzung von Kondomen, mit wechselnden Partnern ist eine der häufigsten Ansteckungsmöglichkeiten.

Analverkehr: Beim Analverkehr wird der Penis in den After der Partnerin oder des Partners eingeführt. HIV kann auch besonders bei ungeschütztem Analverkehr übertragen werden. Die Benutzung von Kondomen ist daher unerlässlich.

Bisexualität (*Zweigeschlechtlichkeit*): Der Wunsch eines Menschen, sowohl zu Männern als auch zu Frauen sexuelle Beziehungen einzugehen.

Coming out: Zeitpunkt, zu dem Homosexuelle ihre Liebe zu gleichgeschlechtlichen Partnern vor sich selbst und vor anderen akzeptieren und als etwas für sie Positives zu erleben gelernt haben.

Erotik: Ist allgemein alles, was Männer und Frauen als sexuell anregend oder aufreizend empfinden. Nicht jeder spricht auf die gleichen erotischen Reize gleich stark an.

Exhibitionismus: Die vor allem bei Männern auftretende sexuelle Erregung durch das Vorzeigen der Geschlechtsorgane. Der Exhibitionist genießt die verstörten Reaktionen von Kindern, Jugendlichen und Frauen.

Familienplanung: Viele Paare wünschen sich Kinder. Manchmal ist es sinnvoll, den Kinderwunsch zunächst aufzuschieben, bis die Beziehung sich gefestigt hat oder eine Berufsausbildung abgeschlossen ist. Unter Familienplanung versteht man, dass ein Paar so lange verhütet, bis sich beide Partner in der Lage fühlen, gemeinsam die Verantwortung für ein Kind zu übernehmen.

Entscheidet sich das Paar für ein Kind, so kann es die fruchtbaren Tage der Frau mit der *Basaltemperaturmethode* bestimmen. Sollte die Frau auch nach längerer Zeit nicht schwanger werden, können Ärzte die Zeugungsfähigkeit des Mannes und der Frau untersuchen. Neben körperlichen Schwierigkeiten, bei denen Ärzte teilweise helfen können, können auch seelische Gründe für die Kinderlosigkeit entscheidend sein. Dann besteht noch die Möglichkeit, nach eingehender Beratung ein Kind zu *adoptieren* und als Familie gemeinsam glücklich zu leben.

Geschlechtshormone: Bewirken die Ausbildung der Geschlechtsorgane und der sekundären Geschlechtsmerkmale sowie das Heranreifen von Ei- und Spermienzellen. Die weiblichen Hormone Östrogen und Progesteron werden in den Eierstöcken gebildet, das männliche Testosteron in den Hoden.

Geschlechtskrankheiten: Gefährliche Infektionskrankheiten, deren Erreger vorwiegend durch ungeschützten Geschlechtsverkehr übertragen werden. Die häufigsten Geschlechtskrankheiten sind der *Tripper* und die *Syphilis*.

Gynäkologe/in: Arzt/Ärztin für Frauenheilkunde und Geburtshilfe.

Heterosexualität: Sexualität, die auf das andere Geschlecht bezogen ist. Sie gilt in den meisten Kulturen als Norm, da sie Grundlage für Ehe und Familie ist.

HIV: Bezeichnung für das Virus, das AIDS verursacht. Es kommt im Blut, im Sperma und in der Scheidenflüssigkeit in so hoher Konzentration vor, dass es zur Ansteckung führen kann. Gegen die Übertragung beim Geschlechtsverkehr bietet ein *Kondom* bei sachgerechter Anwendung einen guten Schutz.

Homosexualität: Anderes Wort für *Gleichgeschlechtlichkeit*. Homosexuelle Männer und Frauen fühlen sich zu Partnern des gleichen Geschlechts hingezogen, mit ihnen erfahren sie Liebe und sexuelle Lust.

Impotenz: Anhaltende Erektionsstörung

Lesbisch: Homosexuelle Beziehungen zwischen Frauen.

Natürliche Empfängnisverhütung: Damit bezeichnet man Methoden, die die fruchtbaren und unfruchtbaren Tage im Zyklus der Frau und die dabei zu beobachtenden Körperzeichen für die Empfängnisverhütung nutzen. Beobachtet werden dazu Veränderungen der morgendlichen Körpertemperatur oder die Beschaffenheit des Vaginalschleims. Diese Methoden sind für Jugendliche nicht geeignet, da sehr häufig Unregelmäßigkeiten im Zyklus auftreten.

Masochismus: Sexuelle Lust, die nur durch Erleiden von Schmerzen und Demütigungen erreicht wird.

Oralverkehr: Berührung der erogenen Zonen, insbesondere der Geschlechtsorgane, mit dem Mund und der Zunge.

Orgasmus: Körperlich-seelischer Höhepunkt der sexuellen Erregung und Lust. Vorher ist die sexuelle Erregung durch zärtliches Berühren der erogenen Zonen so stark angewachsen, dass es bei der Frau zum rhythmischen Zusammenziehen des Scheideneingangs und der Gebärmutter und beim Mann zur Ejakulation kommt. Heute wird durch zu starke Gewichtung des Orgasmus der falsche Eindruck erweckt, dass jedes sexuelle Erlebnis mit einem Orgasmus enden muss, um schön und befriedigend zu sein.

Petting: Reizung erogener Zonen, vor allem der Geschlechtsorgane, mit der Hand oder dem Mund, teilweise bis zum Orgasmus.

Pädophilie: Sexuelles Verlangen und die Vorliebe eines Erwachsenen zu Kindern des gleichen oder des anderen Geschlechts. Die Kinder sind noch nicht in der Pubertät.

Pornographie: Pornos sind Bilder oder Filme, die nackte Menschen meist bei sexuellen Handlungen zeigen. Sie zielen einseitig darauf ab, den Betrachter sexuell zu erregen. Andere Bereiche der Sexualität, wie Zärtlichkeit, Gefühle und Liebe, die zur Persönlichkeit eines Menschen gehören, werden bewusst ausgeklammert.

Prävention oder **präventive Maßnahmen** sind vorbeugende oder verhütende Maßnahmen.

Promiskuität: Nennt man den Geschlechtsverkehr mit häufig wechselnden Partnern. Durch Promiskuität ohne die Verwendung von Kondomen ist das Risiko einer Ansteckung mit HI-Viren und Geschlechtskrankheiten extrem hoch.

Prostitution: Das gewerbsmäßige Anbieten und Verkaufen des eigenen Körpers zur Befriedigung sexueller Bedürfnisse anderer. Es gibt weibliche und männliche Prostituierte.

Sadismus: Das Empfinden von sexueller Lust, wenn dem Sexualpartner Schmerzen oder Demütigungen zugefügt werden.

Safer Sex: Sexualpraktiken, welche die Gefahr einer Ansteckung mit HIV herabsetzen sollen. Bester Schutz: Beim Geschlechtsverkehr mit unbekannten Partnern auf jeden Fall Kondome verwenden.

Schwule: Ursprünglich Schimpfwort für männliche Homosexuelle, das homosexuelle Männer heute zur Kennzeichnung ihrer Sexualität gewählt haben. In allen vergangenen und gegenwärtigen Kulturen gab und gibt es diese gleichgeschlechtlichen Beziehungen.

Selbstbefriedigung: Sexuelle Selbstreizung *(Masturbation)* des Penis bzw. des Kitzlers bis zum Orgasmus.

Sexueller Missbrauch: Sexuelle Handlungen, die Erwachsene an Kindern und Jugendlichen oder Männer an Frauen (seltener Frauen an Männern) gegen deren Willen vornehmen. Die Opfer der sexuellen Handlungen gegenüber Kindern und Jugendlichen sind in erster Linie Mädchen, aber auch Jungen. Der Erwachsene nutzt seine Macht über das Opfer zur eigenen Bedürfnisbefriedigung. Die Verwirrung der Opfer in ihrer Ohnmacht ist groß. Sie haben meist umfangreiche Scham- und Schuldgefühle. Diese nutzen die Täter mit Versprechungen und Drohungen, um die Opfer zur Geheimhaltung zu veranlassen. Vertrauensvolle Hilfen können Betroffene bei Beratungsstellen für Kinder, Eltern und Jugendliche, beim Kinderschutzbund oder Familienberatungsstellen der Stadt oder des Kreises erhalten (siehe Telefonbuch oder in der örtlichen Tagespresse).

Sterilisation: Entscheidet sich ein Paar endgültig, keine oder keine Kinder mehr zu bekommen, können sich der Mann oder die Frau sterilisieren lassen. Dabei wird beim Mann der Spermienleiter durchtrennt, bei der Frau werden die Eileiter abgebunden oder durchtrennt.

Syphilis oder *Lues*: Eine Infektionskrankheit, die ohne Behandlung den ganzen Körper schädigt und zum Tode führt. Die Erreger, es handelt sich dabei um spiralförmige Bakterien, dringen beim Geschlechtsverkehr durch winzige Hautverletzungen in den Körper ein. Nach drei Wochen bildet sich an der Infektionsstelle ein kleiner, rötlich verfärbter Knoten. Dieses 1. Stadium verschwindet nach einigen Wochen. Nach zwei bis drei Monaten folgt ein nicht juckender, fleckenartiger Hautausschlag mit winzigen Knötchen. Der Kranke leidet unter Kopfschmerzen, Fieber und Müdigkeit. Spätestens in diesem 2. Stadium, in dem eine Behandlung mit Antibiotika noch möglich ist, muss man zum Arzt gehen.
Im 3. Stadium wird das Nervensystem angegriffen.

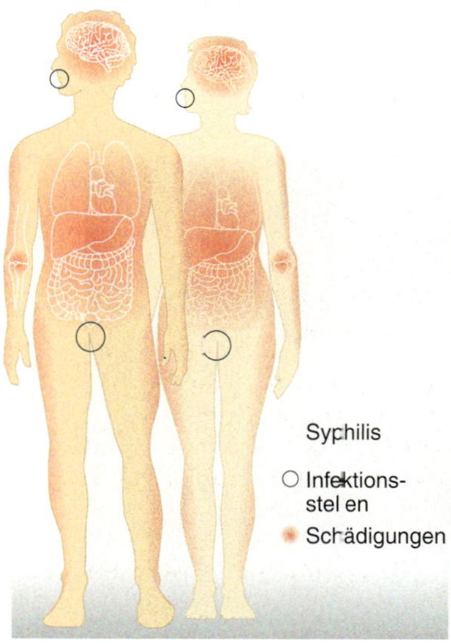

Transvestit: Ein Mann, der sich meistens aufgrund seiner sexuellen Neigung wie eine Frau kleidet und verhält.

Tripper oder *Gonorrhoe* ist die häufigste Geschlechtskrankheit. Die Erreger sind Bakterien, sogenannte *Gonokokken*. Nach 2 bis 5 Tagen verspürt man Jucken in der Harnröhre und Brennen beim Wasserlassen. Schon bei ersten Verdachtsmomenten sollte man den Arzt aufsuchen. Die weitere Entwicklung der Krankheit und die Spätfolgen zeigt die Abbildung.

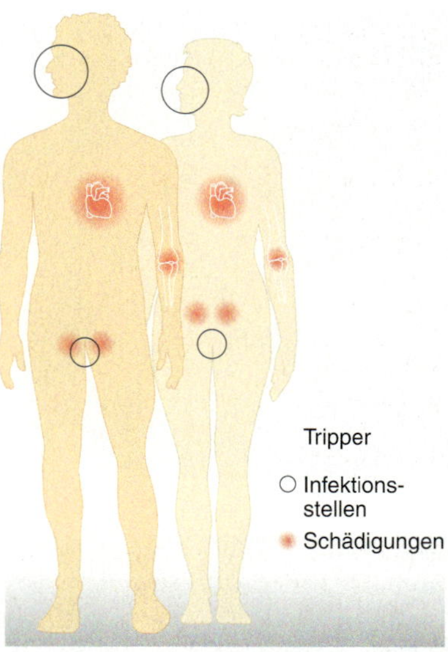

Urologe: Facharzt für alle Organe, die der Ausscheidung dienen. Er ist auch der Arzt für Männer, die Probleme mit den Geschlechtsorganen haben; spezielle Männerärzte gibt es nur selten.

Voyeur oder **Spanner** nennt man einen Menschen, der sexuelle Erregung empfindet, wenn er andere in sexuell erregenden Situationen oder bei sexuellen Handlungen beobachtet.

Aggressives Verhalten – Umgang mit Aggression

„Jana ist eine blöde Zicke, so wie die aussieht, würde ich mich nur im Dunkeln auf die Straße trauen!" „ Oh, war mal wieder Altkleidersammlung? Nicolai hat neue Klamotten!" So oder noch viel schlimmer werden viele Schüler von ihren Mitschülern bloßgestellt und beschimpft, manchmal sogar regelrecht terrorisiert. Solches Verhalten, das darauf ausgerichtet ist anderen zu schaden, nennt man **Mobbing.** In Klassen, in denen gemobbt wird, haben Schüler Angst sich zu melden, Angst Fehler zu machen, Angst lächerlich gemacht zu werden und möglicherweise das nächste Mobbingopfer zu sein.

Mobbing ist eine Form *aggressiven Verhaltens.* Warum verhalten sich Menschen aggressiv? Wodurch wird ein solches aggressives Verhalten ausgelöst? Bei vielen sind es Minderwertigkeitskomplexe und mangelnde Ich-Stärke oder einfach der Wunsch nach Anerkennung. Indem sie andere mobben, gelingt es ihnen, Aufmerksamkeit zu erregen. Sie gelten dann als „cool" und stärken so ihre Stellung im Klassenverband. Häufig sind es Probleme, wie zum Beispiel Konflikte im Elternhaus, die Schüler überfordern und ihnen das Gefühl der Ohnmacht geben. Viele, die sich unverstanden oder ungeliebt fühlen, versuchen, ihren Frust und Ärger an anderen auszulassen. Das verschafft ihnen Zufriedenheit und ein Gefühl der Überlegenheit. Wer nicht gelernt hat, Aggressionen auf andere Weise abzubauen — etwa durch Sport oder ähnliche Aktivitäten — neigt oft dazu, Verhaltensmuster von zweifelhaften Vorbildern, zum Beispiel aus Filmen oder Fernsehen, zu übernehmen.

Schule und auch Familie sind keine konfliktfreien Räume. Konflikte sind hier oft unausweichlich. Jedoch ermöglichen gemeinsam ausgearbeitete und von allen bejahte eindeutige Regeln ein geordnetes Miteinander. Respektvolle Umgangsformen und Rituale, die Minderheiten schützen oder bei Konflikten gerechte Lösungen erfordern, schaffen eine freundliche, offene Atmosphäre.

An vielen Schulen gibt es ein *Schüler-Schlichterprogramm*, ausgebildete *Schülermediatoren* bieten eine Vermittlung bei Konflikten und Streitigkeiten zwischen Schülern an (siehe Seite 143).

Aufgaben

① Aus welchen Gründen werden Schüler von ihren Klassenkameraden gemobbt?

② Erstellt eine Liste mit beobachteten aggressiven Verhaltensweisen. Bringt sie in eine Rangfolge zunehmender Aggressivität. Sucht nach möglichen Erklärungen für diese Verhaltensweisen.

③ Arbeitet Regeln zum Verhalten in der Klasse aus, die ein freundliches und produktives Miteinander ermöglichen. Worin liegen Sinn und Nutzen solcher Regeln (▶ S. 150)?

④ Überlegt euch konkrete Streit- oder Konfliktsituationen. Erprobt dann in einem Rollenspiel verschiedene Möglichkeiten der Konfliktbewältigung ohne Gewalt. Wenn Beobachter dabei Protokoll führen, lassen sich später kritische Stellen oder alternative Gesprächsverläufe diskutieren.

Zettelkasten

Streitschlichtung in Schulen

Streitschlichtung in Schulen – oft auch *Konfliktmoderation, Peer-Mediation oder Schul-Mediation* genannt – gibt es seit einigen Jahren an fast allen Schulen. Ältere, speziell ausgebildete Schüler vermitteln bei Streitigkeiten zwischen ihren Mitschülern. Ziel der verschiedenen Streitschlichtungsmodelle ist, Konflikte innerhalb der Schülerschaft zu lösen, ohne dass es zu erzieherischen oder disziplinarischen Maßnahmen durch Eltern, Lehrer oder Schulleitung kommt. Die *Eigenverantwortung* der Schüler und ihre Fähigkeit, Konflikte vernünftig zu lösen, sollen gestärkt werden. Das Ziel der Konfliktmediation ist im Allgemeinen eine *„win-win"-Lösung*, d. h. beide Parteien sollen das erzielte Ergebnis ohne „Gesichtsverlust" akzeptieren können. Damit Wut oder Enttäuschung sich nicht über längere Zeit ansammeln, sollte die Schlichtung möglichst früh in Angriff genommen und rasch umgesetzt werden.

Die Streitschlichter werden meistens in der 9. Klasse ausgebildet und stehen danach mehrere Jahre zur Verfügung. Während dieser Zeit müssen sie sich regelmäßig weiterbilden. Sie arbeiten eng mit Lehrern, die für die Mediation zuständig sind, zusammen. Bei der Streitschlichtung sind sie an keine Weisungen gebunden und zu *strikter Vertraulichkeit*, auch gegenüber betroffenen Eltern, Lehrern und der Schulleitung, verpflichtet. An manchen Schulen wählen die Konfliktparteien ihre Schlichter selbst aus, an anderen Schulen sind bestimmte Schlichter bestimmten Klassen zugeordnet.

Streitschlichtung kann nur zu einem Erfolg führen, wenn bestimmte Bedingungen erfüllt sind. Beide Konfliktparteien

- müssen mit der Schlichtung einverstanden sein.
- müssen bereit sein, Kompromisse zu schließen.
- sollten die Schlichter respektieren.
- müssen sich auf die Vertraulichkeit der Schlichtung verlassen können.

Die Streitschlichter müssen unparteiisch sein und dürfen sich nicht als Richter aufspielen. Sie sollten verantwortungsbewusst und geduldig sein, Probleme klar erkennen und Lösungswege finden. Die Streitschlichtung läuft in mehreren Schritten ab:

1. In einem einführenden Gespräch wird das Ziel der Mediation geklärt und die Vorgehensweise wird abgesprochen.
2. Danach bekommt jede Partei die Möglichkeit, ihre Position zu erklären. Die Streitschlichter versuchen, eine möglichst sachliche Darstellung des Konflikts zu erreichen.
3. Nun wird gemeinsam versucht, Ursachen und Hintergründe des Streits zu erkennen und den Betroffenen bewusst zu machen.
4. Gemeinsam müssen konkrete Lösungswege erarbeitet werden. Die erzielten Vereinbarungen werden möglichst exakt schriftlich fixiert. Es wird ein Termin vereinbart, an dem der Erfolg der Streitschlichtung überprüft wird.

Die Streitschlichtung durch Schüler hat auch Grenzen. In schwerwiegenden Fällen, z. B. bei Diebstählen oder bei ernsthafter körperlicher Gewalt, müssen die Eltern, die Klassenlehrer oder die Schulleitung eingeschaltet werden. Dies gilt selbstverständlich auch, wenn die Mediation zu keinem Erfolg führt. Schwierig wird die Situation für die Streitschlichter, wenn in einer Klasse oder einer Schule größere Gruppen von Schülern miteinander Konflikte haben.

Aufgaben

① „Die Bereitschaft, über Konflikte zu sprechen, ist schon der erste Schritt zur Lösung!" Nimm zu dieser Aussage auf der website eines Stuttgarter Gymnasiums Stellung.

② Alltägliche Meinungsverschiedenheit unter Freunden, Mobben eines Außenseiters, harmlose Rangelei während der Pause, schwerer Konflikt zwischen verschiedenen Schülergruppen. Kennst du konkrete Beispiele für solche Probleme? Wie könntest du zur Lösung beitragen? Von wem würdest du dir Hilfe erwarten?

③ An vielen Schulen ist zu beobachten, dass die Streitenden meist Jungen aus unteren Klassenstufen sind, die Streitschlichter dagegen meist ältere Mädchen. Was könnten die Gründe sein? Welche Chancen und welche Risiken ergeben sich aus dieser Rollenverteilung?

④ An manchen Schulen gibt es ausgebildete Streitschlichter, die über längere Zeit nicht in Anspruch genommen werden, obwohl Konflikte auftreten. Was sind mögliche Ursachen? Wie könnte man die Situation verbessern?

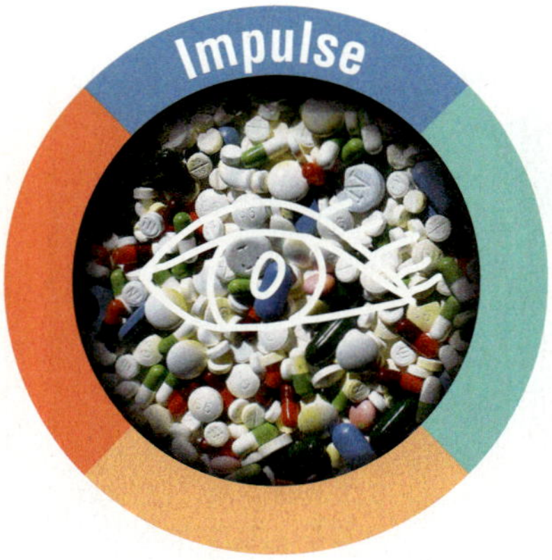

Formen der Gewalt

„Menschliche Gewalttätigkeiten sind selten echte tierische Aggression, sondern meist ein pervertierter Jagdersatz, bei dem das Opfer die Beute ist. Zwischen dem blutrünstigen Pöbel und dem Lynchopfer gibt es keinen persönlichen Streit."

DESMOND MORRIS,
britischer Verhaltensforscher

Aggression

Wut im Bauch

„Wenn du manchmal aggressiv bist,
dann denk' ich, ist das ganz normal.
Denn wer in dieser Welt nie 'ne Wut kriegt,
dem ist vermutlich alles scheißegal.
Benutz' deine Wut und saug' daraus Kraft,
'ne wilde Energie.

Aus Hitze im Blut wird Strom gemacht,
du musst nur wissen, wie.
Aggressionen ohne Richtung, ohne Ziel,
und es wächst die Wut im Bauch,
keine Lösung, kein Ventil,
und die wächst die Wut im Bauch.
Wie lange noch, bis der Kragen platzt,
und bis die Faust sich ballt?

Sie ist so hässlich, und sie grinst eiskalt:
Die Fratze der Gewalt.
Schrei' nur, schrei', tob' dich aus zur Musik,
lauf nur, lauf, Kämpfe, kämpf' um dein Glück.

Schrei' nur, schrei' für dein Recht,
und tob' dich aus zur Musik,
lauf nur, lauf um den Sieg.
Und kämpf' ums Glück,
doch bitte tu' keinem weh ..."

Pur: Wut im Bauch, Musik + Text: Engler, Hartmut/Reidl, Ingo/Ansel, Martin

Henri Rousseau,
„Der Krieg", 1894 (Ausschnitt)

Suche Beispiele für aggressionsfördernde und aggressionshemmende Faktoren.

**In welchen Situationen reagieren Menschen aggressiv?
Wie kann man Aggressionen abbauen?**

Fremdenhass

Was hat dieses Experiment mit „Fremdenhass" zu tun?

In einem Experiment wurden Studenten auf einer Leinwand verschiedene Gesichter, unbekannte Worte oder fremde Schriftzeichen projiziert. Bestimmte Gesichter, Wörter und Zeichen wurden einer Studentengruppe häufiger, einer anderen Gruppe seltener gezeigt. Abschließend beantworteten die Studenten beider Gruppen einzeln folgende Fragen: Ist Ihnen dieses Gesicht sympathisch oder unsympathisch? Bedeutet dieses Wort etwas Positives oder etwas Negatives? Bedeutet dieses Zeichen etwas Positives oder etwas Negatives? Wurde ein Gesicht häufiger gesehen, so empfanden es die Studenten als sympathischer. Ebenso wurde den oft gesehenen Wörtern und Zeichen häufiger eine positive Bedeutung zugemessen.

Gewalt in der Schule

Bei welcher der folgenden Handlungen ist deiner Meinung nach Gewalt im Spiel?

1. Der Lehrer ruft Lukas grinsend an die Tafel: „Mal sehen, ob du heute ausnahmsweise mal was kannst! Das würde mich ja echt wundern."
2. Die graue Betonwand der Schule wurde mit Graffiti „verziert". Die Stadtverwaltung hat Anzeige gegen Unbekannt erstellt, den meisten Schülern gefällt das „Kunstwerk".
3. Eine der Lieblingsbeschäftigungen von Thomas und Ralf sind kleine Ringkämpfe in den Pausen. Angefeuert von den anderen machen sie so lange weiter, bis einer der beiden signalisiert, dass er aufgibt.
4. Die Klasse 8b ist von ihrem Englischlehrer nicht gerade begeistert. Sie beschließt, heute kollektiv die Mitarbeit zu verweigern.
5. Beim Fussballspielen foult Bernd einen seiner Gegner, indem er ihm ein Bein stellt.
6. Frank wirft einen Mitschüler zu Boden, um zu verhindern, dass er einen kleinen Jungen verprügelt.
7. Nadine hat ihre Hausaufgaben schlampig gemacht. Ihr Vater ohrfeigt sie dafür.

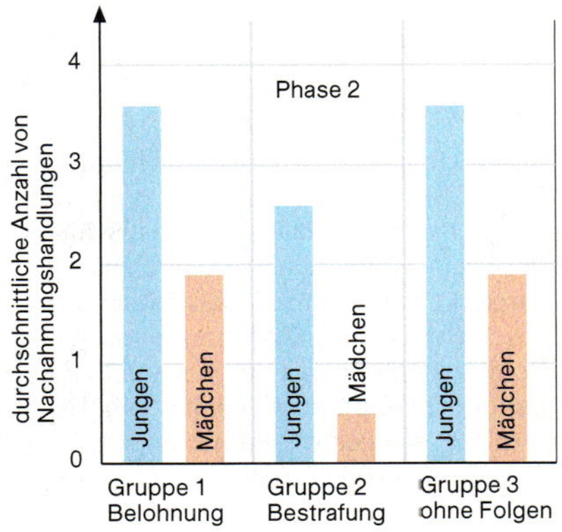

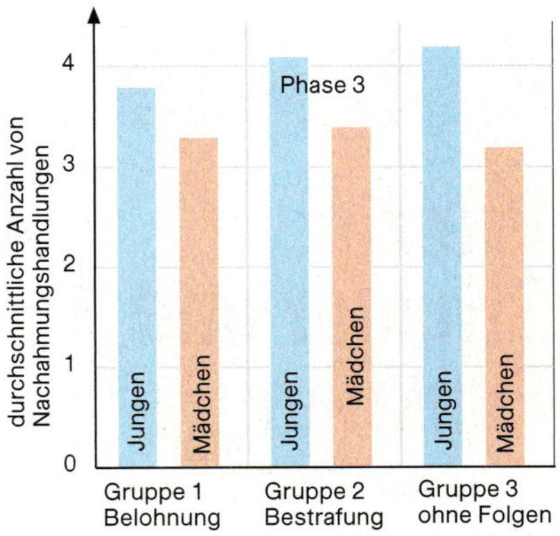

Untersuchung von Aggressionsverhalten

In einem Experiment wurde überprüft, ob Gewaltdarstellungen und Erziehungsmethoden das Aggressionsverhalten von Kindern beeinflussen. Dazu wurden Kindergartenkinder zufällig auf drei gleich große Gruppen verteilt. Die Anzahl der Mädchen und Jungen pro Gruppe war gleich. Alle sahen den gleichen Film, der aber in den drei Gruppen jeweils eine unterschiedliche Endszene hatte. In der Handlung des Films ging die Hauptperson Rocky auf eine lebensgroße Plastikpuppe zu, schlug und trat sie. Zuletzt warf er Gummibälle auf die Puppe. Ergänzt wurden seine aggressiven Handlungen durch aggressive Äußerungen.

Die Gruppe 1 sah als Endszene des Films, wie Rocky von einem Erwachsenen belohnt wurde. Die Gruppe 2 sah, wie Rocky von Erwachsenen bestraft und als brutal bezeichnet wurde. In Gruppe 3 gab es für Rockys Aggressionen keine Konsequenzen, weder positive noch negative.

In Phase 2, nach dem Film, konnten die Kinder einzeln in verschiedenen Räumen spielen, in denen sich Spielzeug und Gegenstände aus dem Film befanden. Das Verhalten der Kinder wurde 10 Minuten lang durch eine Einwegscheibe von einer Person beobachtet, die nicht wusste, aus welcher Gruppe das jeweilige Kind stammte. Wenn die Kinder dort Rockys aggressive Handlungen nachahmten, wurde es notiert und später nach Gruppen und Geschlechtern ausgewertet.

In Phase 3 wurden die Kindern aller Gruppen mit dem Versprechen einer Belohnung dazu aufgefordert, Rockys Verhalten zu imitieren.

Beschreibe die Ergebnisse des Experiments aus Phase 2 und 3. Was kannst du aus diesem Ergebnis über das Aggressionsverhalten des Menschen schließen?
Viele Kinofilme sind erst ab 16 Jahren freigegeben. Nimm Stellung.

Netz

Prinzip: Struktur und Funktion

Zwischen der *Struktur,* d.h. dem Bau eines Organs oder einer Zelle, und deren *Funktion,* also der Aufgabe im Organismus, gibt es oft einen klar erkennbaren Zusammenhang: Die Struktur ist so ausgeprägt, dass sie eine bestimmte Funktion übernehmen kann. Derartige Beobachtungen können bei den unterschiedlichsten Arten von Lebewesen und auf verschiedenen Organisationsstufen des Lebens (Zellen, Gewebe, Organe) gemacht werden. Daher handelt es sich bei dem Zusammenhang zwischen Struktur und Funktion um ein *grundlegendes biologisches Prinzip.* Es ermöglicht, aus der Beobachtung bestimmter Strukturen auf deren Funktion zu schließen.

Beweglichkeit

Spermien sind außergewöhnlich gebaute Zellen: Sie bestehen aus Kopfstück, Mittelstück und Schwanzfaden. Der Träger der Erbinformation befindet sich dicht verpackt im Kopfstück. Das Zwischenstück enthält viele Mitochondrien. Der Schwanzfaden treibt durch seine Bewegungen das Spermium nach vorne. Es erreicht dabei eine Geschwindigkeit von etwa 3 mm pro Sekunde.

Beweglichkeit

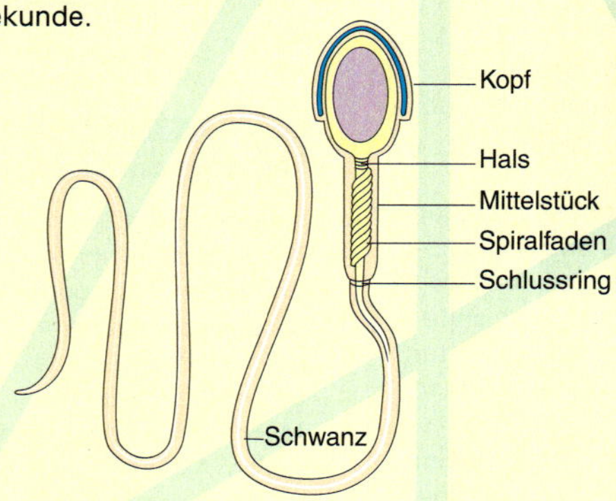

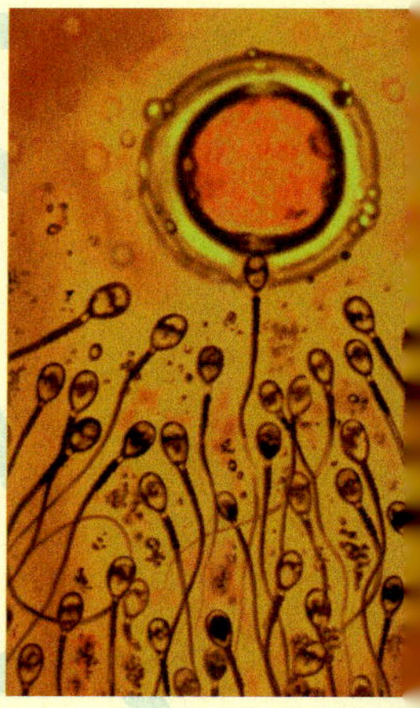

Transport

Transport

Kleine, einfach gebaute Organismen weisen keine speziellen Transportsysteme auf, hier genügt die Wärmebewegung der Teilchen durch ihre Zellen oder Gewebe. Höher entwickelte Pflanzen und Tiere verfügen über z.T. sehr komplexe *Transportsysteme,* wie Leitbündel, Tracheen, Blutgefäße, Lymphgefäße, Därme und Harnwege. Diese röhrenförmigen Transportwege erreichen extreme Längen, z.B. sind alleine die Kapillaren um die Lungenbläschen insgesamt 13 km lang, alle Kapillaren eines Menschen würden, aneinander gereiht, von Stuttgart bis Hamburg und wieder zurück reichen.

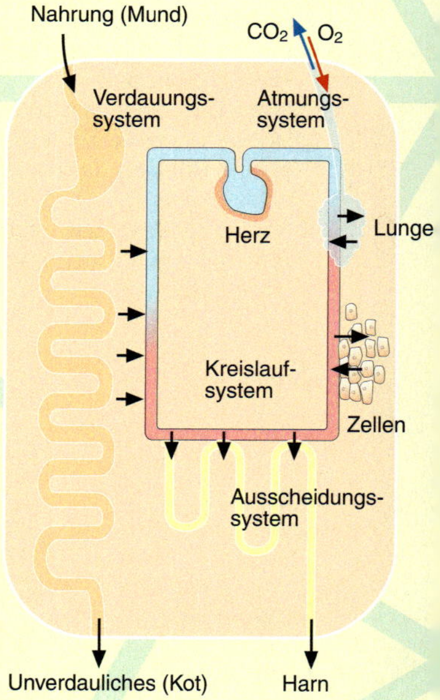

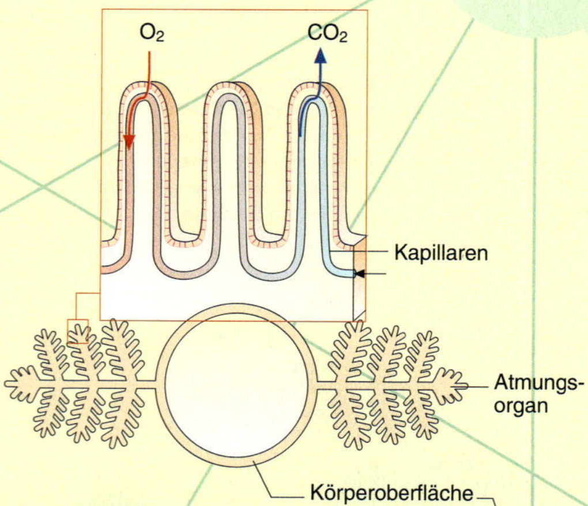

Stoffaustausch

Strukturen, an denen Stoffe ausgetauscht werden, haben dünne Wände bzw. *Membranen* und zeigen eine starke Auffältelung nach innen oder außen und somit eine starke *Vergrößerung* ihrer *Oberfläche.* Die Abbildung zum Transport zeigt schematisch, auf welchen Wegen Tiere Stoffe mit ihrer Umgebung austauschen, die Abb. hier zeigt Beispiele von Atmungsorganen, mit denen verschiedene Tiere mit ihrer Umgebung Sauerstoff und Kohlenstoffdioxid austauschen können.

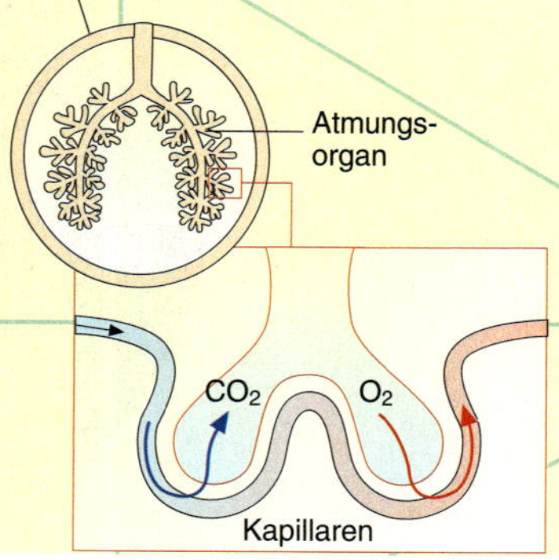

Oberflächen

Biologische Pumpen

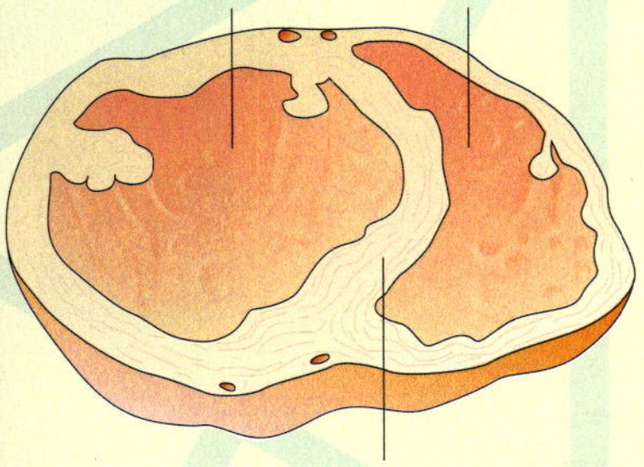

Biologische Pumpen

Die Abbildung zeigt einen Querschnitt durch die rechte und linke *Herzkammer.* Die Wand der linken Kammer ist mit etwa 1 cm Stärke erheblich dicker als die der rechten Kammer. Die Wände bestehen aus der sehr leistungsfähigen *Herzmuskulatur.*
Außer dem Herzen gibt es noch weitere biologische Pumpen, z. B. die *Gebärmutter*, die *Aorta* und die *Blase.* Diese auf den ersten Blick so verschiedenen Organe sind ähnlich aufgebaut: Ein Hohlraum ist von einer starken Muskulatur umgeben. Zieht sie sich zusammen, kann der Inhalt nach außen transportiert werden.

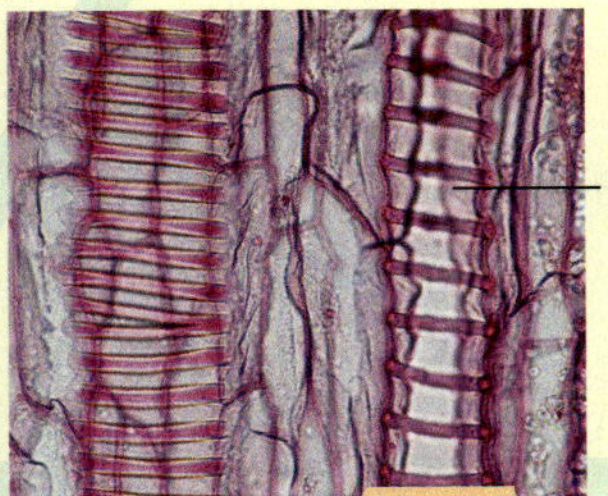

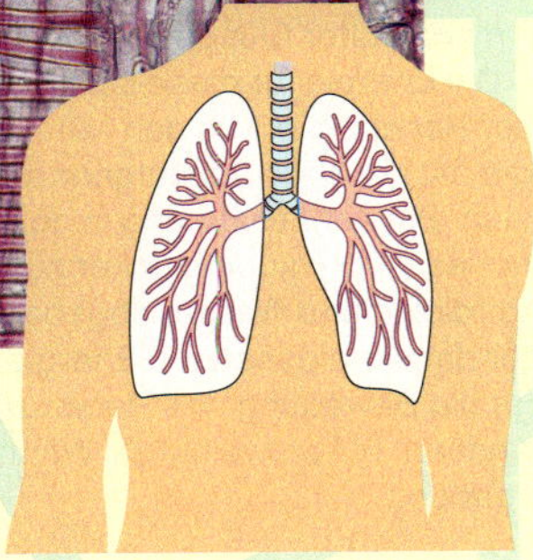

Stabilität

Stabilität

Die Luftröhre *(Trachea)* besteht aus einem elastischen Schlauch, in den in kurzen Abständen feste Knorpelspangen eingelagert sind. Sie ist somit fest und zugleich elastisch verformbar. Die umgebenden Gewebe drücken auf die Luftröhre. Durch die Atembewegungen wird sie regelmäßig verformt. Auch bei Pflanzen gibt es *Tracheen* genannte Strukturen. Sie tragen zur Festigkeit des Holzes bei und dienen als Wasserleitungsbahnen.

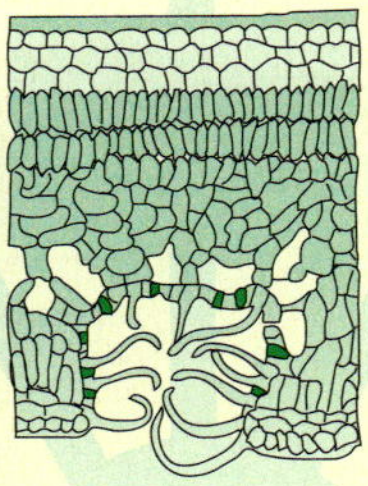

Schutz

Schutz

Der *Oleander* ist bei uns eine beliebte, sorgfältig gepflegte Kübelpflanze. An seinen natürlichen Standorten ist er dagegen Hitze, Sonneneinstrahlung und Trockenheit ausgesetzt. Die Abb. links zeigt im Querschnitt den besonderen Bau seiner Laubblätter: Die Cuticula ist dick, Epidermis und Palisadengewebe sind mehrschichtig. Die Spaltöffnungen sind tief in das Schwammgewebe eingesenkt. Haare füllen die so entstandenen Hohlräume aus.
Kakteen leben in extremer Hitze und Trockenheit. Ihre Blätter bilden die charakteristischen Dornen.

Aufgaben

① Erläutere das Prinzip von Struktur und Funktion. Zeige anhand geeigneter Beispiele, dass es bei verschiedenen Arten und bei Ein- und Mehrzellern gilt.

② Vergleiche den Aufbau eines Spermiums mit dem einer Eizelle. Welche Gemeinsamkeiten und welche Unterschiede stellst du fest? Auf welche Funktion der Eizelle kannst du aufgrund ihres Baus schließen?

③ Erläutere, durch welche Strukturen der Oleander vor dem Austrocknen geschützt ist. Warum kann er nicht so extrem trockene Standorte wie die Kakteen besiedeln?

④ Das Oleanderblatt hat ein doppeltes Palisadengewebe. Welchen Vorteil hat dies am natürlichen Standort der Pflanze?

⑤ Die linke Herzkammer hat eine dickere Wand und einen größeren Hohlraum als die rechte. Erkläre dies. Vergleiche auch den Querschnitt von Arterien und Venen (Abb. 66. 2). Erkläre dazu den Zusammenhang zwischen Struktur und Funktion.

⑥ Welche Organe sind auf Seite 146 beim Stoffaustausch abgebildet? Wie erfolgt jeweils die Vergrößerung der Oberfläche?

⑦ Die Abb. 35.1 zeigt eine Wurzel mit Wurzelhaaren. Beschreibe den äußeren Bau der Wurzel. Welche Funktion der Wurzel kannst du aus ihrem Bau ableiten?

⑧ Leistungssport führt manchmal zu sichtbaren Strukturveränderungen am Körper der Sportler, z. B. haben Fußballer eine ausgeprägte Beinmuskulatur. Zeige anhand selbst gewählter Beispiele den Zusammenhang zwischen speziell ausgebildeten Strukturen und deren Nutzen bei einer bestimmten Sportart.

⑨ Hohe Stabilität bei gleichzeitiger Materialeinsparung zu erzielen, ist biologisch zweckmäßig. Erläutere dies am Beispiel der Luftröhre und der Tracheen. Beschreibe ein selbst gewähltes Beispiel aus der Technik, bei dem ebenfalls eine stabile Struktur mit geringem Materialaufwand erreicht wird.

Netz

Prinzip: Energieumwandlung

Ein Kennzeichen der Lebewesen ist ihr Stoffwechsel. Er ist Voraussetzung für alle Lebensvorgänge. Stoffe werden vom Organismus aufgenommen und in andere Stoffe überführt, die als Baustoffe oder Energieträger dienen oder ausgeschieden werden. Bei jedem Stoffwechselvorgang wird auch Energie umgewandelt. Deshalb gilt allgemein: Alle Lebensprozesse laufen unter *Energieumwandlung* ab.

Die Energie des Sonnenlichts ermöglicht, dass grüne Pflanzen Nährstoffe aufbauen können. Dabei wird *Lichtenergie* in *chemische Energie* umgewandelt. Beim Abbau der Nährstoffe wird diese Energie wieder frei und kann in andere Energieformen umgewandelt werden. Bei Bewegungen spricht man von *mechanischer Energie*. Beim Wachstum werden neue Baustoffe gebildet, die wieder chemische Energie enthalten. Schließlich wird bei jeder Energieumwandlung ein Teil der Energie in Form von *Wärme* abgegeben.

Fotosynthese

Fotosynthese

Vor allem in öffentlichen Gebäuden findet man häufig Zimmerpflanzen, deren Topf statt Erde nur kleine Tonkügelchen enthält. Die Kügelchen einer solchen *Hydrokultur* enthalten keine Nährstoffe, sondern bieten den Wurzeln lediglich Halt. Zum Leben benötigt die Pflanze regelmäßig Wasser, ausreichend Licht und Mineralstoffe. Dieses Beispiel zeigt deutlich, dass Pflanzen keine energiehaltigen Stoffe aufnehmen. Sie stellen diese in den Chloroplasten selbst her. Als Energiequelle dient Licht.

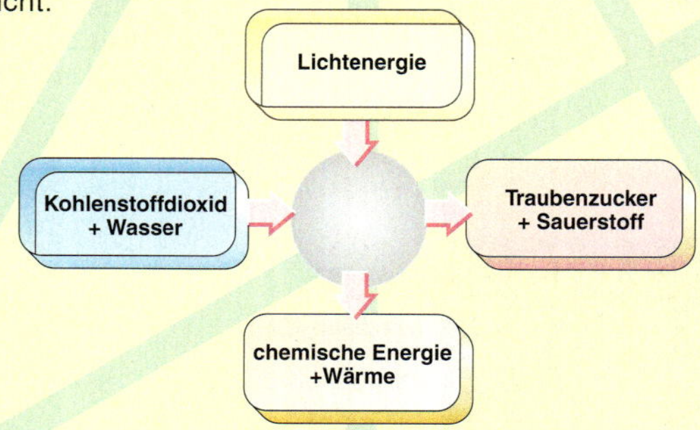

Zellatmung

Zellatmung

Ein Leben lang schlägt unser Herz und pumpt bei einem Erwachsenen pro Minute etwa fünf Liter Blut durch den Kreislauf. Die Energie für diese Leistung bezieht der Herzmuskel aus den Nährstoffen, die mit der Nahrung aufgenommen werden. Bei der Zellatmung in den Mitochondrien wird Traubenzucker zu Kohlenstoffdioxid und Wasser abgebaut. Ein Teil der dabei freigesetzten Energie ermöglicht die Bewegung des Herzmuskels, ein anderer Teil entweicht als Wärme in die Umgebung.

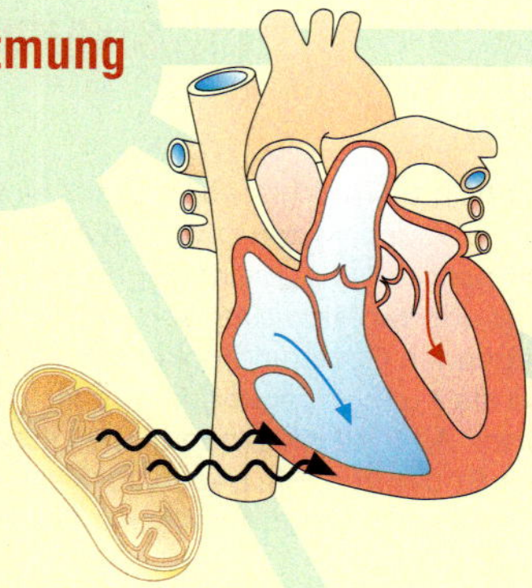

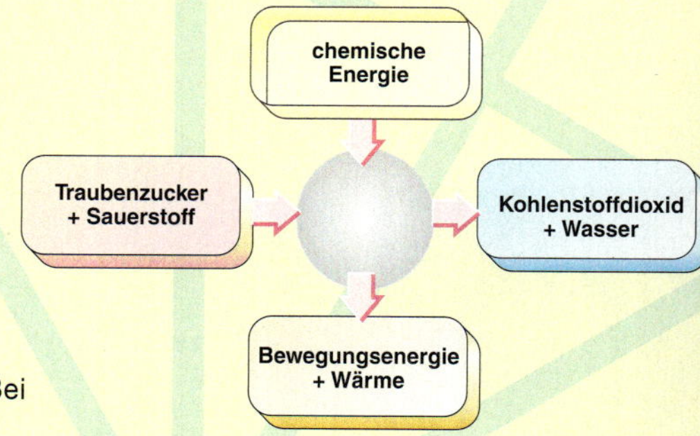

Betriebsstoffwechsel

Betriebsstoffwechsel

Ein Radprofi leistet bei einem Rennen unglaubliche körperliche Leistungen. Bei einer Bergetappe muss ein Fahrer seinem Körper etwa 35000 kJ zuführen. Das entspricht dem Nährwert von über 70 Bananen. Bei einem großen Radrennen wie der Tour de France müssen die Teilnehmer jeden Tag sehr viel essen. Trotzdem nehmen sie nicht zu. In der Nahrung enthaltene chemische Energie wird in Bewegungsenergie umgewandelt und verlässt als Wärme den Körper.

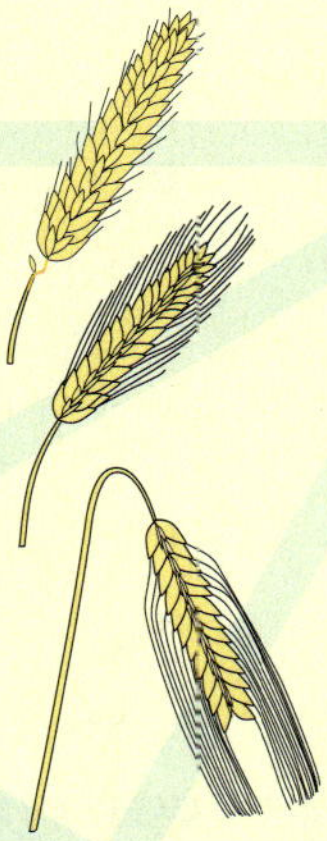

Energie-träger

Energieträger

Getreidekörner enthalten viel Stärke. Diese besitzt chemische Energie und ist also ein Energieträger. In dieser Form kann Energie langfristig gespeichert werden. Der Kornkeimling hat noch keine grünen Blätter – Fotosynthese ist deshalb nicht möglich und ein Teil der Stärke dient als Energiequelle. Auch Tiere besitzen spezielle Speichergewebe, wie z. B. das Unterhautfettgewebe der Säuger. Ein Igel nimmt z. B. während des Winterschlafs keine Nahrung auf, sondern baut Nährstoffe ab, die sein Körper im Herbst als Depotfett gespeichert hat.

Baustoffwechsel

Um zu wachsen, muss ein Baby Nahrung aufnehmen. Aus den Nährstoffen werden neue Stoffe gebildet, die den Körper aufbauen. Für solche Stoffumwandlungen ist auch die Zufuhr von Energie notwendig. Diese wird durch den Abbau von Nährstoffen gewonnen. Im Stoffwechsel dient ein Teil der Nährstoffe als Rohstoffquelle, ein anderer Teil als Energiequelle.

Baustoff-wechsel

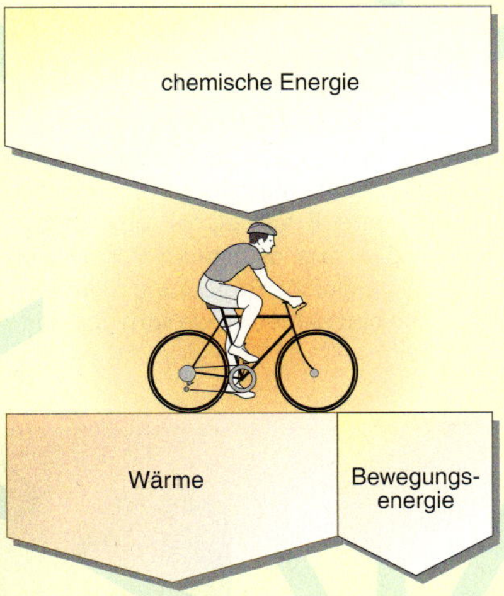

Energiebilanz

Ein Radfahrer nimmt mit der Nahrung chemische Energie auf. Ein Teil der Energie wird für den Grundumsatz verwendet und letztlich als Wärme an die Umgebung abgegeben. Der andere Teil steht für den Leistungsumsatz zur Verfügung und wird beim Radfahren auch in Bewegungsenergie umgewandelt.
Bei jeder Energieumwandlung wird Wärme, so genannte *thermische Energie*, gebildet. In dem Maße, wie die Energiemenge in einer Energieform abnimmt, entsteht neue Energie in anderen Energieformen. Abgenommene und neu entstandene Energiemengen sind stets gleich groß. Energie geht nicht verloren.

Energie-bilanz

Aufgaben

① Gib bei den in den Knoten genannten Beispielen an, welche Energiequelle genutzt wird und welche Energieformen entstehen.

② Welche Zellbestandteile sind bei den Grafiken zur Fotosynthese und zur Zellatmung mit den Kreisen dargestellt?

③ Wie ändert sich die Grafik zur Energiebilanz, wenn statt eines Radfahrers ein ruhender Mensch dargestellt wird?

④ Vergleiche den Stoffwechsel eines Säuglings mit dem eines Weizenkeimlings. Beschreibe Unterschiede und Gemeinsamkeiten.

⑤ Mitochondrien werden oft als die „Kraftwerke der Zelle" bezeichnet. Finde einen entsprechenden Begriff für die Chloroplasten.

⑥ „Wer abnehmen will, muss weniger essen und viel Sport treiben." Erkläre diese Aussage mit Energieumwandlungen.

⑦ Der Kern einer Kirsche ist von einem nährstoffreichen Fruchtfleisch umgeben. Welche biologische Bedeutung haben die Nährstoffe im Fruchtfleisch?

⑧ Pflanzen produzieren Nährstoffe, die von Tieren mit der Nahrung aufgenommen werden. Durch den Abbau von Nährstoffen ist es Tieren möglich sich zu bewegen. Stelle die beschriebenen Energieumwandlungen von Pflanze und Tier in einer Grafik dar.

⑨ „Die Sonne spendet Leben." Erläutere diesen Satz. Beachte dabei die energetischen Aspekte.

Prinzip: Information und Kommunikation

Als *Kommunikation* bezeichnet man in der Biologie jede Form der Verständigung. Dazu tauschen Lebewesen, aber auch Organe oder Zellen innerhalb eines Organismus, untereinander Information aus. Als *Information* bezeichnet man eine Mitteilung, die aus einer Folge von Signalen besteht. Diese Signale gehen von einem Sender an einen Empfänger, müssen von diesem verstanden werden und lösen dort eine Reaktion aus.

Nur wenn sich die Mitglieder einer Gemeinschaft untereinander verständigen können, ist ein Zusammenleben als Gemeinschaft möglich. Auch innerhalb eines Organismus ist ein korrektes Zusammenwirken der Organe und ihrer Zellen erforderlich.

Eltern-Kind-Kommunikation

Beugt sich jemand mit dem Gesicht über einen Säugling, so lacht das Baby diese Person an. Durch das Lächeln wird ein sozialer Kontakt geknüpft, es löst Zuneigung, aber auch Pflegeverhalten aus. Dieses Antwortlächeln ist eine angeborene Verhaltensweise. Das lässt aus Versuchen mit Attrappen erschließen, die stark vereinfachte menschliche Gesichter zeigen: ein Baby lächelt auch die Pappscheiben 2, 3 und 4, nicht aber 1 an. Unterstützt wird dies durch das *Kindchenschema:* beim Anblick eines Kleinkindes erleben wir Zuneigung und den Drang nach zärtlicher Zuwendung.

Eltern-Kind-Kommunikation

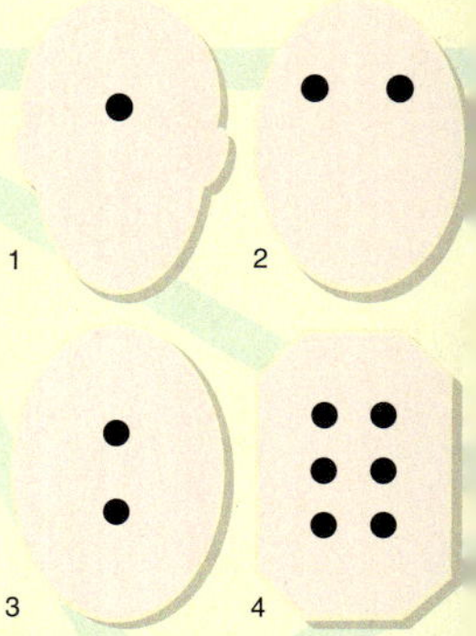

1 2 3 4

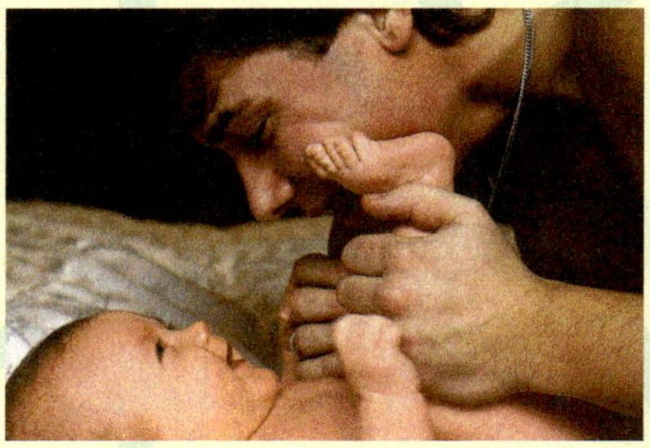

Mimik und Körpersprache

Mimik und Körpersprache

Kommunikation erfolgt oft ohne Worte und nur durch Mimik und Gestik. Sogar über verschiedene Kulturen hinweg findet man ähnliche Verhaltensweisen, z. B. den *Augengruß* durch Augenbrauen-Hochziehen. Auch taubblind Geborene lachen bei Freude bzw. runzeln die Stirn und schürzen die Lippen, wenn sie sich ärgern. Das spricht dafür, dass diese Verhaltensweisen angeboren sind.

Andere Gesten unterscheiden sich in verschiedenen Kulturen, z. B. bedeutet in Bulgarien Kopfschütteln „ja" und Kopfnicken „nein". Erfolgreiche Kommunikation setzt voraus, dass beide Partner den Gesten die gleiche Bedeutung zumessen, also den selben *Code* verwenden.

Berührungssignale

Jemandem beruhigend die Hand auf die Schulter legen, kann Aggressionen dämpfen. Einen Arm um die Schulter zu legen, bedeutet Zuneigung oder auch Mitgefühl. Ein Händchen haltendes Paar drückt damit Zuneigung aus.

Berührungssignale

Sexuelle Signale

Sexuelle Signale

Viele Frauen betonen ihre schmale Taille durch entsprechende Kleidung, während Männer ihre breiten Schultern zur Geltung bringen — nicht zuletzt, um für eine Partnerin bzw. einen Partner attraktiv zu sein.

Werbefachleute nutzen die Wirkung der sekundären Geschlechtsmerkmale aus: Sexuelle Signale locken den Blick zuerst auf die abgebildete Person und dann auf das Produkt.

Erbinformation

Schirmalgen bestehen aus nur einer bis zu 10 cm großen Zelle. Mit ihrem unteren wurzelartigen Teil ist die Zelle im Boden verankert. Daraus entspringt ein Stiel, der oben hutförmig verbreitert ist. Der Zellkern liegt im „Wurzelbereich". Die verschiedenen Arten unterscheiden sich durch Form und Größe der Hüte. Trennt man den Schirm einer Alge ab, so ist die Zelle in der Lage, diesen wieder nachzubilden. Wird z. B. ein Stielstück einer Art mit großem Schirm auf ein kernhaltiges Wurzelstück einer anderen Art mit kleinerem Schirm aufgesetzt, so bildet sich am Stiel ein neuer, kleiner Hut (oben). Dieses Experiment belegt, dass der Zellkern die Erbinformation der Zelle enthält.

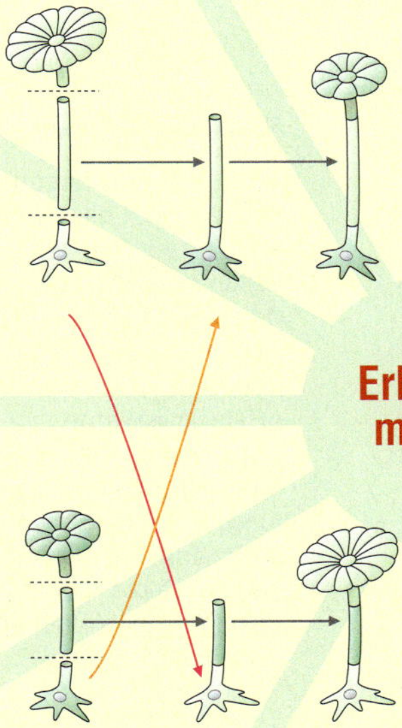

Erbinformation

Aufgaben

① Welche der Beispiele beschreiben Kommunikation? Gib für einige Beispiele Sender und Empfänger an.

② Die Bedeutung der Signale kann angeboren oder erlernt sein. Suche jeweils nach Beispielen.

③ Welche Bedeutung haben angeborene Verhaltensweisen der Kommunikation für die Beziehung zwischen Eltern und Säugling?

④ Untersuche Werbeanzeigen auf die Verwendung von sexuellen Signalen als „Hingucker". Welche Personengruppen sollen dadurch angesprochen werden?

⑤ Finde weitere Beispiele für Berührungssignale oder Gesten. Liste sie zusammen mit ihrer Bedeutung tabellarisch auf.

⑥ Neben optischen Signalen und Berührungssignalen gibt es weitere Wege der Kommunikation zwischen Menschen. Nenne Beispiele.

⑦ Gruppierungen von Jugendlichen *(Peergroups)* fallen zum Beispiel durch gleiche Kleidung auf. Nenne verschiedene Gruppen und ihre „Kennzeichen". Inwiefern handelt es sich um eine Form der Kommunikation und welche Informationen werden so übermittelt?

⑧ Gib weitere Zeichen an, mit denen Menschen ihre Einstellung oder Gesinnung kundtun.

⑨ Kommunikation erfolgt nicht nur unter Artgenossen. Gib Beispiele an für Kommunikation zwischen
- Mensch und Tier und
- Tier und Pflanze.

Symbole

Symbole

Ein Freundschafts- oder Ehering signalisiert auch für Außenstehende die Zusammengehörigkeit des Paares bzw. macht deutlich dass man/frau bereits vergeben ist.

Ebenso signalisiert Partnerlook bzw. gleiche Kleidung die Zugehörigkeit zu einer bestimmten Gruppe.

Prinzip: Reproduktion

Nur Lebewesen können ihre eigenen Nachkommen schaffen, sie sind zur Reproduktion fähig. Man unterscheidet dabei oft zwischen *Fortpflanzung,* d. h. der Erzeugung von Nachkommen, und *Vermehrung,* d. h. der Erhöhung der Anzahl der Lebewesen.

Bei einzelligen Lebewesen kann sich noch jede Zelle selbstständig fortpflanzen. Höher entwickelte Lebewesen haben Körperzellen, die sich nicht fortpflanzen können, und spezielle Fortpflanzungszellen, die die Erbinformation von einer Generation zur nächsten übertragen.

Alle Tier- und Pflanzenarten können langfristig nur überleben, wenn sie in jeder Generation so viele Nachkommen erzeugen, dass die Todesfälle durch Krankheitserreger, Parasiten, Fressfeinde und andere nachteilige Lebensbedingungen ausgeglichen werden.

Unsterblich?

Unsterblich durch ungeschlechtliche Vermehrung?

Kennzeichnend für die ungeschlechtliche Vermehrung ist das Fehlen spezieller Keimzellen, wie Eizellen oder Spermien. Eine Zelle teilt sich in zwei identische Tochterzellen, die genau die gleiche Erbinformation wie die Mutterzelle haben. Dieser Vorgang kann sich oftmals wiederholen, ohne dass es zur Bildung von Geschlechtszellen kommt. Bei ungeschlechtlicher Vermehrung ist das Lebewesen „potentiell unsterblich", es lebt in Form seiner Tochterzellen immer weiter.

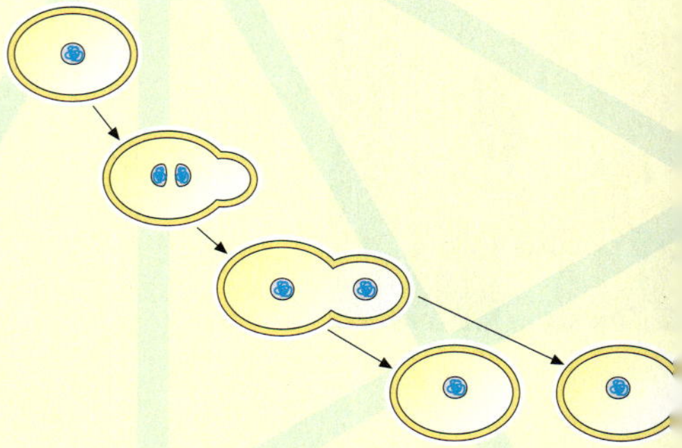

Männlich – Weiblich

Männlich – Weiblich

Typisch für die geschlechtliche Fortpflanzung ist die Bildung von hoch spezialisierten Keimzellen. Männliche Keimzellen sind klein und beweglich, sie werden in großer Zahl gebildet. Weibliche Keimzellen sind wegen ihres Vorrats an energiereichen Stoffen unbeweglich und größer, sie werden im Allgemeinen in geringer Zahl gebildet. Zur geschlechtlichen Fortpflanzung gehört die Befruchtung, die Verschmelzung von weiblicher und männlicher Keimzelle. Dabei entstehen durch die Kombination der Erbsubstanz von Ei- und Spermienzelle Nachkommen mit neuen Eigenschaften.

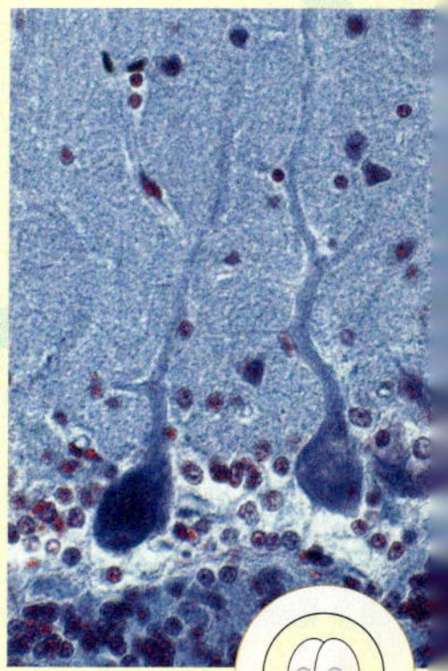

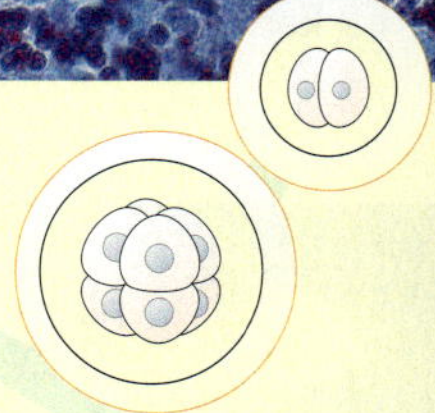

Als **Phagen** bezeichnet man Viren, die Bakterien befallen.

Nach ca. 5 min: Umsteuerung der Bakterienzelle, Vervielfältigung der Phagen-Erbinformation

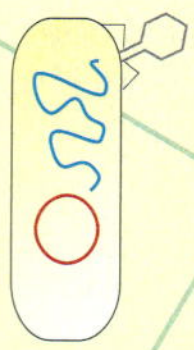

Nach ca. 6-15 min: Bildung neuer Phagenbauteile

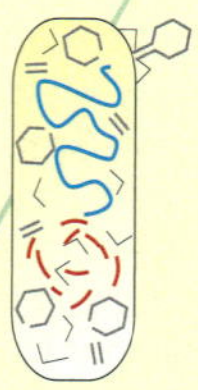

Nach ca. 20 min: Phagenreifung

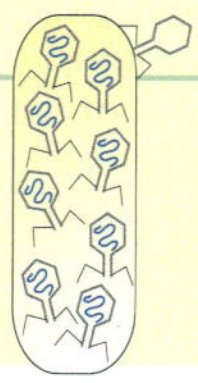

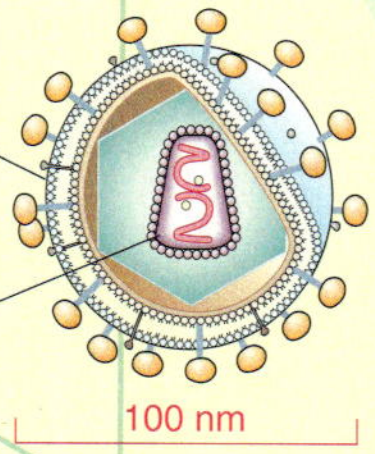

HI-Virus

Grippevirus

Viren lassen sich fortpflanzen

Viren lassen sich fortpflanzen

Viren bestehen nur aus Erbsubstanz und einer umgebenden Hülle aus Proteinen. Sie haben kein Zellplasma und keinen eigenen Stoffwechsel. Viren können sich somit auch nicht selbstständig fortpflanzen, sondern nur mithilfe einer Wirtszelle: Das Virus dringt in das Innere einer Wirtszelle ein. Die Erbinformation des Virus steuert deren Stoffwechsel so um, dass neue Viren gebildet werden. Die Wirtszelle platzt auf und viele neue Viren werden frei.

Geschlecht nach Bedarf

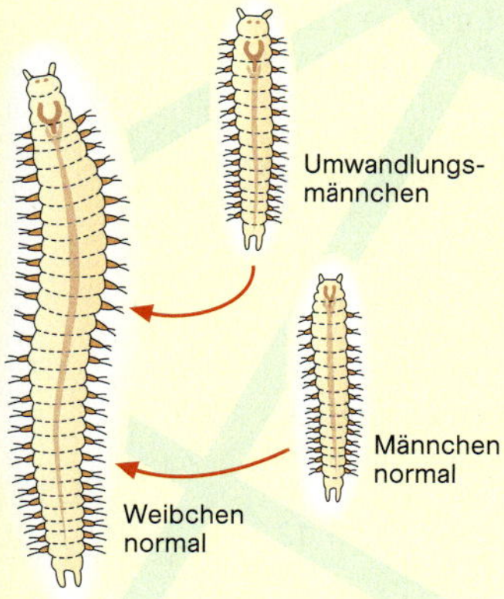

Geschlecht nach Bedarf

Völlig selbstverständlich gehen wir davon aus, dass wir als Junge oder Mädchen geboren werden, unser Geschlecht also durch die Erbinformation festgelegt ist. Bei einigen Tierarten ist das anders, z. B. sind junge *Borstenwürmer* stets männlich. Haben sie unter günstigen Lebensbedingungen eine bestimmte Mindestgröße erreicht, werden sie weiblich. Es steht nun genug Energie für die Bildung der vielen Eier zur Verfügung. Sehr rasch können sehr viele Nachkommen erzeugt werden. Dies ist dringend nötig, weil junge Borstenwürmer viele Feinde haben und die Elterngeneration sich nicht um ihren Nachwuchs kümmert. Im Laborversuch können Weibchen durch Amputation sogar wieder zu Umwandlungsmännchen werden.

Fortpflanzungsstrategien

Fortpflanzungsstrategien

Viele Pflanzenarten, wie z. B. Buchen oder Eichen, erzeugen einen derartigen Überschuss an Samen, dass sie nicht nur ihre eigene Fortpflanzung damit sichern, sondern dass sich zahlreiche Tiere davon ernähren können. Andere Arten, speziell viele Vögel und Säugetiere, haben eine ganz andere Strategie: Sie haben nur wenige Junge, beschützen und versorgen diese aber mit großer Sorgfalt, bis sie sich selbstständig verteidigen und ernähren können. Dabei können sowohl beide Elternteile als auch nur ein Elternteil für die Betreuung der Jungtiere zuständig sein. Manchmal helfen sogar ältere Geschwister mit.

Empfängnisregelung

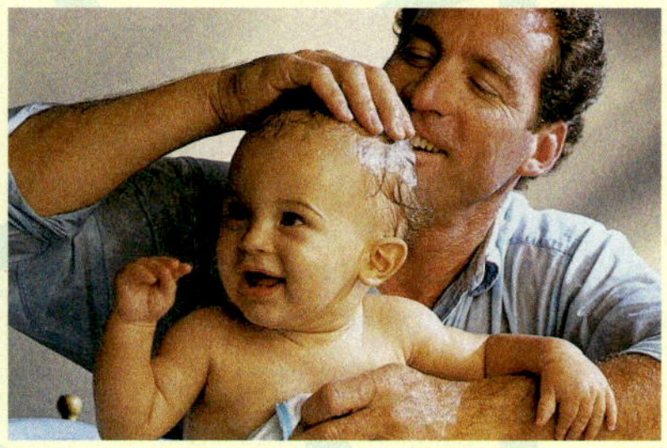

Empfängnisregelung

Der Mensch ist die einzige Art, die aufgrund ihrer geistigen Fähigkeiten bewusst in ihre Fortpflanzung eingreifen kann. Beispielsweise können wir Menschen entscheiden ob und wie viele Kinder wir möchten.

Aber selbst bei unseren nächsten Verwandten, den Menschenaffen, wird die Fortpflanzung durch erblich bedingtes Verhalten bestimmt. Anders als beim Menschen gibt es bei vielen anderen Säugetieren jedoch eine Empfängnisregelung, die auf einfachen biologischen Mechanismen beruht: Solange die Weibchen ihre Jungen noch stillen, werden sie nicht befruchtungsfähig.
Steigt die Zahl der Tiere in einem Gebiet stark an, vermindert dies ihre Fruchtbarkeit.

Aufgaben

① Erläutere die Begriffe Reproduktion, Fortpflanzung und Vermehrung allgemein und anhand geeigneter Beispiele.

② Warum sind, außer bei eineiigen Zwillingen, Geschwister hinsichtlich ihrer Erbinformationen nie völlig gleich?

③ Viren, wie z. B. HIV, weisen einen einzigartigen Mechanismus der Fortpflanzung auf. Vergleiche mit der ungeschlechtlichen Vermehrung und der geschlechtlichen Fortpflanzung.

④ Die Festlegung des Geschlechts durch die Umweltbedingungen trägt zum Überleben der betreffenden Art bei. Was sind mögliche Gründe?

⑤ Menschen und Menschenaffen beschützen, versorgen und erziehen ihre Kinder über mehrere Jahre. „Rabeneltern" sind dagegen Spechte: kaum sind die Jungen erwachsen, werden sie aus dem Revier verjagt. Amphibien kümmern sich weder um ihren Laich noch um die Kaulquappen. Welche unterschiedlichen Fortpflanzungsstrategien werden an diesen Beispielen deutlich?

⑥ Bei Tieren ist die Unterscheidung männlich – weiblich meist kein Problem, ganz anders bei Pflanzen: Dattelpalmen, Große Brennnesseln und andere so genannte zweihäusige Arten sind „männlich" oder „weiblich". Wodurch ist bei Pflanzen diese Einteilung gerechtfertigt?

⑦ Eine bestimmte Pflanzensorte ist unempfindlich gegen Schädlinge, liefert aber geringen Ertrag. Bei einer anderen Sorte ist der Ertrag hoch, sie ist aber wenig widerstandsfähig. Diese Sorten werden so lange miteinander gekreuzt, d. h. geschlechtlich fortgepflanzt, bis man eine Pflanzensorte mit den angestrebten Eigenschaften erhält: gute Erträge und wenig empfindlich gegen Schädlinge. Diese Sorte wird nur noch ungeschlechtlich vermehrt. Erkläre diese Vorgehensweise.

⑧ In vielen Familien und Partnerschaften sind Gespräche über Fragen der Sexualität eher die Ausnahme. Was sind mögliche Ursachen?

⑨ Was sind mögliche Ursachen dafür, dass in Ländern mit geringer Wirtschaftskraft und niederem Bildungsniveau das Bevölkerungswachstum am größten ist? Warum hat Deutschland weltweit eine der niedrigsten Geburtenraten?

Register

Bildnachweis

Fotos: 4.1 Corbis (Jim Cummins), Düsseldorf – 6.1 Okapia (Hapo), Frankfurt – 6.2 Okapia (Hans Reinhard), Frankfurt – 7.1 Okapia (Hans Reinhard), Frankfurt – 8.1 Okapia (Eberhard Morell), Frankfurt – 8.1 Okapia (Dr. Eckart Pott), Frankfurt – 9.1 Okapia (Wolfgang Steinmetz), Frankfurt – 10.1 Reinhard-Tierfoto, Heiligkreuzsteinach – 10.1 Visum (Andreas Reeg), Hamburg – 10.2 Reinhard-Tierfoto, Heiligkreuzsteinach – 10.3 Okapia (Hans Reinhard), Frankfurt – 10.4 Okapia (Rainer Förster), Frankfurt – 11.1 Photodisc – 12.1 Dieter Gust, Berlin – 13.3 Okapia, Frankfurt – 13.7 Reinhard-Tierfoto, Heiligkreuzsteinach – 14.3 FOCUS (SPL), Hamburg – 16.1 Helmut Schneider, Spraitbach – 17.1 Klett-Archiv (Aribert Jung), Stuttgart – 19.1 Okapia (Hans Reinhard), Frankfurt – 19.2 Klett-Archiv (Nature + Science AG), Stuttgart – 20.1 Deutsches Museum, München – 20.2 Carl Zeiss, Oberkochen – 20.3 Deutsches Museum, München – 20.4 Deutsches Museum, München – 20.6 Getty Images (Peter David), München – 21.1 FOCUS (Bc Möller), Hamburg – 21.2 Klett-Archiv (Nature + Science AG), Stuttgart – 21.3 Klett-Archiv (Nature + Science AG), Stuttgart – 21.4 Klett-Archiv (Nature + Science AG), Stuttgart – 21.5 – Müller, Prof. Dr. Horst, Dortmund – 21.6 Keystone, Hamburg – 22.1 Okapia (G.I. Bernard / OSF), Frankfurt – 2.2 Okapia (G.I. Bernard/OSF), Frankfurt – 22.3 Okapia (G.I. Bernard / OSF), Frankfurt – 22.4 Okapia (G.I. Bernard / OSF), Frankfurt – 23.1 Corbis (Chris Mattison /Frank), Düsseldorf – 23.2 Lieder, Johannes, Ludwigsburg – 23.3 Lieder, Johannes, Ludwigsburg – 23.4 Lieder, Johannes, Ludwigsburg – 26.1 Keil, Prof. Dr. Manfred, Neckargemünd – 26.2 Wygasch, Dr. Joachim, Paderborn – 27.1 Klett-Archiv (Nature + Science AG), Stuttgart – 27.2 Okapia (Dr. Frieder Sauer), Frankfurt – 27.3 Klett-Archiv, Stuttgart – 28.1 Okapia (Julien Frebet/BIOS), Frankfurt – 28.2 Okapia, Frankfurt – 30.1 Deutsches Museum, München – 31.1 Grimmel, Ralph, Stuttgart – 31.2 Stephan, Frithjof, Stuttgart – 31.3 Stephan, Frithjof, Stuttgart – 31.4 Stephan, Frithjof, Stuttgart – 31.5 Stephan, Frithjof, Stuttgart – 33.1 Frey, Prof. Dr. Hans Dieter, Tübingen – 33.2 Frey, Prof. Dr. Hans Dieter, Tübingen – 33.3 Keil, Prof. Dr. Manfred, Neckargemünd – 34.1 Klett-Archiv (Nature + Science AG), Stuttgart – 35.1 Kaiser, Claus, Rantum/Sylt – 38.1 Silvestris (Colordia Rauch), Dießen – 38.2 Silvestris (S. Kerscher), Dießen – 38.3 Silvestris (Hans Heitmann), Dießen – 39.1 Schmidtke, Dieter, Schorndorf – 39.2 Mauritius (Hackenberg), Mittenwald – 40.1 Okapia (Colin Milkins), Frankfurt – 42.1 Okapia (G. Büttner, Naturbild), Frankfurt – 42.2 Getty Images (Image Bank/Tom Mareschal), München – 42.3 Raubenheimer, Thomas, Stuttgart – 42.4 Okapia (H. P. Oetelshofen), Frankfurt – 43.1 Bruce Coleman Collection (Kim Taylor), Cahlfont St Peter Bucks – 43.2 Reinhard-Tierfoto, Heiligkreuzsteinach – 43.3 Jacana Janjac (Francois Lieutier), Paris – 43.4 Bruce Coleman Collection (Kim Taylor), Cahlfont St Peter Bucks – 43.5 Klett-Archiv (Nature + Science AG), Stuttgart – 45.1 Mauritius (Thonig), Mittenwald – 46.1 Deutsches Museum, München – 46.2 Silvestris (S. Kerscher), Dießen – 46.3 BPK, Berlin – 46.4 Okapia (Breck P. Kent), Frankfurt – 47.1 Picture-Alliance (epa afp Nasa), Frankfurt – 47.2 Picture-Alliance (Werner Baum), Frankfurt – 47.3 Silvestris (Genson), Dießen – 47.4 Okapia (K. G. Vock), Frankfurt – 50.1 FOCUS (Peter Menzel), Hamburg – 50.2 FOCUS (Peter Menzel), Hamburg – 50.3 FOCUS (Peter Menzel), Hamburg – 54.1 Stockfood Photo Stock Agency (S. & P. Eising), München – 54.2 Stockfood Photo Stock Agency (S. & P. Eising), München – 55.1 Stockfood Photo Stock Agency (Maximilian Stock LTD), München – 55.2 Stockfood Photo Stock Agency (Susie Eising), München – 55.3 Stockfood Photo Stock Agency (S. & P. Eising), München – 55.4 Stockfood Photo Stock Agency (Maximilian Stock LTD), München – 56.1 FOCUS (David Burnett), Hamburg – 56.2 Fotoagentur Version (Christian Ditsch), Köln – 59.1 Wichert, Günther, Dinslaken – 59.2 Fotex (J.M. Lühmann), Hamburg – 60.1 Okapia (SIU Biomed Comm / CMSP), Frankfurt – 64.1 MEV, Augsburg – 64.2 MEV, Augsburg – 64.3 MEV, Augsburg – 64.4 MEV, Augsburg – 64.5 MEV, Augsburg – 64.7 MEV, Augsburg – 65.1 Corbis (Bob Rowan, Progressi), Düsseldorf – 65.2 IFA (Photex), Ottobrunn – 65.3 Wirth, Prof. Jürgen, Dreieich – 65.7 Unbekannter Lieferant, Stuttgart – 65.8 MEV, Augsburg – 65.9 Corbis (Dave Bartruff), Düsseldorf – 65.10 Wirth, Prof. Jürgen, Dreieich – 65.11 Corbis (Bob Rowan, Progressi), Düsseldorf – 65.12 Corbis (Danny Lehman), Düsseldorf – 65.13 Fehrmann, Ulrike, Esslingen – 65.15 MEV, Augsburg – 65.16 MEV, Augsburg – 72.1 Okapia (Lond. Sc. Films, OSF), Frankfurt – 78.1 Mauritius (Benelux Press), Mittenwald – 78.2 Corbis (Firefly Productions), Düsseldorf – 79.1 Mauritius (Zarember), Mittenwald – 79.2 Mauritius (Ducatez), Mittenwald – 82.1 Unbekannter Lieferant, Stuttgart – 82.2 Unbekannter Lieferant, Stuttgart – 82.3 aus U. Drews, Taschenatlas der Embryologie, Thieme Verlag, Stgt. – 82.4 JMS-Edition, Gandria – 82.5 Okapia (S. Camazine, NAS), Frankfurt – 83.1 Okapia (S. Camazine/NAS), Frankfurt – 83.2 Geo Wissen 5/94, S. 67 (Praxis Drs. Broemel, Buchard, Vahldig, Karpovicz – 83.3 Unbekannter Lieferant, Stuttgart – 83.4 Okapia (Roger Luft), Frankfurt – 83.5 Okapia (Manfred P. Kage), Frankfurt – 85.1 Mauritius (Cupak), Mittenwald – 86.1 Kage, Manfred P. und Christina, Lauterstein – 86.2 Okapia (D. H. Thompson/OSF), Frankfurt – 86.3 FOCUS (Oscar Burriel, Science Photo Library), Hamburg – 86.4 Corbis (Ed Bock), Düsseldorf – 86.5 Corbis (Mark A. Johnson), Düsseldorf – 87.1 Okapia (Michael F. Havelin), Frankfurt – 87.2 Corbis (Gerhard Steiner), Düsseldorf – 88.1 Okapia (M. Cooper, P. Arnold), Frankfur – 88.2 Wirth, Prof. Jürgen, Dreieich – 89.1 Corbis (W.Cody), Düsseldorf – 89.2 MEV, Augsburg – 89.3 Okapia (S. Camazine, NAS), Frankfurt – 89.4 Okapia (Manfred P. Kage), Frankfurt – 89.5 Okapia (NAS J. Nettis), Frankfurt – 90.1 AKG, Berlin – 91.1 Okapia (D. Scharf, Peter Arn), Frankfurt – 92.1 Klett-Archiv (Nature + Science AG), Stuttgart – 93.1 E. Merck, Darmstadt – 93.2 Deutsches Museum, München – 95.1 Kage, Manfred P. und Christina, Lauterstein – 98.1 Medina, Hamburg – 100.1 Okapia (Manfred P. Kage), Frankfurt – 101.1 Okapia (Neufried), Frankfurt – 101.1 Das Fotoarchiv (Klaus Rose), Essen – 101.2 Okapia (Ulrich Zillmann), Frankfurt – 102.1 Okapia (Institut Pasteur, CN), Frankfurt – 102.2 FOCUS (SPL/Moredun Animal Health Ltd), Hamburg – 102.3 FOCUS (CNRI/Science Photo Library), Hamburg – 102.4 Okapia (J. L. Carson, CMSP), Frankfurt – 103.1 FOCUS (EOS), Hamburg – 103.2 FOCUS (EOS/Gelderblom), Hamburg – 103.3 Okapia (L. Georgia, PR Science Source), Frankfurt – 103.4 Okapia (Hans Reinhard), Frankfurt – 104.1 AKG, Berlin – 104.2 Dr. Frieder Sauer, Karlsfeld – 104.3 Unbekannter Lieferant, Stuttgart – 105.1 Mauritius (Torino), Mittenwald – 108.1 FOCUS (EOS/Meckes), Hamburg – 109.1 Okapia (Lond. Sc. Films/OSF), Frankfurt – 109.2 FOCUS (Oliver Meckes), Hamburg – 110.1 AKG, Berlin – 110.2 AKG, Berlin – 110.3 AKG, Berlin – 111.1 Medizinhistorisches Institut, Zürich – 111.2 AKG, Berlin – 111.3 AKG, Berlin – 111.4 AKG, Berlin – 111.4 Picture-Alliance (dpa), Frankfurt – 112.1 Imago Stock & People (Peter Widmann), Berlin – 112.1 Okapia, Mauritius (Mitterer), Bilderberg (Stefan Enders), Okapia, Bilder Mauritius (SST), Mauritius (World Pictures) – 115.1 Bilderberg (Stefan Enders), Hamburg – 115.2 Mauritius (age fotostock), Mittenwald – 115.3 Ruth Hammelehle, Kirchheim/Teck – 115.4 Ruth Hammelehle, Kirchheim/Teck – 115.5 Mauritius (Ley), Mittenwald – 116.RD Bundeszentrale für gesundheitliche, Köln – 117.1 B. Brill – 118.1 FOCUS (SPL), Hamburg – 118.2 Niehoff, Ulrich, Bienenbüttel – 118.3 FOCUS (SPL/Michael Donne), Hamburg – 118.3 Inmagine (Brand X Pictures), Houston TX –

118.4 MVS Medizinverlage GmbH & Co. KG (Cyclus Visuelle Kommunikation / Loenicker), Stuttgart – 118.5 Forum Schmerz im Deutschen Grünen K, Marburg – 118.6 Mauritius (Kratz), Mittenwald – 120.1 Mauritius (Schmidt), Mittenwald – 120.1 MEV, Augsburg – 120.2 MEV, Augsburg – 120.3 Mauritius (K. Paysan), Mittenwald – 120.4 AKG, Berlin – 122.1 Caro Fotoagentur (Kaiser), Berlin – 123.1 Richard Wagner – 124.1 Mauritius (age fotostock), Mittenwald – 124.2 ullstein bild (Sylent Press), Berlin – 124.3 Picture-Alliance (Jan-Peter Kasper/ZB), Frankfurt – 124.4 AP (Ferdinand Ostrop), Frankfurt am Main – 125.1 Getty Images (The Image Bank/Todd Davidson PTY LTD), München – 125.2 MEV, Augsburg – 125.3 IFT-Nord, Kiel (das Logo „Be Smart – Don't Start" ist im Besitz des Transport for London und ein eingetragenes Warenzeichen) – 125.4 Silvestris (TH Foto-Werbung), Dießen – 126.1 Corbis (Tom Stewart), Düsseldorf – 127.1 Mauritius (Stock Image), Mittenwald – 128.2 Mauritius (Esplanade), Mittenwald – 126.1 Okapia ((People, 21c)), Frankfurt – 126.3 Okapia (Jim Corwin, NAS), Frankfurt – 126.4 Okapia (Manfred Kage), Frankfurt – 127.2 Getty Images (Sport/Koichi Kamoshida), München – 128.1 MEV, Augsburg – 128.2 Mauritius (Esplanade), Mittenwald – 129.1 Mauritius (Simon Plant), Mittenwald – 131.1 Albert Bonniers Förlag AB (Lennart Nilsson), Stockholm – 133.1 Albert Bonniers Förlag AB (Lennart Nilsson), Stockholm – 133.2 Albert Bonniers Förlag AB (Lennart Nilsson), Stockholm – 133.3 FOCUS (Pascal Goetgheluck), Hamburg – 133.4 Albert Bonniers Förlag AB (Lennart Nilsson), Stockholm – 133.5 Greiner & Meyer (Ahrens), Braunschweig – 134.1 Okapia (A. u. H.-F. Michler), Frankfurt – 134.1 Okapia (A. u. H.-F. Michler), Frankfurt – 136.1 Mauritius (Keyphoto International), Mittenwald – 137.S Bundeszentrale für gesundheitliche Aufklärung, Köln – 137.1 Mauritius (Lehn), Mittenwald – 137.2 Okapia (NAS Biophoto), Frankfurt – 137.3 FOCUS (Saturn Stills), Hamburg – 137.4 Klett-Archiv, Stuttgart – 138.1 Corbis, Düsseldorf – 138.2 Corbis (Tom Steward), Düsseldorf – 138.3 Fotex (Th. McCarthy), Hamburg – 139.1 Unterrichtsmaterialien zum Thema AIDS für die gymnasiale Oberstufe(11. – 13. Klasse), Hrsg. Bundeszentrale für gesundheitliche Aufklärung, Köln 1992, S. 58 – 139.2 Unterrichtsmaterialien zum Thema AIDS für die gymnasiale Oberstufe(11. – 13. Klasse), Hrsg. Bundeszentrale für gesundheitliche Aufklärung, Köln 1992, S. 58 – 139.3 Museum für moderne Kunst (Rudolf Nagel), Frankfurt – 139.4 Bilderberg (Peter Blok), Hamburg – 140.1 Mauritius (Superstock), Mittenwald – 141.1 Bundeszentrale für gesundheitliche Aufklärung, Köln – 142.1 Mauritius (Gutekunst), Mittenwald – 142.2 Picture-Alliance (Stephan Jansen), Frankfurt – 143.1 Corbis (Michael Keller), Düsseldorf – 144 AKG (Erich Lessing), Berlin – 144.1 Picture-Alliance (Asger Carlsen), Frankfurt – 145.1 Picture-Alliance (Stephan Jansen), Frankfurt – 146.1 Creativ Collection Verlag GmbH, Freiburg – 146.2 Lieder, Johannes, Ludwigsburg – 147.1 Creativ Collection Verlag GmbH, Freiburg – 148.1 LENI home design, Bergneustadt – 148.1 Corbis (Tim de Waele), Düsseldorf – 149.1 Pforr, Manfred, Langenpreising – 149.2 Corbis (Jose Luis Pelaez, Inc.), Düsseldorf – 149.3 Getty Images (AFP/Joel Saget), München – 150 Imago Stock & People, Berlin – 150.1 Bilderberg (Nomi Baumgartl / Alete), Hamburg – 150.2 Deutsches Taubblindenwerk gGmbH, Hannover – 150.3 Corbis (Nancy Ney), Düsseldorf – 151.1 Getty Images (stone/Daly & Newton), München – 151.2 Vario-Press (Christoph Papsch), Bonn – 151.3 Picture-Alliance (dpa/Bernd Weissbrod), Frankfurt – 152.1 Okapia (Manfred P. Kage), Frankfurt – 153.1 Getty Images (stone/David Hanover), München – 153.2 Angermayer (Hans Pfletschinger), Holzkirchen – U1.1 Avenue Images GmbH (Thinkstock / Ron Chapple), Hamburg – U1.2 ZEFA (Andrew Olney/Masterfile), Düsseldorf

Grafiken: Prof. Jürgen Wirth, Visuelle Kommunikation, Dreieich unter Mitarbeit von Matthias Balonier, Evelyn Junqueira, Nora Wirth

Nicht in allen Fällen war es möglich, den uns bekannten Rechteinhaber der Abbildungen ausfindig zu machen. Berechtigte Ansprüche werden selbstverständlich im Rahmen der üblichen Vereinbarungen abgegolten.